高等学校电子与通信类专业系列教材

基于 FPGA 的现代数字系统设计

主　编　刘桂华

副主编　罗　亮

参　编　魏东梅　龙惠民　李家会

　　　　赵海龙　何燕玲　秦明伟

西安电子科技大学出版社

内 容 简 介

本书以 Xilinx 公司 FPGA 的开发为重点，主要内容包括现代数字系统设计技术概述、基于原理图的设计、基于 Verilog HDL 语言的设计、基于 IP Core 的设计、系统仿真、可编程逻辑器件原理、基于 FPGA 的系统级设计技术、在线逻辑分析技术和其它设计工具简介。

本书内容全面、新颖，注重基础又兼顾前沿。编写风格上尽量体现学生易学、教师易教等特点。书中涉及的例子具有典型性和实用性，大部分章后有实验项目供课程实践环节选做，附录中还有相关的设计课题供学生在课程设计时选用。

本书可作为高等工科院校本、专科电子电气信息类专业的教材及信息类专业课程设计、综合设计的教学参考书，也可作为参加电子设计竞赛者和 FPGA 开发应用人员的自学参考书。

图书在版编目(CIP)数据

基于 FPGA 的现代数字系统设计/刘桂华主编.
—西安：西安电子科技大学出版社，2012.9(2022.10 重印)
ISBN 978–7–5606–2814–1

Ⅰ.① 基⋯　　Ⅱ.① 刘⋯　　Ⅲ.① 可编程逻辑器件—数字系统—系统设计—高等学校—教材　Ⅳ.① TP332.1

中国版本图书馆 CIP 数据核字(2012)第 111674 号

策　　划　毛红兵
责任编辑　毛红兵
出版发行　西安电子科技大学出版社（西安市太白南路 2 号）
电　　话　(029)88202421　88201467　邮　　编　710071
网　　址　www.xduph.com　　　　电子邮箱　xdupfxb001@163.com
经　　销　新华书店
印刷单位　陕西日报社
版　　次　2012 年 9 月第 1 版　　2022 年 10 月第 6 次印刷
开　　本　787 毫米 × 1092 毫米　1/16　印张 20.5
字　　数　487 千字
印　　数　13 001～16 000 册
定　　价　50.00 元
ISBN 978 – 7 – 5606 – 2814 – 1 / TP
XDUP 3106001–6

＊＊＊ 如有印装问题可调换 ＊＊＊

前　言

随着微电子技术的飞速发展，传统的可编程逻辑器件正在向大容量、高性能、低成本的方向发展，以 FPGA 为代表的可编程逻辑器件应用日益广泛。在国内，越来越多的电子设计工程师迫切希望掌握 FPGA 设计工具，了解 FPGA/CPLD 器件结构特性，本书正是在这样的背景下编写的。

本书的内容安排以学生的认知规律作为指导原则，以 Xilinx 公司 ISE 10.1 集成软件的使用为线索，从设计和实现两个角度衔接各个知识点，并结合了作者多年来的理论和实践教学经验。全书共分为 9 章。第 1 章为现代数字系统设计技术概述；第 2 章全面介绍 Xilinx 公司的 ISE 10.1 系列软件基本开发工具、开发流程和方法；第 3 章详细介绍了 Verilog HDL 语言的门级、数据流、行为级建模、可综合设计及测试方法；第 4 章介绍了 IP Core 的种类选择及复用，并详细介绍了 Xilinx 公司常用 IP Core 的设计方法；第 5 章详细介绍了主流的 ModelSim 仿真软件在 FPGA 设计过程中的系统仿真验证及在 ISE 软件中的调用方法；第 6 章围绕 Xilinx 公司的 CPLD/FPGA，介绍了主流器件的结构、工作原理、配置模式及器件的选用；第 7 章系统介绍了基于 MicroBlaze 嵌入式处理器的 SOPC 系统设计，以及基于 FPGA 的 DSP 系统设计的硬、软件平台和设计方法；第 8 章介绍了 JTAG 边界扫描测试原理和基于 ChipScope Pro 软件的 FPGA 在线逻辑分析方法；第 9 章简要介绍了其它主要的工具设计软件，包括综合工具 Synplify Pro、仿真工具 Active HDL 以及集成软件 FPGA Advantage 工具的使用方法。

通过本书的学习，读者能够熟练掌握 Xilinx 公司的 ISE 开发软件和 Verilog HDL 语言，了解 Xilinx 公司的主流 FPGA 及其硬件特点，具备自主选择适当的 FPGA 器件及使用 ISE 软件进行数字系统的设计和调试的能力。本书图文并茂，突出了教材的实用性和代表性，大部分章节后安排有大量的设计实例和习题，在重要的章后还有相关的实验项目供课程实践环节选做，附录中提供了相关的设计课题供学生在课程设计时选用。本书适用于高等工科院校本、专科信息类专业学生，也可作为参加电子设计竞赛者和 FPGA 开发应用人员的自学参考书。

本书由刘桂华主编。第 1 章由刘桂华编写，第 2 章和第 7 章的前 3 节由罗亮编写，第 3 章由龙惠民编写，第 4 章和第 6 章由魏东梅、刘桂华编写，第 5 章由李家会编写，第 7 章第 4~6 节和第 8 章由赵海龙编写，第 9 章由魏东梅、李家会和何燕玲编写，附录由秦明伟编写。刘桂华和罗亮完成全书的统稿工作。

清华大学的孟宪元教授给本书提出了很多宝贵的修改意见，特在此表示衷心感谢。本书还得到 Xilinx 大学计划中国区经理谢凯年以及深圳依元素科技有限公司的大力支持和帮助。另外，一些研究生和本科生也参与了程序调试和绘图工作，在此表示衷心的谢意。

编者希望通过本书能与广大读者交流 FPGA 设计方面的体会和感受，并期望为高等学校 FPGA/CPLD 设计人才的培养贡献绵薄之力，但是限于作者的水平，书中会有不妥之处，殷切期待读者的批评和指正。

编　者

2012 年 6 月

目　　录

第 1 章　现代数字系统设计技术概述

◆◆

　　20 世纪后半期，随着集成电路和计算机技术的飞速发展，在电子系统设计领域，可编程逻辑器件(如 CPLD、FPGA)的应用已得到广泛的普及，这些器件为数字系统的设计带来了极大的灵活性。国际上电子和计算机技术较先进的国家一直在积极探索新的电子电路设计方法，并在设计方法、工具等方面进行了彻底的变革，极大地改变了传统的数字系统设计方法、设计过程和设计观念，促进了 EDA 技术的迅速发展。

　　本章将简要介绍可编程逻辑器件和 EDA 技术，并详细介绍现代数字系统设计流程、EDA 工具软件和现代数字系统设计的发展趋势。

1.1　概　　述

1.1.1　可编程逻辑器件 PLD 概述

　　随着科学技术的进步，电路系统的基本硬件已从电子管、晶体管、小规模集成电路 SSI、中规模集成电路 MSI，发展到了超大规模集成电路 VLSI 及巨大规模集成电路 GSI，数字集成电路已得到非常广泛的应用，而微处理器和专用集成电路 ASIC 的广泛应用提高了系统的可靠性与通用性，它已逐渐取代了通用全硬件 LSI 电路。ASIC 以其体积小、重量轻、功耗低、速度快、成本低、保密性好等特点脱颖而出，占据了较大的市场份额。

　　ASIC 是专门为某一领域或特定用户需要而设计的 LSI 或 VLSI 电路。数字系统中 ASIC 的分类如图 1.1 所示。

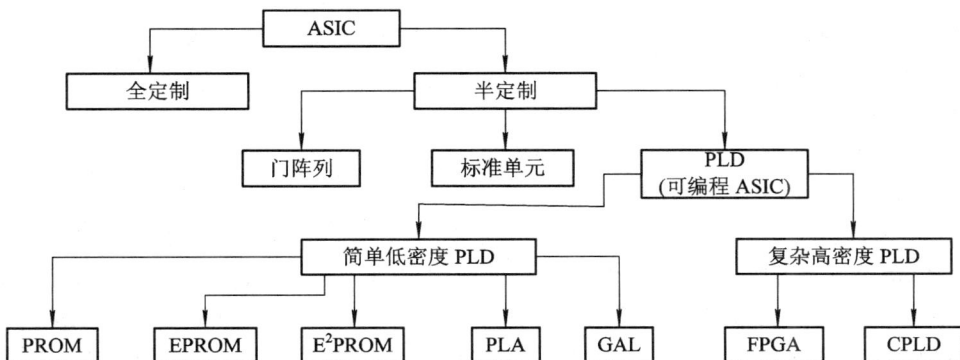

图 1.1　数字系统中 ASIC 的分类

1. 全定制 ASIC

全定制 ASIC 设计是基于晶体管级、手工设计版图的制造方法。设计人员从晶体管的版图尺寸、位置和互联线开始设计,以达到芯片面积利用率高、速度快、功耗低的最优化性能。设计者对于电路具有完全的控制权,各层掩模都是按照特定电路功能专门制造的,这种设计方式可以最大限度地实现电路性能的优化。全定制 ASIC 要求设计人员具有半导体材料和工艺技术知识,还具有完整的系统和电路设计的工程经验。全定制 ASIC 由于其设计周期很长,设计时间和成本非常高,市场风险非常大,因此多用于大批量的 ASIC 产品,例如微处理器、高压器件、A/D 转换器和传感器等专用芯片。

2. 半定制 ASIC

半定制 ASIC 是一种约束性设计方法,它是在芯片上制作一些具有通用性的单元元件或元件组的半成品硬件,用户仅需考虑电路逻辑功能和各功能模块之间的合理连接即可。这种方法简化了版图设计,提高了设计效率和性价比。对于产量规模不大的器件,可以直接采用这种方式进行生产。半定制 ASIC 按照逻辑实现的方式不同可以分为门阵列、标准单元和可编程逻辑器件 PLD(Programmable Logic Device)。

门阵列是在硅片上按照某种规范的方式制造出大量的标准门(晶体管阵列),但没有进行相互的连接。用户在设计时,根据电路的功能要求,将对应的逻辑关系表达为晶体管的互连关系,再将这种互连关系转换为连线版图,从而在门阵列基础上实现所设计的电路,它是较早使用的半定制 ASIC 设计方法。与全定制 ASIC 设计相比,这种方式涉及工艺少、造价低,适合于小批量的 ASIC 设计。门阵列设计的缺点是芯片面积利用率低,灵活性差,对设计限制过多。

标准单元是在外部尺度规范条件下对各种常用的逻辑功能单元(各种组合逻辑或时序逻辑单元)进行物理版图级的设计,形成标准单元,并创建版图单元库,包括 SSI 逻辑块、MSI 逻辑块、数据通道模块、微处理器以及 I/O 电路的专用单元阵列,供用户调用以设计不同的芯片。在标准单元设计中,所有的连线、接触点、过孔、通道已完全确定,设计者通常按照性能优化原则,根据特定的工艺条件,通过调整每个晶体管的宽度,可以在性能和面积上做到最大限度的优化。标准单元设计完毕后可以形成对应的工艺掩模文档,以便在以后的设计中重复使用。用标准单元设计 ASIC 比门阵列具有更加灵活的布图方式,可以根本解决布通率问题,是目前 ASIC 设计中应用广泛的设计方法之一。

门阵列法和标准单元法设计的 ASIC 共有的缺点是与 IC 设计工艺密切相关的。一旦工艺发生变化,则标准门或标准单元库要随之更新,这是一项十分繁重的工作。另外,需要投入大量的成本和时间,才能制作出全套的工艺掩模和相关的工艺检测系统,一旦产品检验不合格,设计需要修改,将导致巨大的损失。

可编程逻辑器件实质上是门阵列及标准单元技术的延伸和发展。可编程逻辑器件是一种半定制的逻辑芯片,但与门阵列和标准单元不同,芯片内的硬件资源和连线资源是由厂家预先定制好的,可编程逻辑器件的逻辑功能由用户通过 EDA 软件和编程器对其逻辑结构进行重新设定,它既具有硬件电路的工作速度又具有软件可编程的灵活性。可编程器件设计不需要制作任何掩模,基本不考虑布局布线问题,设计成本低。它在设计中主要考虑逻辑功能的实现,不需要考虑具体单元器件的实现,设计周期短。由于可编程器件的编程工艺都可以反复写入和擦除，设计中存在任何问题可以马上进行修改，不需要付出硬件代价，所以设计的风险低。

PLD 从 20 世纪 70 年代发展到现在，已形成了许多类型的产品，其结构、工艺、集成度、速度和性能都在不断地改进和提高。最早期的可编程逻辑器件有可编程只读存储器(PROM)、紫外线可擦除只读存储器(EPROM)和电可擦除只读存储器(E^2PROM)，其后出现了结构上稍复杂的可编程芯片，它能够完成各种数字逻辑功能，这一阶段的产品主要有可编程阵列逻辑(PAL)和通用阵列逻辑(GAL)。由于受到结构规模的限制，以上这些 PLD 只能完成简单的数字逻辑功能，称为简单低密度 PLD 器件。进入 90 年代后伴随着铜微处理器硅芯片技术的发展，可编程逻辑器件在体积与性能上得到了更良好的体现，出现了复杂高密度 PLD 器件，如 1984 年 Xilinx 公司发明的现场可编程门阵列 FPGA (Filed Programmable Gate Array)以及随后出现的复杂可编程逻辑器件 CPLD(Complex Programmable Logic Device)，它们直接面向用户，具有极大的灵活性和通用性、使用方便、开发效率高、成本低以及工作可靠性好等特点，因而很快得到普及和应用，发展非常迅速。

近十余年来，FPGA/CPLD 作为可编程逻辑器件的一个重要分支，其在结构、密度、功能、速度、性能等方面都取得了飞速的发展，如出现了集成度超过千万门、时钟频率超过千兆赫、数据传输位数达到每秒几十亿次的可编程逻辑器件。利用 CPLD 和 FPGA 来进行专用集成电路设计是目前最为流行的方式之一。如今电子设计工程师只需一台计算机、一套与器件相应的开发软件和 FPGA/CPLD 芯片就能在实验室或家中通过对 FPGA/CPLD 编程实现各种复杂的专门用途的数字集成电路，即所谓的可编程 ASIC。

但是，由于 FPGA/CPLD 的硬件资源和连线资源是厂家预先定制好的，设计者对于可编程 ASIC 电路设计的控制权有限，从而使得全定制或标准单元设计的 ASIC 在性能、速度和单位成本方面不具有竞争性。此外，也不可能用可编程 ASIC 去取代通用产品，如 CPU、存储器、A/D 和 D/A 等的应用。

为了避免设计的风险,在开发新的系统时通常采用 FPGA/CPLD 进行初步设计以验证系统设计的正确性，这已经成为一种标准的方法。在设计过程中，往往先利用 EDA 工具完成软件仿真，再利用可编程 ASIC 器件 FPGA/CPLD 进行硬件仿真，在可编程 ASIC 器件实现设计后，通过版图设计、芯片测试、制版和流片转成 ASIC 电路。

目前，为了降低单位成本，可以在可编程逻辑器件实现设计后，用特殊的方法转换成 ASIC 电路，如 Altera 公司的部分 FPGA 器件在设计成功后可以通过 HardCopy 技术转换成对应的门阵列 ASIC 产品。

1.1.2　电子设计自动化技术概述

现代数字系统设计领域中的电子设计自动化 EDA(Electronic Design Automation)技术是随着计算机辅助设计技术的提高和可编程专用集成电路 FPGA/CPLD 规模的扩大而产生，并不断完善的。由于可编程专用集成电路可以通过软件编程来对器件的硬件结构和工作方式进行重构，这一切极大地改变了传统的电子系统设计方法、设计过程，乃至设计观念。

EDA 技术融合电子技术、集成电路制造技术、计算机技术和智能化技术等，以计算机为工作平台，以相关的 EDA 软件为开发工具，以大规模可编程逻辑器件为设计载体，以硬件描述语言(Hardware Description Language)为系统逻辑描述的主要方式,自动完成系统算法和电路设计。EDA 技术已有 30 多年的发展历程,大致可分为 20 世纪 70 年代的计算机辅助设计(CAD)阶段、80 年代的计算机辅助工程(CAE)阶段和 90 年代后的电子系统设计自动化(EDA)阶段。

20 世纪 70 年代,随着中小规模集成电路的开发应用,传统的手工制图设计印刷电路板和集成电路的方法已无法满足设计精度和效率的要求,因此工程师们开始进行二维平面图形的计算机辅助设计,以便解脱繁杂、机械的版图设计和 PCB 布局布线工作,这就是计算机辅助设计(CAD)阶段。

到了 20 世纪 80 年代,可编程逻辑器件进入商业应用,相应的辅助设计软件也投入使用。80 年代末硬件方面出现了 FPGA 和 CPLD,CAE 和 CAD 技术的应用也更加广泛,这些技术在原理图输入、自动布局布线和 PCB 分析,以及逻辑设计、逻辑仿真、布尔方程综合和化简等方面担当了重要角色。

20 世纪 90 年代后,随着科学技术的发展,电子产品的更新换代进一步加快,大规模和超大规模可编程逻辑器件 FPGA/CPLD 得到广泛应用,使电子系统设计发生了质的变化。如今,现代数字系统设计技术已进入到一个全新的阶段,出现了以高级语言描述、系统级仿真和综合技术为特征的电子设计自动化(EDA)技术。利用这一技术,设计者可以在 EDA 软件平台上使用硬件描述语言完成设计,EDA 工具自动地完成将软件方式描述的电子系统转换到硬件系统所需的逻辑编译、逻辑综合及优化、布局布线、逻辑仿真,直至对于特定FPGA/CPLD 目标芯片的编程下载等工作。EDA 技术的出现,极大地提高了电路设计的效率和可靠性,减轻了设计者的劳动强度。设计师们摆脱了大量的辅助设计工作,而把精力集中于创造性的方案与概念构思上,从而极大地提高了设计效率,缩短了产品的研制周期。

利用 EDA 技术进行电子系统的设计,具有以下几个特点:

1) 软件硬化,硬件软化

软件硬化是指所有的软件设计最后转化成硬件来实现,用软件方式设计的系统到硬件系统的转换是由 EDA 开发软件自动完成的;硬件软化是指硬件的设计使用软件编程的方式进行,尽管目标系统是硬件,但整个设计和修改过程如同完成软件设计一样方便和高效。

现代的 EDA 软件配置了多种能兼用和混合使用的逻辑描述输入工具,例如既支持功能完善的硬件描述语言如 VHDL、Verilog HDL 等作为文本输入,又支持逻辑电路图、工作波形图等作为图形输入,具有从系统的数学模型直到门级电路多层次描述系统硬件功能的能力,而且可以将高层次的行为描述与低层次的寄存器传输级 RTL(Register Transformation Level)描述和结构描述混合使用。EDA 系统还配置了高性能的综合和优化工具,设计人员只需将设计描述程序输入到计算机,设计综合工具便能自动将其转化为适当的物理硬件实现,从而提高了设计效率,缩短了设计周期。

2) 自顶向下(top-down)的设计方法

传统的设计方法都是自底向上的,即首先确定可用的元器件,然后根据这些器件进行逻辑设计,完成各模块后进行连接,并形成系统,最后经调试、测量看整个系统是否达到规定的性能指标。这种"自下而上"的设计方法常常受到设计者的经验及市场器件情况等因素的限制,且没有明显的规律可循。另外,系统测试在系统硬件完成后进行,如果发现系统设计需要修改，则需要重新制作电路板，重新购买器件，重新调试与修改设计。整个修改过程需要花费大量的时间与经费。再者，传统的电路设计方式是原理图设计方式，而原理图设计的电路对于复杂系统的设计、阅读、交流、修改、更新和保存都十分困难，不利于复杂系统的任务分解与综合。

基于 EDA 技术的所谓"自顶向下"的设计方法正好相反，它主要采用并行工程和"自顶向下"的设计方法，使开发者从一开始就要考虑到产品生成周期的诸多方面，包括质量、成本、开发时间及用户的需求等。该设计方法首先从系统设计入手，在顶层进行功能划分和结构设计，由于采用高级语言描述，因此能在系统级采用仿真手段验证设计的正确性，然后再逐级设计底层的结构，用 VHDL、Verilog HDL 等硬件描述语言对高层次的系统行为进行电路描述，最后再用逻辑综合优化工具生成具体的门级逻辑电路的网表，其对应的物理实现级可以是印刷电路板或专用集成电路。"自顶向下"设计方法的特点表现在以下几个方面：

(1) 基于可编程逻辑器件 PLD 和 EDA 开发工具支撑。

(2) 采用系统级、电路级和门级的逐级仿真技术，以便及早发现问题，进而修改设计方案。

(3) 现代的电子应用系统正向模块化发展，或者说向软、硬核组合的方向发展。对于以往成功的设计成果稍作修改、组合就能投入再利用，从而产生全新的或派生的设计模块。

(4) 由于采用的是结构化开发手段，所以可实现多人多任务的并行工作方式，使复杂系统的设计规模和效率大幅度提高。

(5) 在选择器件的类型、规模、硬件结构等方面具有更大的自由度。

3) 集设计、仿真和测试于一体

现代的 EDA 软件平台集设计、仿真、测试于一体，配备了系统设计自动化的全部工具，这些工具包括：多种能兼容和混合使用的逻辑描述输入工具以及高性能的逻辑综合、优化和仿真测试工具。电子设计师可以从概念、算法、协议等开始设计电子系统，将电子产品从电路设计、性能分析到设计出 IC 版图或 PCB 版图的整个过程在计算机上自动处理完成。

EDA 仿真测试技术极大地提高了大规模系统电子设计的自动化程度。在设计的各个阶段都能方便地进行仿真和测试。设计的输入、输出或中间变量之间的信号关系由计算机根据要求提供的设计方案，从各种不同层次的系统性能出发完成一系列准确的逻辑和时序仿真验证。该测试技术通过计算机就能对系统上的目标器件进行边界扫描测试。目前大部分 FPGA/CPLD 芯片都支持边界扫描技术。边界扫描测试技术标准是由 IEEE 组织联合测试行动组(JTAG)在 20 世纪 80 年代提出的，用来解决高密度引线器件和高密度电路板上的元件的测试问题。它只需要四根信号线就能够对电路板上所有支持边界扫描的芯片内部逻辑和边界管脚进行测试。

4) 在系统可现场编程，在线升级

编程是指把系统设计的程序化数据按一定的格式装入一个或多个可编程逻辑器件的编程存储单元，定义内部模块的逻辑功能以及它们的相互连接关系。早期的可编程逻辑器件需要将芯片从印制板上拆下，然后把它插在专用的编程器上进行编程，目前广泛采用的在系统可编程技术则克服了这一缺点。

所谓在系统可编程是指可编程逻辑器件不需要使用编程器，具有将器件插在系统内或电路板上仍然可以对其进行编程和再编程的能力。目前的 FPGA/CPLD 器件为设计者提供了系统内可再编程或可再配置能力，使得系统内硬件的功能可以像软件一样易于修改，这就为设计者进行电子系统设计和开发提供了可实现的最新手段。采用这种技术对系统的设计、制造、测试和维护也产生了重大的影响，给样机设计、电路板调试、系统制造和系统升级带来革命性的变化。

　　5) 设计工作标准化，模块可移置共享

　　设计语言、EDA 的底层技术及其接口的标准化能很好地对设计结果进行交换、共享及重用。

　　EDA 设计工作的重要设计语言——硬件描述语言 HDL 已经逐步标准化。VHDL 在 1987 年被 IEEE 采纳为硬件描述语言标准(IEEE 1076–1987)，VHDL 同时也是军事标准(454)和 ANSI 标准。Verilog HDL 在 1995 年成为 IEEE 标准(IEEE 1364–1995)，2001 年发布了 IEEE 1364–2001。作为两大被国际 IEEE 组织认定的工业标准硬件描述语言， VHDL 和 Verilog HDL 为众多的 EDA 厂商支持，且移植性好。

　　数据格式的一致性通过标准来保证。EDA 的底层技术、EDA 软件之间的接口等则采用标准数据格式，这样各具特色的 EDA 工具都能被集成在易于管理的统一环境之下，并支持任务之间、项目之间、设计工程师之间的信息传输和工程数据共享，从而使 EDA 框架日趋标准化。并行设计工作和"自顶向下"设计方法也是构建电子系统集成设计环境或集成设计平台的基本规范。目前，主要的 EDA 系统都建立了框架结构，并且都遵循国际计算机辅助设计框架结构组织 CFI(CAD Framework International)的统一技术标准。因此，EDA 技术代表了当今数字系统设计技术的最新发展方向。

　　传统设计方法和 EDA 设计方法的主要区别如表 1.1 所示。

表 1.1　传统设计方法和 EDA 设计方法的不同

传统设计方法	EDA 设计方法
自底向上	自顶向下
手动设计	自动设计
硬、软件分离	打破硬、软件屏障
原理图方式设计	原理图、VHDL 语言等多种设计方式
系统功能固定	系统功能易变
不易仿真	易仿真
难测试修改	易测试修改
模块难移置共享	设计工作标准化，模块可移置共享
设计周期长	设计周期短

1.2　现代数字系统的设计流程

　　现代数字系统的设计流程是指利用 EDA 软件和编程工具对可编程逻辑器件进行开发的过程。在 EDA 软件平台上，利用硬件描述语言 HDL 等逻辑描述手段完成设计，然后结合多层次的仿真技术，在确保设计的可行性与正确性的前提下完成功能确认，接着利用 EDA

工具的逻辑综合功能，把功能描述转换成某一具体目标芯片的网表文件，输出给该器件厂商的布局布线适配器，进行逻辑化简及优化、逻辑映射及布局布线，再利用产生的仿真文件进行功能和时序等方面的验证，以确保实际系统的性能，最后，进行针对特定目标芯片的逻辑映射和编程下载等工作。整个过程包括设计准备、设计输入、设计处理和器件编程四个步骤以及相应的功能仿真、时序仿真和器件测试三个设计校验过程。现代数字系统的设计流程如图 1.2 所示。

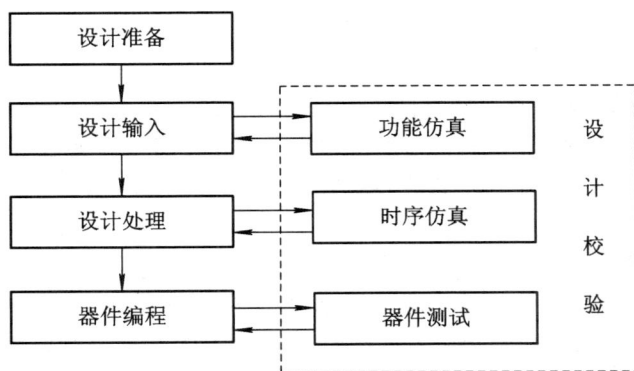

图 1.2　现代数字系统的设计流程

1．设计准备

在设计之前，首先要进行方案论证、系统设计和器件选择等设计准备工作。设计者首先要根据任务要求，判明系统指标的可行性。系统的可行性要受到逻辑合理性、成本、开发条件、器件供应、设计员水平等方面的约束。若系统可行，则根据系统所完成的功能及复杂程度，对器件本身的资源和成本、工作速度及连线的可布性等方面进行权衡，选择合适的设计方案和合适的器件类型。

2．设计输入

设计输入是设计者将所设计的系统或电路以 EDA 开发软件要求的某种形式表示出来，并送入计算机的过程。它根据 EDA 开发系统提供的一个电路逻辑的输入环境(如原理图、硬件描述语言(HDL)等形式)进行输入，这些方法可以单独构成，也可将多种手段组合来生成一个完整的设计。

输入软件在设计输入时，还会检查语法错误，并产生网表文件，供设计处理和设计校验使用。

3．设计处理

设计处理是从设计输入文件到生成编程数据文件的编译过程，这是器件设计中的核心环节。设计处理是由编译软件自动完成的。设计处理的过程如下：

(1) 逻辑优化和综合。由软件化简逻辑，并把逻辑描述转变为最适合在器件中实现的形式。综合的目的是将多个模块化设计文件合并为一个网表文件，并使层次设计平面化。逻辑综合应施加合理的用户约束，以满足设计的要求。

(2) 映射。把设计分为多个适合用具体 PLD 器件内部逻辑资源实现的逻辑小块的形式。映射工作可以全部自动实现，也可以部分由用户控制，还可以全部由用户控制进行。

　　(3) 布局和布线。布局和布线工作是在设计检验通过以后由软件自动完成的，它能以最优的方式对逻辑元件布局，并准确地实现 PLD 器件内部逻辑元件间的互连。

　　(4) 生成编程数据文件。设计处理的最后一步是产生可供器件编程使用的数据文件。对 CPLD 器件而言，产生熔丝图文件即 JDEC 文件，对 FPGA 器件则生成位流数据文件。

4. 设计校验

　　设计校验过程是使用 EDA 开发软件对设计进行分析，它包括功能仿真、时序仿真和器件测试。

　　功能仿真用于验证设计的逻辑功能，通常是在设计输入完成之后，选择具体器件进行编译之前进行的逻辑功能验证。功能仿真没有延时信息，对于初步的逻辑功能检测非常方便。仿真结果将会生成报告文件和信号波形输出，从中便可以观察到各个节点的信号变化。若发现错误，则可返回设计输入中修改逻辑设计。

　　时序仿真是在选择了具体器件并完成布局、布线之后进行的快速时序检验，可对设计性能作整体上的分析，这也是与实际器件工作情况基本相同的仿真。由于不同器件的内部延时不一样，不同的布局、布线方案也给延时造成不同的影响，用户可以得到某一条或某一类路径的时延信息，时序仿真也可给出所有路径的延时信息(又称延时仿真)。若设计的性能不能达到要求，需找出影响性能的关键路径，并返回延时信息，修改约束文件，对设计进行重新综合和布局布线，如此重复多次直到满足设计要求为止。因此时序仿真对于分析时序关系，评估设计的性能以及检查和消除竞争冒险等是非常有必要的。

　　直接进行功能仿真的优点是设计耗时短，对硬件库和综合器没有任何要求，尤其对于规模比较大的设计项目，综合和布局布线在计算机运行耗时可观，若每次修改都进行时序仿真，显然会降低设计开发效率。通常的做法是：首先进行功能仿真，待确认设计文件满足设计要求的逻辑功能后再进行综合、布局布线和时序仿真，把握设计项目在实际器件的工作情况。

5. 器件编程

　　编程是把系统设计的下载或配置文件，通过编程电缆按一定的格式装入一个或多个 PLD 的编程存储单元，用于定义 PLD 内部模块的逻辑功能以及它们的相互连接关系，以便进行硬件调试和器件测试。

　　器件编程需要满足一定的条件，如编程电压、编程时序和编程算法等。随着 PLD 集成度的不断提高，PLD 的编程日益复杂，PLD 的编程必须在开发系统的支持下才能完成。

　　器件在编程完毕之后，对于具有边界扫描测试能力和在系统编程能力的器件来说，系统测试起来就更加方便，它可通过下载电缆下载测试数据来探测芯片的内部逻辑以诊断设计，并能随时修改设计重新编程。

1.3　EDA 软件工具简介

　　EDA 软件在现代数字系统设计中占据了极其重要的位置。EDA 的核心是利用计算机完成电子设计全程自动化，因此，基于计算机环境的 EDA 软件的支持是必不可少的。

　　由于 EDA 的整个流程涉及不同的技术环节，每一环节中必须有对应的软件包或专用

EDA 工具独立处理，因此单个 EDA 工具往往只涉及 EDA 设计流程中的某一步骤。这里就以 EDA 设计流程中涉及的主要软件为 EDA 工具分类，并加以简要介绍。EDA 软件工具大致可以分为如下五个模块：

模块一：设计输入编辑器。

模块二：HDL 综合器。

模块三：仿真器。

模块四：适配器(或称布局、布线器)。

模块五：下载器(或称编程器)。

现在也有将五个模块集成在一起的 EDA 开发软件，如 Xilinx 公司的 ISE、Altera 公司的 Quartus Ⅱ 软件。

1. 设计输入编辑器

优秀的 EDA 软件平台不仅集成了多种输入编辑器的设计输入表达方式，如状态图输入方式、波形输入方式以及 HDL 的文本输入方式，而且还提供了不同的设计平台之间的信息交流接口和一定数量的功能模块库供设计人员直接选用。设计者可以根据功能模块的具体情况灵活选用。下面介绍几种设计输入编辑器中较常用和较成熟的设计输入方式。

1) 原理图输入

原理图输入是 EDA 工具软件提供的最基本的设计方法。该方法是选用 EDA 软件提供的器件库资源，并利用电路作图的方法，进行相关的电气连接而构成相应的系统或满足某些特定功能的系统或新元件。这种方式大多用在对系统及各部分电路很熟悉的情况，或在系统对时间特性要求较高的场合，它的主要优点是容易实现仿真，便于信号的观察和电路的调整。原理图设计方法直观、易学。但当系统功能较复杂时，原理图输入方式效率低，它适应于不太复杂的小系统和复杂系统的综合设计(与其它设计方法进行联合设计)。Xilinx ISE 设计软件中原理图编辑器的窗口如图 1.3 所示。

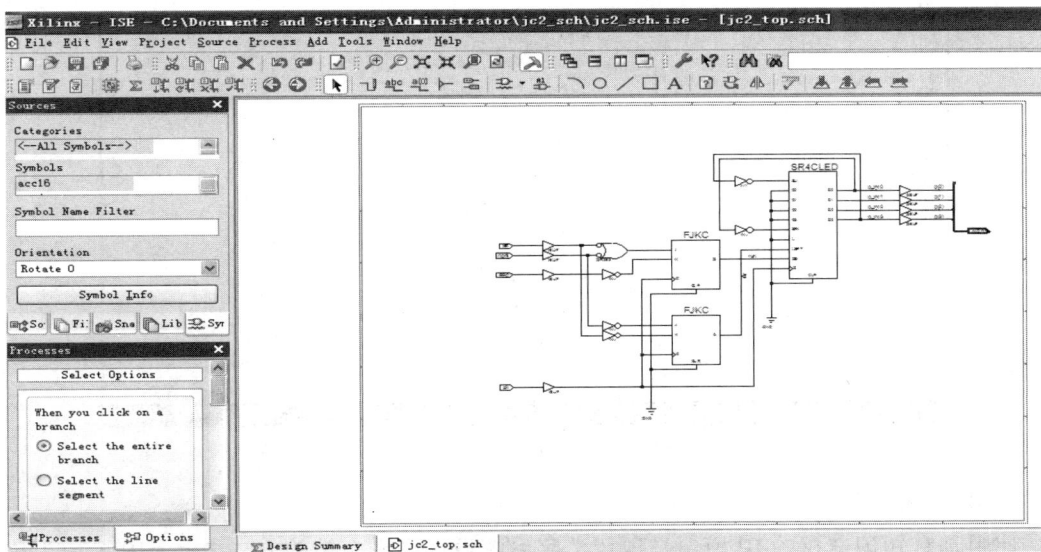

图 1.3　原理图编辑器的窗口

2) 程序设计法

程序设计法是指使用硬件描述语言 HDL 进行电路设计。使用 HDL 语言描述硬件电路是解决复杂电路描述的重要手段，大规模和超大规模集成电路均要使用 HDL 进行设计。硬件描述语言种类较多，使用较多的主要有 ABEL、VHDL 和 Verilog HDL。由于 VHDL 和 Verilog HDL 被国际 IEEE 组织认定为工业标准硬件描述语言，目前这两种语言在电子设计领域得到了广泛的应用。

由于 HDL 输入方式输入的是文本格式，所以它的输入实现要比原理图输入简单得多，用普通的文本编辑器即可完成。如果要求 HDL 输入时有语法色彩提示，可用带语法提示功能的通用文本编辑器，如 UltraEdit、Vim、Xemacs 等。当然 EDA 工具中提供的 HDL 文本编辑器会更好用一些，如 Aldec 公司的 Active HDL 的 HDL 文本编辑器。目前，各种 EDA 工具都集成了 HDL 编译与综合工具，它的出现为 EDA 的普及和发展奠定了良好的基础。

3) 状态机

一些 EDA 设计输入工具提供状态机图形设计描述方法。用户可用可视化图形(状态图)来描述状态机，可以绘画似地创建一定功能的状态机，最后生成 HDL 文本输出，如 Mentor 公司的 FPGA advantage(含 HDL designer series)、Active HDL 中的 Active State 等。尤其是 HDL designer series 中的各种输入编辑器，可以接受诸如原理图、状态图、表格图等输入形式。

在这种图形状态机设计中，设计者不必关心 PLD 内部结构和布尔表达式，只需考虑状态转移条件及各状态之间的关系，使用作图方法构成状态转移图，由计算机自动生成 Verilog 或 VHDL 语言描述的功能模块，从而很好地解决了通用性(HDL 输入的优点)与易用性(图形法的优点)之间的矛盾。图 1.4 给出了在 Xilinx 的 ISE 设计软件中图形状态机的设计窗口。

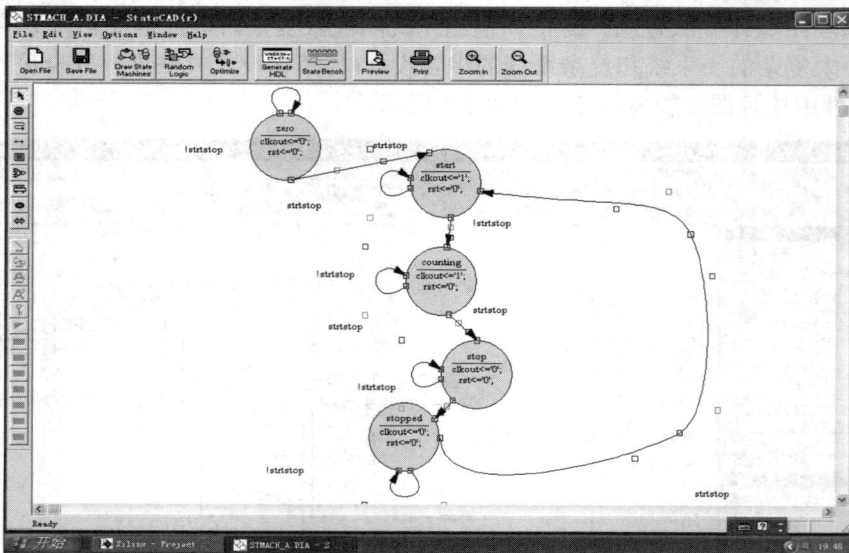

图 1.4　图形状态机的设计窗口

4) IP 模块使用

使用具有知识产权的 IP 模块是现代数字系统设计中最有效的方法之一。IP 模块也称为 IP Core(Intellectual Property Core)，即知识产权芯核。

　　IP 模块或 IP Core 一般是比较复杂的模块,如中央处理器(CPU)、数字信号处理器(DSP)、外设接口(PCI)等,这类模块设计工作量大,设计者要在设计、仿真、优化、逻辑综合、测试等方面花费大量劳动。供应商在提供 IP 模块时,已经排除了语言描述的冗余性,并且经过了验证,所以系统设计者采用 IP 模块进行设计时,可以集中精力去解决系统中的重点课题,并可以将优化的 IP 模块合并到其核心电路中来进行逻辑合成。另外,除了 EDA 软件工具提供大量 IP Core 以外,网络上也有丰富的各类 IP Core 出售,甚至提供成套解决方案,使设计者之间资源共享,从而缩短了产品设计周期,降低了产品设计风险。图 1.5 是 Xilinx 的 ISE 设计软件中实现二进制计数器 IP 模块的设计窗口,用户只需设置合理的参数即可得到相应的二进制计数器。

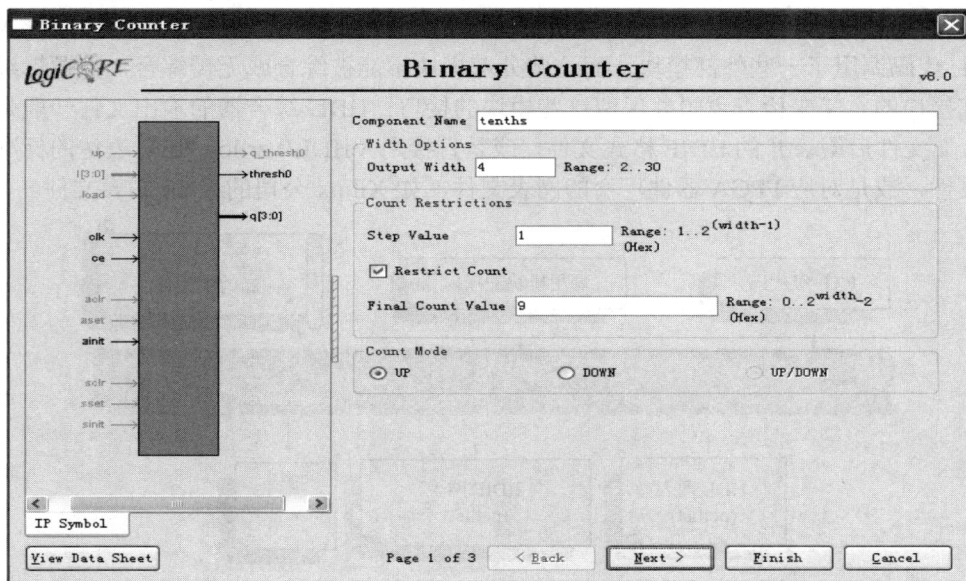

图 1.5　二进制计数器 IP 模块设计窗口

　　在设计输入过程中,往往分模块、分层次地进行设计描述。描述器件总功能的模块放置在最上层,称为顶层设计;描述器件最基本功能的模块放置在最下层,称为底层设计。层次化设计方法比较自由,可以在任何层次使用电路图或 HDL 进行描述。由于电路图的特点是适合描述连接关系和接口关系,而描述逻辑功能则很繁琐;HDL 语言正相反,逻辑描述能力强,但不适合描述连接和接口关系。一般常见的做法是:在顶层设计中,使用电路图描述模块连接关系和芯片内部逻辑到管脚的接口;在底层设计中,使用 HDL 硬件描述语言描述模块的逻辑功能。

　　现代 EDA 软件为设计者提供了多种有效的设计入口,但各种设计方法都有其自身的优势和局限。合理选择和综合应用各种设计方法尤其是 IP Core 和网上资源常常会使设计工作事半功倍。

2. HDL 综合器

　　逻辑综合就是使用 EDA 综合工具,将用 HDL 语言描述的寄存器传输级电路转化成门级网表的过程。逻辑综合是一个中间过程,它生成的网表是由用导线相互连接的寄存器传输级功能块组成的，HDL 综合器则是用于逻辑综合的工具。在把可综合的 VHDL/Verilog HDL 转化成硬件电路时，包含了三个过程：

(1) 转化：综合工具读入电路系统的 HDL 描述，将其转化为各个功能单元连接的电路结构的门级网表。这是一个通用电路原理图形成的过程，不考虑实际器件的实现。

(2) 优化：根据设计者所施加的时序、面积等约束条件，针对实际实现的目标器件的结构将转化的门级网表按一定的算法进行逻辑重组和优化，并使之满足各种约束条件。

(3) 映射：根据面积和时序的约束条件，综合工具从目标器件的工艺库中搜索恰当的单元来构成电路。

HDL 综合器运行流程如图 1.6 所示。HDL 综合器由寄存器传输级(RTL)代码、调用模块的接口及用户设置的综合目标和约束条件共同参与完成。其中，调用模块的接口导入是由于 RTL 代码调用了一些外部模块，而这些外部模块不能被综合或无需综合，但逻辑综合器需要其接口的定义来检查逻辑并保留这些模块的接口。HDL 综合器的输出文件一般是网表文件，如文件后缀 .edf 的 EDIF 格式文件，或是直接用 VHDL/Verilog HDL 表达的标准格式网表文件，或是对应 FPGA 器件厂商的网表文件，如 Xilinx 公司的 XNF 网表文件。

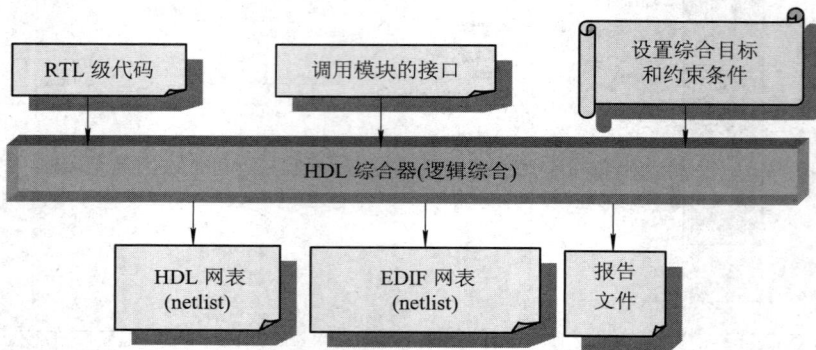

图 1.6　HDL 综合器运行流程

EDA 综合工具可以由 FPGA/CPLD 厂家提供，如 Xilinx 公司的 XST，也可以由第三方公司提供，如 Synopsys 公司的 FPGA Compiler II、Synplicity 公司的 Synplify。比较常用的、性能良好的 FPGA/CPLD 设计的 HDL 综合器有以下几种：Synplicity 公司的 Synplify pro 综合器，Synopsys 公司的 FPGA compiler，FPGA express 综合器以及 Mentor Graphics 公司的 Leonardo spectrum 综合器等。

HDL 综合器完成 EDA 设计流程中的一个独立设计步骤，它的调用方式一般有两种：一种是前台模式，在被调用时显示最常见的窗口界面；一种称为后台模式或控制台模式，在被调用时不出现图形界面，仅在后台运行。

3. 仿真器

仿真器有基于元件(逻辑门)的仿真器和 HDL 仿真器。基于元件的仿真器缺乏 HDL 仿真器的灵活性和通用性，在此主要介绍 HDL 仿真器。

在 EDA 设计技术中，仿真的地位十分重要。行为模型的表达、电子系统的建模、逻辑电路的验证乃至门级系统的测试，每一步都离不开仿真器的模拟检测，各设计环节的仿真仍然是整个 EDA 工程流程中最耗时间的一个步骤，因此 HDL 仿真器的仿真速度、仿真的准确性和易用性成为衡量仿真器的重要指标。

HDL 仿真器按对设计语言不同的处理方式分类，可分为编译型和解释型仿真器。编译型仿真器的仿真速度较快，但需要预处理，因此不便即时修改仿真环境和条件；解释型仿真器的仿真速度一般，可随时修改仿真环境和条件。

按照处理的硬件描述语言类型不同，HDL 仿真器可分为 VHDL 仿真器、Verilog 仿真器、Mixed HDL 仿真器(同时处理 Verilog HDL 与 VHDL)和其它 HDL 仿真器。

按照仿真时是否考虑硬件延时分类，HDL 仿真器可分为功能仿真器和时序仿真器。根据输入和仿真文件的不同，可以由不同的仿真器完成，也可由同一个仿真器完成。

功能仿真器流程如图 1.7 所示。功能仿真是直接对 HDL 语言、原理图描述或其它描述形式描述的逻辑功能进行测试模拟，以了解其实现的功能是否满足原设计的要求。它是由设计输入的行为级或 RTL 级代码、测试数据参与的测试程序以及调用模块的行为仿真模型共同参与完成逻辑功能的验证。功能仿真没有延时信息，仿真过程不涉及任何具体器件的硬件特性，对于初步的逻辑功能检测非常方便。

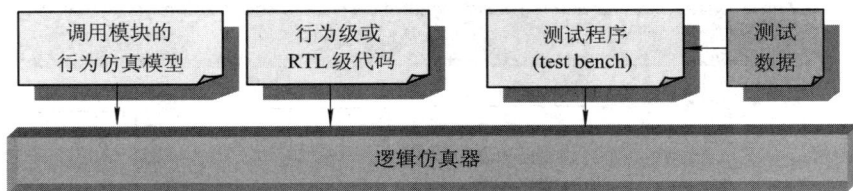

图 1.7　功能仿真器流程

时序仿真器流程如图 1.8 所示。在选择了具体器件后，由适配器完成布局、布线并得到 HDL 网表和标准延时文件，以及 FPGA 基本单元仿真模型和测试程序，它们共同参与时序仿真。时序仿真包含了器件的硬件特性参数和内部连线时延的仿真，是接近真实器件运行特性的仿真，因而仿真精度高。

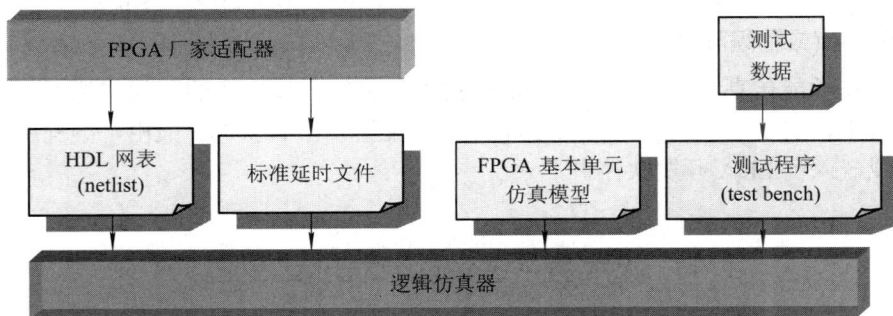

图 1.8　时序仿真器流程

按照仿真电路描述级别的不同，HDL 仿真器可以单独或综合完成以下各仿真步骤：

(1) 系统级仿真。

(2) 行为级仿真。

(3) RTL 级仿真。

(4) 门级时序仿真。

几乎所有的 EDA 都提供基于 VHDL 和 Verilog 的仿真器。常用的仿真器有 Mentor Graphics

公司的 Modelsim，Aldec 公司的 Active HDL，Cadence 公司的 NC-VHDL、NC-Verilog、Verilog-XL，SYNOPSYS 公司的 VCS、VSS 以及 Xilinx 公司和 Altera 公司自带的仿真器等。

4. 适配器(或称布局、布线器)

适配即结构综合，它的任务是完成目标系统在器件上的布局和布线，通常是由可编程逻辑器件生产厂商提供的专门针对器件开发的软件来完成。这些软件可以单独运行或嵌入到厂商提供的 EDA 集成开发软件中，如 Altera 公司的 EDA 集成开发环境 Quartus Ⅱ 和 Xilinx 公司的 ISE 软件中都含有嵌入的适配器。适配器运行流程如图 1.9 所示。

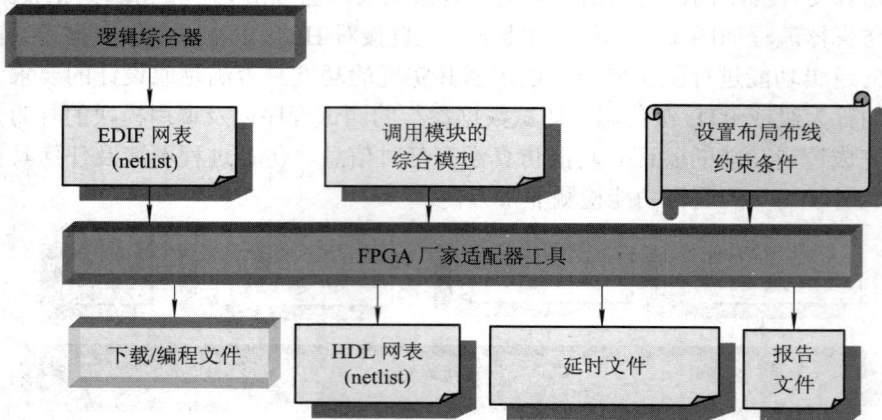

图 1.9   适配器运行流程

适配器利用综合器产生的网表文件、模块的综合模型以及用户设置的约束条件共同完成适配过程，最后输出的是符合各厂商定义的下载文件，用于下载到 FPGA/CPLD 器件中以最终实现设计。另外，适配器可以输出多种用途的文件：用于精确的时序仿真的延时文件；面向第三方 EDA 工具的输出文件，如 HDL 网表文件；适配技术报告文件等。

5. 下载器(或称编程器)

下载是在功能仿真与时序仿真正确的前提下，将综合后形成的下载文件下载到具体的 FPGA 芯片中，实现硬件设计，也叫芯片的编程/配置。下载软件一般由可编程逻辑器件厂商提供，或嵌入到 EDA 开发软件中。

1.4   现代数字系统设计的发展趋势

1. 电子设计最优化(EDO)

在电子设计的前端和后端，传统 EDA 方法已经发生了若干变化，EDA 已不能准确地反映出这一工业当前正在发生的巨大变化，更恰当的词将是电子设计最优化 EDO(Electronic Design Optimization)。

随着设计流程和各种设计工具的自动化水平达到一个新的层次，设计工程师已能够将更多的时间花在设计创建和设计最优化上。快速增长的计算能力与设计自动化相结合，将使设计工程师能既快又好地设计出新的产品。为了同步提高设计效率和设计创造性，这些新的设计工具能够可靠地和最优化地实现设计目标。

　　然而，向 EDO 转变将面临一系列新的挑战。旧的设计方法中的循序渐进法将不再有效。过去，大多数人使用一种工具创建电路图，接着用另一种工具放置元件，然后再用一种工具进行布线。为了发挥新流程的作用，设计管理人员和设计人员都必须认识到超越各自专业局限的必要性和具备较宽设计知识的重要性。例如，后端工作设计人员不但需要完成设计的布局和布线，而且要考虑物理设计问题，诸如时钟、功率、时序分析、逻辑优化、抽取、物理验证等。要实现真正意义的优化，设计任务就不能由不同的设计人员独立开发然后再"拼积木"完成。

　　目前，在 ASIC 流程设计中所面临的最大挑战是减少逻辑设计和物理设计之间反复迭代的次数。以往逻辑设计组和物理设计组的工作一直是相互独立的，它们采用不同的设计工具和接口，前端逻辑设计组和后端物理设计组之间工作传递的媒介是网表。

　　深亚微米技术的出现使得这种工作传递方式难以为继，因为物理设计人员无法达到逻辑设计人员所要求的设计指标。为此设计公司正尝试以不同的方法将多种技术结合起来解决面临的问题，开发出具备更强功能的混合工具。基于综合的工具设计公司正尝试引入物理布版能力，以便更好地评估能一次性通过(one-pass)物理实现的解决方案。物理布版工具设计公司正尝试引入综合技术来改变逻辑结构以使物理实现能达到一次性通过的设计要求。

　　FPGA 平台可以按需求实现结构综合，从而实现电子设计最优化。传统的系统设计技术是根据应用的要求把一个系统级的结构映射或分割成专门的硬件部件和软件部件，硬件部件由 FPGA、ASIC 和 ASSP 等构成，软件部件是运行在 CPU、DSP、处理器和微控制器上的代码，所以系统级的结构映射或分割是固定的硬件/软件分割，但是这种分割不能达到性能和成本的最优化。

　　新的系统分割方式应该是灵活的硬件、软件分割方式的取舍，它贯穿在设计的整个过程中，使得非传统的系统结构成为可能，即能够重新定义系统结构，使系统结构按照最佳的性能和成本进行调配：软件模块可以在硬件中实现，当由硬件实现系统功能时，具有速度快和成本高的特性；硬件模块可以移到软件中实现，当由软件实现系统功能时，相对来说速度慢和成本低。

　　为了使得最优的硬件/软件集成成为可能，要求有一个可伸缩的和灵活的平台，FPGA 可再配置系统平台可以实现在设计的任何时间和阶段都允许设计的功能在硬件和软件之间移动，达到在模块级实现最优的映射。以 Virtex-II Pro 系列 FPGA 为例，它集成了可编程的硬件和处理器，通过直接存取数据到处理器局部总线和 FPGA 片内块 RAM 的特性来减少等待时间。可重配置平台的硬件资源与处理器之间有紧密的耦合，其有效性取决于硬件和/或软件的及时响应。要使真正的相互可操作性成为可能，数据带宽和等待时间是关键的系统参数，而外部接口和总线协议常常是其瓶颈。因此要使电子设计最优化(EDO)，作为设计人员，将不得不学习如何为设计工具提供更多关于设计的目标，此外还需要拓宽设计技能，不能再局限于特定的设计工具和工艺上。

2．在线可重构技术

　　在互联网时代，利用在线可重构技术设计一个可以远程修改和升级的"通用"硬件系统，可以满足未来不断发展的要求，同时为应用技术的发展开辟一个新领域。

互联网时代的在线可重构技术已引发可编程片上系统设计的革命，FPGA 的设计可以很容易地从网上下载和测试，并通过网络对安装好的应用进行维护、修改和更新升级，即"在线现场可更新应用"，这类应用系统的出现应归功于 Xilinx 等 PLD 公司的"互联网可重构逻辑" IRL(Internet Reconfigurable Logic)技术。随着 IRL 技术的发展，IRL 已被许多网络设备采用，如 ATM 转发器、蜂窝基站、卫星通信系统，网络应用系统、多功能机顶盒和移动网络设备等，这项技术使得专用或公共网具备了现场更新、修复和修改的能力。IRL 技术主要特点体现在以下几个方面：

(1) 器件结构的支持：例如 Xilinx 的最新产品 Virtex 系列除具有可编程逻辑功能块、可编程 I/O 和可编程布线资源等基本的功能之外，还为可编程片上系统增加了许多新功能，包括分布式 RAM 和块 RAM 构成的片上存储器。采用延时锁相环技术的先进时钟及对多种 I/O 接口的支持使得 Virtex 系列 FPGA 可通过内部嵌入式处理器内核(如 MicroBlaze 和 PPC405)及其软件支持实现对自身的远程升级和重构。

(2) Java 语言的使用：Java 是一种易于使用的面向对象的编程语言，Java 将语言编译成处理器的通用代码，可移植于多种平台。Java 语言的使用使得在各种系统上运行和验证 FPGA 的设计成为可能，甚至可以将解释处理器代码的 Java 虚拟机也集成在 FPGA 中。采用 Java 开发平台的优点是可为 TCP/IP、UDP 以及一般的 Socket 接口提供协议支持。采用内置 Java 数据加密技术，还可以确保配置数据在互联网传输中的可靠性。

在线可重构技术的推出，使得系统的远程升级和调试成为可能，因而优于常规的固定逻辑设计。当前工业界各种标准的竞争非常激烈，采用在线可重构技术可以抢占市场先机，并适应标准的变化。在线可重构技术还能确保系统能够适应不断变化的环境。例如，图像译码器可以根据不同的输入数据采用不同的算法，并且能够在不影响系统工作的前提下，下载新的算法。在线可重构技术不仅可以提高产品的适应性，延长产品的生存周期，更能提高经济效益。

3. SOPC 技术

随着制造工艺技术和系统芯片设计技术的发展，IC 设计者能够将越来越复杂的功能集成到单硅片上。片上系统 SOC(System on a Chip)正是在集成电路(IC)向集成系统(IS)转变的大方向下产生的。它是信息系统的芯片集成，是将系统集成在一块芯片上，SOC 就是一个微小型系统。

SOC 就是将微处理器、模拟 IP Core、数字 IP Core 和存储器(或片外存储控制接口)、数据通路、与外部系统的数据接口等部件集成在单一芯片上，其存储介质可以是 SRAM、DRAM、Flash 等或几种存储器的组合。输入/输出接口则可以包括从 PCI 接口、以太网、USB、A/D 和 D/A 到机电传感器、机电控制器和光电转换传输等各种类型的数据接口。数据处理的内容更可以多种多样，可以仅完成简单的控制，也可以完成复杂的图像压缩、解压运算，或完成高速度的路由功能。

SOC 具有很多优势：可减少印制板上的部件数和管脚数；有利于板卡的性能改善(由于片内连线缩短)；能极大改善功耗开销；减少板卡失效的可能性；减少系统开发商的成本。

近年来，随着可编程逻辑器件技术的进步，FPGA 的价格在不断地降低，逻辑容量达到了千万门级的水平，片内存储 SRAM 容量越来越大。Altera 公司在 2000 年提出的片上可编程系统 SOPC(System on a Programmable Chip)提供了另一种有效的解决方案，即基于可编程逻辑器件的 SOC 设计方案。

SOPC 是 SOC 发展的新阶段，代表了当今电子设计的发展方向。SOPC 作为一种特殊的嵌入式系统，它将处理器、存储器、I/O 口、LVDS、CDR 等系统设计需要的功能模块集成到一个 PLD 器件上，构建成一个可编程的片上系统。

SOPC 是以目前广泛使用的 PLD 器件——FPGA/CPLD 来取代 ASIC，是更加灵活、高效的片上系统的解决方案。SOPC 兼有 SOC 系统和 PLD 器件的特点，一方面作为 SOC，它在单个芯片上实现一个完整的系统，完成信号采集、转换、存储、处理和输入/输出等功能，把过去需要系统设计解决的问题，包括可靠性、低功耗等，集中在 IC 设计中解决，具有速度快、集成度高、功耗低等优点；另一方面，作为可编程系统，没有 ASIC 设计中昂贵的非经常性工程费用，具有灵活的设计方式，容易裁减、扩充、升级，具备一定的系统可编程功能。

SOPC 代表了一种新的系统设计技术，也是一种初级的软、硬件协同设计技术。SOPC 芯片的设计虽然比较复杂，但在技术上比 SOC 芯片设计有更大的优势。SOPC 的技术优势主要体现在以下几个方面：

(1) 运用嵌入的微处理器软核和其它 IP Core 资源。对于微处理器软核，由于它是可配置的，所以可以应用于 FPGA 厂商的任何 FPGA 芯片上。除了微处理器软核，设计平台还提供了大量的外设和接口库，如 UART、时钟、DMA、SDRAM，以及并行 I/O 等大量免费 IP 库。另外，市场上有丰富的 IP Core 资源可供灵活选择，这些资源使得设计变得简单化，降低了设计成本。除了系统使用的资源外，可编程逻辑器件内还具有足够的可编程逻辑资源，用于实现其它的附加逻辑。有些可编程逻辑器件内还包括部分可编程模拟电路资源。

目前精度较高的 ASIC 产品制造价格仍然相当昂贵，而集成了 IP Core 的 CPU、DSP、存储器、外围及可编程逻辑的 SOPC 芯片在应用的灵活性和价格上有极大的优势。微处理器可配置为 32 位或 16 位的 CPU，使设计人员能够在速度与占有资源上作出最优选择。

(2) 采用先进的 EDA 开发工具，如 Xilinx 公司的 ISE 以及 EDK 开发工具的出现，极大地提高了开发人员的工作效率。EDK 是一个自动化的系统开发工具，它能够极大地简化高性能 SOPC 的设计工作。该工具可以自动完成开发中的系统定义和集成过程，从而大大缩短产品的上市时间。采用 EDK 开发工具，设计人员能够在该工具内定义具有硬件和软件的完整嵌入式系统，而花费的时间仅仅是传统 SOC 设计的几分之一。

(3) 知识产权得到重视，越来越多的设计人员以 IP Core 设计及复用的方式对现在的 IP Core 加以充分利用，从而提高设计效率并缩短产品的上市时间。

(4) 通过 SOPC 技术，能够有机融合 MCU、DSP 和 FPGA，兼顾它们各自的特点，这些特点顺应了未来嵌入式系统发展的趋势。

SOPC 可以在大容量 FPGA 中嵌入 16 位或 32 位的 MCU，从而获得 MCU 在简单控制和人机接口方面全面的软件支持上的领先地位；用 FPGA 的硬件门电路也较容易实现 DSP 对海量数据快速处理的流水线技术。而 FPGA 超大规模的单芯片容量和硬件电路的高速并行运算能力使其在高速复杂逻辑处理方面具备了明显的优势。同时，SOPC 可编程的灵活性和 IP 设计的重用性，可以保证产品的差异要求和缩短产品的面市时间，因为它无需库存费用，也无需一次性投片费用，可以极大地降低投资风险。

SOPC 技术将引领新一代嵌入式处理器的技术发展，它是以嵌入式系统为核心，集软、硬件于一体，并在系统集成中追求产品系统的最大包容性，能成功实现多学科的协作与融合。SOPC 突出了软件开发的比重，需要计算机专业人士的介入，需要提供良好的开发平台和嵌入式操作系统。

SOPC 的发展离不开应用领域的需求牵引。进行片上系统设计时，首先要考虑的问题是系统的体系结构。为了提高开发模块的重复利用率，降低开发成本，可采用 SOPC(芯片内部)总线、芯片间总线(如 SPI、I2C、UART、并行总线)、板卡间总线(ISA、PCI、VME)和设备间总线(USB、1394、RS232)。SOPC 总线为用户提供了一个堪称"理想"的环境，即片上系统模块间不会面临干扰、匹配等传统问题，但是片上系统的时序要求却异常严格。

目前 SOPC 的发展重点主要包括：

(1) 总线结构及互联技术，这些技术直接影响芯片总体性能发挥。

(2) 软、硬件的协同设计技术，主要解决硬件开发和软件开发中的同步问题。

(3) IP 可重用技术，如何对其进行测试和验证。

(4) 低功耗设计技术，主要研究多电压技术、功耗管理技术和软件低功耗利用技术等。

(5) 可测性设计方法学，研究 JTAG 设计技术、批量生产测试问题。

(6) 超深亚微米实现技术，研究时序收敛、信号完整性和天线效应等。

SOPC 的发展将不断满足日趋增长的功能密度、灵活的网络连接、轻便的移动应用、多媒体的信息处理等需求。SOPC 需具备 LCD、USB、CAN、MAC/WLAN 或 IrDA 等通信接口，同时也需要提供相应的通信组网协议软件和物理层驱动软件，甚至浏览器。

SOPC 将满足人们以 GUI 屏幕为中心的多媒体界面与信息终端交互需求，如手写文字输入、语音拨号上网、收发电子邮件、传送彩色图形/图像及语言同声翻译等。SOPC 将具有 32 位、64 位 RISC 芯片或信号处理器 DSP 等增强处理能力，同时支持嵌入式 RTOS 发展，采用实时多任务编程技术和交叉开发工具技术来控制功能复杂性，简化应用程序设计，保障软件质量，缩短开发周期。

另外，世界芯片复杂度的年增长率为 58%，但设计能力的增长仅为 20%。由此看出，世界集成电路设计能力的增长远远跟不上芯片复杂度增长的速度，这为集成电路设计产业提供了难得的发展机会。面对集成电路向 SOPC 的转型，我国实现集成电路设计业跨越的一个历史机遇已经来临，高端嵌入式处理器将以 SOPC 的发展为代表，成为各相关学科的交汇点。在 SOPC 相关学科领域中，应注意吸收与培养其它学科领域人才，如光、机、电等学科，不断改善 SOPC 研究队伍组织结构，加强跨学科的 SOPC 综合技术研讨，积极沟通观念、信息与技术，以培养 SOPC 的跨学科高级人才。

小　　结

本章对现代数字系统设计的方法、设计流程和设计 EDA 软件的构成进行了详细的阐述，分析了 SOC 和 SOPC 技术的概念和异同点，重点介绍了 SOPC 技术的优势和设计方法，以及目前现代数字系统设计的发展趋势。

习　　题

1.1　简述 EDA 技术的发展历程？EDA 技术的核心内容是什么？

1.2　传统设计方法和 EDA 设计方法有何不同？

1.3　EDA 技术与 ASIC 设计和 FPGA 开发有什么关系？

1.4　简述现代数字系统设计流程包含哪些主要步骤，各主要步骤的作用是什么？

1.5　综合在 FPGA/CPLD 设计中的作用是什么？综合这一过程的输入/输出是什么？

1.6　简述现代数字系统设计的主要方法。

1.8　在 EDA 技术中，"自顶向下"的设计方法的含义和重要意义是什么？

1.9　IP Core 在 EDA 技术的应用和发展中的意义是什么？

1.10　基于平台的 SOPC 的主要设计方法是什么？

1.11　SOPC 技术的含义是什么？SOPC 技术和 SOC 技术有何异同点？

1.12　通过资料查询，说明目前现代数字系统的发展趋势是什么？

第 2 章　基于原理图的设计

◆◆

　　本章介绍利用 Xilinx 公司的 ISE Foundation 开发软件实现基于原理图设计的方法和流程。

2.1　Xilinx ISE Foundation 介绍

　　ISE Design Suite 10.1 是一个较完整的设计开发环境，它整合了 Xilinx 的嵌入式、DSP 和逻辑设计等工具，集成了 FPGA 开发需要的所有功能，其开发工具包括：

- ISE Foundation 可编程逻辑设计软件。
- Platform Studio 嵌入式开发工具套件。
- PlanAhead 设计和分析工具。
- ChipScope Pro 软逻辑分析仪调试工具。
- System Generator 数字信号处理系统设计工具。
- AccelDSP 系统综合工具。

　　ISE Foundation 软件是 ISE Design Suite 10.1 套件的核心，主要实现逻辑设计，是一个高效的 EDA 设计工具集合，具有界面友好、操作简单和功能强的特点，再加上 Xilinx 的 FPGA 芯片市场第一的占有率，使其成为非常通用的 FPGA 工具软件。

2.1.1　安装 ISE Foundation

　　在安装 ISE Foundation 之前，应完成以下准备工作：

　　(1) 登录 Xilinx 公司官方网站注册 10.1 产品(网址 http://www.Xilinx.com/cn/register)，并获取注册 ID，可在 60 天评估期内免费使用。

　　(2) 下载 ISE Foundation 安装文件，或向 Xilinx 申请一张 DVD 安装光盘。

　　下面以 Windows 操作系统下的安装为例介绍安装过程。在本例中，ISE Foundation 软件安装于 D 盘的 Xilinx 目录下。双击安装程序 Setup.exe，启动向导程序，出现欢迎页面，然后单击 Next > 按钮，依次进入以下对话框：

　　(1) 在输入注册 ID 号【Enter Registration ID】对话框中输入注册 ID，如图 2.1 所示。

　　(2) 在选择安装软件产品对话框中确认安装 ISE 设计软件。

　　(3) 在接下来的两个对话框中选择接受软件使用许可协议。

　　(4) 在设置目标路径【Select Destination Directory】对话框中选择或输入安装路径，在

图 2.2 中安装路径设为"D:\Xilinx\10.1"。

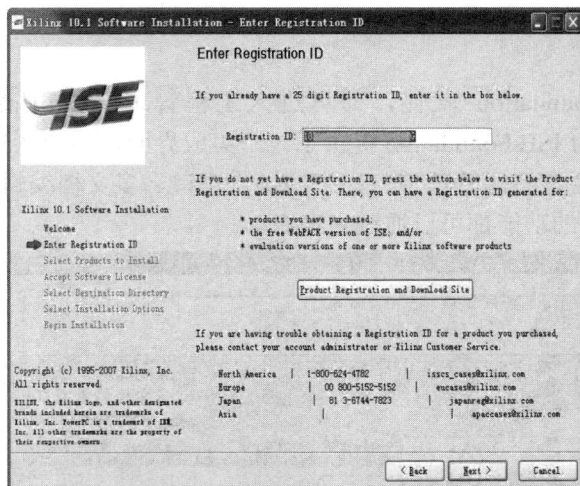

图 2.1　注册 ID 输入对话框　　　　　　　图 2.2　选择安装路径界面

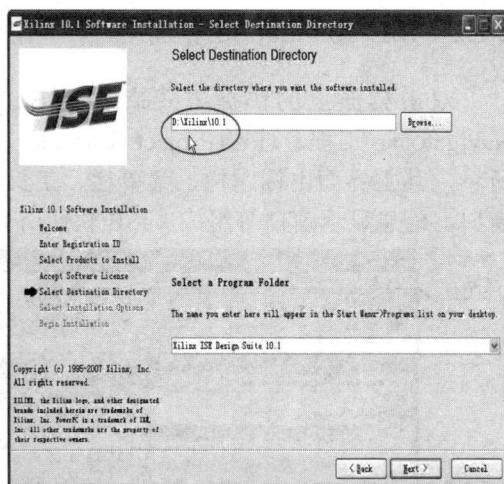

(5) 在安装组件选择对话框中选择需要安装的软件组件，并确认有足够的磁盘安装空间 (完全安装大概需要 5.6 G 的磁盘空间)，如图 2.3 所示。在紧接着出现的两个对话框里确认路径等环境变量设置和其它附件程序。

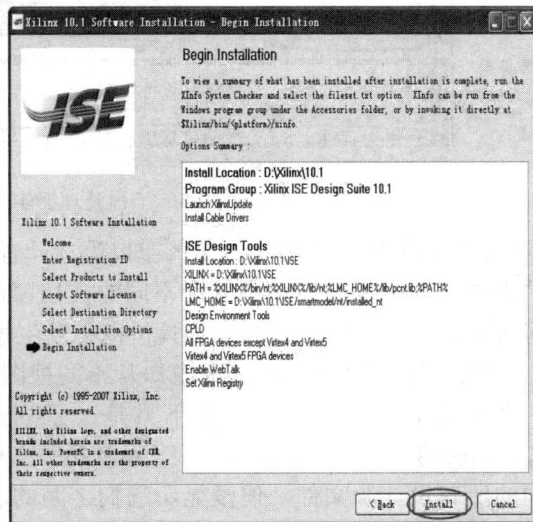

(6) 确认安装信息对话框用于确认环境变量的设置和安装组件的信息，如图 2.4 所示，确认了各项安装信息后，单击 Install 按钮，安装程序开始复制文件。

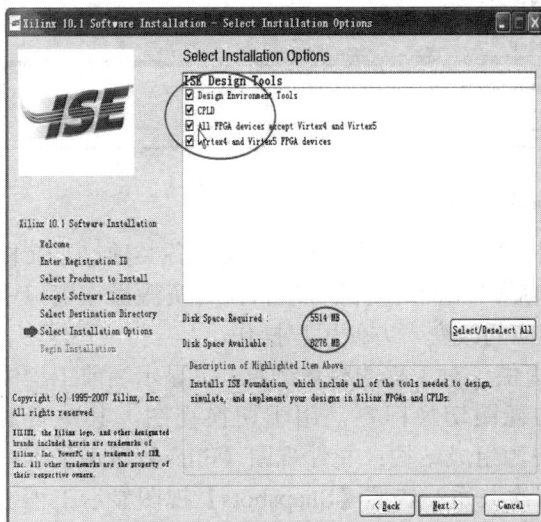

图 2.3　安装组件选择对话框　　　　　　　图 2.4　确认安装信息对话框

(7) 安装程序完成文件复制，安装过程结束。如果弹出请求联网查询软件更新对话窗口，可直接将其关闭。建议在条件允许的情况下请用户尽可能地为 ISE 软件安装最新的补丁包，最大可能地消除使用过程中由于软件漏洞而带来的问题和困惑。

完成安装后，Windows 系统"开始"菜单下的程序组中和桌面上会生成启动 Xilinx ISE

软件的快捷方式。

2.1.2　ISE Foundation 界面

　　双击桌面上的快捷方式启动 ISE Foundation 软件，即可进入工程管理器(Project Navigator)。工程管理器(Project Navigator)为 ISE Foundation 提供了一个集成界面，如图 2.5 所示，其主界面由标题栏、菜单栏、工具栏、资源管理窗口、资源操作窗口、多文档编辑窗口、信息显示窗口等组成。ISE 软件所有的功能都可以通过它来启动。

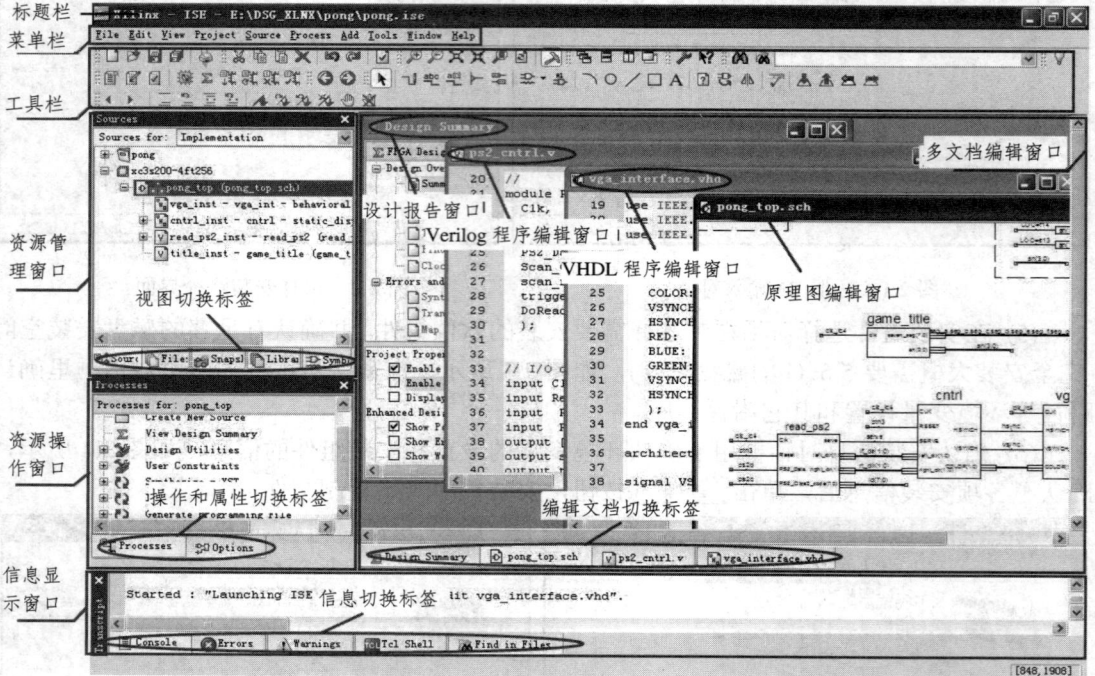

图 2.5　工程管理器(Project Navigator)用户界面

　　(1) 右侧居中的多文档编辑窗口为设计者提供了一个设计、编辑、浏览各类项目子文档的工作空间。在该窗口中激活不同的文档窗口后，左侧的资源管理窗口、资源操作窗口中将会随之出现不同的栏目，工具栏也会发生相应的改变，方便用户操作。

　　(2) 资源管理【Sources】窗口从不同视图提供了对工程的整体浏览，可显示当前工程中的所有资源文件。该窗口的下方是一系列的视图切换标签，用于切换视图，其中资源【Sources】视图层次化显示了工程中的所有资源组成结构；文件视图【Files】显示了工程中的所有设计源文件，但没显示它们之间的层次关系；快照【Snapshots】视图显示工程中的快照，提供的是一个对工程目录和远程资源的只读记录；库【libraries】视图显示工程的加载库和工程所对应的用户现行工作 Work 库，Work 库中的元件对应源文件都被完整列出；当编辑窗口中打开原理图文档时，资源管理窗口还会出现模块符号【Symbols】视图，利用该视图，用户可方便地调用可用模块符号。

　　(3) 资源操作【Process】窗口显示了对资源管理窗口中选中的资源文件进行过的相关操作，并根据资源类型、设计流程和器件类型，按对应执行步骤的一般先后顺序从上到下编排这些操作。双击操作栏目，相应操作就被启动，执行的情况可通过栏目前的示意图标获知。

(4) 信息显示【Transcript】窗口显示 Project Navigator 的处理信息，如操作步骤信息、错误信息和警告信息等。另外该窗口还提供控制台【Console】信息子窗口和文件查找【Find in Files】子窗口。控制台信息窗口具有交叉链接功能，在调试时用来进行错误定位十分方便。

2.1.3 ISE Foundation 的集成工具

ISE Foundation 集成了多种设计工具，它们分别用于设计流程的不同阶段。下面按照设计输入工具、综合工具、仿真工具、实现工具和辅助设计工具这五大类对 ISE Foundation 中的主要集成工具进行分类编排，并给出它们在 Project Navigator 中的常用启动方法，如表 2.1 所示。

表 2.1　ISE Foundation 的主要集成工具

工具名称	工具功能	Project Navigator 中常用启动方法	工具类别
HDL 编辑器 (HDL Editor)	HDL 源码的生成与编辑	【Project】→【New Source…】，选择 Verilog 或 VHDL 类文档，或在资源管理窗口中双击 HDL 文档	设计输入
原理图编辑器 (ECS)	原理图的设计与输入	【Project】→【New Source…】，选择 "Schematic" 文档，或在资源管理窗口中双击 sch 文档	
状态机编辑器 (StateCAD)	状态机设计	【Project】→【New Source…】，选择 "State Diagram" 文档，或在资源管理窗口中双击 dia 文档	
IP Core 生成器 (IP Core Generator)	IP Core 生成工具	【Project】→【New Source…】，选择 "IP"文档，或在资源管理窗口中双击 xco 文档	
XST	综合	在资源管理窗口选中工程顶层文件，双击资源操作窗口中的【Synthesize】栏目	综合
ISE Simulator	仿真	在资源管理窗口选中测试激励文件，在资源操作窗口中双击【Simulator】栏目	仿真
测试激励生成器 (HDL Bench)	辅助生成测试激励	【Project】→【New Source…】，选择【Test Bench Waveform】文档，或在资源管理窗口中双击 tbw 文档	

续表

工具名称	工具功能	Project Navigator 中常用启动方法	工具类别
约束编辑器 (Constraints Editor)	编辑指导实现步骤的用户约束文件	【开始】→【程序】→【Xilinx ISE Design Suite 10.1】→【ISE】→【Accessories】→【Constraints Editor】，或在工程中新建 UCF 文件，在【Processes for Source】窗口中双击【Creating Timing Constraints】项来启动 Constraints Editor	实现
引脚与区域约束编辑器 (PACE)	编辑与 I/O 引脚和面积约束相关的用户约束文件	【开始】→【程序】→【Xilinx ISE Design Suite 10.1】→【ISE】→【Accessories】→【PACE】	
FPGA 底层编辑器 (FPGA Editor)	手工布局布线	【Floorplan Area】→【IO】→【Logic-Post-Synthesis】	
布局规划器 (Floorplanner)	底层物理布线	【开始】→【程序】→【Xilinx ISE Design Suite 10.1】→【ISE】→【Accessories】→【Floorplanner】，或在经翻译或布局布线后，双击【Place & Router】下的【Vier/Edit Place Design(Floorplanner)】	实现
时序分析器 (Timing Analyzer)	实现结果的时序分析工具	【开始】→【程序】→【Xilinx ISE Design Suite 10.1】→【ISE】→【Accessories】→【Timing Analyzer】，或在 ISE 中经过综合后直接启动时序分析器	
功耗仿真器 (XPower)	分析不同工作条件的功耗	【开始】→【程序】→【Xilinx ISE Design Suite 10.1】→【ISE】→【Accessories】→【XPower】，或在 ISE 中直接启动芯片观察器	
配置器 iMPACT	实现 FPGA/CPLD 的配置和通信	完成实现后，双击资源操作窗口中的【Configure Target Device】中的【Manage Configure Project】项，在弹出的配置对话框中选中【JTAG】项	辅助
配置文件分割器 (PROM File Formatter)	完成配置文件的分割	完成实现后，双击资源操作窗口中的【Configure Target Device】中的【Manage Configure Project】项，在弹出的配置对话框中选中【Prepare a PROM File】项	

　　ISE Foundation 除集成以上工具之外，在综合工具上还可以内嵌 Mentor Graphics 公司的 LeonardoSpectrum 和 Synplicity 公司的 Synplify 等产品，实现无缝链接；在仿真工具

方面提供了使用 Mentor Graphics 公司 Modelsim 软件进行仿真的接口。通过与第三方 EDA 软件取长补短，ISE Foundation 的功能越来越强大，为用户提供了更加丰富的 Xilinx 开发平台。

2.2　基于原理图的设计流程

ISE Foundation 作为一套完整的 FPGA 设计工具，涵盖了输入、综合、实现、验证和配置五大功能，并按一定的设计流程分步执行，如图 2.6 所示。具体设计流程包括设计输入、综合、行为和功能仿真、实现、静态时序分析、时序仿真、器件配置等步骤。

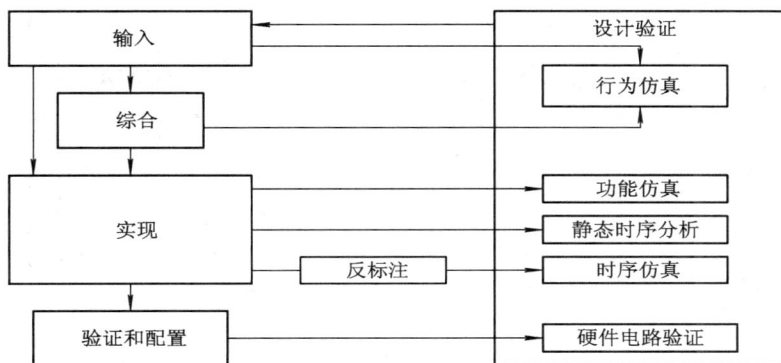

图 2.6　ISE Foundation 的设计流程图

ISE Foundation 具有多种形式的设计输入文档，并支持混合编译，允许在一个工程项目中同时存在 Verilog、VHDL 和原理图等多种形式的设计源文件。通常将设计输入分为文本和图形两种输入方式，其中文本输入方式以硬件描述语言(HDL)方式为主，图形方式则以原理图输入为其主要形式。一般的设计都采用以 HDL 为主、原理图为辅的混合设计来发挥两者的各自特色。

在本节中，通过采用原理图输入方式引导读者完成一个具有停止控制端的双向约翰逊计数器设计，并以 Spartan-3E Starter 开发板作为目标板进行试验，以便读者即使不具备 HDL 语言基础，也能掌握 ISE Foundation 的设计流程和软件操作，使用 FPGA 完成简单的数字系统设计。

2.2.1　创建工程

在 Windows 系统的【开始】菜单中选择名为"Project Navigator"图标或双击桌面的"Xilinx ISE 10.1" 快捷方式，启动工程管理器。工程管理器打开后，会默认恢复最近使用过的工程界面。如果是第一次启动它，将出现空白的工程界面。

在开始设计之前，先应为该设计任务建立一个工程项目，对设计流程有一个大致的规划和安排，以便于管理设计流程中产生的各类文档。下面建立一个工程名为 "jc2_sch" 的项目，具体操作步骤如下：

(1) 选择【File】→【New Project】，弹出新建工程向导对话框【New Project Wizard】。在工程保存路径【Project Location】栏选择工程存放路径，本例设为"E:\DSG_XLNX\jc2_sch"

在工程名【Project name】栏中输入工程名称"jc2_sch";顶层模块类型【Top-level source type】栏的下拉菜单中选择【Schematic】项,如图 2.7 所示。单击 Next > 按钮,执行下一步操作。

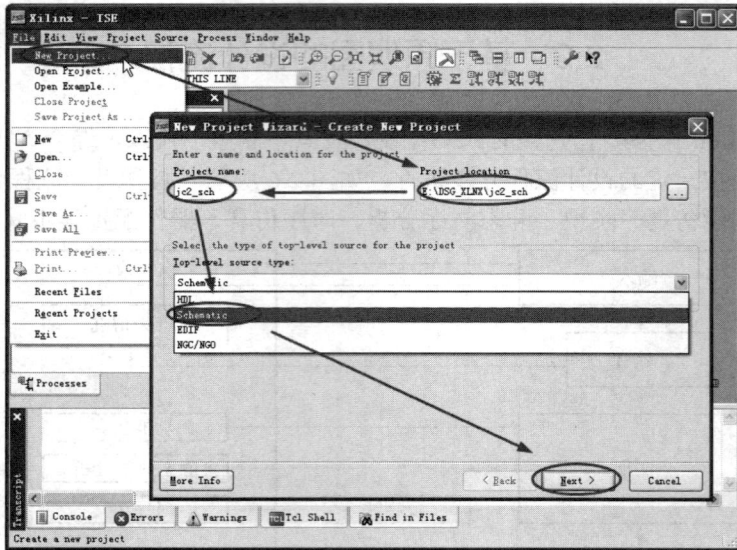

图 2.7　新建工程向导对话框

(2) 在工程属性设置【Project Properties】对话框中,设置器件、综合工具和仿真工具等选项。根据目标板上的 FPGA 芯片型号,器件【Device】选择 Spartan3E 系列的"XC3S500E",封装【Package】选择"FG320",速度等级【Speed】选择"−5";综合工具【Synthesis Tool】选择 ISE Foundation 内嵌的综合器"XST";仿真工具【Simulator】选择 ISE 内嵌的仿真器"ISE Simulator",如图 2.8 所示。单击 Next > 按钮。

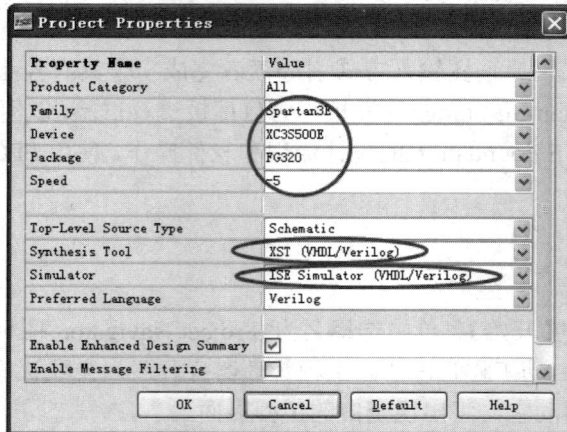

图 2.8　工程属性设置对话框

(3) 新建设计源文档。选择【Project】→【New Source…】,弹出新建源文件向导【New Source Wizard】对话框。新建设计文档包括原理图、状态图、HDL 语言、HDL 测试文件和 IP Core 等多种类型的源文件。选择【Schematic】项,创建原理图文件,在【File name】栏

中输入文件名 "jc2_top"，选择保存路径，选中【Add to project】项，如图 2.9 所示，为工程添加一个原理图设计文件。单击 Next > 按钮。

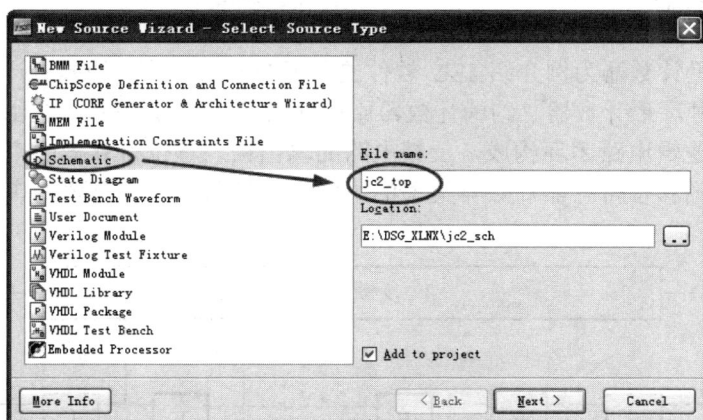

图 2.9 创建设计源文档对话框

(4) 在向导的下一个对话框中可以向工程添加已有的设计源文件，本设计没有需要添加的文件，直接单击 Next > 按钮。

(5) 进入新建源文件向导的最后一个对话框，单击 Finish 按钮就建立了一个以原理图为顶层设计文档的完整工程，如图 2.10 所示。

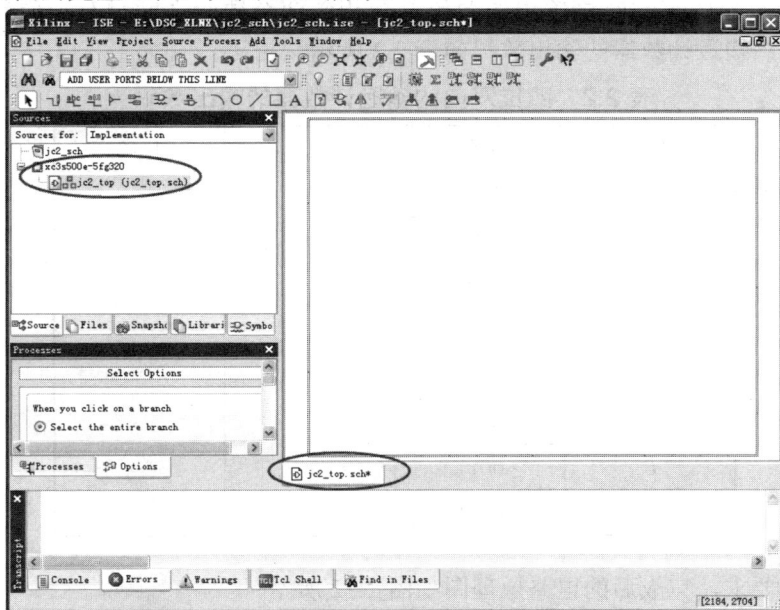

图 2.10 新建工程后的用户界面

如果想对工程的属性进行调整，可以通过下面的方法调出工程属性对话框来重新进行设置：

(1) 在资源管理窗口中选择目标器件或顶层设计文档。

(2) 在上一步选中的器件或设计文档处单击右键，在弹出的窗口中选择【Properties...】弹出工程属性对话框，或在工程管理器的菜单栏上单击【Source】→【Properties...】命令弹出工程属性对话框进行设置。

2.2.2　原理图绘制

本节以约翰逊计数器为例介绍 ISE 软件的原理图绘制方法。约翰逊计数器又称扭环型计数器，它是一种环形计数器。约翰计数器原理框图见图 2.11 所示，它由一个移位寄存器和一个组合反馈逻辑电路闭环构成，反馈电路的输出馈入移位寄存器的串行输入端，反馈电路的输入端根据移位寄存器计数器类型的不同，可馈入移位寄存器的串行输出端或某些触发器的输出端。

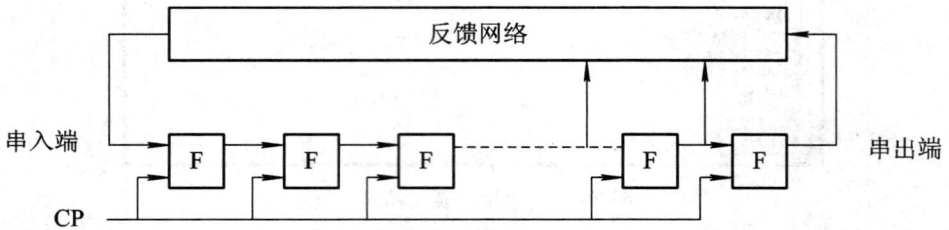

图 2.11　约翰逊计数器原理框图

扭环型计数器是将移位寄存器最后一级的输出取反后反馈到第一级输入端而构成的，该计数器也因此而得名。

约翰逊计数器的正常时序输出的数码符合相邻两个数码之间只有一位码元不同的特点，四位双向约翰逊计数器的输出数码如表 2.2 所示。

表 2.2　四位双向约翰逊计数器的输出数码

态序	数码	正向	反向
0	0000		
1	1000		
2	1100		
3	1110	↓	↑
4	1111		
5	0111		
6	0011		
7	0001		

根据设计要求，完成后的电路原理图如图 2.12 所示。

SR4CLED、FJKC、OBUF、IBUF、INV 和逻辑门都是从系统原理图模块库中调出的元件模块，其中 OBUF、IBUF 不具备逻辑功能，其它模块的功能可通过软件帮助快速了解，调用帮助的方法在本节后文中有介绍。

整个设计一共有八个端口：一个时钟输入端 CLK；三个控制输入端：左移控制端 LEFT、右移控制端 RIGHT 和停止控制端 STOP，控制信号都是低电平有效；四个计数输出端：q(0)～q(3)。

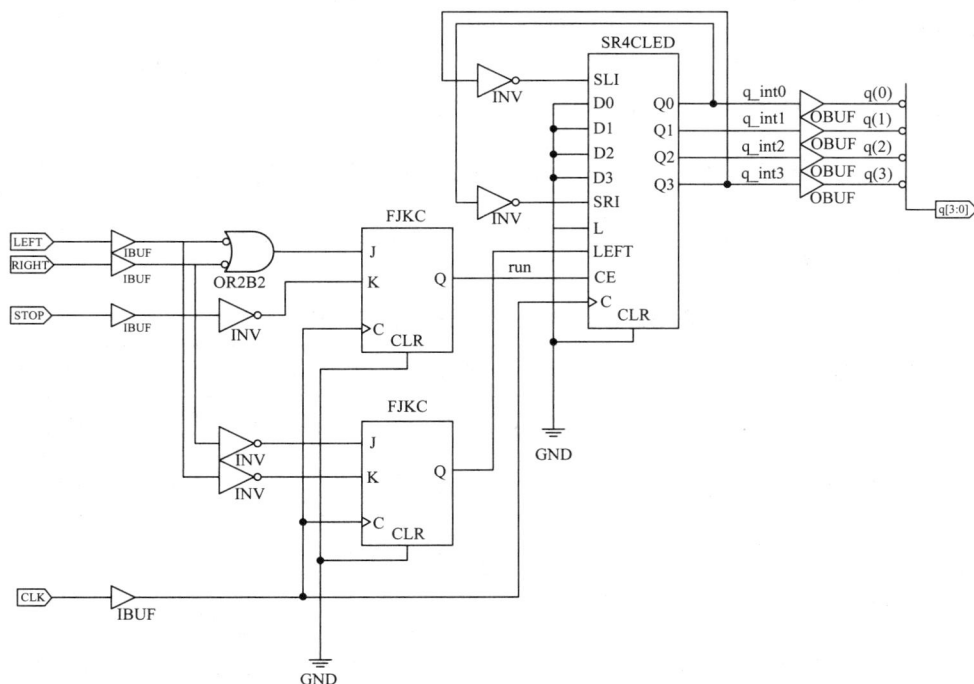

图 2.12　用 ECS 绘制的约翰逊计数器电路原理图

1. ECS 软件界面介绍

下面介绍 ISE 中内嵌的原理图编辑器 ECS 及其使用。原理图编辑器 ECS 界面如图 2.13 所示，该界面主要由菜单栏、工具栏、设置选项卡、符号选项卡、绘图工作区和状态栏等组成。

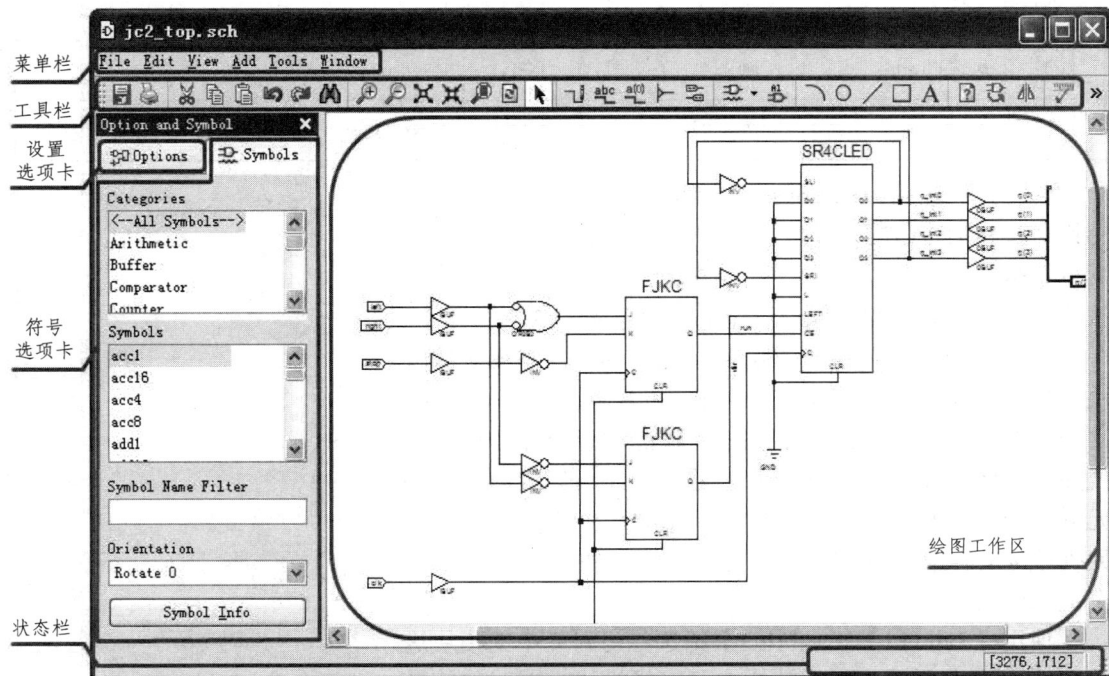

图 2.13　原理图编辑器 ECS 界面

下面介绍与原理图绘制相关的主要操作方法。

(1) 绘图工具栏。绘图工具栏包含了绘制原理图的基本命令对应的快捷按钮,同菜单栏中的添加菜单包含的命令功能一致,如图 2.14 所示。

图 2.14 绘图工具栏快捷按钮

各快捷按钮对应功能如表 2.3 所示。

表 2.3 绘图工具栏快捷按钮功能

图标	命 令	功 能	图标	命 令	功 能
	Add Wire	添加连线		Add Rectangle	画矩形
	Add Net Name	添加网表名		Add Text	添加文本
	Rename Bus	总线重命名		Query	查询
	Add Bus Tap	添加总线引脚		Rotate	旋转
	Add I/O Marker	添加 I/O 管脚		Mirror	镜像翻转
	Add Symbol	添加模块符号		Check Schematic	原理图错误检查
	Add Instance Name	添加实例名		Push	降低层次等级
	Add Arc	画弧线		Pop	提高层次等级
	Add Circle	画圆		Previous View	显示前一视图
	Add Line	画直线		Next View	显示后一视图

(2) 设置选项卡(Options)。当在绘图工具栏中使用某绘图快捷按钮后,ECS 自动在设置选项卡里提示用户设置该命令参数。设置选项卡的参数设置配合绘图工具栏的快捷按钮,就可以完成绘制原理图中的所有基本操作。

(3) 符号选项卡(Symbols)。符号选项卡是绘图中选取模块符号的工作区域,如图 2.15 所示。模块符号包含系统库、用户库和项目库中的元件模块,并按照功能分类排列。系统库是系统自带的,包含一系列适合特定设计类型的核心元件模块,用户不可修改;用户库主要包括用户自定义的元件或宏;项目库是当前工程项目所包含的所有元件的一个集成库。

使用【Symbol Name Filter】筛选栏可对库中的模块进行筛选。【Orientation】旋转栏中可选择模块放置时的旋转

图 2.15 符号选项卡界面

角度。选定模块后，在原理图绘图工作区单击鼠标左键完成模块符号的放置。

【Symbol Info】按钮可启动软件帮助功能调出介绍选中模块具体功能的数据手册，利用此功能，读者就可方便地确定电路原理图中各模块的逻辑功能，理解系统的设计思路。

2. 使用 ECS 绘制原理图

下面介绍采用 ECS 完成具有停止控制功能的双向约翰逊计数器的原理图的绘制步骤。

(1) 单击符号选项卡，在【Categories】分类显示目录列表中选择"Shift_Register"目录，在模块符号详细列表【Symbols】中选择"sr4cled"移位寄存器，放置一个移位寄存器在绘图工作区中，按"ESC"键或右键单击退出符号粘附状态。同理完成余下模块符号的放置，结果如图 2.16 所示。读者如不清楚其它模块符号所在的库，可以利用前面介绍的【Symbol Name Filter】筛选栏进行查找。

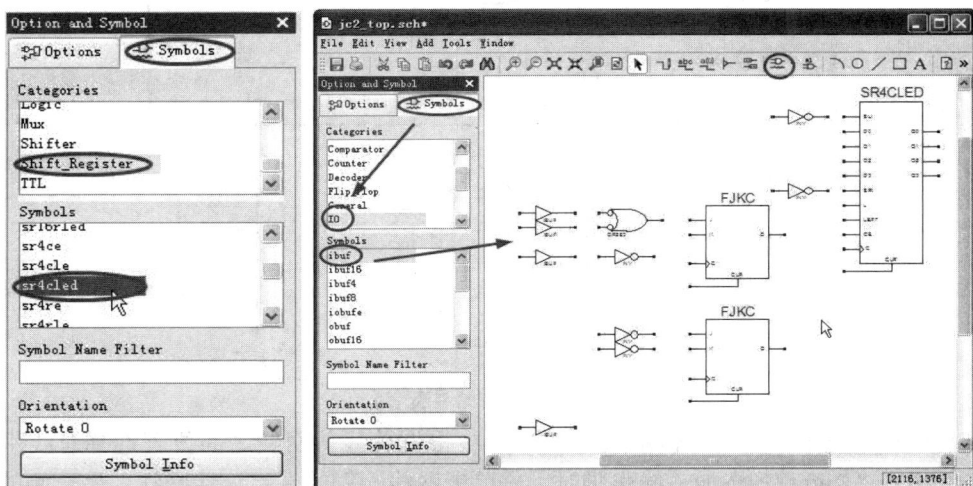

图 2.16　添加模块符号

(2) 单击 ⬚ 按钮，进入连线模式，这时窗口左侧的设置选项卡也会有相应的变化。连线模式下鼠标指针在绘图工作区将变为"+"字形状，当指针移动到模块符号的管脚上时，"+"字的四个角将出现四个小方框。左侧的设置选项卡中选择默认的自动连线方式，这样用户在绘制连线时只用考虑起点和终点位置，中间的连线路径由软件自动完成。在起点处单击开始连线，在绘图区任意点处双击或在管脚处单击便可完成起止点间的连线绘制，如图 2.17 所示。

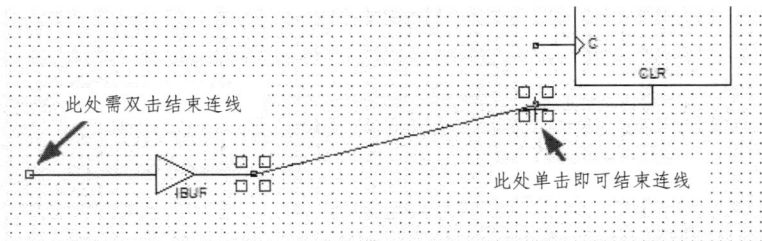

图 2.17　绘制连线

(3) 单击 ⬚ 按钮，在左侧的设置选项卡内选择"Name the branch"项，在"Name"栏中输入网表名，如 CLK、LEFT、RIGHT、STOP 等，如果是对总线命名则按格式"网表名(高位：低位)"输入。移动鼠标"+"字指针到要命名的网线上，单击即完成对该网线的命名。如果是对总线命名，则此时网线将自动变粗，提示该网线为总线，如图 2.18 所示。

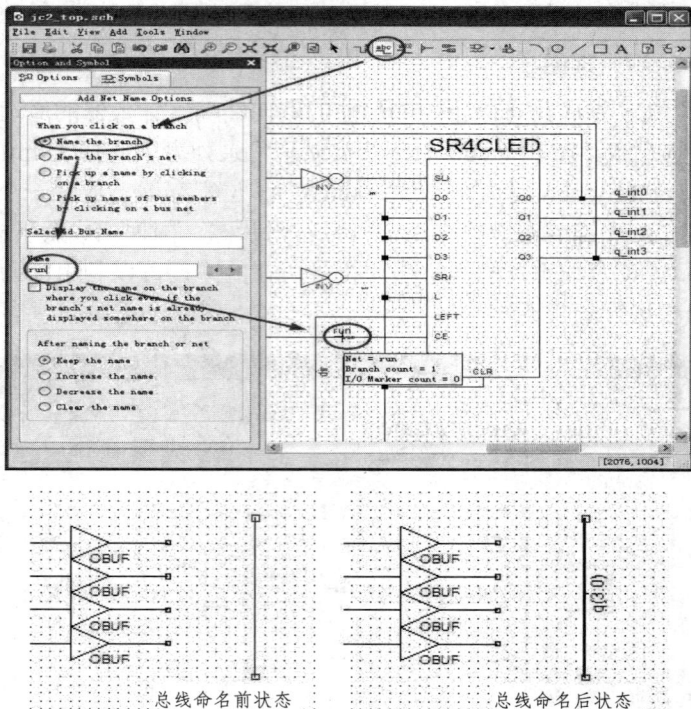

图 2.18　添加网表名

(4) 单击⊢按钮，先在左侧的设置选项卡中根据总线与网线之间位置选择总线引脚方向，本例选择"Right"。添加总线引脚时，先单击网线一侧的端点连接网线，另一侧的总线引脚会自动与相邻的总线相连；再按第三步的操作给网线命名。这里命名时要注意两点，一是网线网表名应与总线网表名保持一致，二是网线网表名后要添加序号，并放在小括弧中，如 q(0)、q(3) 等，如图 2.19 所示。

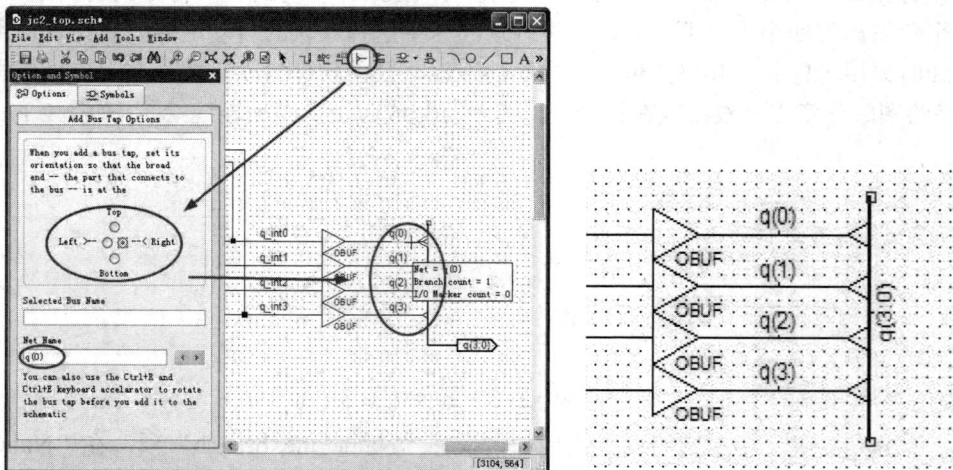

图 2.19　添加总线引脚

（5）单击 按钮，根据设计要求在左侧的设置选项卡中选择引脚类型或直接选择【Add an automatic marker】项交由 ECS 软件智能判定，如图 2.20 所示。

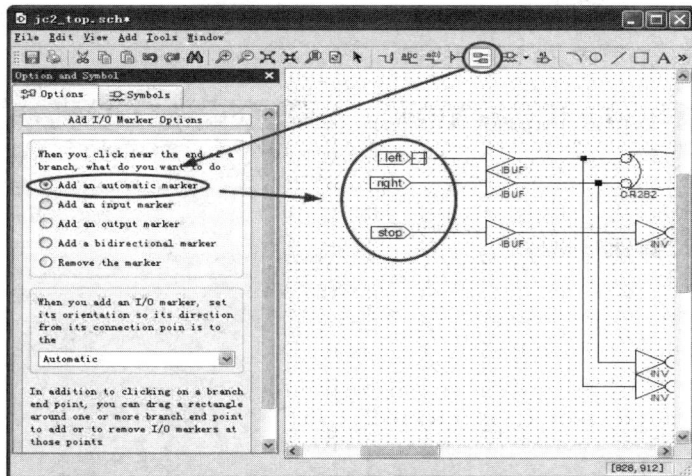

图 2.20　添加 I/O 管脚

参照图 2.12 执行上述五步，若操作无误的话就可绘制出正确的电路原理图了。

（6）检查和保存设计文档。单击 按钮，检查原理图绘制是否有错误。如出错，需进行修改，直至检查通过。

3. 生成原理图符号

ISE 软件对层次化设计提供了很好的支持，绘制好的原理图可以很方便地转换为原理图符号，并被添加到模块符号库中，作为子模块供更高层次的设计调用。下面介绍将绘制好的 jc2_top 原理图转换成原理图符号的具体操作步骤。

（1）在 ECS 的菜单栏上单击【Tools】→【Symbol Wizard】，进入符号向导【Symbol Wizard】，弹出源文件页【Source Page】对话框。在该对话框中，符号管脚命名参考源文件【Pin name source】栏中的【Using schematic】项，并在下拉列表中指定名称为"jc2_top"；在形状【Shape】栏选择【Do not use reference symbol】→【Rectangle】，让生成的符号是方块图，如图 2.21 所示。单击 Next > 按钮。

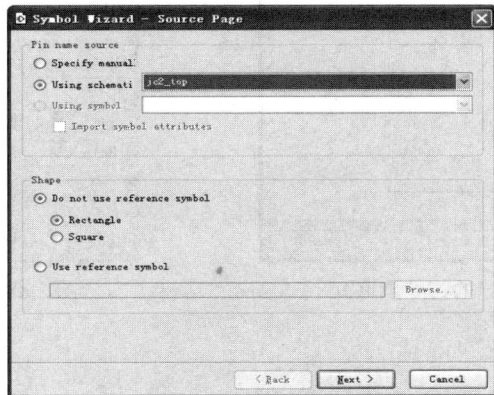

图 2.21　符号向导源文件页对话框

(2) 在管脚页【Pin Page】对话框中，列出了通过分析 jc2_top 原理图得到的全部管脚信息，如图 2.22 所示。这里无须调整，直接单击 Next > 按钮。

(3) 在属性页【Option Page】对话框中，提供了生成符号的尺寸属性细节，如图 2.23 所示。保持缺省值，直接单击 Next > 按钮。

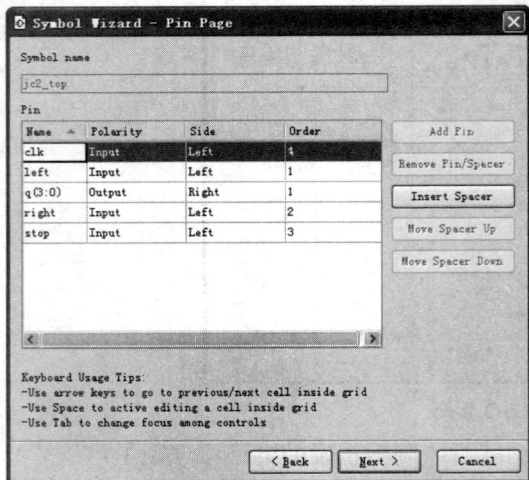

图 2.22 符号向导管脚页对话框

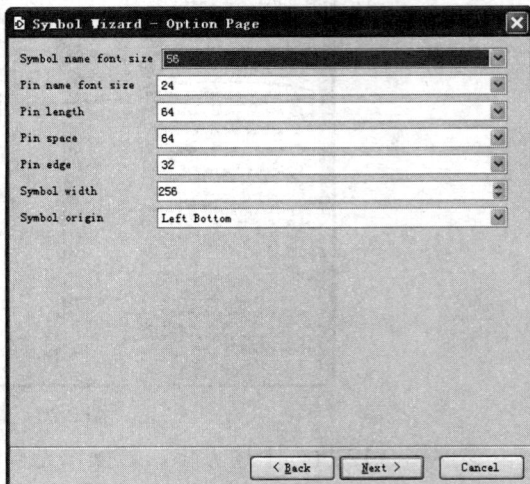

图 2.23 符号向导属性页对话框

(4) 符号预览页【Preview Page】给出了生成的符号预览效果图，如图 2.24 所示，单击 Finish 按钮，接受所生成的模块符号。

jc2_top 原理图对应的原理图符号就生成了，并自动保存在当前工程的存储路径下，如图 2.25 所示，如果要使用该模块符号，可以像使用系统库中的模块一样调用。

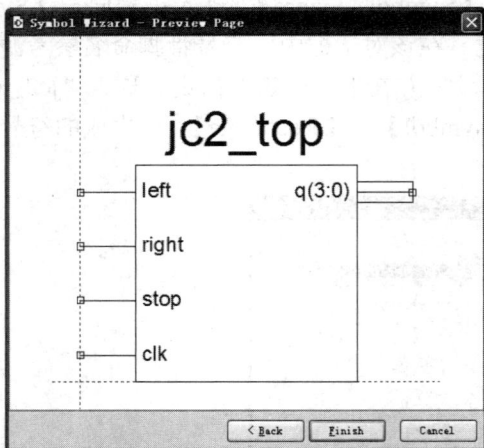

图 2.24 符号向导的符号预览页

图 2.25 生成的模块符号

2.2.3 逻辑综合

综合流程是逻辑设计的重要环节，综合结果的好坏直接影响着布局布线的最终效果。

好的综合工具能够使设计占用芯片的物理面积最小、效率高、工作稳定、工作速度快，因此，综合工具通常是与逻辑器件的物理结构有着密切的关系。

ISE Foundation 提供了内嵌的 XST(Xilinx Synthesis Technology)综合工具，XST 是 Xilinx 自己设计的综合工具，因此它与 Xilinx 的逻辑器件能够非常好地融合，加上 XST 跟随 ISE 已经历多个版本的不断完善，综合效果和表现令人满意。在使用 XST 进行综合时，通过在综合属性设置对话框中设置综合属性参数来实现全局综合参数和策略，满足不同的逻辑设计要求。

如图 2.26 所示，在资源管理窗口中选择【Implementation】模式，选中顶层设计文档，右键单击资源操作窗口中的【Synthesize-XST】项，在弹出的窗口中选择【Properties】项，弹出综合属性设置对话框【Synthesis Options】。对话框中包括综合参数设置选项页、HDL 源代码参数设置页和 Xilinx 专用参数设置页。综合参数设置选项页主要用于设置一些与综合的全局目标和整体策略相关的参数；HDL 源代码参数设置页主要设置与源代码规则和编译器的自动推论方式相关的属性；Xilinx 专用参数设置页用于设置与 Xilinx 专用结构相关的综合属性。在对各项参数没有全面了解的情况下，一般选用缺省值。

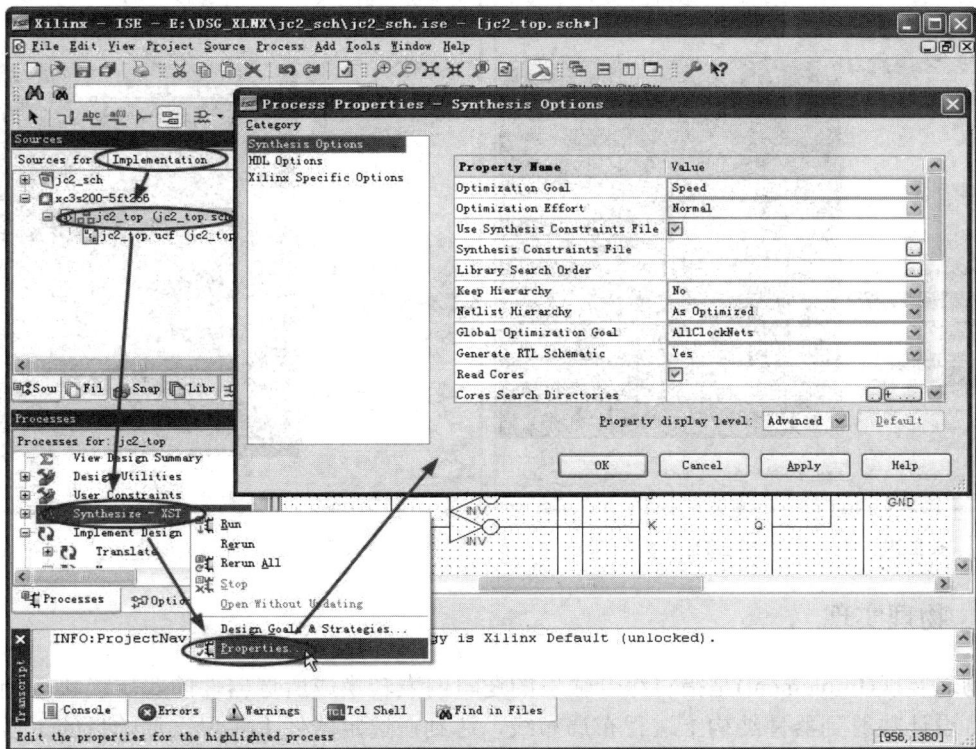

图 2.26　综合属性设置

在资源管理窗口中选择【Implementation】模式，选中顶层设计文档，资源操作窗口将按流程先后顺序由上至下列出各项操作栏目，双击【Synthesize-XST】项，启动 XST 综合，如图 2.27 所示。完成综合后，双击【View Synthesis Report】、【View RTL Schematic】或【View Technology Schematic】等项可分别浏览 XST 的综合报告、综合产生的寄存器传输级模块符号和模块内部逻辑结构，如图 2.28、图 2.29 和图 2.30 所示。

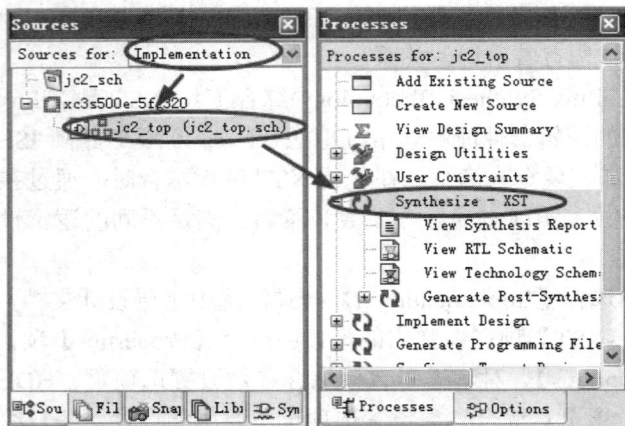

图 2.27　执行逻辑综合　　　　　　　　　　　图 2.28　逻辑综合报告

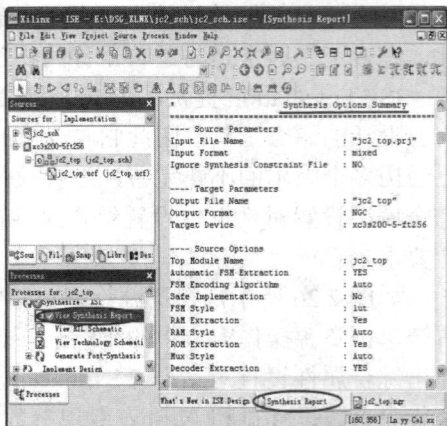

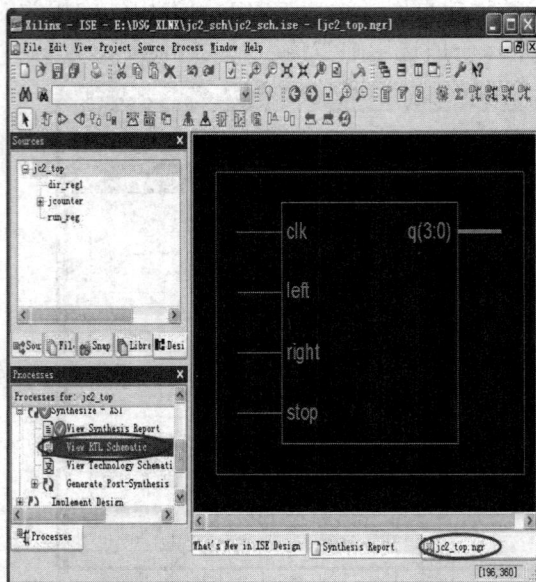

图 2.29　综合得到的 RTL 模块符号　　　　　图 2.30　综合得到的模块内部逻辑结构

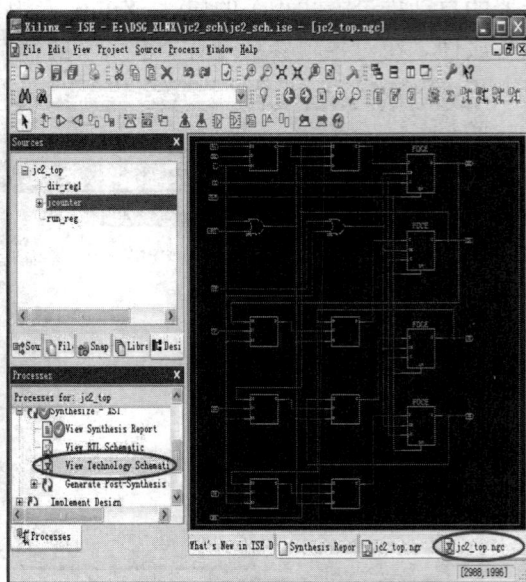

2.2.4　物理实现

物理实现(Implement)是指将综合输出的逻辑网表转换成所选器件的底层模块与硬件原语，将设计映射到器件结构上进行布局布线，达到在选定器件上实现设计的目的。通常认为实现过程包括转换、映射和布局布线三个步骤，在图 2.31 中给出了物理实现流程中的执行工具、各类文件和相应的输入/输出关系。

(1) 转换工具(NGDBuild)：主要作用是将综合输出的逻辑网表翻译为 Xilinx 特定器件的底层结构和硬件原语。这里硬件原语是指 Xilinx 规定的 FPGA 内不可再做细分的基本硬件结构，例如 FPGA 中的各类 Buffer(缓冲器)。在翻译过程中，设计文件和约束文件将被合并生成 NGD(原始类型数据库)输出文件和 BLD 报告文件，其中 NGD 文件包含了当前设计的全部逻辑描述，BLD 文件是转换的运行和结果报告。转换工具可以导入 EDN、EDF、EDIF、SEDIF 等网表格式的设计文件，以及 UCF(用户约束文件)、NCF(网表约束文件)、NMC(物理宏库文件)、NGC(含有约束信息的网表)等格式的约束文件。

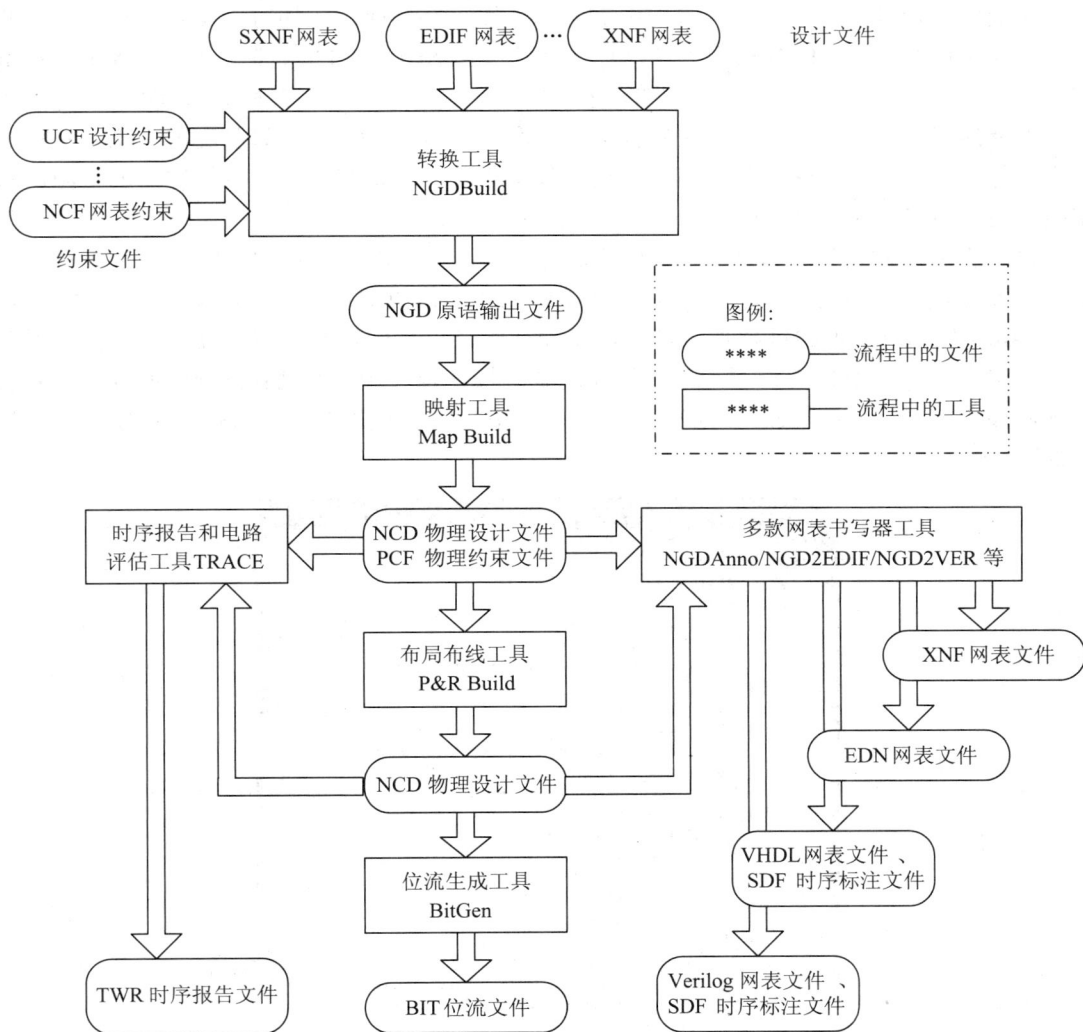

图 2.31　物理实现流程图

(2) 映射工具(Map Build)：其主要作用是将设计映射到具体型号的器件上。在映射过程中，由转换流程生成的 NGD 文件将被映射为目标器件的特定物理逻辑单元，并保存在 NCD(展开的物理设计数据库)文件中。映射工具的输入文件包括 NGD、NCD 和 MFP(映射布局规划器)文件，输出文件包括 NCD、PCF(物理约束文件)、NGM 和 MRP(映射报告)文件。其中 MRP 文件是通过 Floorplanner 生成的布局约束文件；NCD 文件包含当前设计的物理映射信息；PCF 文件包含当前设计的物理约束信息；NGM 文件与当前设计的静态时序分析有关；MRP 文件是映射的运行报告，主要包括映射的命令行参数、目标设计占用的逻辑资源、映射过程中出现的错误和警告以及优化过程中删除的逻辑等内容。

（3）布局布线工具(Place & Route Build)：在这一步将调用 Xilinx 布局布线器，根据用户约束和物理约束对设计模块进行实际的布局，并根据设计连接对布局后的模块进行布线，产生配置 FPGA/CPLD 的 BIT(位流)文件。通过读取当前设计的 NCD 文件，布局布线将映射后生成的物理逻辑单元在目标系统中放置和连线，并提取相应的时间参数。布局布线的输入文件包括 NCD 和 PCF 模板文件，输出文件包括 NCD、DLY(延时文件)、PAD 和 PAR文件。在布局布线的输出文件中，NCD 包含当前设计的全部物理实现信息，DLY 文件包含当前设计的网络延时信息，PAD 文件包含当前设计的输入/输出(I/O)管脚配置信息，PAR 文件主要包括布局布线的命令行参数、布局布线中出现的错误和警告、目标占用的资源、未布线网络、网络时序信息等内容。

物理实现过程是充分体现 EDA 软件自动化的过程，由软件自动完成，并生成报告。用户一般在执行实现之前，利用约束设计工具创建和修改约束，生成约束文件 UCF(User Constraints File)对实现的过程加以控制，使设计满足项目确定的时序、频率、引脚位置等要求。用户可以在 ISE 工程管理集成界面的资源操作窗口中，将【Implement Design】项展开，如图 2.32 所示，快速启动实现过程中的各步骤。下面结合图 2.32 对各项操作作简要说明。

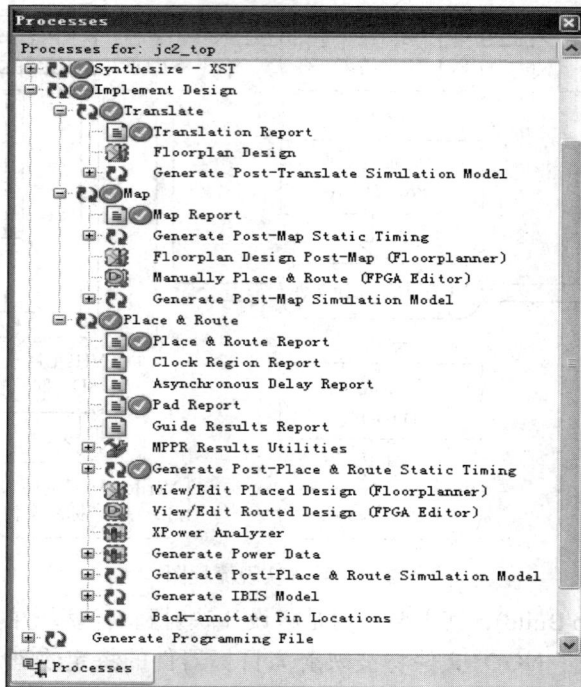

图 2.32　物理实现过程的操作界面

（1）转换(Translate)步骤的相关操作：

● 【Translation Report】：显示翻译步骤的报告。

● 【Floorplan Design】：启动 Xilinx 布局规划器(Floorplanner)进行手动布局，提高布局效率。

● 【Generate Post-Translate Simulation Model】：产生转换后的仿真模型。

(2) 映射(Map)步骤的相关操作：

● 【Map Report】：显示映射步骤的报告。

● 【Generate Post-Map Static Timing】：产生映射后静态时序分析报告，启动时序分析器(Timing Analyzer)分析映射后的静态时序。

● 【Manually Place & Route (FPGA Editor)】：启动 FPGA 底层编辑器进行手动布局布线，指导自动布局布线，解决布局布线异常。

● 【Floorplan Design Post-Map (Floorplanner)】：启动 Floorplanner 编辑器在映射步骤添加约束关系到设计的 UCF 约束文件中。

● 【Generate Post-Map Simulation Model】：产生映射步骤后的仿真模型。

(3) 布局布线(Place & Route)步骤的相关操作：

● 【Place & Route Report】：显示布局布线报告。

● 【Clock Region Report】：显示多时钟区实现报告。

● 【Asynchronous Delay Report】：显示异步实现报告。

● 【Pad Report】：显示管脚锁定报告。

● 【Guide Results Report】：显示布局布线指导报告，该报告仅在使用布局布线指导文件 NCD 文件后才产生。

● 【MPPR Results Report】：提供了多周期反复布线(Multi Pass Place& Route)的多项报告。

● 【Generate Post-Place & Route Static Timing】：包含了进行布局布线后静态时序分析的一系列命令，可以启动 Timing Analyzer 分析布局布线后的静态时序。

● 【View/Edit Placed Design(Floorplanner)】和【View/Edit Routed Design(FPGA Editor)】：启动 Floorplanner 和 FPGA Editor 完成 FPGA 布局布线的结果分析、编辑，手动更改布局布线结果，产生布局布线指导与约束文件，辅助 Xilinx 自动布局布线器，提高布局布线效率，并解决布局布线中的问题。

● 【XPower Analyze】和【Generator Power Data】：启动功耗仿真器并分析设计的功耗数据信息。

● 【Generate Post-Place & Route Simulation Model】：产生布局布线后的仿真模型，该仿真模型包含的时延信息最全，不仅包含门延时，还包含了实际布线延时。该仿真步骤必须进行，以确保设计功能与 FPGA 实际运行结果一致。

● 【Generate IBIS Model】：产生 IBIS 仿真模型，辅助 PCB 布板的仿真与设计。

● 【Back-annotate Pin Locations】：反标管脚锁定信息。

实现过程的各步骤的属性既可分别设置，也可统一设置。设置方法是先在资源管理窗口中选择顶层模块文件，然后在当前资源操作窗口中选中相应的步骤，或在菜单栏中单击【Process】→【Properties…】项，或单击工具栏中对应按钮来编辑该步骤的属性。属性设置对话框如图 2.33 所示，对话框中共包含了翻译步骤属性设置(Translate Properties)、映射步骤属性设置(Map Properties)、布局布线步骤属性设置(Place & Route Properties)、映射后静态时序属性设置(Post-Map Static Timing Report Properties)、布局布线后静态时序属性设置(Post-Place & Route Timing Report Properties)、仿真模型属性设置(Simulation Model Properties)和 Xplorer 属性设置(Xplorer Properties)等七个子类选项，其中各属性的含义读者可参看

Xilinx 公司提供的官方文档，本节不作说明。

在 ISE 软件中，提供了分步执行实现各步骤的命令，并有多款工具方便用户查看实现的结果，进行细节部分的修改及优化。这些软件功能繁多，这里不作介绍。对于并不复杂的数字系统，实现过程中用户一般只进行引脚锁定，其它约束选项都可采用设计工具所提供的默认值。进行引脚锁定，用户既可采用约束编辑器(Constraints Editor)编写约束文件完成，也可通过引脚与区域约束编辑器(PACE)实现快速锁定。使用 PACE 来锁定引脚是最方便的，用户可按下述介绍完成引脚锁定操作。

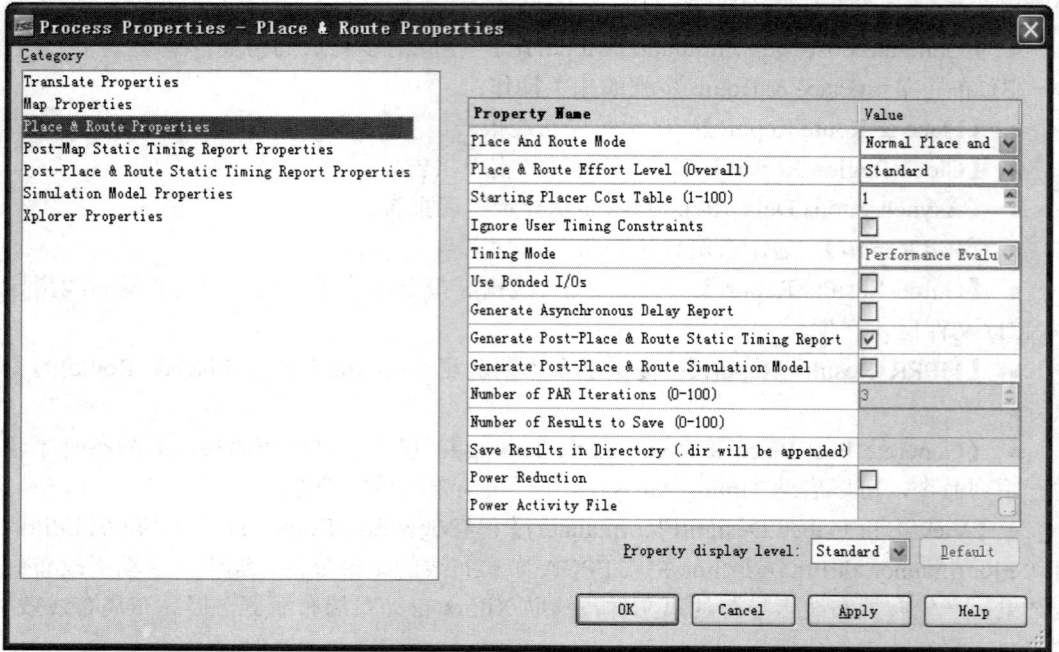

图 2.33　属性设置对话框

先根据设计要求或硬件电路板限制，确定设计的输入/输出端口和目标芯片管脚的锁定关系。Spartan-3E Starter 目标板设计的端口和引脚的锁定关系如表 2.4 所示。输入端口对应引脚接目标板的四个按键，输出端口对应引脚接目标板的四个 LED。

表 2.4　引脚锁定关系

端口	引脚号	端口	引脚号
CLK	V16	Q(3)	F12
LEFT	D18	Q(2)	E12
RIGHT	H13	Q(1)	E11
STOP	V4	Q(0)	F11

为工程新建一个物理实现约束(Implementation Constraints File)文件，然后在资源管理窗口中选中顶层模块文件，在当前资源操作窗口中选择【User Constraints】→【Floorplan Area/IO/Logic – Post Synthesis】并双击，启动约束编辑器 PACE，如图 2.34 所示。

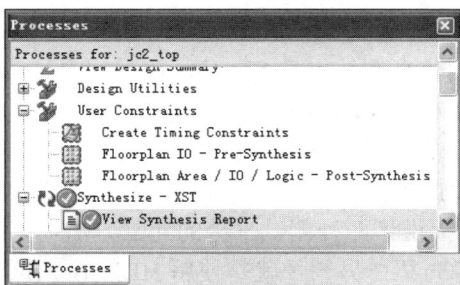

图 2.34　启动约束编辑器

　　PACE的用户界面重点是左侧的设计浏览【Design Browser】窗口和设计对象列表【Design Object List】窗口，右侧的器件结构观察【Architecture View】视图和封装观察【Package View】视图两大部分，如图 2.35 所示。

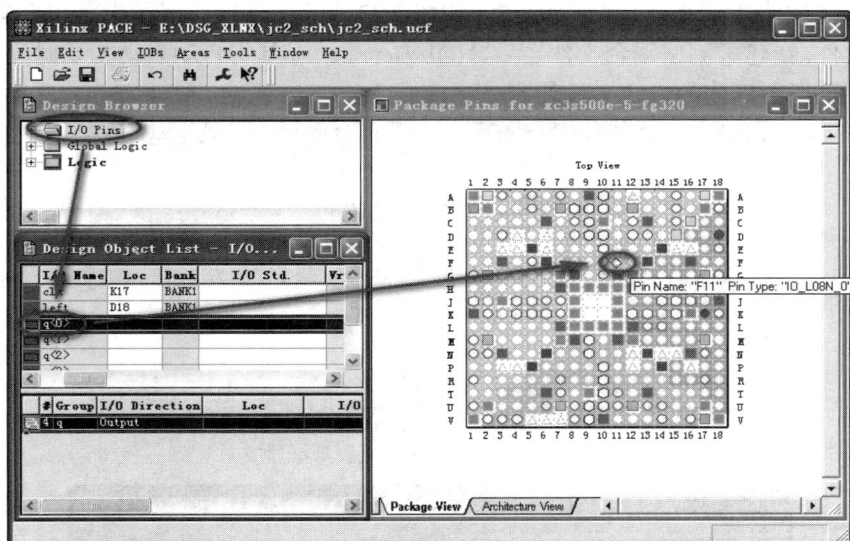

图 2.35　PACE 界面

　　在 PACE 中执行引脚锁定操作十分简便。先在设计浏览窗口中选择 "I/O Pins"，当前设计对象列表窗口中将显示出设计中的端口；选中待锁定的端口，将其从设计对象列表窗口拖曳至封装观察视图中器件对应引脚处放置就完成了一个引脚的锁定。图 2.35 演示了如何将 q(0)端口锁定到 F11 引脚的操作过程。完成锁定后的引脚在设计对象列表窗口中的表格内将自动填上相应锁定信息。同理完成剩余引脚的锁定，保存到约束文件后退出。

　　此后再执行实现的各步骤，引脚的锁定关系就被确定下来。

2.2.5　仿真验证

　　从图 2.6 中的设计流程关系可看到，仿真是 EDA 设计过程中十分重要的步骤。充分运用仿真软件来提高设计效率和成功率，正是现代电子设计自动化工程的一大特色。仿真软件让计算机根据一定的算法和一定的仿真库对设计进行模拟，以验证设计，排除错误。

　　对于同种仿真工具，功能仿真和时序仿真在软件运用上一般没有什么区别。目前，

FPGA 应用方面常用的仿真软件包括 ModelSim、ActiveHDL、NC-Verilog 等，在 ISE 中内嵌了由 Xilinx 公司自行设计的仿真软件 ISE Simulator，与之配合的还有专门用来以图形化方式生成测试激励的软件工具 HDL Bencher。

无论是执行哪种仿真，都应首先规划和设计好测试时使用的输入激励，这组激励被称为测试平台 TestBench。借助于测试平台，分析运行仿真之后得到的响应结果来验证所设计的模块是否满足要求。ISE 提供了两种测试平台的建立方法，一种是直接利用 HDL 语言编写，这部分内容留待第 3 章介绍；另一种就是使用 HDL Bencher 的图形化波形编辑功能编写。下面就结合约翰逊计数器设计，对 HDL Bencher 和 ISE Simulator 两款工具在 ISE 中的使用分别进行介绍。

如图 2.36 所示，当在资源管理窗口中将【Sources for:】下拉菜单切换至功能仿真【Behavioral Simulation】项，在当前资源操作窗口中选择【Create New Source】，新建一个测试波形激励文件(Test Bench Waveform)，如图 2.37 所示。该窗口用于指定仿真文件所对应的设计源文件。新建了测试平台文件之后，HDL Bencher 工具将自动启动初始时序设置向导。接下来就可采用图形化的方式来设计测试平台。

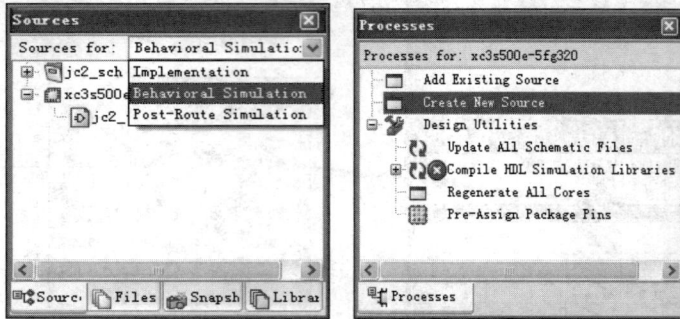

图 2.36　新建行为仿真测试波形激励文件

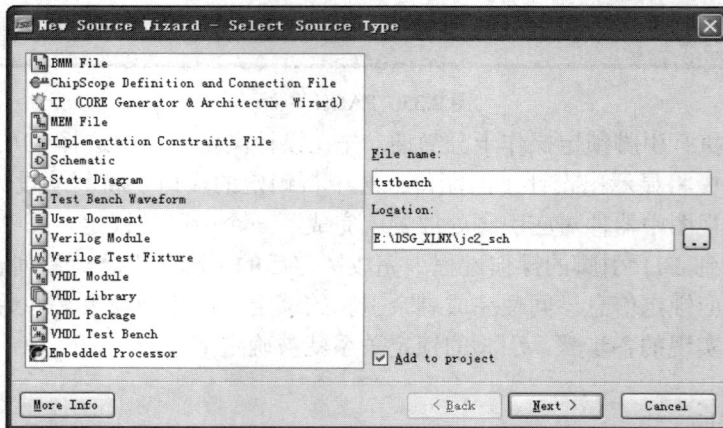

图 2.37　新建测试波形激励文件向导

在如图 2.38 所示的初始时序设置向导【Initial Timing and Clock Wizard】对话框中，主要完成时钟周期、设计类型、全局信号等参数的设置。在时钟周期的设置中，涉及到触发沿、时钟高电平和低电平保持时间、输入建立时间、输出有效时间、时钟偏移等参数的设置；设计类型中又分为单时钟同步时序电路、多时钟同步时序电路和组合电路等类型；全局信号设置主要选择在设计中是否使用 GSR(FPGA)和 PRLD(CPLD)等全局置位、复位信号；另外还可设置仿真时间长度、仿真时间单位等。

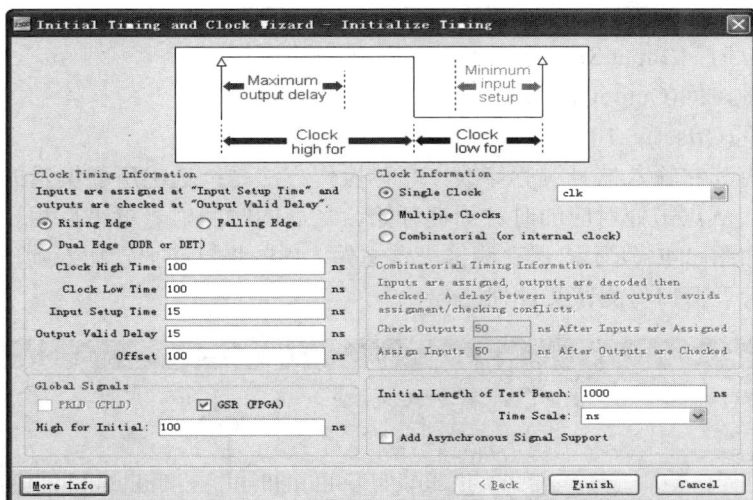

图 2.38　初始时序设置向导对话框

在本例中，参数暂取缺省，单击 Finish 按钮，完成向导，进入波形编辑界面。在 ISE 工程管理器的菜单栏中单击【Windows】→【Float】，让 HDL Bencher 工具编辑界面以独立窗口方式运行，如图 2.39 所示。

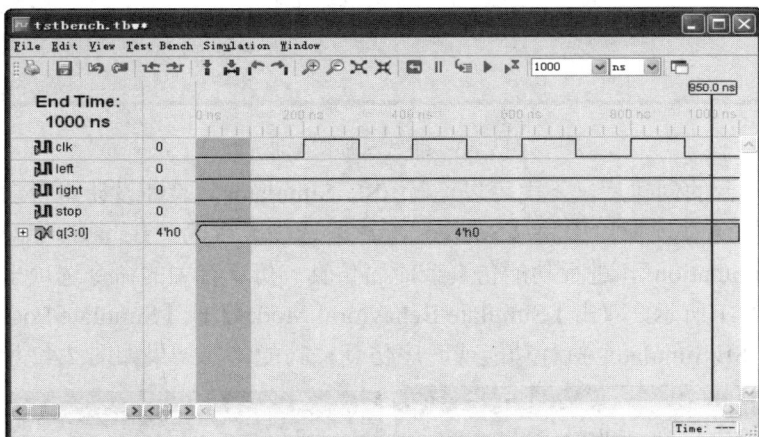

图 2.39　HDL Bencher 工具的图形界面

HDL Bencher 的菜单栏除常用的【File】、【Edit】、【View】等子菜单之外，还有两个新的子菜单【Test Bench】和【Simulation】。【Test Bench】子菜单内的菜单项用来调用内嵌的 HDL Bencher 完成测试平台的各项参数设置，而【Simulation】下的菜单项则是用来调用内嵌的 ISE Simulator 完成测试仿真。工具栏上提供了对应菜单项的快捷按钮。

使用【Test Bench】子菜单能修改测试平台初始向导中的设置。在菜单栏中单击【Test Bench】→【Set End of Test Bench…】项，在其弹出的对话框中可设置仿真时间长度；单击【Test Bench】→【Rescale Timing】项，在其弹出的对话框中可对时钟信号重新设置。还可通过菜单项对波形编辑窗中的波形进行定位、标注和查看。下面使用其中的【Rescale Timing】

项对时钟部分参数进行如下调整：

- 时钟高电平时间(Clock High Time)：10 ns。
- 时钟低电平时间(Clock Low Time)：10 ns。
- 输入建立时间(Input Setup)：0 ns。
- 输出有效时间(Output Valid)：0 ns。
- 偏移时间(Offset)：100 ns。

接下来，对其它输入信号进行修改。具体操作方法是：选中所要编辑的信号，在其右侧波形上单击，从点击处对应的时钟周期开始，之后的时间信号电平反相。编辑好的测试激励图形文件如图 2.40 所示。保存测试平台文件，ISE 将自动把它加入到仿真的分层结构中，并在资源管理窗口将测试文件列出。

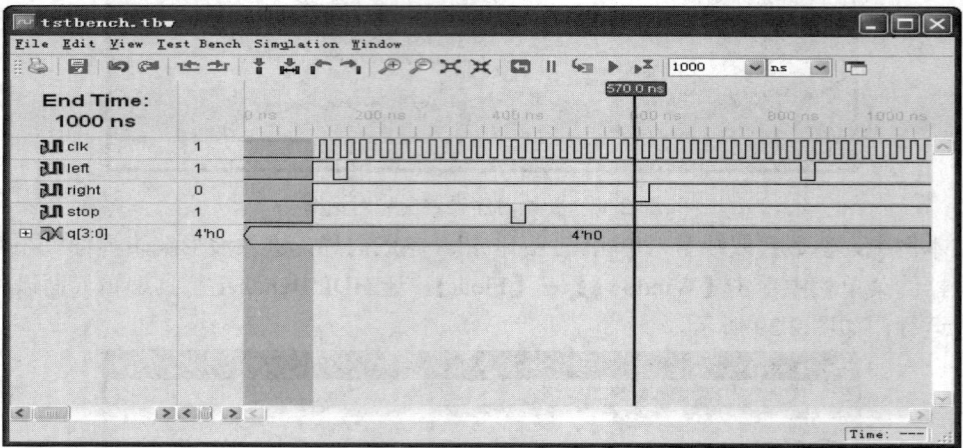

图 2.40　测试激励信号波形

完成测试平台的创建后，下面可以运行 ISE Simulator，验证设计是否功能正确，符合设计要求。在资源管理窗口中将【Sources for：】选项设置为"Behavioral Simulation"或"Post-Route Simulation"，进行功能仿真或时序仿真。仿真有关的命令选项出现在资源操作窗口中，如图 2.41 所示，双击【Simulate Behavioral Model】或【Simulate Post-Place & Route Model】，启动 ISE Simulator 执行功能或时序仿真，功能仿真结果如图 2.42 所示。

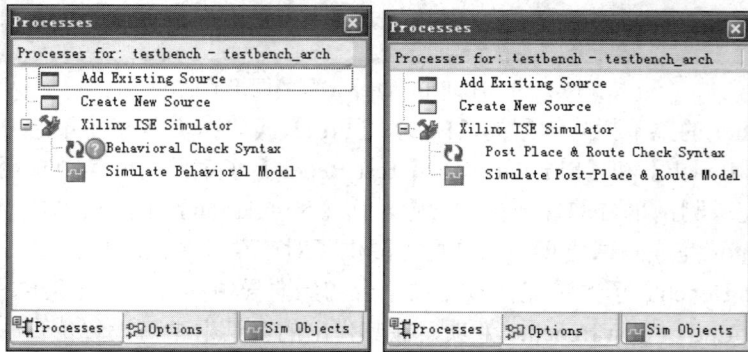

图 2.41　启动功能仿真或时序仿真

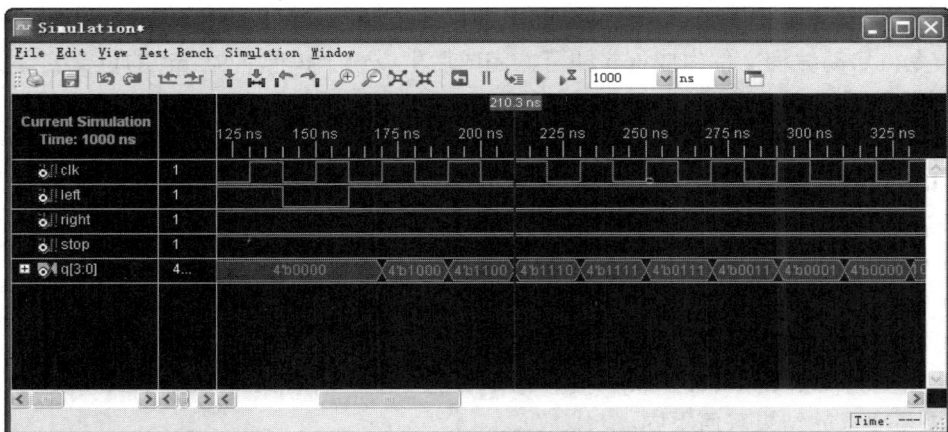

图 2.42　功能仿真波形结果

最后分析仿真波形，检查设计是否达到了预期目标。从图 2.42 中分析可知，仿真结果满足约翰逊计数器的设计要求。

ISE Simulator 的能力完全能满足一般的仿真要求，但在分析能力上与另一款仿真软件 ModelSim 相比，还存在不小的差距。在实际工程中，用户通常都会采用 ModelSim 来进行仿真分析，因此 ISE 软件为 ModelSim 提供了良好的接口，能十分方便地对它进行调用。关于 ModelSim 的具体介绍和使用方法读者可参看第 5 章。

2.2.6　硬件配置

FPGA 设计的最后一步，是将生成的硬件配置文件下载到 FPGA 中，让 FPGA 成为用户所需的定制芯片。现暂不对有关配置电路原理作介绍，这一部分留待第 6 章再详细讲解。这里主要介绍 ISE 软件中的硬件编程流程以及编程软件 iMPACT 的使用。

在完成了上述各步骤，并通过仿真确认设计达到了设计要求之后，再经过硬件实物的测试验证，一个基于 FPGA 设计的全部流程就完成了。在资源管理窗口中选中顶层设计，当前资源操作窗口如图 2.43 所示。余下的工作首先是生成编程文件，然后再使用 iMPACT 软件和下载线缆将其配置到目标 FPGA 中去。

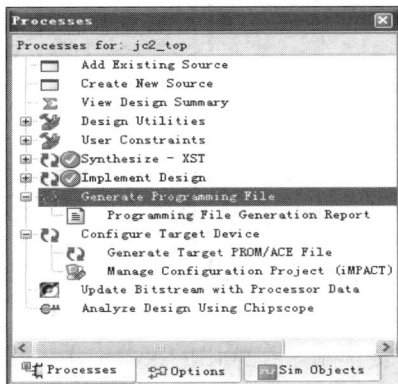

图 2.43　生成编程文件的操作窗口

在 ISE 中生成编程文件的操作非常简单，在资源操作窗口双击【Generate Programming File】命令，启动编程文件生成程序即可，完成后生成一个扩展名为 .bit 的位流文件保存在 ISE 工程目录下。

下载编程软件 iMPACT 既可单独使用，也可集成到 ISE 集成开发环境中使用。用户可直接在 ISE 集成环境中调用 iMPACT，通过 JTAG 接口对 CPLD 或 FPGA 器件进行下载编程。iMPACT 编程软件提供的常用操作包括：

(1) 配置(Program)：将 BIT 文件下载到器件中去。

(2) 校验(Verify)：从器件中读取编程数据，并将其与下载的 BIT 文件作比较。

(3) 擦除(Erase)：将器件中的配置数据消除。

(4) 功能测试(Functional Test)：用户指定功能向量，采用 JTAG INTEST 指令，比较测试的结果与要求的结果有何不同。

(5) 空白检查(Blank Check)：检查器件中是否存有配置数据。

(6) 回读(Readback)：从器件中读取其内容，并据此生成一个新的 BIT 文件。

(7) 获取器件标识号(Get Device ID)：从器件的 IDCODE 寄存器中读取内容，并显示其结果。

(8) 获取签名/用户码(Get Device Signature/Usercode)：从器件的 UESRCODE 寄存器中读取内容并显示结果。

下面介绍启动 iMPACT 工具完成 JTAG 编程软件下载的方法。

在确认将电脑和目标板用下载线缆连接好之后，双击资源操作窗口的【Generate Programming File】项下的【Configure Device(iMPACT)】，在弹出的对话框中选择 JTAG 配置方式，单击 ▭Finish 按钮确认，如图 2.44 所示。iMPACT 将自动连接 JTAG 链上的 FPGA 器件，在对目标板成功完成检测后，iMPACT 的主界面如图 2.45 所示。

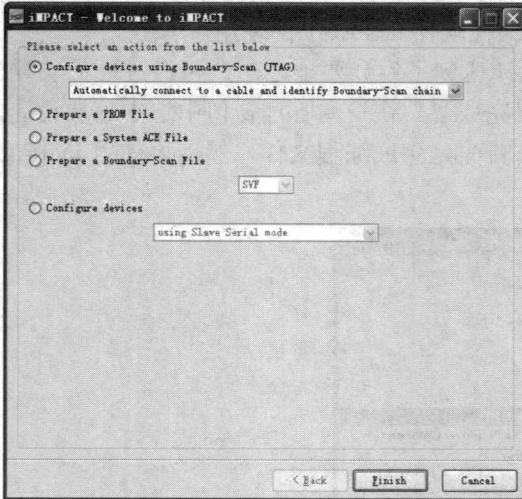

图 2.44　iMPACT 配置对话框　　　　　图 2.45　JTAG 链边界扫描结果示意图

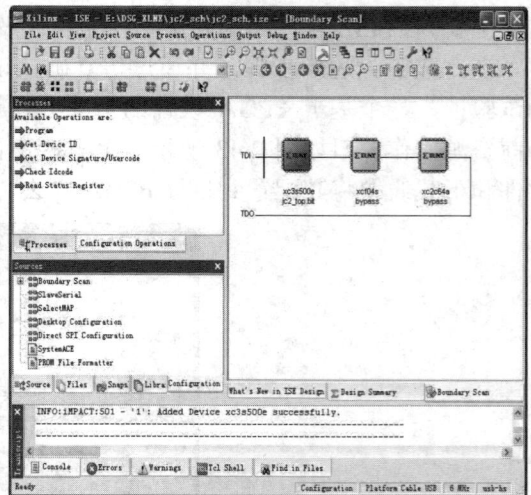

在主界面的中间区域内右键单击，在弹出的菜单中单击【Initialize Chain】命令，如果 FPGA 配置电路 JTAG 测试正确，则会将 JTAG 链上扫描到的所有芯片在 iMPACT 主界面上列出来；如果 JTAG 链检测失败，将弹出一个报错的对话框，如图 2.46 所示。

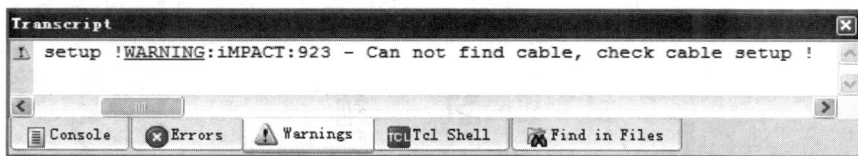

图 2.46　JTAG 链检测失败对话框

重新检查下载电缆连接，JTAG 链检测正确后，在图 2.45 中显示的目标 FPGA 芯片上右键单击，在弹出的菜单中单击【Assign New Configuration File】项，在弹出窗口中选择要配置的位流文件，如图 2.47 所示。该窗口在设备检测成功后也会自动弹出。

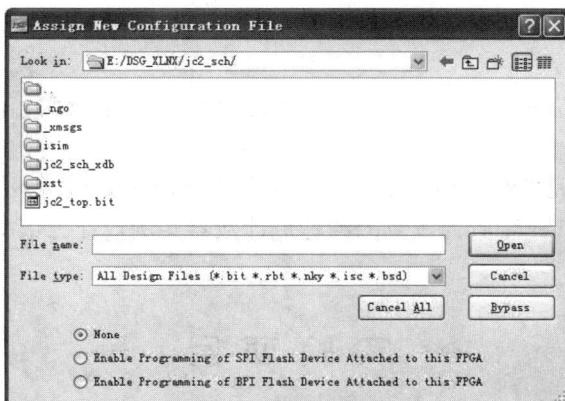

图 2.47　选择位流文件

选中配置文件后，单击【Open】按钮，在 iMPACT 的主界面会出现一个芯片模型以及位流文件的标志，在此标志上右键单击，在右键弹出菜单中单击【Program】项，就可以对 FPGA 设备进行编程，如图 2.48 所示。

配置成功后，弹出配置成功的界面如图 2.49 所示。

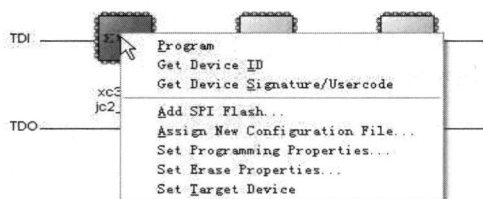

图 2.48　启动配置

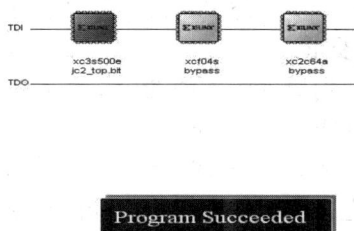

图 2.49　配置成功

小　　结

本章重点介绍了 ISE Foudation 集成开发环境及其内嵌工具的使用以及 FPGA 的设计开发流程，并按照基于原理图的设计流程结合约翰逊计数器的设计，对 ISE Foudation 集成开发环境中的 ECS、XCS、HDL Bencher、ISE Simulator、iMPACT 等软件工具的使用作了较详细的介绍。读者通过本章的学习，应能理解 FPGA 的设计流程中各步骤的作用和主要工作，基本掌握采用原理图设计方法在 FPGA 中实现数字电路和简单数字系统的开发技术。

习　题

2.1　试述基于 ISE 的 FPGA 设计开发流程。

2.2　试述什么是 ISE 的工程？在 ISE 中按工程进行设计管理有什么好处？

2.3　简要说明功能仿真和时序仿真的异同。设计过程中如果只做功能仿真，不保留时序仿真，设计的正确性是否能得到保证？

2.4　综合完成的主要工作是什么？实现完成的主要工作是什么？这两个步骤的差别主要在哪里？

2.5　为什么要为工程添加约束文件？不添加约束条件的工程能不能生成得到最终的编程文件？

2.6　用 ECS 的库元件绘制出一个二位全加器的原理图。

2.7　用 HDL Bencher 工具为本章的约翰逊计数器实例设计出依次左右循环反复的测试平台文件。

实 验 项 目

实验一　七段译码原理电路的设计与仿真

实验目的：

(1) 掌握使用 ECS 原理图编辑工具设计组合电路的方法。

(2) 掌握使用 HDL Bencher 设计测试平台文件的技巧。

(3) 进一步熟悉 ISE 的设计开发流程。

实验要求：

(1) 使用原理图库中的门电路元件设计七段显示译码电路。

(2) 要求 LED 定位显示。

(3) 完成 LED 七段码波形的仿真分析。

(4) 在目标板按要求显示译码结果。

实验原理：

(1) 七段译码电路是一种纯组合的逻辑电路，通常是由小型专用的 IC 门电路组成。

(2) 七段码输入与输出的原理与真值表关系。

① 输入：七段码输入为四个输入信号，用来表示 0000~1111，即表示为十六进制的"0"到"F"。

② 输出：七段码输出为七个输出信号，分别用 A、B、C、D、E、F、G 等七个符号来表示。一般规定，输出信号为"1"时，它所控制的发光二极管为点亮状态，输出信号为"0"时，它所控制的发光二极管为熄灭状态。本实验使用的七段数码管为共阴极，其电路如题图 2.1 所示。

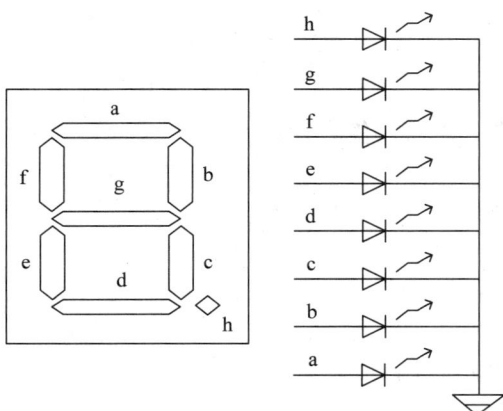

题图 2.1　共阴极数码管及其电路

③ 输入与输出关系用四位二进制代码组成十六进制代码，将其用代码显示，其对应关系如题表 2.1 所示。

(3) 输入是通过外部的四个按键操作来组成一位十六进制。若连接到 FPGA/CPLD 的对应的引脚上，需进行引脚分配。

(4) 编写译码程序，生成底层组件，组合成底层文件。

题表 2.1　七段字符显示真值表

数码	A3	A2	A1	A0	A	B	C	D	E	F	G	对应码(h)
0	0	0	0	0	1	1	1	1	1	1	0	7E
1	0	0	0	1	0	1	1	0	0	0	0	30
2	0	0	1	0	1	1	0	1	1	0	1	6D
3	0	0	1	1	1	1	1	1	0	0	1	79
4	0	1	0	0	0	1	1	0	0	1	1	33
5	0	1	0	1	1	0	1	1	0	1	1	5B
6	0	1	1	0	1	0	1	1	1	1	1	5F
7	0	1	1	1	1	1	1	0	0	0	0	70
8	1	0	0	0	1	1	1	1	1	1	1	7F
9	1	0	0	1	1	1	1	1	0	1	1	7B
A	1	0	1	0	1	1	1	0	1	1	1	77
b	1	0	1	1	0	0	1	1	1	1	1	1F
C	1	1	0	0	1	0	0	1	1	1	0	4E
d	1	1	0	1	0	1	1	1	1	0	1	3D
E	1	1	1	0	1	0	0	1	1	1	1	4F
F	1	1	1	1	1	0	0	0	1	1	1	47

实验步骤：

(1) 创建工程文件。

(2) 新建原理图设计文档。

(3) 利用 ECS 绘制电路图进行功能设计。

(4) 执行综合。

(5) 设计测试平台文件。

(6) 执行功能仿真。

(7) 执行实现，添加约束文件。

(8) 执行时序仿真。

(9) 生成位流文件，配置目标芯片。

实验二 二十五进制计数器设计与仿真

实验目的：

(1) 掌握使用 ECS 原理图编辑工具设计时序电路。

(2) 掌握使用 HDL Bencher 设计测试平台文件的技巧。

(3) 进一步熟悉 ISE 的设计开发流程。

实验要求：

(1) 使用原理图库中的门电路元件设计七段显示译码电路。

(2) 要求计数器分别输出个位和十位的 BCD 码。

(3) 完成计数器的仿真分析。

(4) 下载到目标板。

实验原理：

(1) 计数器是一种中规模集成电路，其种类有很多。如果按各触发器翻转的次序分类，计数器可分为同步计数器和异步计数器两种；如果按计数数字的增减可分为加法计数器、减法计数器和可逆计数器；如果按计数器进位规律又可分为二进制计数器、十进制计数器、可编程 N 进制计数器等多种类别。

计数器常常从零开始计数，所以具有"置零"的功能，通常计数器还有"预置"的功能，通过预置数据于计数器中，可使计数从任意数值开始。

(2) 常用计数器均有典型产品，无须自己设计，从软件提供的原理图库中合理选用即可。例如，74161 为带预置功能的二进制同步计数器。从其功能表中可看到，当复位端为 0 时，时钟端无论有无脉冲，计数器立即清零，因此是异步清除。当置数端为 0 时，计数器随着 CP 脉冲的到来被置数，属同步置数。

(3) 计数器的级联使用。一个十进制计数器只能表示 0～9，为了扩大计数器范围，常采用多个十进制计数器级联使用的方式。同步计数器往往设有进位(或借位)输出端，故可选用其进位(或借位)输出信号驱动下一级计数器。

(4) 实现任意进制计数。

① 用复位法获得任意进制计数器。假定已有 N 进制计数器，而需要得到一个 M 进制计数器时，只要 M < N，用复位法使计数器计数到 M 时置 0，即可获得 M 进制计数器。

② 利用预置功能获得 M 进制计数器。

实验三　排球比赛计分显示系统设计与仿真

实验目的：

(1) 掌握使用 ECS 原理图编辑工具设计简单数字系统。

(2) 掌握原理图的层次化设计方法。

(3) 进一步熟悉 ISE 的设计开发流程。

实验要求：

(1) 将实验 1 和实验 2 的设计转换为原理符号，作为本设计的底层级的元件。

(2) 顶层设计实现两组得分计数显示电路和局分计数显示电路。得分计数显示电路能对各组的按键输入次数进行计数并显示计数值；当有一方得分值达到并超过 25 分，并比另一方的得分值高 2 分，得分计数值清零，局分计数值加 1；当某方局分计数值计到 3，该方胜利，比赛结束，按键输入无效，需按总复位按键才可重新启动计数。

(3) 完成总设计的仿真分析。

(4) 下载到目标板并验证。

实验原理：

排球比赛计分显示系统原理如题图 2.2 所示。

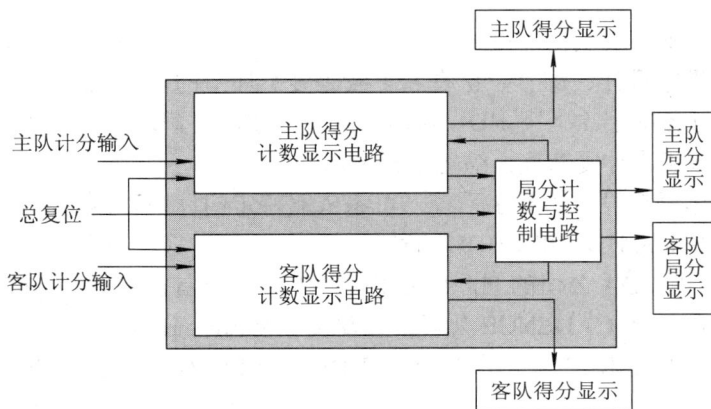

题图 2.2　排球比赛计分显示系统原理框图

第 3 章　基于 Verilog HDL 语言的设计

◆◆◆

在数字系统设计中，原理图输入方式繁琐、效率低，一般只应用于小系统设计或复杂系统的顶层模块连接。硬件描述语言 HDL 才是应用广泛、发展迅速、适用于复杂数字系统设计要求的输入方式。HDL 可以有效地表述、传达设计者的设计意图，并在 EDA 工具的帮助下，快速实现其设计思想。

本章首先阐述了 Verilog HDL 语言的基本结构，然后按照门级建模、数据流建模和行为级建模的脉络，介绍了 Verilog HDL 的基本语法，测试文件的常用设计方法，最后给出在 ISE 环境下用 Verilog HDL 设计数字电路系统的示例。

3.1　Verilog HDL 概述

硬件描述语言支持层次化的设计、IP Core 可重用设计，在 EDA 工具、FPGA 芯片支持下，实现了一种贯穿设计、综合、仿真和下载等多个环节的数字系统快速实现的方法。设计者可以在较为抽象的层次上用 HDL 对电路进行描述，将繁琐的实现细节交由 EDA 工具完成，极大地降低了设计复杂度，缩短了开发周期。

使用硬件描述语言设计的数字系统，可不依赖特定的厂商和器件，可移植性好。常用的 HDL 语言有 Verilog HDL 和 VHDL 两种。

Verilog HDL 由 GDA 公司的 Phil Moorby 在 1983 年末首创，1989 年 CADENCE 公司收购了 GDA 公司，1990 年 CADENCE 公司公开发表了 Verilog HDL，成立了 OVI(Open Verilog International)组织。随后 IEEE 制定了 Verilog HDL 的 IEEE 标准，进一步推动了 Verilog HDL 的应用。

VHDL(VHSIC Hardware Description Language)中的 VHSIC 是 Very High Speed Integerated Circuit 的缩写。VHDL 是美国国防部为了解决项目的多个承包人的信息交换困难、设计维修困难的问题而提出的，由 TI、IBM 和 INTERMETRICS 公司完成，于 1987 年制定为 IEEE 标准，即 IEEE std 1076-1987[LRM87]，后又进行一些修改，成为新的标准版本。

VHDL 和 Verilog HDL 两种语言的主要功能差别不大，它们的描述能力类似，相比较而言，VHDL 较 Verilog HDL 系统描述能力稍强，Verilog HDL 的底层描述能力比 VHDL 强得多。Verilog HDL 拥有广泛的设计群体，成熟的资源比 VHDL 丰富；完成同一功能描述，Verilog HDL 的描述较 VHDL 更为简洁；Verilog HDL 也较易于学习，只要有 C 语言的编程基础，一般经过 2～3 个月的认真学习和实际操作就能掌握，而 VHDL 设计不很直观，一般需要有半年多的专业培训才能掌握。

　　本节通过用 Verilog HDL 描述几个简单的数字电路，总结出 Verilog HDL 的基本特点、设计规则，并建立层次建模的概念，实现 Verilog HDL 学习的快速入门。

3.1.1　几个简单的 Verilog HDL 例子

　　例 3-1　设计一个二选一电路，实现表 3.1 的功能。

表 3.1　二选一电路功能

端口说明		功　能　说　明
输入端口	a	如果 sel = 1，将 b 的值送到输出端口 c
	b	
	sel	如果 sel = 0，将 a 的值送到输出端口 c
输出端口	c	

```
module mux21(a，b，sel，c);
input a，b;
input sel;
output c;
wire c;
assign c = sel ? b : a;
endmodule
```

从例 3-1 可以看出：

　　(1) Verilog HDL 的程序描述必须位于关键词 module 和 endmodule 之间。

　　(2) 每个模块必须有一个模块名，如上例的 mux21。

　　(3) 需要对模块的输入、输出端口进行说明，如上例程序的第二、三、四行表述模块的输入端口是 a、b、sel，输出端口是 c。

　　(4) 模块的变量说明，如程序的第五行声明了一个线网变量 c。

　　(5) 第六行语句使用条件操作符，实现模块的功能，即判断 sel 是否等于 1，如果等于 1，b 的值赋给 c，否则 a 的值赋给 c。这段程序描述通过综合工具，可转换成图 3.1 的门级电路图。

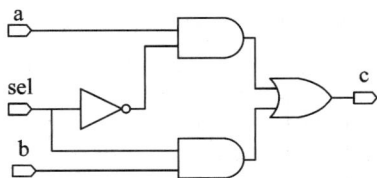

图 3.1　二选一的电路图

　　(6) 模块中的每一条语句都以分号 "；" 结束(注意，endmodule 后无分号)。

　　(7) 例 3-1 实现了一个组合逻辑电路。

　　D 触发器是数字时序电路的基本组成器件之一，是设计时序电路的基础。下面用 Verilog

HDL 实现一个 D 触发器。

例 3-2 用 Verilog HDL 描述一个用时钟上升沿触发、同步复位的 D 触发器。

```
module Dflop(d，reset，clk，q);
input d，clk;
input reset;
output q;
reg  q;
always @ (posedge clk)
if(reset==1)
    q <= 0;
    else
    q <=d;
endmodule
```

从例 3-2 可以看出：

(1) 模块名是 Dflop，输入端口有三个：d、clk 和 reset，输出端口是 q。

(2) 程序的第五行声明了一个寄存器变量 q。

(3) always 语句描述模块的功能是：在每个 clk 上升沿时，首先检测 reset 的值，当 reset=1 时，输出端口 q 复位为 0，否则将输入值 d 赋给输出端口 q。

(4) 例 3-2 实现了图 3.2 的数字时序电路。

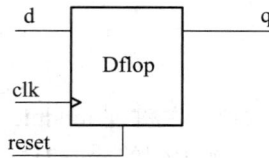

图 3.2　D 触发器

随着数字电路系统发展得越来越复杂，设计中更多地按照"自顶向下"的思路，即首先对一个复杂的系统任务进行分解，直至系统可用多个难度合适的子模块完成，然后分别完成各个子模块，最后将它们再组合成一个系统。Verilog HDL 支持这样的设计思路。

例 3-3 调用例 3-2 的 D 触发器实现一个四位的移位寄存器。

寄存器存储的数据在移位时钟 clock 的作用下依次右移，这样构成移位寄存器。移位寄存器既可以存储代码，也可以用来实现数据的串行到并行的转换。电路结构如图 3.3 所示。

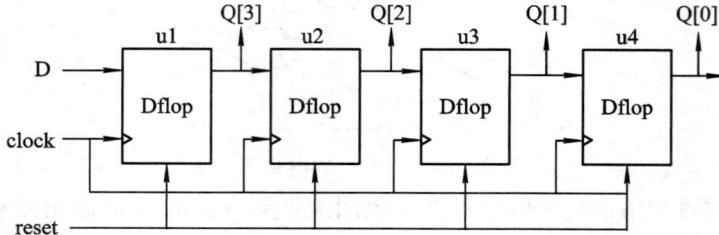

图 3.3　四位的移位寄存器

调用例 3-2 设计的 D 触发器按照图 3.3 的结构连接，在每次时钟上升沿时，数据依次向右移动一位。经过四个周期时钟信号后，串行输入的四位数据全部移入到移位寄存器中。如果在四个触发器的输出端引出数据，就可实现数据传输的串–并转换。程序如下：

```
module shift_flop(D，  reset，clock，Q);
// 端口声明
input D，clock，reset;
output[3:0] Q;
wire   [3:0] Q;        // 变量说明
/* 调用 D 触发器 Dflop 四次，例化名分别命名成 u1、u2、u3 和 u4，同时连接对应的端口，
   组成四位移位寄存器 */
Dflop u1(D，reset，clock，Q[3]);
Dflop u2(Q[3]，reset，clock，Q[2]);
Dflop u3(Q[2]，reset，clock，Q[1]);
Dflop u4(Q[1]，reset，clock，Q[0]);
endmodule
```

从例 3-3 可以看到，Verilog HDL 很好地支持了"自顶向下"的设计理念。

Verilog HDL 支持测试激励模块的设计。在仿真软件，如 Modelsim(详见第 5 章)的支持下，将测试模块描述的激励信号传输到待测的功能模块中，在仿真软件中可以观察功能模块的输出情况，从而实现对功能模块的软件测试，及早发现设计中的问题。

例 3-4　对例 3-3 设计的模块编写测试文件。

```
`timescale 1ns/100ps    // 定义测试文件中一个时间的单位是 1 ns、时间精度是 100 ps
module testbench();
//说明测试输入端口
reg D;
reg clock;
reg reset;
wire[3:0] Q;
// 例化待测试的移位寄存器
shift_flop u1(D，reset，clock，Q);
// 产生时钟信号
initial
begin
   clock =0;
   forever #10 clock = ~clock;
 end
// 产生输入信号 D，复位信号 reset
initial
begin
```

```
            D = 1'b1; reset =0;
            #20 reset =1;
            #15 D = 1'b0;
            #20 D = 1'b1;
            #100 reset =0;
            #10 $stop;
        end
    endmodule
```

从上例可以看到 Verilog HDL 可以准确地描述输入的测试信号。

3.1.2　Verilog HDL 的基础知识

1. Verilog HDL 的基本结构

Verilog HDL 可以描述数字电路系统的逻辑功能，也可以描述组合成为一个系统的多个数字电路模块之间的连接，并可以设计用于仿真的测试激励文件。

模块(module)是 Verilog HDL 设计的基本单元，Verilog HDL 模块可分为两种类型：一种是功能模块，描述数字电路系统的结构和功能，在 EDA 工具的支持下转换成电路结构，完成布局、布线、下载，最后在 FPGA 上实现目标系统，功能模块也可以仅以向仿真软件提供仿真模型为目的，从而对设计方案进行快速验证；另一种是测试模块，为功能模块的测试提供信号激励、输出数据监测，完成功能模块的仿真测试。测试模块的设计详见 3.6 节。

一般而言，模块包括模块名、端口名说明、I/O 端口声明、各类型变量声明和模块功能描述等。Verilog HDL 模块的一般结构如以下程序所示。

```
        module  模块名(input_port1,…input_portn,
                        output_port1,…output_portN,          模块名及模块端口罗列
                        inout_port1,…inout_portM）;
        input[width_1-1:0] input_port1;
        …
        input [width_n-1:0] input_portn;
        output[width'_1-1:0] output_port1;
        …                                                    端口名说明
        output[width'_N-1:0] output_portN;
        inout[width"_1-1:0] inout_port1;
        …
        inout[width" M-1:0] inout_portM;

        reg[width-1：0]   port1;
        wire[width'-1:0] port2;                              变量声明
```

$$\left.\begin{array}{l}\text{assign} \\ \text{低层模块例化} \\ \text{always，initial 语句} \\ \text{任务（task）和函数（function）} \\ \\ \text{endmodule} \end{array}\right\} \text{模块功能描述}$$

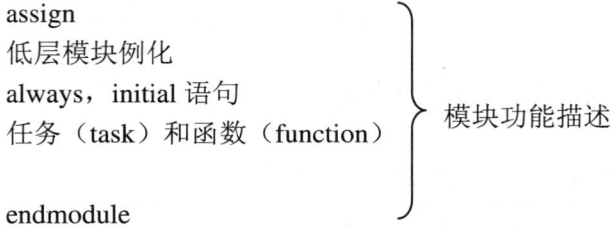

下面介绍模块中的基本内容。

1) 模块名、端口名说明

格式：

　　module　模块名(端口 1，端口 2，端口 3，…，端口 n)；

Verilog HDL 程序的模块名是必须的，所有程序必须位于关键词 module、endmodule 之间。

为便于工程管理，模块名一般和实现的功能相关，如 halfadder(半加器)、top(顶层模块)、testbench(测试模块)等。命名的字符串必须符合 Verilog HDL 对字符串的规定。

端口名说明是一个可选项。

(1) 当模块与外界没有信息交互、无端口连接时，声明中就不需要无端口名的罗列。如包含了待测模块和激励信号的测试模块，可声明为 module testbench()；

(2) 当模块和外界有信息交互时，各端口名必须全部罗列，相互之间用逗号隔开，如

　　module mux21(a，b，sel，c)；

对于外界环境来说，模块内部是一个"黑盒子"，对模块的例化(instance 或称调用)都是通过对模块端口的操作来完成的。

2) I/O 端口声明

所有声明的端口都必须说明端口类型、位宽。端口之间需用逗号隔开，语句用分号结束。

根据信号的方向不同，Verilog HDL 中的端口类型有以下三种：

(1) 输入端口：其声明格式为

　　input [width-1:0] 端口名 1，端口名 2，…，端口名 n；

(2) 输出端口：其声明格式为

　　output [width-1:0] 端口名 1，端口名 2，…，端口名 n；

(3) 输入/输出端口：其声明格式为

　　inout [width-1:0] 端口名 1，端口名 2，…，端口名 n；

width 是端口的位宽，如果无位宽说明，系统将默认位宽为 1。例如，

　　input[7:0] data_in；// 一个名为 data_in，位宽为 8 位的输入数据

　　output S，CO；　　// 名为 S 和 CO，位宽均为 1 位的两个输出数据

3) 数据类型说明

对于模块端口信号和模块内部信号，需有相应的数据类型说明。Verilog HDL 的常用的数据类型分为线网型和寄存器型。线网型表示结构化元件之间的物理连线，寄存器型表示数据的存储单元。为尽可能地反映真实硬件电路的工作情况，可对数字信号的逻辑、强度

进行建模，变量的逻辑值有 0、1、x 和 z。x 表示未初始化或者未知的逻辑值，z 表示高阻状态。

Verilog HDL 定义了八种信号强度用于判断数字电路中不同强度的驱动源之间的赋值冲突，如表 3.2 所示。

表 3.2　八种信号强度的说明

强度等级	类型	强度
supply	驱动	最强
strong	驱动	
pull	驱动	
large	存储	
weak	驱动	
medium	存储	
small	存储	最弱
highz	高阻	

多个信号驱动同一个线网时，输出信号逻辑强度的建立可以按如下方法判断：

(1) 逻辑值相同而强度不同的多个信号驱动时，输出信号的逻辑值和强度由强度大的信号决定。

(2) 逻辑值不同，但强度相同的多个信号驱动时，输出信号的逻辑值可能会得到不定值。

4) 模块功能说明

模块逻辑功能的描述是模块中最重要的部分，可根据设计需要选用以下四类常用方法：

(1) 用连续赋值语句"assign"进行数据流建模。描述数据在各个寄存器、逻辑门之间的传递，详见 3.3 节。

(2) 调用已设计好的子模块，组合成更复杂的系统。Verilog HDL 支持"自顶向下"的设计方法，大型的、复杂的数字系统逐层分解成多个简单的模块构成，在分别完成各个子模块设计后，通过上层模块例化(或称调用)低层模块的方式，完成目标系统的组合。

(3) 使用结构说明语句"always"、"initial"可以进行变量初始化、组合电路和时序电路块的描述，具体语法详见 3.4 节。

(4) 编写任务(task)和函数(function)，对重复使用的功能进行描述，为复杂系统的设计提供支持，具体语法详见 3.4 节。

2. 模块的例化

通过模块的例化(或称调用)，Verilog HDL 可以支持层次化设计，实现"自顶向下"的设计思路，模块例化的基本格式为

　　　　<模块名> <例化名>(<端口列表 >);

根据被调用的低层模块与上层模块的端口连接方式描述的不同，有两种例化方法：

(1) 按端口顺序连接：低层模块定义时声明的端口顺序与上层模块相应的连接端口顺序

保持一致，其格式为

　　　模块名　例化名(PORT_1，　PORT_2，…，　PORT_N);

　　(2) 按端口名称连接：被调用的低层模块和上层模块是通过端口名称进行连接，其格式为

　　　模块名　例化名(.port_1(PORT_1)，.port_2(PORT_2)，…，.port_n(PORT_N));

其中：port_1，port_2，…，port_n 表示被调用模块设计声明的各个端口；

　　　PORT_1，PORT_2，…，PORT_N 表示上一层模块调用时对应的端口名称。

　　这种连接端口的顺序可以是任意的，只要保证上层模块的端口名和被调用模块端口的对应即可。如果被调用模块有不需要连接的端口，该端口可悬空写成.port_n()，也可将此端口忽略。

　　例如，port_2 不需要和外界连接，可以写成：

　　　模块名　例化名(.port_1(PORT_1)，.port_2()，…，.port_n(PORT_N));

或者

　　　模块名　例化名(.port_1(PORT_1)，　，…，.port_n(PORT_N));/* 注意，port_2 虽然未写出，但其位置仍然保留 */

　　当被调用模块有较多端口时，根据端口名称进行信号连接，可避免因记错端口顺序而出错，并且在被调用模块因修改使得端口顺序发生变化时，只要端口名称、功能不变，上层模块调用就可以不更改。

　　在实际应用中，可根据设计的复杂程度和设计习惯来选择例化的方法。

　　例 3-5　通过调用半加器模块、或门模块来实现一位全加器。

　　半加器模块的端口如图 3.4 所示。

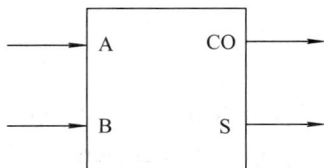

图 3.4　半加器模块的端口

　　(1) 设计半加器。

```
module halfadder(A，B，CO，S);
input A，B;          // 输入两个 1 位的数据作为加数、被加数
output S;            // 加法器输出的和
output CO;           // 加法器输出的进位
wire S，CO;
assign S = A ^B;
assign CO= A & B;
endmodule
```

　　(2) 设计一位全加器。

根据数字逻辑电路关系，调用半加器、或门组成一位全加器，其电路连接图如图 3.5 所示。

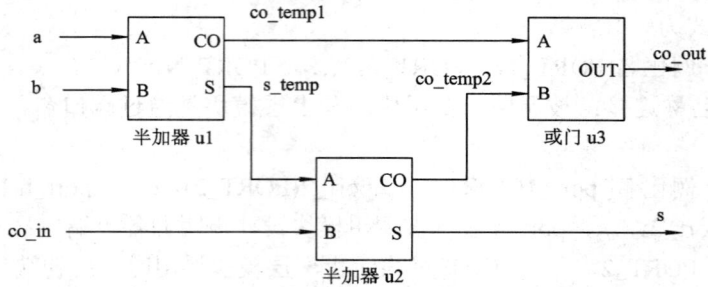

图 3.5　全加器电路连接图

Verilog HDL 可用以下两种方法描述：

方法一：采用按端口顺序连接

```
module fulladder(a,b,co_in,co_out,s);
input a,b,co_in;
output co_out,s;

halfadder u1(a,b,co_temp1,s_temp);
halfadder u2(s_temp,co_in,co_temp2,s);
or u3(co_out,co_temp1,co_temp2);
endmodule
```

方法二：采用按端口名称连接

```
module fulladder(a,b,co_in,co_out,s);
input a,b,co_in;
output co_out,s;

halfadder u1(.A(a),.B(b),.CO(co_temp1),.S(s_temp));
halfadder u2(.A(s_temp),.B(co_in),.CO(co_temp2),.S(s));
or u3(co_out,co_temp1,co_temp2);
endmodule
```

3. Verilog HDL 基本概念

1) 词法约定

Verilog HDL 中的基本词法约定与 C 语言类似，可以有空白、注释、分隔符、数字、字符串、标识符和关键词等，其中关键词全是小写字母。

(1) 注释：为加强程序的可读性和文档管理，设计程序中应适当地加入注释内容。注释有两种方式：单行注释和多行注释。

① 单行注释以"//"开始，只能写在一行中。例如，

　　assign c= a+b;　// c 等于 a，b 的和

② 多行注释以"/*"开始，以"*/"结束，注释的内容可以跨越多行，例如，

　　assign c= a+b;　/* c 等于 a，b 的和，本语句可综合成一个加法器，实现加法
　　　　　　　　　　　的组合逻辑 */

(2) 标识符(identifier)：用于定义模块名、端口名、连线、信号名等。标识符可以是任意一组字母、数字、$ 符号和 _ (下划线)符号的组合，但标识符的第一个字符必须是字母或者下划线，字符数不能多于 1024 个。此外，标识符区分大、小写。例如，

　　　state，State　　　// 这两个标识符是不同的

　　　2and，&write　　　// 非法标识符

(3) 空白符：由空格(\b)、制表符(\t)和换行符定义而成，除了出现在字符串里，Verilog HDL 中其它位置的空白符仅仅用于分隔标识符，在编译阶段被忽略。

2) 数据类型

在程序设计中，数据有常量和变量两种，下面分别进行介绍。

(1) 常量：是指在程序运行中，其值不能改变的量。

① 数字：其表达方式为

　　　<位宽>'<进制><数值>

说明：

● <位宽>：用二进制表示的数字的位数，如果缺省，位宽由具体机器系统决定(至少为 32 位)。

● <进制>：可以用四种进制表示：二进制(b 或 B)、八进制(o 或 O)、十进制(d 或 D)、十六进制(h 或 H)。缺省时为十进制。

● <数值>：可以是所选进制表述的任意有效数字，包括不定值 x 和高阻态 z。当<数值>位宽大于指定的大小时，截去高位。

例如，

　　　8'b11001100　　　// 位宽为 8 的二进制数，'b 表示二进制

　　　'h1f23　　　　　　// 十六进制数，采用机器的默认位宽

　　　2'b110x　　　　　// 表示 2'b0x，因为当数值大于指定的大小时，截去高位

　　　16'h1z0x　　　　　// 位宽为 16 位的十六进制数，其值的二进制表示为 16'b0001zzzz0000xxxx

可在数字之间使用下划线 "_" 对数字进行分隔，下划线只增加数字的可读性，在编译阶段将被忽略，如 8'b1100_1100。

② 参数型(parameter)：可以用 parameter 为关键词，指定一个标识符(即名字)来代表一个常数，参数的定义常用在信号位宽定义，延迟时间定义等位置，以增加程序的可读性，方便程序的修改，其格式为

　　　parameter 标识符 1 = 表达式 1，标识符 2 = 表达式 2，... 标识符 n = 表达式 n;

这里的表达式可以是常数，也可以是以前定义过的标识符。例如，

　　　parameter width = 8;　　　　// 定义了一个常数参数

　　　input[width-1:0] data_in;　　　// 表示输入信号 data_in 的位宽为 8

　　　parameter a=1，b=3;　　　　// 定义了两个常数参数

　　　parameter c=a+b;　　　　　// 表示 c 的值是前面定义的 a、b 值的和

(2) 变量：指在程序运行中，其值可以改变的量。Verilog HDL 中常用的三种数据类型为 wire 型、reg 型和 memory 型，其它数据类型的说明请查阅 Verilog HDL 的相关手册。

① 线网 wire 型变量：wire 型线网变量表示硬件单元之间的连接，它的值由驱动元件的值决定。如果没有驱动元件连接到线网，线网的缺省值为 z。Verilog HDL 模块端口信号的

数据类型如无定义，默认为 wire 型，其定义格式为

      wire [width-1 :0] 变量名 1，变量名 2，…，变量名 n;

说明：

- [width-1:0]指明了变量的位宽，缺省此项时默认变量位宽为 1。
- wire 为关键词，多个变量名之间用逗号隔开。
- 模块的输入/输出信号的数据类型默认为 wire 型。

例如，

      wire [7:0]　a，b;　　　　// 位宽为 8 的 wire 型变量 a 和 b

      wire c;　　　　　　　// wire 型变量 c，位宽为 1

② reg 型:reg 型寄存器变量表示一个抽象的数据存储单元,只能在 initial 语句和 always 语句中被赋值。寄存器型变量的默认值是不定值 x。其定义格式为

      reg[width-1:0] 变量名 1，变量名 2，…，变量名 n;

例如，

      reg [7:0] b，c;　　　　　　　　// 两个位宽为 8 的 reg 型变量 b 和 c

      reg a;　　　　　　　　　　　// reg 型变量 a，位宽为 1

③ memory 型：memory 型数据常用于寄存器文件，以及 ROM、RAM 的建模等。memory 型数据是将 reg 型变量进行地址扩展而得到的，其格式为

      reg[n-1 : 0] 存储器名[N-1 : 0];　　// 定义位宽为 n，深度为 N 的寄存器组

例如，

      reg[7:0]　mem[255 : 0];　　　　// 每个寄存器位宽为 8，共有 256 个寄存器的寄存器组

对一组存储单元进行读写，必须指定该单元的地址，如对上例的 mem 寄存器的第 200 个存储单元进行赋 0 值的操作语句为

      mem[200]= 0 ;　　　　　　　// 对存储器 mem 的第 200 个存储单元赋值为 0

需要注意 memory 型数据和 reg 型数据的区别。例如，

      reg　mem [N-1 : 0];　　　　　// 由 N 个位宽为 1 的寄存器组成的寄存器组 mem

      reg [N-1:0] a;　　　　　　　// 一个 N 位的寄存器变量 a

3.1.3　Verilog HDL 的描述层次

根据对电路描述的抽象程度不同，Verilog HDL 描述有四个层次。

(1) 行为级或算法级：这是 Verilog HDL 支持的最高抽象级别，在这一级别上设计者关注算法的实现，不关心具体的硬件实现细节，几乎可以使用 Verilog HDL 提供的所有语句。

(2) 数据流级：通过描述模块内部数据流的情况来描述该逻辑单元的功能，在这一级别上设计者关注数据的处理及其如何在线网上和寄存器间的传递。

一般情况下，寄存器传输级(RTL)描述指的是能够通过综合工具转化为门级电路的行为级描述和数据流级描述。

(3) 门级：调用已设计好的逻辑门基本单元(原语)，如与门、或门、异或门等，描述逻辑门之间的连接，构成电路。

(4) 开关级：这是 Verilog HDL 支持的最低抽象层次，通过描述器件中的晶体管、存储

节点及其它们的互联来设计模块。

由于开关级描述的应用较少，本章将从门级建模、数据流级建模和行为级建模等三个层次对 Verilog HDL 的语法进行讨论。

3.2　门　级　建　模

使用 Verilog HDL 直接调用 and(与门)和 or(或门)等逻辑门原语搭建的数字电路与实际电路是一一对应的，描述直观，且容易理解。本节从门级角度讨论对数字电路进行建模。

3.2.1　门的类型

Verilog HDL 定义了两类基本的逻辑门：与/或门类(and/or)、缓冲/非门类(buf/not)，称为预定义的逻辑门，在使用预定义的逻辑门原语例化逻辑门时，可以直接使用相关原语，无需再次声明定义。预定义逻辑门调用时，例化名可选，其格式为

　　　　<预定义逻辑门名>　　　<例化名>(端口列表)；

例如，调用与门可以写成

　　　　or or1(out，in1，in2)；

或　　　　or (out，in1，in2)；

但是，用户例化自己定义的模块时，必须先定义再使用，在调用时也必须指定例化名。下面分别对两类基本逻辑门的应用进行介绍。

1. 与/或门类(见表 3.3 所示)

表 3.3　与/或门类的说明

逻辑门名称	功　能	符　号
and	逻辑与	
or	逻辑或	
xor	逻辑异或	
nand	逻辑与非	
nor	逻辑或非	
xnor	逻辑同或	

说明：

(1) 与/或门类都有一个输出端和多个输入端，门端口列表中的第一个端口必定是输出端口，其它是输入端口。

(2) 在门的例化调用中，如果输入端口的个数超过两个，只需将输入端口直接排列在端口列表中即可，Verilog HDL 根据输入端口数自动选择合适端口的逻辑门。

例如，设输出端口为 out，输入端口为 in1、in2、in3 和 in4。

　　　　and u1(out，in1，in2)；　　　　　　// 二输入与门

　　　　xor x1(out，in1，in2，in3，in4)；　　// 四输入异或门，输入端口数目超过 2 个

(3) 基本门的真值表如表 3.4 所示。

表 3.4　基本门的真值表

and	0	1	x	z
0	0	0	0	0
1	0	1	x	x
x	0	x	x	x
z	0	x	x	x

nand	0	1	x	z
0	1	1	1	1
1	1	0	x	x
x	1	x	x	x
z	1	x	x	x

xor	0	1	x	z
0	0	1	x	x
1	1	0	x	x
x	x	x	x	x
z	x	x	x	x

or	0	1	x	z
0	0	1	x	x
1	1	1	1	1
x	x	1	x	x
z	x	1	x	x

nor	0	1	x	z
0	1	0	x	x
1	0	0	0	0
x	x	0	x	x
z	x	0	x	x

xnor	0	1	x	z
0	1	0	x	x
1	0	1	x	x
x	x	x	x	x
z	x	x	x	x

(4) 如果输入端口多于两个，则可以通过重复使用两输入真值表来计算输出的值。

2. 缓冲/非门类

Verilog HDL 提供了缓冲器和非门原语，其逻辑符号和功能如表 3.5 所示。

表 3.5　缓冲器和非门的说明

逻辑门名称	功　能	符　号
buf	缓冲数据	in —▷— out
not	对输入数据取反	in —▷o— out

说明：

(1) 缓冲/非门类逻辑门具有一个输入，多个输出，端口列表的最后一个端口是输入端口，其它是输出端口。

(2) 如果输出端口多于一个，只需将所有的输出端口排列在端口列表中，Verilog HDL 可以根据端口自动选择合适的逻辑门。

例如，设 in 是输入端口，out、out1、out2 和 out3 是输出端口。

```
buf   (out，in);                // 单输出缓冲门
not   (out，in);                // 单输出非门
buf   b2 (out1，out2，out3，in); // 多输出缓冲门，例化名为 b2
not   n2(out1，out2，in);        // 多输出非门，例化名为 n2
```

(3) 缓冲器和非门的真值表如表 3.6 所示。

表 3.6　缓冲器和非门的真值表

buf	in	out
	0	0
	1	1
	x	x
	z	x

not	in	out
	0	1
	1	0
	x	x
	z	x

（4）Verilog HDL 还支持四个带控制的条件缓冲器和条件反相器，它们有输出、输入和控制三个引脚，其功能和符号见表 3.7，相关真值表见表 3.8。

表 3.7　带控制的条件缓冲器和条件反相器

逻辑门名称	功　能　描　述	符　　　号
bufif1	条件缓冲器，当控制信号 control=1 时，逻辑门使能	in ———▷——— out control—
bufif0	条件缓冲器，当控制信号 control=0 时，逻辑门使能	in ———▷——— out control—
notif1	条件反相器，当控制信号 control=1 时，逻辑门使能	in ———▷o——— out control—
notif0	条件反相器，控制信号 control=0 时，逻辑门使能	in ———▷o——— out control—

表 3.8　带控制的缓冲器和条件反相器的真值表

buff1		control				buff0		control				notif1		control				notif0		control			
		0	1	x	z			0	1	x	z			0	1	x	z			0	1	x	z
	0	z	0	L	L		0	0	z	L	L		0	z	1	H	H		0	1	z	H	H
in	1	z	1	H	H	in	1	1	z	H	H	in	1	z	0	L	L	in	1	0	z	L	L
	x	z	x	x	x		x	x	z	x	x		x	z	x	x	x		x	x	z	x	x
	z	z	x	x	x		z	x	z	x	x		z	z	x	x	x		z	x	z	x	x

例如，设 out 是输出端口，in 是输入端口，control 是控制端口。

bufif1 u1(out，in，control);

bufif0 u2(out，in，control);

notif1 u3(out，in，control);

notif0 u4(out，in，control);

在调用四种条件缓冲器和条件反相器时，注意端口罗列的顺序规则。

3.2.2　实例数组(Array of Instances)

在实际应用中，常会对某种逻辑门进行多次调用，实现多位宽数据的逻辑运算，这可以通过实例数组的方式来表述，以简化书写，其格式为

　　　　＜逻辑门名字＞　＜实例名字＞　＜位宽＞(端口列表);

例 3-6　实现两个 3 位数据的或运算。

module or3(in1，in2，out);

input [2:0] in1，in2;

output [2:0] out;

wire [2:0] out;　　　　　　　　　　语句等价于　　{ or u2 (out[2]，in1[2]，in2[2]);

or u[2:0] (out，in1，in2);　⟹　　　　　　　or u1 (out[1]，in1[1]，in2[1]);

endmodule　　　　　　　　　　　　　　　　　or u0 (out[0]，in1[0]，in2[0]);

3.2.3　应用举例

下面用预定义逻辑门原语设计三个数据的奇偶校验位电路。

由于信道的噪声干扰、传输中断等原因容易使传送的数据产生误码，奇偶校验是比较常用的检错码。它是一种通过增加冗余位使得码字中 1 或 0 的个数恒为奇数或偶数的方法。

例 3-7　设输入是 A、B、C，输出的校验位码字是 F，其真值表如表 3.9 所示。

可以使用异或逻辑门来实现这个电路，其奇偶校验位电路如图 3.6 所示。

表 3.9　奇偶校验位的真值表

输　　入			输出
A	B	C	F
0	0	0	0
0	0	1	1
0	1	0	1
0	1	1	0
1	0	0	1
1	0	1	0
1	1	0	0
1	1	1	1

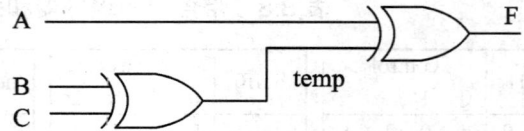

图 3.6　三个数据的奇偶校验位电路

逻辑图与 Verilog HDL 的描述有一一对应的关系。奇偶校验位电路的 Verilog HDL 门级描述如下：

```
module CRC_test(A，B，C，F);        // 端口说明
input A，B，C;
output F;
wire temp;                          // 内部线网 temp 声明
xor (temp，B，C);                   // 调用两输入的异或门
xor  (F，temp，A);
endmodule
```

3.2.4　门延迟

Verilog HDL 用门延迟语句来表述逻辑门和连线的延迟情况，从而反映真实数字电路中的信号传输的延迟，为仿真软件提供准确的仿真模型。

1. 上升、下降和关断延迟

在 Verilog HDL 中，定义了三种输入到输出的延迟：

(1) 上升延迟：逻辑门的输出从低电平 0、未知态 x、高阻态 z 变化成为高电平 1 所需的时间。

(2) 下降延迟：逻辑门的输出从高电平 1、未知态 x、高阻态 z 变化成低电平 0 所需的时间。

(3) 关断延迟：逻辑门的输出从高电平 1、低电平 0、未知态 x 变化成高阻态 z 所需的时间。

在 Verilog HDL 中，用户可以使用表 3.10 中的三种方法指定逻辑门延时。

表 3.10　门的三种延时指定方法

说　　明	例　　子
指定一种延时值，所有类型的延时都是这个值 格式：name #(delay_time)(port declare);	and #5 (out，a，b);//所有延迟均为 5
指定两种延时值：上升延时和下降延时，两者中较小者为关断延时 格式：name #(risin_time，fall_time)(port_declare);	or　#(5，6) (out，c，d);/* 或门的上升延时是 5，下降延时是 6，关断延时是 5 */
指定三个延时值，即上升延时、下降延时和关断延时 格式：name #(rising_time，fall_time，turnoff_time)(port _declare);	xor #(5，7，8)(out，in1，in2)；/* 异或门的上升延时是 5，下降延时是 7，关断延时是 8 */
用户如未指定延迟值，默认延时值是 0	

注：表中的 5、6 等数据是指 5 或 6 个仿真时间单位，时间单位由'timescale 定义，详见 3.4.7 节。

2. 最小/典型/最大延迟

由于受集成电路制造工艺过程的影响，真实器件的延时会有一个变化的范围。在 Verilog HDL 中，除了支持上述的三种延时以外，还可以分别指定每种延时的最小值、最大值和典型值。

(1) 最小值(min_delay_time)：逻辑门所具有的最小延时。

(2) 典型值(typical_delay_time)：逻辑门所具有的典型延时。

(3) 最大值(max_delay_time)：逻辑门所具有的最大延时。

格式：

　　　　<逻辑门名> #(min_delay_time: typical_delay_time: max_delay_time)(port declare);

用户可以在仿真一开始就指定具体选用哪一种延时值(最大值/典型值/最小值)，以建立不同的仿真模型。用户也可以在仿真过程中控制延迟值的使用，具体的控制方法与使用的仿真器和操作系统有关。

例如，

　　　and #(4:5:6)(out，a，b); /* 只声明了一个延时时间，所有延时的最小值=4，典型值= 5，
　　　　　　　　　　最大值=6 */

　　　or #(4:5:6，5:6:7) (out，c，d); /* 声明了两个延时，上升延时的最小值 = 4，典型值 = 5，
　　　　　　　　　　最大值 = 6；下降延时的最小值 = 5，典型值 = 6，最大值 =7 */

　　　xor #(4:5:6，6:7:8，7:8:9)(out，in1，in2); /* 声明了三个延时，
　　　　　　　　　　上升延时的最小值 = 4，典型值 = 5，最大值 = 6
　　　　　　　　　　下降延时的最小值 = 6，典型值 = 7，最大值 = 8
　　　　　　　　　　关断延时的最小值 = 7，典型值 = 8，最大值 = 9 */

3.3　数据流建模

门级建模的方法适用于电路规模较小、逻辑门数较少的情况，如果电路功能较复杂，所包含的逻辑门个数较多，用门级建模方法进行设计就显得很繁琐，也容易出错。

数据流级建模描述数据在寄存器、逻辑门之间传输和处理的过程。行为级建模在更抽象层次对系统功能和数据流进行描述。RTL(Register Transfer Level，寄存器传输级)建模通常是数据流建模和可综合的行为级建模的合称。

RTL 级的 HDL 文本描述可以通过 EDA 工具转换成电路门级结构图，这一过程称为逻辑综合。它支持设计者从更高、更抽象的层次入手，将设计重点放在功能的实现上，不必专注于电路结构实现的细节，这样不但可以避免门级电路繁琐的问题，而且还能加快设计进程，更好地保证系统功能的实现。

3.3.1　连续赋值语句

连续赋值语句常用于数据流行为建模，以 assign 为关键词，操作符是"="。

assign 赋值语句执行将数值赋给线网，可以完成门级描述，也可从更抽象的角度对线网电路进行描述，多用于组合逻辑电路的表述，其格式为

　　　　assign　赋值目标线网 = 表达式;

例如，

　　　　assign　a= b | c;　　　　　　　　// 两输入的或门

　　　　assign {c，sum[3:0]} = a[3:0] +b[3:0]+c_in; /* 一个四位的加法器，a、b 是加数和被加数，

　　　　　　　　　　　　　　　　　　　c_in 是进位，sum、c 分别是相加后的和、进位 */

　　　　assign　c = max(a，b);　　　　// 调用了求最大值的函数 max，将函数返回值赋给 c

说明：

(1) 式子左边的"赋值目标线网"只能是线网变量，不能是寄存器变量。

(2) 式子右边表达式的操作数可以是线网、寄存器，也可以是函数调用。

(3) 一旦等式右边任何一个操作数发生变化，右边的表达式就会立刻被重新计算，再进行一次新的赋值。

(4) assign 可以使用条件运算符进行条件判断后再赋值，如下述语句：

　　　　assign　data_out = sel? a : b; /* 如果 sel 等于 1，将 a 赋给 data_out，否则将 b 赋给 data_out，

　　　　　　　　　　　　　　　　　　实现一个二选一的电路 */

(5) 可用赋值延时控制对线网赋予新值的延时时间，延时值位于关键词 assign 的后面，但标注的延时时间在编译过程中将被忽略。

　　　　assign #10 data_out =data_in1 & data_in2;/* 计算 data_in1 & data_in2 的值，延迟 10 个时间

　　　　　　　　　　　　　　　　　　　单位赋给 data_out，时间单位由'timescale 给定 */

3.3.2　表达式、运算符和操作数

运算符和操作数构成的表达式是数据流建模的基础。运算符功能的分类和运算优先级

类型如表 3.11 所示。

表 3.11　运算符的分类和优先级

分　类	运　算	运　算　符	优先级
逻辑/按位运算符	单目运算	!，∼，&	最高
算术运算符	乘、除、取模	*，/，%	
	加、减	+，−	
移位运算符	移位	<<，>>	
关系运算符	关系	<，<=，>，>=	
等式运算符	等价	==，!=，===，!==	
按位/缩减运算符	缩减	&，∼&`	
		^，∼^	
		|，∼|^，	
逻辑运算符	逻辑	&&	
		‖	最低
条件运算符	条件	？：	

根据参加运算的操作数的数目，运算符可分为

(1) 单目运算符：对一个操作数进行运算的运算符，如 clock = ∼clock。

(2) 双目运算符：对两个操作数进行运算的运算符，如 a = b & c。

(3) 三目运算符：对三个操作数进行运算的运算符，如 D_out = condition ? D_in1 : D_in2。
下面简要介绍常用的运算符。

1．算术运算符

算术运算符有加法(+)、减法(−)、乘法(*)、除法(/)和取模(%)。

例如，设 a = 4'b0101，b = 4'b0010

  a + b // a 和 b 相加，等于 4'b0111

  a / b // a 除以 b，等于 4'b0010，余数部分舍弃，取整

  a % b // a 对 b 取模，即求 a、b 相除的余数部分，结果等于 1

注意：在算术运算时，如有一个操作数是不定值 x，则运算结果将不能得到确定数值。
如果使用"+"、"−"运算符作为操作数的正、负表示时，它们的优先级比双目运算符更高。

2．逻辑运算符

逻辑运算符有逻辑与(&&)、逻辑或(‖)和逻辑非(!)。

说明：

(1) "&&"和"‖"是双目运算符，"!"是单目运算符。

(2) 逻辑运算符的计算结果是一个一位的值，可以是：逻辑假(0)、逻辑真(1)和不确定(x)。

(3) 如果操作数为具体数值时，操作数不等于 0，等价于逻辑真(1)；操作数等于 0，等价于逻辑假(0)；操作数的任何一位为不定值 x 或者高阻态 z，等价于不定值。

例如，设 a = 2，b = 0

a && b	// 等于 0，相当于(逻辑 1 && 逻辑 0)
a ‖ b	// 等于 1，相当于(逻辑 1 ‖ 逻辑 0)
!a	// 等于 0，相当于逻辑 1 取反
(a==3)&&(b==0)	/* 等于 0，相当于两个表达式是否成立(为真)，即如果 a=3 成立，则(a==3)为逻辑 1，否则为逻辑 0 */
x && a	// 等于 x，相当于(x && 逻辑 1)

3．按位运算符

按位运算符有取反(~)、与(&)、或(‖)、异或(^)和同或(~^，^~)。

说明：

(1) 取反运算是单目运算符，其余是双目运算符。

(2) 按位运算是对操作数中的每一位进行按位操作。若两个数的位宽不相同，系统先将两个操作数右对齐，较短的操作数左端补 0，使得两个操作数位宽相同，然后再按位运算。

(3) 注意按位运算和逻辑运算的差别，逻辑运算结果是一个一位的逻辑值，按位运算产生一个与较长位宽操作数等宽的数值。

例如，设 a = 4'b0011，b =4'b1010，c =3'b011，d = 4'b11x0

~a	// 按位取反，结果等于 4'b1100
b & c	// 按位与运算，结果等于 4'b0010
a ^~ d	// 按位同或运算，结果等于 4'b00x0
a & b	// 按位与运算，结果等于 4'b0010

下句与前句比较：

　　　　a && b　　// 逻辑与运算，等价于 1 && 1，结果等于 1

4．关系运算符

关系运算符包括大于(>)、小于(<)、大于等于(>=)、小于等于(<=)。

在运算中，如果表达式成立，运算结果是真(1)；如果表达式不成立，运算结果为假(0)；如果操作数中某一位是不确定的，则表达式的结果是不定值。

例如，设 a = 4'b1010，b = 4'b0001，c = 4'b1xz0

a > b	// 结果等于逻辑值 1
a <= c	// 结果等于逻辑值 x
13 – a > b	/* 由于算术运算优先级较高，先进行 13 – a 的计算，得到 3，再和 b 进行比较，结果等于逻辑值 1 */
13 – (a>b)	/* 由于括号表明了关系运算的优先级，a>b 成立，结果是真值为 1，所以算术结果等于 12 */

5．等式运算符

等式运算符包括逻辑等(==)、逻辑不等(!=)、case 等(===)、case 不等(!==)。

说明：

(1) 若两个操作数位宽不等，先将两个操作数右对齐，用 0 填充较短数的左边。

(2) 逻辑等(==)和逻辑不等(!=)中，如果两操作数中某一位是不确定的，则返回值是 x；

在逻辑等运算时，如果两个数相同，返回逻辑值 1，否则返回逻辑 0。逻辑不等运算，反之同理。

　　例如，设 a = 4'b1010，b = 4'b1100，d = 4'b101x

　　　　a == b;　　　　// 结果为逻辑值 0

　　　　a != b ;　　　　// 结果为逻辑 1

　　　　a == d ;　　　　// 结果为逻辑 x

　　(3) case 等(===)、case 不等(!==)与逻辑等式运算符不同。在对两个操作数进行逐位比较时，即使有 x、z 位，也要进行精确比较。在 case 等运算中，只有在两者完全相等的情况下结果为 1，否则为 0。case 等运算符的结果不可能为 x。

　　例如，设 a = 4'b1010，b = 4'b1xzz，c = 4'b1xzz，d = 4'b1xzx

　　　　a === b;　　　　// 结果为逻辑值 0

　　　　b === c;　　　　// 结果为逻辑值 1(两个数每一位都相同，包括 x、z)

　　　　b === d;　　　　// 结果为逻辑值 0

　　　　b !== d;　　　　// 结果为逻辑值 1

6．缩减运算符

缩减运算符包括缩减与(&)、缩减与非(~&)、缩减或(|)、缩减或非(~|)、缩减异或(^)、缩减同或(~^)。这类操作符将对操作数由左向右进行操作，它们的运算规则和按位操作符相同。

　　注意：缩减运算符只有一个操作数，按位运算符有两个操作数。

　　例如，设 a = 4'b1010

　　　　b=&a　　　　// b=1 & 0 & 1 & 0 = 0

　　　　b=|a　　　　// b=1 | 0 | 1 | 0 = 1

　　　　b=^a　　　　// b= 1 ^ 0 ^ 1 ^ 0 = 0

可以看到，用缩减异或、缩减同或可以产生一个向量的奇偶校验位。

7．移位运算符

移位运算符有右移(>>)、左移(<<)。右移(>>)和左移(<<)是分别将操作数向右、向左移动指定的位数，空出的位置用 0 补足。

　　例如，设 a = 4'b1010

　　　　b = a >>1;　　　// 右移 1 位，结果是 b = 4'b0101

　　　　b = a <<2;　　　// 左移 2 位，结果是 b = 4'b1000

移位运算符在具体设计中有很多应用，如乘法运算可以转换成移位相加来完成，可以进行移位寄存器的移位操作等。

8．拼接运算符

位拼接运算符{}可以将两个或多个操作数的某些位拼接起来成为一个操作数。拼接运算时，需要将拼接的操作数按照顺序罗列出来，其间用逗号隔开，操作数的类型可以是线网变量、寄存器、线网向量、有确定位宽的常数等。

　　注意：进行拼接的每个操作数必须是确定位宽的，因为系统进行拼接时必须要确定拼接结果的位宽。

例如，设 a = 1'b1，b = 3'b101，c = 4'b1010

　　　X= {a，b，c}；　　　　　// 结果是 X=8'b11011010

　　　Y={a，b，2'b01}；　　　// 结果是 Y=6'b110101

　　　Z={b[1:0]，c[1]，c[0]}；　// 结果是 Z=4'b0110

位拼接可以使用重复操作、嵌套的方式来简化表达式。例如，

　　　3{1'b1}=3'b111

　　　{1'b0，3{1'b1}} = 4'b0111

　　　{1'b0，{3{2'b01}}} = 7'b0010101

9．条件运算符

条件运算符是一个三目的运算符，其格式为

　　　条件表达式？　表达式 1：　表达式 2

判断过程是首先计算条件表达式：

(1) 如果条件表达式为真，计算表达式 1 的值。

(2) 如果条件表达式为假，计算表达式 2 的值。

(3) 如果表达式为不确定值 x，且表达式 1 和表达式 2 的值不相等，输出结果为不确定值。

例如，

　　　assign　c=a>b? a: b　// a > b 如果成立(真)，c=a；反之，c=b

3.3.3 　举例

对同一个电路，可以从门级、数据流级和行为级不同角度进行描述。现在从数据流级的角度设计一个四选一电路和一位全加器。

例 3-8　用数据流建模方式描述四选一选择器，四选一选择器模块端口如图 3.7 所示。

```
module mux4_1(in1，in2，in3，in4，sel，out);
    input in1，in2，in3，in4;
    input [1:0]    sel;
    output out;
    …
    assign out = sel[1]? (sel[0] ? in4:in3)
                  : (sel[0] ? in2:in1);
endmodule
```

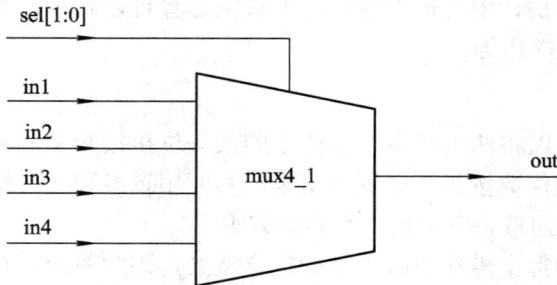

图 3.7　四选一选择器模块端口

例 3-9　用数据流建模方式设计一位全加器，电路图如图 3.8 所示。

```
module fulladder(a，b，cin，s，co);
    input a，b;
    input cin;
    output s;
    output co;
    assign {co，s}=a+b+cin;
endmodule
```

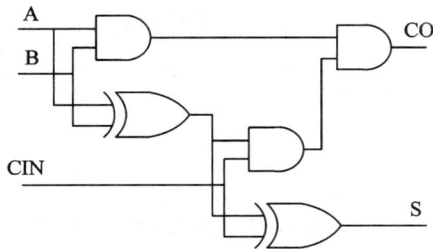

图 3.8　全加器电路图

对比门级电路图可以看到，用数据流建模对系统的描述更简洁，在 EDA 综合工具的支持下，它与门级建模繁琐的描述效果是一样的。

3.4　行为级建模

3.4.1　顺序块和并行块语句

Verilog HDL 中使用块语句将多条语句组合成一条复合语句。块语句分为顺序块语句和并行块语句。

1．顺序块

顺序块中的语句按书写顺序执行，由 begin…end 标识，其格式为

```
begin                          begin    块名
    执行语句 1;                     块内变量、参数定义;
    执行语句 2;          或者        执行语句 1;
    …                              执行语句 2;
end                                …
                               end
```

说明：

(1) 块名是可选的，它是一个块的标识名。

(2) 块内可以根据需要定义变量，声明参数，但这些内容只能在块内使用，类似于局部变量和局部声明。

(3) 顺序块内的语句是按照语句的书写顺序执行的。在仿真开始时执行第一条语句，后面语句的开始执行时间和前一条语句的执行时间是相关的，如果有延时，延时也是相对于前一条语句执行完的仿真时间而言的。当块内的最后一条语句执行完后，才跳出该顺序块。

2. 并行块

并行块中的语句并行执行，由 fork…join 标识，其格式为

```
fork                          fork   块名
    执行语句 1；                    块内变量、参数定义语句；
    执行语句 2；      或者          执行语句 1；
    …                              执行语句 2；
join                               …
                               join
```

说明：

(1) 块名、块内变量、参数定义语句的理解与顺序块相同。

(2) 并行块的语句是同时执行的，可以将每一条语句看成一个独立的进程，语句的书写顺序不会影响到语句的执行结果。应注意避免并行块中的多条语句同时对同一个变量进行改变，否则可能会引起竞争。

(3) 块内每条语句的起始执行时间是相同的，当块中执行时间最长的语句执行完后，跳出并行块的执行。

例 3-10　写出下面两个顺序块和并行块程序的执行结果。

```
    顺序块：              并行块：
begin                 fork
    s=0;                  s=0;
    #2 s=1;               #2 s=1;
    #4 s=0;               #4 s=0;
    #5 s=1;               #5 s=1;
    #1 s=0;               #1 s=0;
end                   join
```

例 3-10 的顺序块和并行块完成了对变量 s 的赋值过程，假设块语句都从仿真时刻 0 开始执行，其实现的赋值过程如表 3-12 所示。

表 3.12　例 3-10 的顺序块语句和并行块语句执行结果

顺序块赋值		并行块赋值	
仿真时刻	s 的值	仿真时刻	s 的值
0	0	0	0
2	1	1	0
6	0	2	1
11	1	4	0
12	0	5	1

3.4.2　条件语句

1．if 语句

if 语句和它的变化形式是条件语句的常见形式。常见格式如下：

(1) if(表达式)

　　　　　<语句>;

(2) if(表达式)

　　　　<语句 1>;

　　else

　　　　<语句 2>;

(3) if(表达式 1)

　　　　<语句 1>;

　　　　else　　if(表达式 2)

　　　　<语句 2>;

　　　　　　　　　…

　　　　else　　if(表达式 n)

　　　　<语句 n>;

　　else

　　　　<语句 n+1>;

说明：

(1) if 后面的表达式，可以是逻辑表达式或关系表达式。如果表达式的值是真(1)，执行紧接在后的语句；如果是假(0)，执行 else 后的语句。

(2) if 后的表达式还可以是操作数。如果操作数是 0、x、z 等价于逻辑假，反之为逻辑真。下式是一种表达式的简化写法：

　　　　if(reset)　　　等价于　　if(reset ==1)

(3) else 不能作为单独的语句使用，必须与 if 语句配对使用。

(4) 如果 if 和 else 后有多个执行语句，可以用 begin… end 块将其整合在一起。例如，

　　　　if(a >b)

　　　　　　begin

　　　　　　　　data_out1 <= a;

　　　　　　　　data_out2 <= b;

　　　　　　end

　　　　else

　　　　　　…

(5) if 语句可以嵌套使用，但是在嵌套使用过程中，应注意与 if 配对的 else 语句。通常，else 与最近的 if 语句配对。例如，

```
if(a > b)                    // 第一个 if 语句
    if ( c )                 // 第二个 if 语句
        data_out <= c + 1;
    else                     // 与第二个 if 语句的配对 else
        data_out <= a + 1;
else                         // 与第一个 if 语句的配对 else
    data_out <= b;
```

特别在 if-else 数目不一致时，最好使用 begin-end 块，如同算术表达式的括号一样，确定 if-else 的配对关系，避免逻辑描述错误。例如，

```
if(…)
    begin
    if(…)
      执行语句
    if(…)
        执行语句；
      else
        执行语句；
    end
else
…
```

(6) 如果不能正确使用 else，可能会生成不需要的锁存器。例如，

```
always @ (a or b)   // 当 a 或者 b 的数值发生变化时，触发 always 块执行
begin
    if(a)
    data_out <= a;
end
```

如果设计者的设计意图是：当 a 不为 0 时，data_out 赋值为 a，否则被赋值为 b。但上例描述的电路，在 a 等于 0 时，data_out 仍为前一个 a 值，从而生成了一个不希望的锁存器。

(7) if-else 表达了条件选择的设计意图，它与条件操作符有重要的区别。

条件操作符可以出现在一个表达式中，而这个表达式可以使用在过程赋值中或者连续赋值中，可进行行为建模，也可以进行门级建模。

if-else 语句只能出现在 always、initial 块语句、函数和任务中，一般只能在行为建模中使用。

2. case 语句

if-else 语句提供了选择操作，但如果选择项数目较多，使用会很不方便，如果判断用的条件是同一个表达式时，使用 case 语句就很简便。

case 是一种多分支选择语句，其格式为：

```
case(控制表达式)
```

分支表达式 1：　语句 1;

分支表达式 2：　语句 2;

　　　…

分支表达式 n：　语句 n;

default：　　默认语句;

　endcase

控制表达式常表示为控制信号的某些位，分支表达式是这些控制信号的具体状态值。

语句执行时，先计算 case 后的控制表达式，然后将得到的值与后面的分支表达式的值进行比较，当控制表达式的值与某分支表达式的值相等时，执行该分支表达式后的语句，如果没有匹配的分支表达式，执行 default 后的默认语句。

case 语句的作用类似于多路选择器。用 case 语句可以容易、简洁地实现四选一、八选一、十六选一等电路描述。

例 3-11　使用 case 语句设计数据选择器 MUX，其系统模块图和功能表如图 3.9 所示。

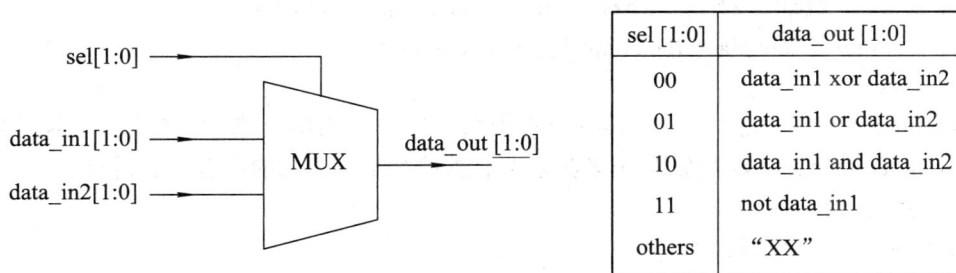

sel [1:0]	data_out [1:0]
00	data_in1 xor data_in2
01	data_in1 or data_in2
10	data_in1 and data_in2
11	not data_in1
others	"XX"

图 3.9　选择器的模块图和功能表

```
module mux(data_in1，data_in2，sel，data_out);
input [1:0] data_in1，data_in2;
input [1:0] sel;
output [1:0] data_out;

always @ (data_in1, or data_in2, or sel)
    begin
      case(sel)
        2′b00 :   data_out <= data_in1 ^ data_in2;
        2′b01:    data_out <= data_in1 | data_in2;
        2′b10:    data_out <= data_in1& data_in2;
        2′b11:    data_out <= ~data_in1;
        default:   data_out <=2'bxx；
      endcase
    end
endmodule
```

应该注意：

(1) 每个分支表达式的值必须是互不相同的，否则会出现同一个控制表达式值有多种执行语句的矛盾。

(2) case 语句执行中，逐位对控制表达式的值和分支表达式的值进行比较，每一位的值可能是 0、1、x、z。如果两者的位宽不一致，在较短数据左端加 0，调整使两者位宽相等。如果多个不同的状态值有相同的执行语句，可以用逗号将各个状态隔开。

例如，

```
case(select)
2'b00 :                    data_out <= data_in1;
          …
2'b11 :                    data_out <= data_in4;
    // 如果 select 中有不确定位 x，输出值是 x
2'b0x, 2'bx0, 2'b1x, 2'bx1, 2'bxx:   data_out <= 4'bxxxx;
    // 如果 select 中有高阻态位，输出值是 z
2'b0z, 2'bz0, 2'b1z, 2'bz1, 2'bzz:   data_out <= 4'bzzzz;
    default：$display("the control signal is invalid");
endcase
```

(3) default 语句是可选的，一个 case 语句中只能有一个 default 选项。建议在 case 语句中最好加入 default 分支，以避免因分支表达式未能对控制表达式的所有状态进行穷举，而生成不需要的锁存器。

(4) case 与 if-else-if 的比较。

① if-else-if 结构中的条件表达式更具一般性，更直观。

② case 语句为表达式值存在不定值 x、高阻值 z 位的情况提供了逐位比较，执行对应语句的操作。

case 语句还有两种变形，关键词为 casez 和 casex。这可以在比较中对不关心的值进行忽略。其中，casex 将条件表达式或者分支表达式中的不定态 x 的位视为不关心的位，casez 则将高阻态 z 视为不关心的位，这样设计者就可以根据具体要求，只对信号的某些位进行比较。具体请查阅 Verilog HDL 相关手册。

3.4.3 循环语句

循环语句只能在 initial、always 块中使用。Verilog HDL 中有四种循环语句：for、forever、repeat、while，它们的语法规则类似于 C 语言的循环语句。

1. for 语句

for 语句格式：

for(表达式 1；表达式 2；表达式 3)   语句；

说明：

(1) 表达式 1 是初始条件表达式，表达式 2 是循环终止条件，表达式 3 是改变循环控制变量的赋值语句。

(2) 语句执行过程：

第一步：求解表达式 1。

第二步：求解表达式 2，如果其值为真(非 0)，执行 for 语句中内嵌的语句组，然后执行第三步；如果为假(等于 0)，结束循环，执行 for 循环后的语句。

第三步：求解表达式 3，得到新的循环控制变量的值，转到第二步继续执行。

例 3-12　用 for 语句对存储器组进行初始化。

```
reg[7:0]   my_memory[511:0];     // 定义寄存器型数组，有变量 512 个，变量位宽是 8
integer   i;
initial
  begin
    for(i=0; i<512; i=i+1)
    my_memory[i]<= 8'b0;          // 把数组中所有变量赋 0 值
  end
```

2．while 语句

while 语句格式：

　　　while(条件表达式) 语句；

语句执行过程：先求解条件表达式的值，如果值为真(等于 1)，执行内嵌的执行语句(组)，否则结束循环。如果一开始就不满足条件表达式，则循环一次都不执行。

例 3-13　用 while 语句求从 1 加到 100 的值，加法完成后打印结果。

```
module count(clk， data_out);
input clk;
output[12:0] data_out;
reg [12:0] data_out;
integer j;

initial    // data_out 和 j 赋初值为 0
  begin
    data_out = 0;
    j = 0;
  end

always @ (posedge clk)
  begin
    while(j<=100)    /* 如果 j 小于等于 100，则执行循环内容，执行 100 次后，j 大于 100
                        之后，跳出循环  */
      begin
        data_out = data_out + j;
        j= j+1;
```

```
            end
        $display ("the sum is %d，j= %d"，data_out，j);
      end
    endmodule
```

注意：在内嵌语句中应该包含使循环控制变量变化的语句，例如上例的 j=j+1，如果没有此类语句，循环控制变量的值始终不变，循环将永不结束。

3. forever 语句

forever 语句格式：

```
    forever  语句;
```

forever 表示永久循环，无条件地无限次执行其后的语句，相当于 while(1)，直到遇到系统任务 $finish、$stop 才结束循环，如果需要从循环中退出，可以使用 disable 语句。

forever 不能独立写在程序中，必须写在 initial 块中。

例 3-14　使用 forever 语句生成一个周期为 20 个时间单位的时钟信号。

```
    reg clock;
    initial
      begin
        clock = 0;                    // 对 clock 赋初始值
        forever #10 clock = ~ clock;  /* 每过 10 个仿真时间，clock 的值进行一次翻转，从而
                                         生成的时钟周期是 20 个时间单位  */
      end
```

这段程序常用于测试文件的编写中。

4．repeat 语句

语句格式：

```
    repeat(表达式)  语句;
```

repeat 语句执行表达式所指定的固定次数的循环操作，其表达式通常是常数，也可以是一个变量，或者一个信号。如果是变量或者信号，循环次数是循环开始时刻变量或信号的值，而不是循环执行期间的值。

例 3-15　用加法和移位操作完成两个 4 位数值的乘法运算。

```
    module mux(data_in1，data_in2，data_out);
    input [3:0] data_in1，data_in2;
    output[7:0] data_out;

    reg [7:0] data_out;
    reg[7:0] data_in1_shift，data_in2_shift;

    initial
      begin
        data_in1_shift = data_in1;
```

```
        data_in2_shift = data_in2;
        data_out = 0;
            repeat(4)            // 乘数、被乘数的位宽是 4，需要循环四次
            begin
                if(data_in2_shift[0])
                data_out = data_out + data_in1_shift;
                data_in1_shift = data_in1_shift << 1; /* data_in1_shift 执行左移一位的操作，得
                                                        到的值赋给 data_in1_shift */
                data_in2_shift = data_in2_shift >> 1; /* data_in2_shift 执行右移一位的操作，
                                                        得到的值赋给 data_in2_shift */
            end
        end
    endmodule
```

3.4.4　赋值语句

赋值语句分为连续赋值、过程赋值。

连续赋值常以 assign 为关键词，用于数据流行为建模，详见 3.3 节。

过程赋值常出现在 initial 和 always 语句内。initial 语句可以对数据进行初始化赋值，always 语句可以进行组合逻辑、时序逻辑电路描述，并对相关变量进行赋值。

Verilog HDL 有两种过程赋值方式：阻塞赋值(=)和非阻塞赋值(<=)，它们在功能和特点上有很大不同。

1. 阻塞赋值

阻塞赋值操作符用"="表示。例如，

```
    always @(posedge clk)        // 当时钟上升沿到来时，触发 always 块执行
        begin
            a = b+1;
            c = a;
        end
```

当上面的 always 块被触发执行时，先求解 $b+1$ 的值，将结果赋给 a，然后再执行将 a 的值赋给 c 的操作，最后 a 和 c 的值都是 $b+1$。综合的参考电路框图如图 3.10 所示。从图 3.10 中可以看到：

(1) 阻塞赋值的执行期间不允许其它 Verilog HDL 语句的执行干扰，必须是阻塞赋值完成后才进行下一条语句的执行。

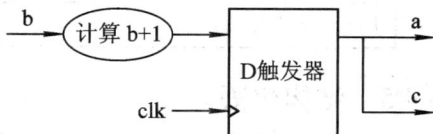

图 3.10　综合的参考电路框图

(2) 赋值一旦完成，等号左边的变量值立刻发生变化(如上例的 a、c)。

(3) 使用阻塞赋值可能会得到意想不到的结果。上例中，设计者可能希望得到两个触发

器，现在却只得到了一个。

2．非阻塞赋值

非阻塞赋值操作符用"<="表示。例如，

```
always @(posedge clk)        // 当时钟上升沿到来时，触发 always 块执行
    begin
        a <= b+1;            // 语句 1
        c <= a;              // 语句 2
    end
```

执行时，当时钟上升沿来到时，采样 a、b 的值，并进行 b+1 值的计算，在 always 块结束之前，将 b + 1、a 的值分别赋给 a、c，最后 a 的值是 b + 1，c 的值是时钟上升沿采样 a 的值。

综合的参考电路框图如图 3.11 所示，从图中可以看到：

(1) 非阻塞赋值的符号"<="与小于等于运算符相同，但是这两者的意义是完全不一样的，应根据使用环境及相关语句的含义进行区分。

(2) 非阻塞赋值在赋值开始时计算表达式右边的值，到了本次仿真周期结束时才更新被赋值变量(即赋值不立刻生效)。非阻塞赋值允许块中其它语句同时执行。

(3) 在同一个顺序块中，非阻塞赋值表达式的书写顺序不影响赋值的结果。

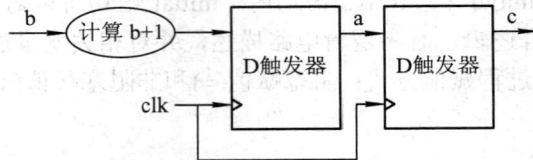

图 3.11　综合的参考电路框图

注意：在 Verilog HDL 程序编写过程中，要注意过程赋值与连续赋值的区别，避免出现问题，表 3.13 列出了两者的区别。

表 3.13　过程赋值与连续赋值的区别

过程赋值	连续赋值
无关键词(过程连续赋值除外)	关键词 assign
用 "=" 和 "<=" 赋值	只能用 "=" 赋值
只能出现在 initial 和 always 语句中	不能出现在 initial 和 always 语句中
用于驱动寄存器	用于驱动线网

3.4.5　结构化语句

Verilog HDL 中的过程模块常使用以下四种语句：always 语句、initial 语句、task 语句和 function 语句。

一个模块中可以有多个 initial 和 always 语句。每个 initial 块、always 块代表着一个独立的工作单元，无论这两种语句在模块中书写顺序的前后如何，它们在仿真一开始都同时

执行。task 语句和 function 语句在定义后，可以在模块的多处进行调用。

下面对这四种语句分别进行介绍。

1．initial 语句

格式：

> initial
>> begin
>>> 语句 1；
>>> 语句 2；
>>> …
>> end

说明：

(1) 一个模块中可以包含多个 initial 语句，所有的 initial 语句都同时从 0 时刻开始并行执行，并且只能执行一次。

(2) initial 语句常用于测试文本中对信号的初始化，生成输入仿真波形，监测信号变化等。

(3) 可以使用 fork…join 或 begin…end 对多条语句进行组合。

例如，

```
reg   data_in1，data_in2;
reg[1:0] data_in3;
initial                        // 第一个 initial 语句
  begin
    data_in1=0; data_in2=0;    // 在仿真 0 时刻，对变量进行赋值
    #10                        // 经过 10 个仿真时间，对变量进行新的赋值
      begin   data_in1=1; data_in2=0; end
    #10                        // 再经过 10 个仿真时间，再进行赋值
      begin   data_in1=0; data_in2=1; end
  end
initial              // 第二个 initial 语句，在仿真 0 时刻就开始与第一个 initial 语句并行执行
    data_in3 = 2'b11;
```

执行结果如表 3.14 所示。

表 3.14　仿真执行结果

仿真时刻(以单位时间为基准)	变 量 值
0	data_in1=0　data_in2=0　data_in3 = 2'b11
10	data_in1=1　data_in2=0　data_in3 = 2'b11
20	data_in1=0　data_in2=1　data_in3 = 2'b11

2．always 语句

格式：

　　　always 　@ <触发事件> 　语句或语句组；

说明：

(1) always 的触发事件可以是控制信号的变化、时钟边沿的跳变等。always 块的触发控制信号可以是一个，也可以是多个，其间用 or 连接。例如，

　　　always @ (posedge clock or posedge reset) 　/* 当 clock 上升沿或者 reset 上升沿到来时，
　　　　　　　　　　　　　　　　　　　　　　　　　触发 always 模块，执行块中的语句 */

　　　always @ (a or b or c or d) 　　/* 当 a、b、c 和 d 四个信号中的任意一个信号发生变化时，
　　　　　　　　　　　　　　　　　　　触发该 always 模块 */

(2) 只要 always 的触发事件产生一次，always 就会执行一次其中的语句或语句组。在整个仿真过程中，如果触发事件不断产生，则 always 中的语句或语句组将被反复执行。同样，也可以使用 fork…join 或 begin…end 对多条语句进行组合。例如，

　　　reg q;

　　　always @ (posedge clock) 　　// 只要有时钟上升沿的来到，就执行一次将 d 的值赋给 q

　　　q<=d;

(3) 一个模块中可以有多个 always 语句，每个 always 语句只要有相应的触发事件产生，对应的语句就执行，这与各个 always 语句书写的前后顺序无关。例如，

　　　always @ (posedge clk) // 第一个 always 语句，当时钟上升沿来到时触发执行

　　　　if(rst)

　　　　　counter <= 4'b0000;// 当复位信号等于 1，计数器 counter 置 0

　　　　else

　　　counter <= counter + 1; 　/* 当 rst 信号等于 0 时，计数器对 clk 时钟上升沿进行计数累加。当
　　　　　　　　　　　　　　　　　counter 计数到 4'b1111 时，下次的计数将溢出，counter 归零 */

　　　always @ (counter) 　　　// 第二个 always 语句，只要 counter 发生变化就触发执行

　　　$display ("the counter is = %d"，counter); 　　　// 显示计数器 counter 的值

通过使用两个 always 块，程序设计了一个同步复位，累加时钟上升沿的计数器，并随着数值的变化，仿真软件可实现计数值的同步显示。两个 always 块书写顺序上的先后不会影响执行结果，只要触发条件成立，这两个 always 模块就分别执行各自的操作，这体现了 Verilog HDL 描述的"并行性"。

(4) 在不同的 always 块中，不能执行相同的操作，否则会出现竞争。例如，

　　　reg data_out;

　　　　always @ (a)

　　　　　data_out <= a;

　　　　always @(posedge clk)

　　　　　data_out <= ~a;

以上这段程序，当 a 发生变化，并且 clk 上升沿同时到来时，对 data_out 的赋值就会产生矛盾。

在较大的系统设计中，常需要在不同的地方实现相似的功能、操作，为了程序的简洁、易懂，在 Verilog HDL 中，可以用任务和函数的形式描述这些相似的功能模块，上一层模块可以根据需要对任务和函数进行调用。被调用的任务和函数都必须在模块内部进行定义，且只有在被定义了的条件下才能进行调用。

3．任务(task)

任务定义的格式：

```
task  任务名；
    <输入/输出端口声明>；
    <任务中数据类型声明>；
    语句 1；
    语句 2；
    …
endtask
```

说明：

(1) 任务定义在关键词 task、endtask 之间，任务中可以包括延迟、时序控制和事件触发等时间控制语句。任务只有在被调用时才执行。

(2) 任务调用与变量传递的格式为

任务名(端口 1，端口 2，…，端口 n)；

例 3-16　通过定义和调用任务将数值 128 传送至 fifo 中。

```
module testbench();
reg clockin;
reg write_enable;
…
// 例化一个设计好的 fifo，该元件名为 fifoctlr
fifoctlr
 u1
 (.clock_in(clockin),  .write_enable_in(write_enable)，.write_data_in(write_data) ……);
/* 定义任务 writebrust，完成写入一个八位数据到 fifo 中的任务，任务的输入信号是八位的
   待写入数据 wdata。调用任务时，将 fifo 的写使能信号置为有效，并将 wdata 赋给 fifo 的数
   据输入端 write_data */
task writeburst;
    input [7:0] wdata;    // 这是 task 中的局部信号
    begin
      @(posedge clockin)
        begin
          write_enable = #2 1;   // 在 2 个时间单位后，将写控制信号置 1，使其有效
          write_data = #2 wdata; /* 接收 wdata 数据，在 2 个时间单位后将其传送到 fifo 的
                                     write_data 端口 */
```

```
            end
        end
    endtask
    initial
            writeburst(128);        // 调用任务 writeburst，将数值 128 送入 fifo    ……
    endmodule
```

(3) 当任务被调用时，任务被激活。同时一个任务可以调用别的任务或函数。

(4) 任务也可以没有参数的输入，只完成执行操作。

例 3-17　将输入信号的与和或的结果分别输出。

```
    module result(data_in1，data_in2，data_out1，data_out2);
        input data_in1，data_in2;
        output data_out1，data_out2;
        reg  data_out1，data_out2;
        task example;              // 定义任务 example
            begin
                data_out1 <=data_in1 & data_in2;
                data_out2 <= data_in1 | data_in2;
            end
        endtask
        always @ (data_in1 or data_in2)
            example;              // 调用任务，任务没有输入参数
    endmodule
```

4. 函数(function)

函数定义的格式：

```
    function <返回值的位宽、类型说明> 函数名;
        <输入端口与类型说明>;
        <局部变量说明>;
        begin
            语句;
        end
    endfunction
```

说明：

(1) 函数定义在关键词 function 与 endfunction 之间，函数返回一个表达式的值。

例 3-18　求两个数中的最大值。

```
    function[3:0] max;            // 函数名为 max
        input[3:0] a，b;
            begin
```

```
            if (a>b)
                max=a;
            else
                max=b;
        end
    endfunction
```

　　函数完成定义后，函数所在的模块中将自动定义一个和函数同名、位宽相同的寄存器类型变量，如上例中的函数 max 所在的模块将自动定义一个和函数 max 同名、同位宽的寄存器类型变量。如果函数的返回值的位宽缺省时，这个变量位宽为 1。

　　(2) 函数的调用：与函数名同名的寄存器变量作为表达式的操作数来进行调用。根据函数输入数据的要求来携带和传送数据。如对上例函数的调用可写成：

```
        c=max(10，5);   // 运行结果 c=10
```

5．任务和函数的比较

　　(1) 任务和函数的定义和引用都应位于模块内部，它们不是一个独立的模块。

　　(2) 函数不能启动任务，任务可以调用函数或其它任务。

　　(3) 任务可以有任意类型的 I/O 变量或没有输入变量，而函数允许有输入变量且至少有一个。

　　(4) 函数返回一个值，该变量名与函数名相同；任务名本身没有值，只是实现某种操作，它的数值传递通过 I/O 端口实现。

　　(5) 任务可以用于组合、时序逻辑电路的描述；函数只能用于组合逻辑电路的描述，函数可以出现在连续赋值语句的右端表达式中，函数的定义不能包含有任何的时间控制语句。

3.4.6　系统任务和函数

　　Verilog HDL 提供了标准的系统任务，用于显示、文件输入/输出、时间标度、仿真控制等。系统函数前都有一个标志符$加以确认。

　　这里只简单介绍几个常用的系统函数：模块信息的屏幕显示 $display、信号的动态监控 $monitor、暂停 $stop、结束仿真 $finish、数据读入$readmemb、$readmemh、文件打开 $fopen 和文件关闭$fclose，这些操作在系统的调试、测试过程中非常有用。其余的请参阅 Verilog HDL 手册。

1．$display

　　$display 用于变量、字符串、表达式的屏幕显示，格式如下：

```
        $display(p1，p2，…，pn);
```

　　它的应用类似于 C 语言的 printf。语句中的 p1，p2，…，pn 可以是字符串、变量名、表达式等。

　　说明：$display 可以根据显示格式的要求显示字符串、数值的内容，常用的显示格式见表 3.15 所示。

表 3.15　$display 常用显示格式

格　式	显　示　结　果
%h 或 %H	以十六进制格式输出
%d 或 % D	以十进制格式输出
%o 或 % O	以八进制格式输出
%b 或 %B	以二进制格式输出
%c 或 %C	以 ASCII 格式输出
%s 或 %S	显示字符串
%t 或 %T	显示当前时间
%f 或 %F	以十进制格式输出实数

Verilog HDL 提供了一些特殊的字符，可以对显示格式进行调整，见表 3.16 所示。

表 3.16　特 殊 字 符

字　符	显　示　结　果
\n	换行
\t	横向跳格，输出到下一个输出区
\\	显示字符\
%%	显示百分符号%

例如，

① 显示字符串。

$display("TESTED COMPLETE PN SEQUENCE... rolling over to test again. ");

显示结果：

TESTED COMPLETE PN SEQUENCE... rolling over to test again.

② 显示数值。

设 a=5，b=2.345

$display("a= %d,　b= %2.2f"，a，b);

显示结果：

a=5，b= 2.35

③ 显示特殊字符。

$display（"hello \nworld"）;

显示结果：

hello

world

2．$monitor

$monitor 函数提供了对信号变化进行监控的功能，格式如下：

$monitor(p1，p2…，pn);

其中，p1，p2…，pn 可以是字符串、变量、表达式和时间函数 $time 等。

说明：

(1) 在整个仿真过程中，在任意一个时刻，只要监测的一个或多个变量发生变化时，就会启动 $monitor 函数，输出这一时刻的数值情况。

(2) $monitor 函数一般书写在 initial 块中，即只需调用一次 $monitor 函数，在整个仿真过程中都有效，这与 $display 不同。

(3) 在仿真过程中，如果在源程序中调用了多个 $monitor 函数，只有最后一个调用有效。

(4) Verilog HDL 提供了两个用于控制监控函数的系统任务 $monitoron、$monitoroff。$monitoron 用于启动监控任务，$monitoroff 用于关闭监控任务。在默认情况下，仿真开始时即启动了监控任务。在多模块联合调试时，为在适当的时候对各个模块的信号进行监控，可以将不需要的信号监控用 $monitoroff 关闭，用 $monitoron 打开需要的信号监控。

3. $stop 和 $finish

格式：

　　　$stop;

暂停仿真，进入一种交互模式，将控制权交给用户。

格式：

　　　$finish;

结束仿真过程，返回主操作系统。

$stop 和 $finish 常用于编写测试文本中。例如，

```
initial
  begin
    #100 begin    a=1;b=1;end
    #100 $stop;     // 在 200 ns 暂停仿真，交由用户控制
    #200 $finish;    // 继续开始仿真后，直到在 400 ns 时，退出仿真
  end
```

4. $readmemb 和 $readmemh

$readmemb 和 $readmemh 提供了将文件中的数据读到存储器阵列中的有效方法，这两个任务可以完成读取二进制、十六进制的数据。它们的格式如下：

　　　$readmemb（"文件名"，存储器名，起始地址，终止地址）；

　　　$readmemh（"文件名"，存储器名，起始地址，终止地址）；

其中，文件名、存储器名是必需的，起始地址、终止地址是可选项，这两类地址信息用十进制数表示。

说明：

(1) "文件名"是被读取的文件的 ASCII 名称，还可以增加该文件的位置信息，如 "c:/test/my_project/simulus.dat"。

(2) 文件中的内容只允许有空白(包括空格、换行)、Verilog 注释行、数据地址(为十六进制格式)、二进制数或十六进制数。数中不能有位宽、进制的说明。对 $readmemb 而言，数据是二进制数值；对 $readmemh 而言，数据是十六进制数值。

例 3-19   将位于 D:/test 目录下的 my_data.dat 中的数据读入 my_mem 中。

```verilog
module test( );
reg[1:0] my_mem[7:0];          // 定义寄存器组 my_mem，其位宽为 2 比特，深度是 8
integer i;
initial
  begin
    $readmemb("D:/ test/my_data.dat"，my_mem);
    for(i=0;i<8;i=i+1)
      $display("my_mem[%d] = %b"，i，my_mem[i]);
  end
endmodule
```

如果 my_data.dat 的内容如下：

```
00
01
10
11
00
01
10
11
```

则执行结果如下：

```
my_mem[0] = 00
my_mem[1] = 01
my_mem[2] = 10
my_mem[3] = 11
my_mem[4] = 00
my_mem[5] = 01
my_mem[6] = 10
my_mem[7] = 11
```

(3) 数据文件中可以用@<地址>将数据存入存储器的指定位置，地址用十六进制数表示，@和<地址>间不能有空格。例如，如果上例中的 my_data.dat 文件写成：

```
@1
00
00
@6
1x
z1
```

或

```
@1
```

　　　　　　00 00

　　　　　　@6

　　　　　　1x z1

则执行结果为：

　　　　　　my_mem[0] = xx

　　　　　　my_mem[1] = 00

　　　　　　my_mem[2] = 00

　　　　　　my_mem[3] = xx

　　　　　　my_mem[4] = xx

　　　　　　my_mem[5] = xx

　　　　　　my_mem[6] = 1x

　　　　　　my_mem[7] = z1

　　注意：

　　① 数据文件中指定的地址空间应该在存储器定义的空间范围内，否则将提示出错信息。

　　② 数据文件中的数据可以包括 x、z。

　　③ 未能赋值的存储器单元的值默认为 x。

　　(4) 语句中的起始地址、终止地址的不同定义对数据装载的影响：

　　① 如果未指定终止地址，则执行时数据从指定的起始地址开始载入。如果数据文件的数据个数多于存储器可以装载的单元个数，则数据存入，直到该存储器的结束地址为止。反之，未能赋值的存储器单元的值默认为 x。

　　② 如果指定了起始地址、终止地址，则在执行中将数据从起始位置开始载入，直到该指定的结束地址结束。如果指定的地址空间超出了定义的存储器空间，将提示出错信息。

　　③ 如果在数据文件和任务定义中都给出了地址信息，那么数据文件中指定的地址必须在任务定义的声明地址范围之内，否则执行中将提示出错信息。

　　5. 文件输出

　　Verilog HDL 定义了系统函数，可将仿真结果输出到指定的文件中。

　　(1) $fopen 是一个系统函数，它可以打开一个写入数据的文件，其格式为

　　　　$fopen("文件名")；

　　　　<file_descriptor>=$fopen("文件名")；

其中，$fopen 返回的 file_descriptor 是一个 32 位(bit)的整数，称为无符号多通道描述符。该描述符每次只有一位被设置成 1，其余位为 0。描述符的每一位表示一个独立的输出文件通道。最低位(第 0 位)置 1 表示是标准输出，第 1 位被置 1 表示第一个被打开的文件，第 2 位被置 1 表示第二个被打开的文件，依次类推。

　　例 3-20　打开以下三个文件，读取其无符号多通道描述符数值。

　　　　module test( )；

　　　　integer file_descriptor1，file_descriptor2，file_descriptor3；

　　　　initial

```
    begin
        file_descriptor1=$fopen("file1.out");
        file_descriptor2=$fopen("file2.out");
        file_descriptor3=$fopen("file3.out");
        $display("file_descriptor1=%h"，file_descriptor1);
        $display("file_descriptor2=%h"，file_descriptor2);
        $display("file_descriptor3=%h"，file_descriptor3);
    end
    endmodule
```

执行结果：

file_descriptor1=00000002

file_descriptor2=00000004

file_descriptor3=00000008

(2) $fclose 是一个系统任务，可将前面打开的文件关闭，其格式为

$fclose (file_descriptor);

<file_descriptor>=$fclose (file_descriptor);

无符号多通道描述符的相应位置为 0，下次调用$fopen 时可以再使用这一位。

3.4.7　编译预处理命令

Verilog HDL 和 C 语言一样提供了一些特殊的命令。在进行 Verilog HDL 编译时，编译系统首先对这些特殊命令进行预处理，然后将得到的结果和源程序一起再进行通常的编译处理。

编译预处理命令的作用范围是：预处理命令定义后，直到文件结束或其它命令替代、取消该命令为止。

预处理指令前有一个标志符 "`"(反引号)加以确认。

完整的标准编译器指令如下：

- `define，`undef
- `ifdef，`else，`endif
- `default_nettype
- `include
- `resetall
- `timescale
- `unconnected_drive，`nounconnected_drive
- `celldefine，`endcelldefine

这里只简单介绍常用的条件编译 `define、`ifdef、`include 和 `timescale，其余的请查阅 Verilog HDL 手册。

1. 宏定义`define

宏定义 `define 指定一个宏名来代表一个字符串。

格式：

　　　　`define　宏名　字符串
说明：

(1) 为与变量名区别，建议使用大写字符定义宏名。例如，

　　　`define ADD　a+b　　　　// 用 ADD 表示 a+b 字符串

(2) 在源文件中引用已定义的宏名时，必须在宏名前加"`"。例如，

　　　assign c = `ADD;　　　　// 在引用宏名时，前加"`"，即 assign c = a+b;

(3) 宏定义在预编译时只将宏名和字符串进行简单的置换，不作语法检查。如有错，只在宏展开后的源程序编译时才报错。

(4) 宏定义不是 Verilog HDL 语句，不必在末尾加分号。如果加了分号，则分号也将作为宏定义的字符串的内容进行置换。

(5) `define 命令可以出现在模块定义里，也可以出现在模块定义外。宏定义的有效范围是宏定义命令后到源文件结束。

(6) 宏定义可嵌套使用。例如，

　　　`define ADD1 a+b

　　　`define ADD2　　`ADD1+d

　　　assign data_out = `ADD2;　　　// 等同于 data_out= a+b+d;

2．条件编译 `ifdef、`else、`endif

　　一般情况下，源程序的所有行都进行编译，但在一些特定的应用场合下，对源程序中满足指定编译条件的语句才进行编译；或者满足某条件时，对一组语句进行编译，当条件不满足时编译另一组语句。例如，

　　　`define　example

　　　……

　　　`ifdef example

　　　　程序段 1；

　　　`else

　　　　程序段 2 ；

　　　`endif

　　该例定义了名字为 example 的文本宏，所以系统编译程序段 1，否则编译程序段 2。`else程序指令对于 `ifdef 指令是可选的。

3．文件包含 `include

　　文件包含是指一个源文件可以将另外一个源文件的内容全部拷贝过来作为一个源程序进行编译，其格式为

　　　`include "文件名"

　　这个语句可以出现在 Verilog HDL 程序的任何地方。编译时，`include "文件名" 这一行文字由被包含的文件内容全部代替。文件名中还可以指明该文件存放的路径名。

　　在设计中，可以将常用的宏定义、任务、函数组成一个文件，用 'include 命令包含到源文件中。例如，

(1) 类似于 C 语言的头文件定义，可以将系统设计需要的多个宏定义集中写在一个模块

my_define.v 中。例如，

   `define GENERIC_MULTP2_32X32

   `define IC_1W_8KB

   `define RAMB16

(2) 在顶层模块 top.v 中包含 my_define.v 宏定义文件。top.v 文件程序如下：

   `include "my_define.v"

   module top( );

    ……

   endmodule

编译预处理后，top.v 成为如下文件：

   `define GENERIC_MULTP2_32X32

   `define IC_1W_8KB

   `define RAMB16

    module top( );

    ……

    endmodule

注意：

(1) 一个 `include 只能包含一个文件，如果要包含多个文件，需要写多个`include 命令。

(2) 如果源文件 top.v 包含 sourse1.v，而 sourse1.v 又需要用到 sourse2.v 的内容，则可以将 soruse1.v、sourse2.v 分别用`include 包含到源文件 top.v 中。注意，sourse2.v 应出现在 sourse1.v 之前，即：

   `include "sourse2.v";

   `include "sourse1.v"

4．时间尺度 `timescale

在 Verilog HDL 模型中，所有时延都用单位时间表述。使用 `timescale 编译器指令可将单位时间与实际时间相关联，用于定义仿真时间、延迟时间的单位和时延精度，其格式为

   `timescale　　时间单位/时间精度

说明：时间单位是指时间和延迟的测量单位，时间精度是指仿真过程中延迟值进位取整的精度，时间精度应该小于等于时间单位。该指令末尾没有分号。

时间单位和时间精度由值 1、10 和 100 以及单位秒(s)、毫秒(ms：10^{-3}s)、微秒(us：10^{-6}s)、纳秒(ns：10^{-9}s)、皮秒(ps：10^{-12}s)等组成。

例如，

   `timescale 1ns/100ps　　　　　　　// 表示时间单位为 1 ns，时间精度为 100 ps

   module testbench( );

    ……

```
initial
  begin
    a=0;b=0;                      // 在 0 时刻，a=0，b=0
    #10 begin   a=4;b=2; end      // 在(0+10)*1 ns=10 ns时，a=4;b=2;
    #20 begin   a=2;b=3; end      // 在(10+20)*1 ns=30 ns时，a=2;b=3;
  end
endmodule
```

`timescale 编译指令在模块外部出现，并且影响后面所有的时延值，直至遇到另一个 `timescale 指令。当一个设计中多个模块都带有自身的 `timescale 来编译指令时，仿真的时间单位与精度用所有模块的最小延时精度，并且所有延时都相应地换算为最小延时精度。

3.4.8　有限状态机设计

有限状态机是数字电路系统的重要组成部分，其电路由组合逻辑模块和状态寄存器组成，其中状态寄存器由一组触发器构成，用以存储当前状态，所有触发器时钟连在同一个系统时钟上，在时钟跳变沿的控制下，触发器中存储的状态发生变化，电路同步工作。组合逻辑根据当前状态和输入信号，决定下一状态的变化情况和输出的逻辑值。

有限状态机可分为以下两类：

(1) Mealy 状态机：如图 3.12 所示，组合逻辑 2 的输出(即状态机的输出)是输入信号和当前状态的函数，当前状态和输入信号决定了组合逻辑 1 的输出，即后续状态。

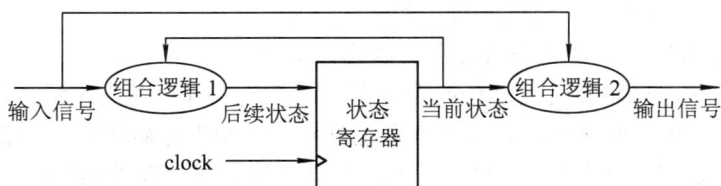

图 3.12　Mealy 状态机结构图

(2) Moore 状态机：系统的输出只是当前状态的函数，其余电路同 Mealy 状态机，如图 3.13 所示。

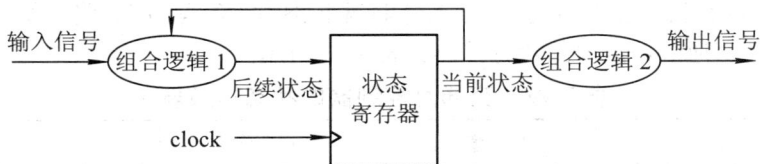

图 3.13　Moore 状态机结构图

有限状态机是在系统时钟的控制下，电路按照预先设定的状态运行，有良好的同步时序，较好地解决了竞争冒险和毛刺现象。

在高速运算和控制方面，有限状态机有巨大的优势。状态机的结构使其在一个时钟周期内可以完成许多并行的运算和控制操作；在此结构上，在系统输出后加一组与时钟同步的寄存器，实现完全同步的输出，在此基础上，可以构造出流水线结构的电路，在合理安排各个组合逻辑的复杂度基础上，实现高速的数字系统；状态机的纯硬件结构可以使用各种容错技术，使得状态机进入非法状态并跳出的时间十分短暂，不会对系统的正常运行造成影响。

当用 Verilog HDL 实现状态机时，首先对设计目标进行逻辑抽象，得出状态转换图，定义输入、输出信号的含义、位宽等信息，确定各个状态编码。状态编码的方式直接影响到电路的复杂度与电路性能，应根据实际系统要求选择。

例如，采用顺序编码的四种状态：

Idle = 2'b00， Busy=2'b01， Start = 2'b10， Stop=2'b11；

采用顺序编码电路简单，触发器资源使用少，但是状态译码复杂，系统速度较慢。

例如，采用独热码编码的四种状态：

Idle = 4'b0001， Busy=4'b0010，Start = 4'b0100， Stop=4'b1000；

独热编码即 One-Hot 编码，又称一位有效编码，其方法是使用 N 位状态寄存器来对 N 个状态进行编码，每个状态都有独立的寄存器位，在任意时候，只有一位有效。

采用独热码对状态进行编码，其电路较为复杂，但简化了译码逻辑，系统速度快，可用于设计高速状态机。

这里笔者建议采用 case、casex 或 casez、always 语句建立状态机模型。

使用 always 语句可以描述：

(1) 产生后续状态(next_state)的组合逻辑电路 1，产生输出信号的组合逻辑电路 2。可采用 case，casex 或 casez 语句，其控制表达式是当前状态(current state)，根据当前状态，结合 if 语句对输入信号的判别，决定后续状态和输出信号。

(2) 在系统时钟控制下，状态寄存器的复位、更新。

例 3-21 用状态机设计交通灯控制器。有一条主干道和一条支干道的汇合点形成十字交叉路口，主干道为东西方向，支干道为南北方向。为确保车辆安全，并迅速地通行，在交叉道口的每个入口处设置了红、绿、黄等三色信号灯。具体要求如下：

(1) 主干道绿灯亮时，支干道红灯亮，反之亦然，两者交替允许通行。主干道每次放行 35 s，支干道每次放行 25 s。每次由绿灯变为红灯的过程中，亮光的黄灯作为过渡，时间为 5 s。

(2) 能实现正常的倒计时显示功能。

(3) 能实现总体清零功能。计数器由初始状态开始计数，对应状态的指示灯亮。

(4) 能实现特殊状态的功能显示。当进入特殊状态时，东西、南北路口均显示红灯状态。

根据要求，交通灯控制器的状态转换如表 3.17 所示。

表 3.17　交通灯控制器的状态转换表

状态	主干道	支干道	时间
0	红灯亮	红灯亮	
1	绿灯亮	红灯亮	35 s
2	黄灯亮	红灯亮	5 s
3	红灯亮	绿灯亮	25 s
4	红灯亮	黄灯亮	5 s

交通灯控制器原理框图如图 3.14 所示，包括置数模块、计数模块、主控制器模块和译码器模块。置数模块将交通灯的点亮时间预置到置数电路中，计数模块以秒为单位倒计时，当计数值减为零时，主控电路改变输出状态，电路进入下一个状态的倒计时。下面设计主控制模块。

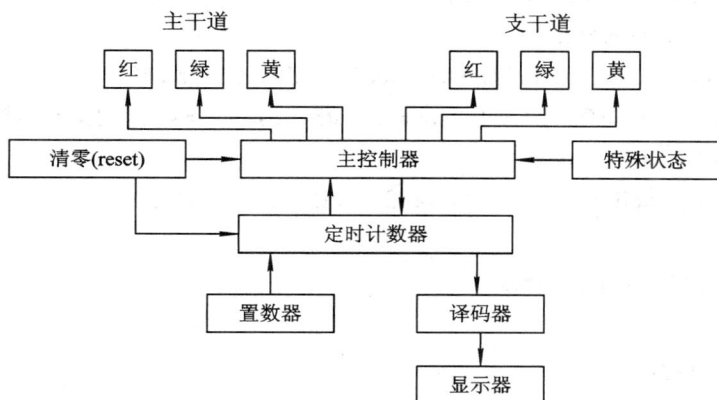

图 3.14 交通灯控制原理框图

根据对设计要求的分析，主控制单元的输入信号包括：
- 时钟 clock。
- 复位清零信号 reset。
- 特殊状态输入信号 sensor1(该信号为高电平表示进入特殊状态)。
- 定时计数器传来的输入信号 sensor2(该信号为 3 位，当 sensor2[2]、sensor2[1]、sensor2[0] 为高电平时，分别表示 35 s、5 s、25 s 的计时完成)。

主控制单元的输出信号包括：
- 主干道控制信号(red1、yellow1、green1)。
- 支干道的控制信号(red2、yellow2、green2)。
- 控制状态信号：state(输出到定时计数器，分别进行 35 s、25 s、5 s 计时)。

主控制单元的状态转移图如图 3.15 所示。

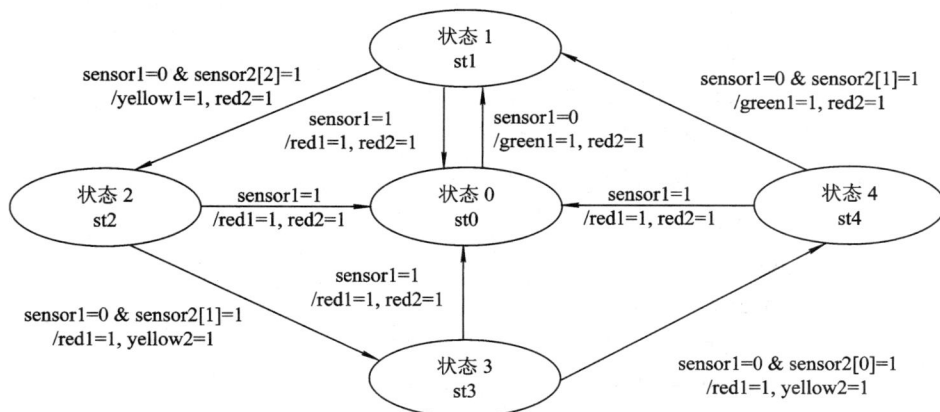

注：1. 未标出的信号灯值为0，表示该信号灯关闭
2. 当 reset=0，所有状态均回到状态 1

图 3.15 交通灯控制器状态转移图

　　主控制单元的源程序如下：

```verilog
module traffic_control (clock，reset，sensor1，sensor2，red1，yellow1，green1，red2，yellow2，green2);
    input clock，reset，sensor1；
    input [2:0] sensor2;
    output red1，yellow1，green1，red2，yellow2，green2;
    parameter st0 = 0，st1 = 1，st2 = 2，st3 = 3，st4 = 4; // 定义各个状态
    reg [2:0] state，nxstate ;
    reg red1，yellow1，green1，red2，yellow2，green2;
    // 状态更新
    always @(posedge clock)
    begin
        if (!reset)
            state <= st1;
        else
            state <= nxstate;
    end
    // 根据当前状态和输入，计算下一个状态和输出
    always @(state or sensor1 or sensor2)
    begin
        // 定义输出值
        red1 = 1'b0; yellow1 = 1'b0; green1 = 1'b0;
        red2 = 1'b0; yellow2 = 1'b0; green2 = 1'b0;
        case (state)      // 依据状态转移图，完成状态跳转
            st0: begin      // 状态 0
                if(sensor1)
                    begin
                        nxstate = st0;
                        red1 =1'b1;
                        red2 =1'b1;
                    end
                else
                    begin
                        green1 = 1'b1;
                        red2 = 1'b1;
                        nxstate = st1;
                    end
            end
```

```
st1: begin     // 状态 1
        if(sensor1)
          begin
            red1 = 1'b1;
            red2 = 1'b1;
            nxstate = st0;
          end
        else if(sensor2[2])
        begin
          red2 = 1'b1;
          yellow1 = 1'b1;
          nxstate   = st2;
        end
    end

st2: begin     // 状态 2
        if(sensor1)
            begin
              red1 = 1'b1;
              red2 = 1'b1;
              nxstate = st0;
            end
        else if(sensor2[1])
        begin
          red1 = 1'b1;
          green2 = 1'b1;
          nxstate = st3;
        end
    end

st3: begin     // 状态 3
        if(sensor1)
            begin
              red1 = 1'b1;
              red2 = 1'b1;
              nxstate = st0;
            end
```

```
                    else if(sensor2[0])
                    begin
                       red1 = 1'b1;
                       yellow2 = 1'b1;
                       nxstate = st4;
                    end
                 end

          st4: begin      // 状态 4
                 if(sensor1)
                    begin
                       red1 = 1'b1;
                       red2 = 1'b1;
                       nxstate = st0;
                    end
                 else if(sensor2[1])
                 begin
                    green1 = 1'b1;
                    red2 = 1'b1;
                    nxstate = st1;
                 end
              end
          endcase
       end
    endmodule
```

3.5　Verilog HDL 的可综合设计

在数字电路系统设计中，通过综合工具的支持，Verilog HDL 描述的文本可以转换成具体的电路形式，但是 Verilog HDL 原本定位是一种仿真语言，而不是一种综合语言，所以 Verilog HDL 中的很多语句只满足语法，而无法通过综合工具映射成具体的电路结构，它们是不可综合的，例如 initial 语句、时间声明、系统任务和系统函数等。

不同的综合器支持的 Verilog HDL 综合子集是不同的，目前还不存在寄存器传输级(RTL)可综合的 Verilog HDL 的标准子集。这就要求设计者不但需要理解 Verilog HDL 的语法，而且还要理解所用综合工具的综合方式，才能编写出可综合的电路模型。

在表 3.18 中列出了可被绝大多数综合工具支持的可综合语句及其可综合条件。为了编写可综合 Verilog HDL 程序，应掌握可综合语句及其可综合条件的相关内容，各种语句的可综合详细情况请参考参考文献[8]和相关综合工具的说明文档。

表 3.18　Verilog HDL 可综合的运算符、数据类型和语句列表

<table>
<tr><td colspan="3" align="center">语　句</td><td align="center">可综合</td><td align="center">说　明</td></tr>
<tr><td rowspan="10">运算符</td><td colspan="2">逻辑/按位运算符</td><td>!, ~, &</td><td>支持</td><td align="center">—</td></tr>
<tr><td rowspan="2">算术运算符</td><td>/, %</td><td>受限支持</td><td>在 / 和 ％运算中必须是除以或模 2 的幂次方</td></tr>
<tr><td>*, +, —</td><td>支持</td><td align="center">—</td></tr>
<tr><td colspan="2">移位运算符</td><td><<, >></td><td>支持</td><td align="center">—</td></tr>
<tr><td colspan="2">关系运算符</td><td><, <=, >, >=</td><td>支持</td><td align="center">—</td></tr>
<tr><td rowspan="3">按位/缩减运算符</td><td>&, ~&</td><td>支持</td><td align="center">—</td></tr>
<tr><td>^, ~^</td><td>支持</td><td align="center">—</td></tr>
<tr><td>|, ~|,</td><td>支持</td><td align="center">—</td></tr>
<tr><td rowspan="2">逻辑运算符</td><td>&&</td><td>支持</td><td align="center">—</td></tr>
<tr><td>‖</td><td>支持</td><td align="center">—</td></tr>
<tr><td colspan="2">条件运算符</td><td>? :</td><td>支持</td><td align="center">—</td></tr>
<tr><td colspan="2">拼接运算符</td><td>{ }</td><td>支持</td><td align="center">—</td></tr>
<tr><td rowspan="3">数据类型</td><td colspan="2">网线数据类型</td><td>wire</td><td>支持</td><td align="center">—</td></tr>
<tr><td colspan="2">寄存器数据类型</td><td>reg，integer</td><td>支持</td><td>综合工具把 integer 综合成 32 位的寄存器型数据</td></tr>
<tr><td colspan="2">存储器型</td><td></td><td>受限支持</td><td>仅支持一维限定性数组</td></tr>
<tr><td rowspan="14">语句</td><td colspan="2">连续赋值语句</td><td>assign</td><td>支持</td><td>赋值语句的左边是 wire 型，右边是 reg、integer 或 wire 型</td></tr>
<tr><td colspan="2">过程赋值语句</td><td>=, <=</td><td>支持</td><td>一般是在 always 块内，采用非阻塞赋值</td></tr>
<tr><td colspan="2">顺序块语句</td><td>begin … end</td><td>支持</td><td align="center">—</td></tr>
<tr><td colspan="2">并行块语句</td><td>fork … join</td><td>支持</td><td align="center">—</td></tr>
<tr><td colspan="2">结构说明语句</td><td>always</td><td>支持</td><td align="center">—</td></tr>
<tr><td colspan="2">结构说明语句</td><td>function</td><td>支持</td><td>函数内循环变量的循环次数、步长和范围必须固定；不能进行函数递归调用；函数体内不能包含有任何的时间控制语句；函数不能启动任务</td></tr>
<tr><td colspan="2">结构说明语句</td><td>task</td><td>支持</td><td>任务内循环变量的循环次数、步长和范围必须固定；不能进行任务递归调用；任务体内不能包含有任何的时间控制语句；任务可以启动其它任务和函数</td></tr>
<tr><td colspan="2">条件语句</td><td>if else.. if</td><td>支持</td><td align="center">—</td></tr>
<tr><td colspan="2">条件语句</td><td>case</td><td>支持</td><td align="center">—</td></tr>
<tr><td colspan="2">循环语句</td><td>for</td><td>受限支持</td><td>循环次数、步长和范围必须固定</td></tr>
<tr><td colspan="2">循环语句</td><td>repeat</td><td>受限支持</td><td>循环次数、步长和范围必须固定</td></tr>
<tr><td colspan="2">循环语句</td><td>while</td><td>受限支持</td><td>循环次数、步长和范围必须固定</td></tr>
</table>

3.6　Testbench 文件与设计

设计完成后，必须应用测试程序(Testbench)对设计的正确性进行验证。测试过程一般包括以下的工作：

(1) 产生测试用的模拟激励(波形)。

(2) 将模拟的输入激励加入到被测试模块端口，并观测其输出响应。

(3) 将被测模块的输出与期望值进行比较，验证设计的正确与否。

3.6.1　测试平台的搭建

在 Verilog HDL 语言描述的模块中，功能模块完成特定功能，是待测的模块，如前面讨论的半加器、全加器模块；测试模块描述变化的测试信号和监视输出信号，通过观察被测试的功能模块的输出信号，对模块进行调试和验证。

测试平台有以下两种模式：

(1) 测试模块是顶层模块，它直接调用、驱动功能模块。这是一种较常用的测试平台，其框图如图 3.16 所示。

图 3.16　第一种测试平台框图

例 3-22　用图 3.16 的测试平台对例 3.1 的二选一选择器进行测试。

```
`timescale 1ns/100ps    // 指明一个时间单位是 1 ns，其精度是 100 ps
    module testbench;   // 测试模块，与外界无信号交互，所以没有端口罗列
        reg A，B；       /* 激励信号名字可以和半加器模块一样，但作为驱动源，其数据类型
                           不同  */
        reg  SEL；
        wire C；
    // 实例化二选一选择器，选择器各端口和 testbench 的端口相连
        mux21  u1 ( .a(A)，.b(B)，.sel (SEL)，.c(C));
    // 产生各种可能的输入信号组合
        initial
        begin
            A = 0;    B = 0; SEL =  0;
        #10 begin A=1;B=0;SEL=0; end
        …
        #10 begin A=0;B=0;SEL=1;end
        #10 $stop;         // 暂停仿真
```

```
        end
    endmodule
```

在测试平台上,端口 A、B、SEL 是寄存器型变量,如同信号发生器,通过在初始化模块(initial)中对 A、B 进行赋值,驱动待测模块的输入端口。

(2) 将测试模块和设计模块分别设计完成,然后在一个顶层模块中进行调用,将相应端口进行连接,其框图如图 3.17 所示。

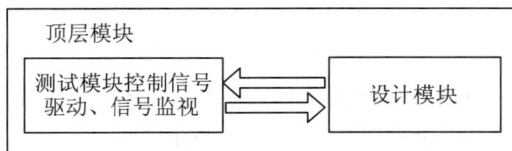

图 3.17 第二种测试平台框图

例 3-23 用图 3.17 的测试平台对例 3-1 描述的选择器进行测试。

① 选择器测试文件的编写。

```
    `timescale 1ns/100ps
    module testmux21(c, a, b, sel);
        input c;    // 注意这里的模块输入输出信号方向与待测模块刚好相反
        output a,  sel, b;
        // 测试模块的输出端驱动待测功能模块的输入端
        reg a;
        reg b;
        reg sel;
        // 测试模块接收来自待测模块的输出信号
        wire c;
        initial
            begin
                a = 0;   b = 0; sel=0;
                #10 begin a=1;b=1; sel=1; end
                …
                #10 begin a=1;b=0; sel=0; end
                #10 $stop;
            end
    endmodule
```

② 例化待测模块、测试文件模块,建立两个模块在同一个层次上的连接。

```
    module testbench;// 注意这个顶层模块没有输入/输出端口
        // 例化测试模块
        testmux21   u1(.c(C), .a(A), .b(B), .sel(SEL));
        // 例化二选一模块
```

```
        mux21    u2(.a(A)，.b(B)，.sel(SEL)，.c (C));
    endmodule
```

两种测试平台的不同之处在于模块的驱动设计。在实际设计中可以根据具体情况选择测试平台。

3.6.2　Testbench 文件设计

1. 时钟波形产生的方法

测试文件中最常见的是时钟波形的设计，这里介绍时钟波形产生的三种常用方法：

(1) 周期性的时钟：常用 initial、always、forever 语句。

(2) 高低电平持续时间不同的时钟：常用 initial、always、forever 语句。

(3) 具有相移的时钟：常用 assign 语句。

1) 周期性时钟的产生

例 3-24　产生周期为 20 个时间单位的时钟。

① 使用 always 和 initial 语句实现：

```
    `timescale 1ns/100ps
    module Gen_clock1 (clock1) ;
    output clock1;
    reg clock1;
    parameter T=20;
    initial
       clock1 =0;
     always
       # (T/2) clock1=~clock1;
    endmodule
```

② 利用 forever 和 initial 语句实现：

```
    initial
    begin
    clock2= 0;
    forever #10 clock2=~clock2;
    end
```

产生的时钟波形如图 3.18 所示。

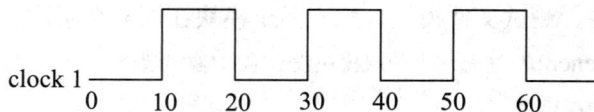

图 3.18　周期性的时钟

2) 高低电平持续时间不同的时钟的产生

例 3-25　产生周期为 10 个时间单位的时钟，要求一个周期的高电平是 4 个时间单位。

① 采用 always 语句完成。

```
`timescale 1ns/100ps
module Gen_clock3 (clock3);
    output clock3;
    reg clock3;
    ……
    always
     begin
        # 4 clock3=0;   // 延时 4 个单位时间后，clock3 赋值 0
        # 6 clock3=1;   // 延时 6 个单位时间后，clock3 赋值 1
     end
endmodule
```

产生的时钟波形如图 3.19 所示，高电平持续时间为 4 个时间单位，低电平持续时间为 6 个时间单位，初始值为不确定 x。

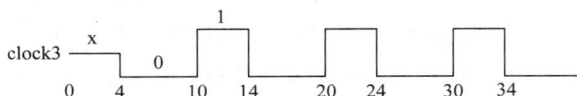

图 3.19　高低电平持续时间不同的时钟

② 利用 forever 语句完成。

```
    initial
    forever
    begin
      # 4 clock4=0;
      # 6 clock4=1;
    end
```

3) 具有相移的时钟的产生

可结合上面介绍的各种时钟产生模块，通过添加连续赋值语句 assign 完成。

例 3-26　设计一个周期为 20 个时间单位的时钟，其初始相位为 2 个时间单位。

```
    `timescale 1ns/100ps
    module Gen_clock1 (clock_pshift，clock1) ;
        output clock_pshift，clock1;
        reg clock1;
        wire clock_pshift;
        parameter T=20;
        parameter    PSHIFT =2;
        initial
        clock1 =0;
        always
```

```
        # (T/2) clock1=~clock1;
        assign #PSHIFT clock_pshift=clock1;
    endmodule
```

产生的波形如图 3.20 所示，clock1 是周期为 20 个时间单位的时钟，clock_pshift 由 clock1 相移而来。

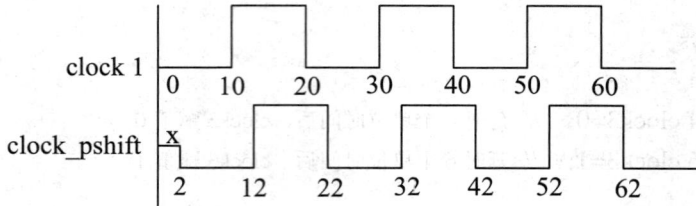

图 3.20　相移时钟

2. 测试文件的编写示例

在测试平台上，除了时钟，还有多个输入信号值需要描述。随着数字电路系统的复杂性增加，测试时间可以占到设计总时间的 70%，测试的"完备性"对于减少设计模块在使用中的风险起到了很大作用。下面按照输入激励数据的增加，介绍几种 Testbench 的描述方法，以供参考。

(1) 当输入信号取值数据量较少时，可使用 initial 语句对输入信号的变化进行逐一描述。

```
`timescale    1ns/100ps
module    testbench();
reg                          // 被测模块的输入激励端口罗列
wire                         // 被测模块的输出端口罗列
// 例化被测功能模块
// 输入端加入激励信号
initial
    begin
        输入激励信号赋值
    end
#延迟时间
    begin
        输入激励信号赋值
    end
…
endmodule
```

例3-27　实现图3-21的波形序列。

```
`timescale 1ns / 100ps          // 定义时间单位、时间精度
…
initial
```

```
begin
        enable=0;
    #4  enable=1;        // 延时 4 ns 后，enable 赋值为 1
    #10 enable=0;        // 延时 10 ns 后，enable 赋值为 0
    #5  enable=1;        // 延时 5 ns 后，enable 赋值为 1
end
```

实现的波形如图 3.21 所示。

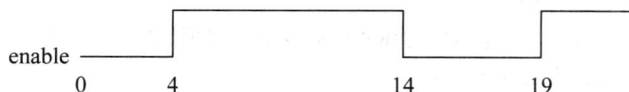

图 3.21　特定值的序列波形

(2) 当激励数据量较多时，可以编写和调用任务及函数完成重复性的操作。

例 3-28　编写一个任务，并调用该任务，实现对 fifo 模块写操作的测试。

```
`timescale 1ns / 100ps
module testbench;
    reg  输入激励端口罗列；
    wire 输出端口罗列；
    // 例化模块；
    fifoctlr
     u1 (.clock_in(clockin)，  .write_enable_in(write_enable)，.write_data_in(write_
    data) …);

    task writeburst;        // 进行一个字节数据的写入
     input [7:0] wdata;
        begin
                write_enable = #2 1;
                write_data = #2 wdata;
        end
    endtask
    task writeburst4;        // 进行多个字节的数据写入
        begin
            writeburst(128); writeburst(129); writeburst(130); writeburst(131);
        end
    initial
    begin
        writeburst4;
    end
endmodule
```

(3) 如果输入的激励信号是视频码流等难以用手工进行输入的数据，则可以将需要输入的测试数据作为一个数据文件放于某文件目录下，使用系统函数和任务完成测试激励的输入。

例 3-29 设计测试文件，其测试激励数据来自数据文件 mydata.dat。

```
`timescale    1ns / 100ps
 module testbench;
   reg  输入激励端口罗列；
   wire  输出端口罗列；
   parameter width1=7, width2=4096;
   // 例化被测功能模块
       reg [width1-1:0]    my_memory[width2-1:0];// 定义数组，用以装载测试文件的数据
integer    file_descriptor, i
initial
begin
   $readmemb("mydata .dat"，    my_memory); // 将数据文件中的值读入某寄存器中
   …
end
initial
begin
   file_descriptor= $fopen("simulus.dat");   // 打开一个文件，准备接收仿真的输出数据
   …
   $fwrite(file_descriptor，    "%b\n"，result);      // 将仿真数据写入输出文件
   …
   $fclose(file_descriptor);
end
…
  endmodule
```

把所有测试数据放在文本中，需要使用时直接读取文件中的数据并放入一个存储器组中，然后用存储器的数据作为仿真输入。

3.7　Verilog HDL 在 ISE 软件中设计示例

本节采用 Verilog HDL 为设计输入方式，在 ISE 环境下进行数字系统的 FPGA 开发。

一般而言，在对 FPGA 芯片进行开发时，要注意以下几点：

(1) 理解设计目标，用"自顶向下"的思路将设计目标分解成多个实现难度适中的子模块，确定各个子模块的输入/输出端口和需要实现的功能等。

(2) 分别对各个子模块进行设计和验证。

(3) 将低层模块组合、连接构成上一层系统，最后组合得到目标系统。应注意，在每一级的连接完成后，都应该进行功能仿真、时序仿真，以便及早发现设计中的问题。

例 3-30 系统输入一个 5 MHz 的时钟源，设计分频电路产生一个 2 MHz 的时钟信号。

任务分析：由于分频系数是 2.5，考虑设计一个模 3 的计数器，再设计一个扣除脉冲电

路,加在模 3 计数器后,每来两个脉冲就扣除一个脉冲,就可以得到分频系统为 2.5 的小数分频器。这个数字电路系统可以由异或门、模 3 计数器和 2 分频器等三个模块组成。

分频器系统框图如图 3.22 所示。

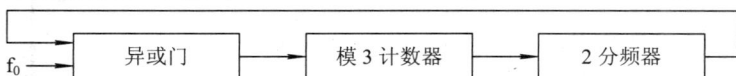

图 3.22　分频器系统框图

设计流程:

(1) 创建工程。

启动 ISE 工程管理器,按照 2.2.1 节介绍的方法创建一个工程。单击【New Project Wizard-Device Properties】命令,在弹出的工程属性设置对话框(Project Properties)的综合工具【Synthesis Tool】栏中选择【XST(VHDL/Verilog)】选项,在【Simulator】栏中选择【ISE Simulator VHDL/ Verilog】选项,单击 Next 按钮一直到最后一个窗口,单击 Finish 按钮,完成工程的创建。

(2) 各个子模块设计。

① 异或门模块,直接调用 Verilog HDL 提供的逻辑原语 xor。

② 模 3 计数器。

· 创建和编写功能模块。按照 2.2.1 节介绍的流程,创建设计源文档。在图 2.9 所示窗口中选择【Verilog Module】选项,在【File name】栏文本框中输入文件名,如"mod3_counter",因没有可以添加的源文件,所以直接单击 Next 按钮一直到最后一个窗口,单击 Finish 按钮,得到 HDL 设计界面,并根据设计要求完成其 Verilog HDL 程序设计,如图 3.23 所示。

· 创建和编写测试文件。按照 2.2.1 节介绍的流程,启动源文件创建向导【New Source Wizard】,在弹出的图 2.9 对话框中选择【Verilog Test Fixture】选项,并输入测试文件名,如"test_mod3_counter"。单击 Next 按钮,弹出【New Source Wizard-Associate Source】对话框,如图 3.24 所示,选择被测试模块,如"mod3_counter",在后续对话框中选择默认设置。根据测试要求,在 HDL 源程序设计界面完成测试程序的书写,如图 3.25 所示。

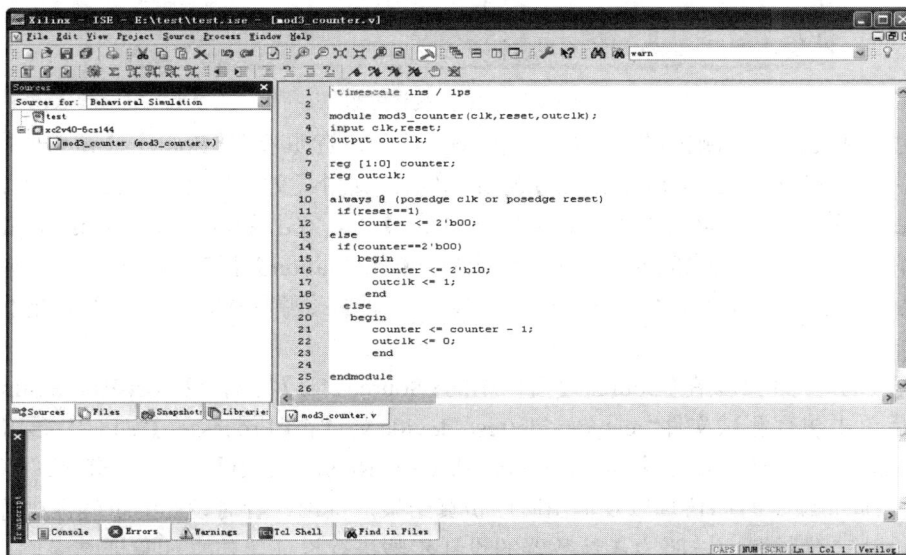

图 3.23　HDL 设计界面

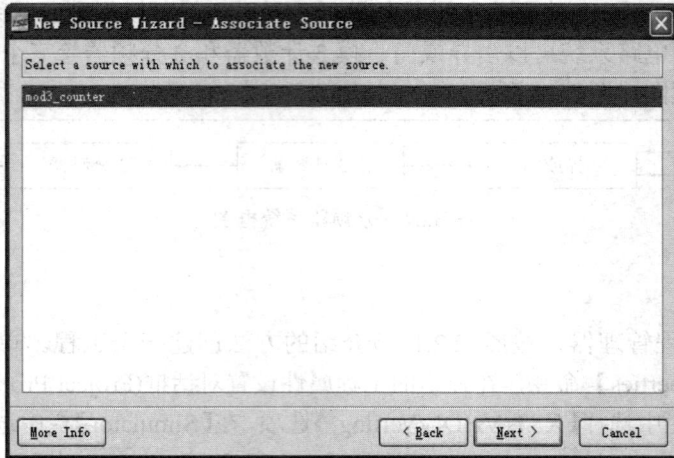

图 3.24　选择被测试模块

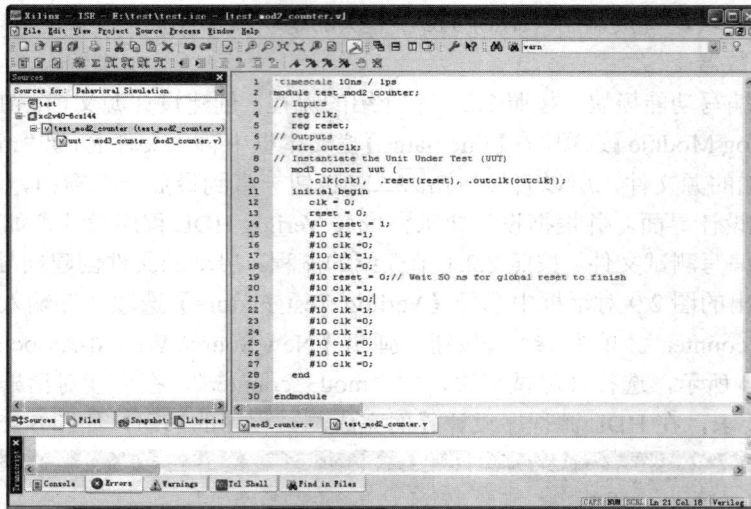

图 3.25　编写测试文件

· 用测试文件对被测试模块进行功能仿真。首先在资源管理【Sources】窗口的【Sources for:】一栏中选择【Behavioral Simulation】选项，单击仿真测试文件"test_devide(test_devide.v)"。在【Processes】窗口中，展开【Xilinx ISE Simulator】栏，双击【Simulator Behavioral Model】项进行功能仿真，如图 3.26 所示。仿真结束后，【Simulation】窗口将自动弹出，输出功能仿真结果。如果功能仿真正确就进行后续步骤，否则修改源程序，重新进行功能仿真，直至正确。

· 模块的时序仿真。在【Sources】窗口中的【Sources for】栏选择【Post-Route Simulation】选项，然后单击仿真测试文件"test_devide(test_devide.v)"。在【Processes】窗口中，展开【Xilinx ISE Simulator】栏，然后双击【Simulate Post-Place & Route Model】选项，ISE 软件将自动进行综合、布局布线、时序仿真以及输出时序仿真结果，供设计者对设计的正确性进行验证。

③ 设计二分频器：按照模 3 计数器的设计步骤进行设计、仿真和验证结果。

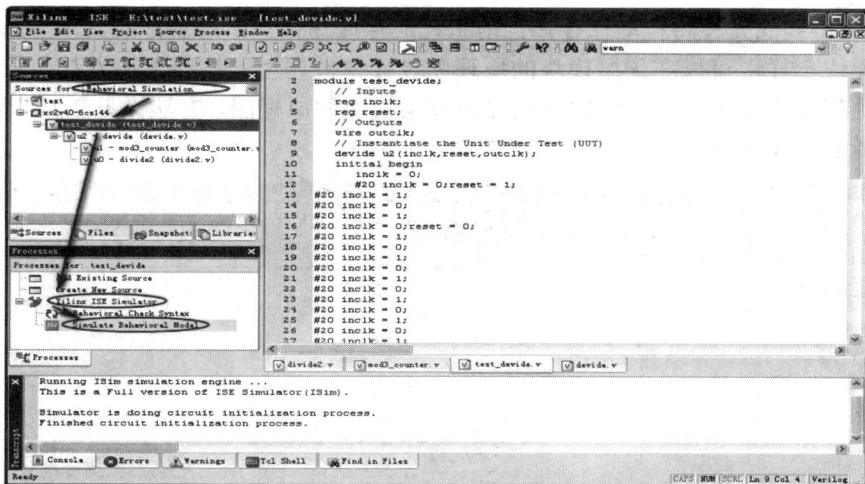

图 3.26　启动功能仿真

(3) 顶层模块设计。

顶层模块设计可采用原理图描述方法或 HDL 语言描述方法。

① 原理图描述方法需要将用 HDL 描述的各个子模块封装成元件，然后在顶层模块设计中调用，其设计步骤如下：

· 在 ISE 工程管理器的【Sources】窗口中【Sources for】栏选择【Implementation】选项，并选中要封装的功能块对应的源程序，如 "mod3_counter.v"。

· 在工程管理器的【Processes】窗口相应就出现了综合、适配等设计环节的标识。展开【Design Utilities】栏，双击【Create Schematic Symbol】选项，对【Sources】窗口中选择的 HDL 模块进行封装。整个封装的过程如图 3.27 所示。

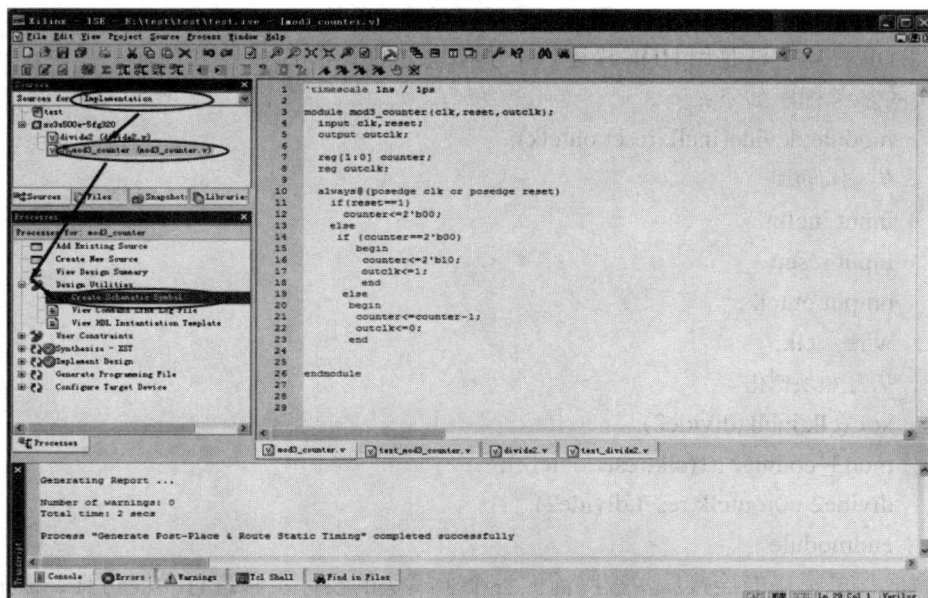

图 3.27　整个封装的过程

· 封装得到的元件将自动保存在当前工程的存储路径下，封装好的元件与系统库中自带的元件模块一样，可以在顶层模块的原理图设计中被调用。按照上述方法，依次将以上三个子模块都封装成元件，使用 ECS 绘制出顶层模块的原理图，方法详见 2.2.2 节。顶层模块的原理图如图 3.28 所示。

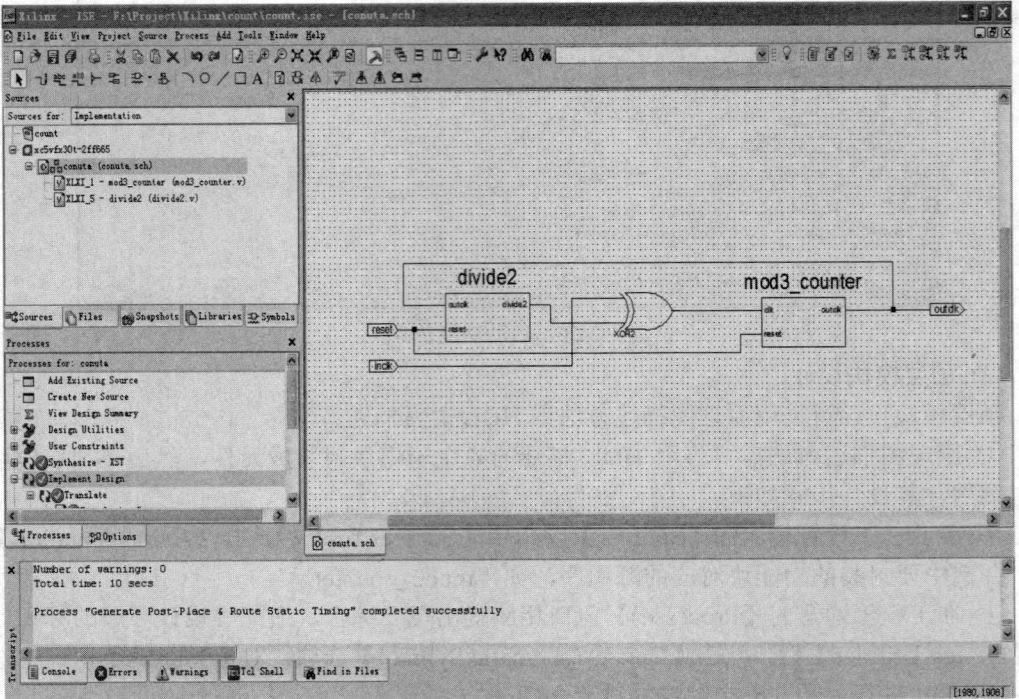

图 3.28　顶层模块的原理图

② HDL 描述方法是用 HDL 描述各个子模块之间的连接，流程和前面子模块设计类似。顶层模块的参考程序如下：

```
module devide(inclk,reset,outclk);
// 端口声明
input inclk;
input reset;
output outclk;
wire   clk;
// 子模块例化
xor (clk,inclk,divide2);
mod3_counter u1(clk,reset,outclk);
divide2 u0(outclk,reset,divide2);
endmodule
```

在完成顶层模块的连接后，按照前面各个子模块的设计步骤进行功能仿真、锁定引脚、综合、布局布线、时序仿真和下载等操作。锁定引脚和下载的方法详见 2.2.4 节和 2.2.6 节。本例中主要介绍 Verilog HDL 在 ISE 软件中的设计步骤，一些模块的编程请读者自行完成设计，顶层模块的时序仿真波形如图 3.29 所示。

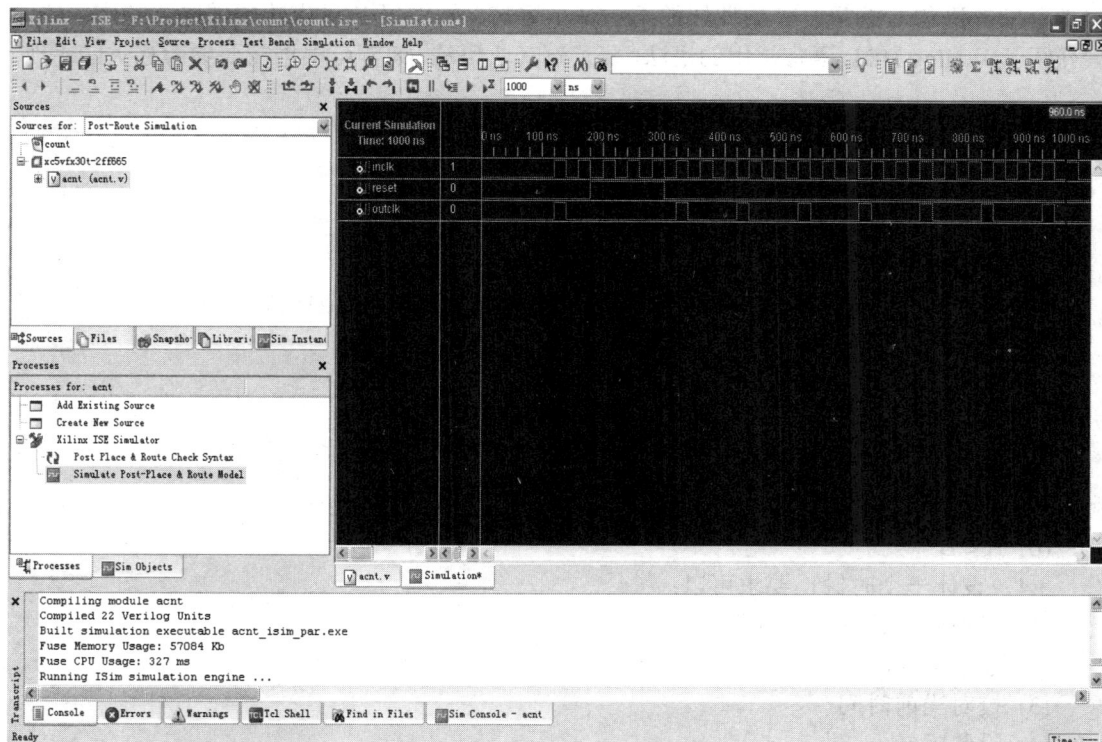

图 3.29　顶层模块的时序仿真波形

小　　结

本章根据 Verilog HDL 的不同建模层次，对其基本结构、基本语法进行了分别阐述，对测试文件的理解和设计进行了介绍，并给出了 Verilog HDL 在 ISE 软件中的设计实例。Verilog HDL 的学习应该在实践中去不断提高。下面给出四点建议：

(1) 明确设计目标后再编程。设计目标的分析、分解是整个设计工作的核心和基础。在未充分理解设计目标之前就忙于编写代码，往往会做无用功，反而耽误开发进度。

(2) 用硬件电路系统的思想来编写 HDL。首先要充分理解 HDL 语句和硬件电路的关系。要完成一段程序，就应当事先对其综合生成的电路有一些大体上的了解；其次必须理解硬件"并行工作"的含义，在程序中描述的功能块往往是同时工作的，书写的顺序不能决定其工作顺序(这和 C 语言是不同的)。

(3) 理解 HDL 的可综合性。HDL 程序如果只用于仿真，那么几乎所有的 HDL 语句、函数、编程方法都可以使用；如果需要将文本描述转化为硬件实现，就必须保证程序"可综合"(即文本可以被综合工具转化成硬件电路)。不可综合的 HDL 语句在综合时将被忽略或者报错。所有的 HDL 描述都可以用于仿真，但不是所有的 HDL 描述都能用硬件实现。

(4) 语法掌握贵在精，不在多。30%的 HDL 语句就可以完成 95%以上的电路设计，很多生僻的语句容易产生兼容性问题，也不利于其他人阅读和修改。学习中不需要花太多时间学全部的语句，而是要着重理解常用的基本语句、语法及其对应的硬件电路特点。本章只介绍了 Verilog HDL 语言常用的语法，要了解其它语法，读者可根据需要参考相关的手册。

习　　题

3.1　常用的 HDL 语言是哪两种？

3.2　Verilog HDL 语言的特点是什么？

3.3　设 A=4'b1010，B=4'b0011，C=1'b1，则下式运算结果是什么？

(1) ~A

(2) A>>1

(3) {A，B[0]，C}

(4) A & B

(5) A ^ B

(6) A < B

3.4　设计一个时钟，要求可以：

(1) 对小时、分钟、秒进行计数。

(2) 显示当前时间。

(3) 校对当前时间。

(4) 设置闹钟。

用"自顶向下"的设计思路分析系统，分析系统的各子模块组成情况，并且对各子模块的功能和端口进行说明(不必用语句进行具体设计)。

3.5　有一个模块名为 my_module，其输入/输出端口情况如题图 3.1 所示，试写出模块 Verilog HDL 的描述框架，即模块的定义、端口罗列和端口定义等(不必写出模块的内部语句)。

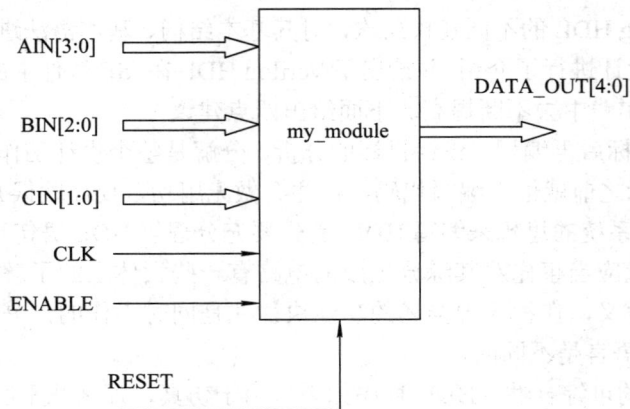

题图 3.1　my_module 的输入/输出端口

3.6　在下面的 initial 块中，根据每条语句的执行时刻，写出每个变量在仿真过程中和仿真结束时的值。

```
initial
begin
  A=1'b0; B=1'b1;   C=2'b10; D=4'b1100;
  #10
  begin
    A=1'b1;B=1'b0;
  end
  #15
  begin
    C= #5 2'b01;
  end
  #10
  begin
    D=#7 {A，B，C};
  end
end
```

3.7　定义一个深度为 256，位宽为 8 比特的寄存器型数组，用 for 语句对该数组进行初始化，要求把所有的偶元素初始化为 0，所有的奇元素初始化为 1。

3.8　设计一个移位函数，输入一个位宽是 32 比特的数 data，和一个左移、右移的控制信号 shift_contr。当 shift_contr[1]=1，data 左移一位；当 shift_contr=0，data 右移一位。函数返回移位后的数值。

3.9　设计一个七段数码管的显示函数，输入 4 比特的数码数值，函数返回的是数值对应的 7 比特数码管驱动信号。数码管显示真值表见题表 2.1。

3.10　定义一个任务，该任务的输入是一个八位变量，计算相应的偶校验位作为该任务的输出。

3.11　设计一个周期为 40 个时间单位的时钟信号，其占空比为 20%，使用 always、initial 块进行设计，设初始时刻时钟信号为 0。

3.12　用 case、if_else、assign 语句分别设计四选一多路选择器，比较各种实现方式的特点。设本选择器的被选数据输入为 A、B、C、D，采用参数法定义这四个数据的位宽，选择信号设为 sel[1:0]，输出信号设为 data_sel，其关系如题表 3.1 所示。

题表 3.1　四选一多路选择器信号选择关系

选择信号 sel[1:0]	输出信号 data_sel[width-1:0]
2'b00	data_sel[width-1:0]=A[width-1:0]
2'b01	data_sel[width-1:0]=B[width-1:0]
2'b10	data_sel[width-1:0]=C[width-1:0]
2'b11	data_sel[width-1:0]=D[width-1:0]

编写激励模块，对设计好的四选一选择器进行测试。

3.13　设计一个同步 FIFO 模块，其宽度为 8，深度为 512，用 empty、full 标示 FIFO 的数据状态。用任务和函数语句编写其测试文件。

实 验 项 目

实验一　七段数码显示译码器设计

实验目的：

(1) 完成七段数码显示译码器的设计，学习组合电路设计。

(2) 学习多层次设计方法。

(3) 锻炼使用 Verilog HDL 语言编程的能力。

实验原理：

参照第二章的实验项目中的实验一的实验原理。

实验要求：

(1) 理解共阴数码管及其电路驱动。

(2) 用 Verilog HDL 设计一个模块，将输入的二进制数据译码驱动七段数码显示器显示。

(3) 完成二进制数据七段数码显示的仿真验证。

实验二　含异步清零和同步使能的四位加法计数器

实验目的：

(1) 学习时序电路设计、仿真和硬件测试。

(2) 进一步熟悉 Verilog HDL 技术。

实验原理：

题图 3.2 是一个含计数使能、异步复位和计数值并行预置功能的四位加法计数器，图中间的长方形标示是四位锁存器；rst 是异步清 0 信号，高电平有效；clk 是锁存信号；D[3:0] 是四位数据输入端。当 ENA 为"1"时，多路选择器将加 1 器的输出值加载于锁存器的数据端；当 ENA 为"0"时，将"0000"加载于锁存器。

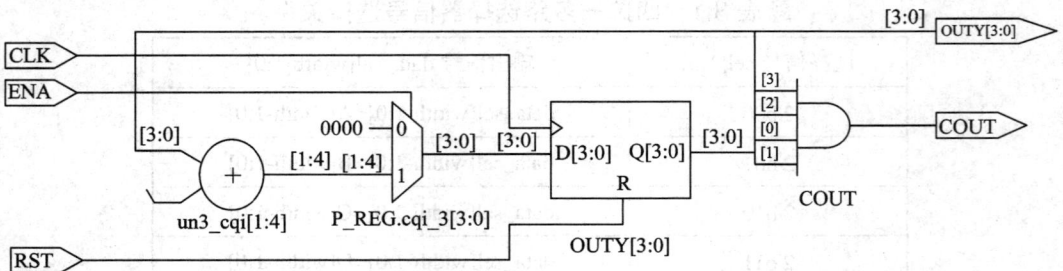

题图 3.2　含计数使能、异步复位和计数值并行预置功能的四位加法计数器

实验要求：

(1) 用 Verilog HDL 对输入的时钟进行从 0 到 10 的循环计数。

(2) 用 Verilog HDL 完成对模块的异步复位、同步使能控制。

(3) 完成系统的仿真验证。

(4) 代码下载到目标板，使其上的数码管按要求显示计数值。

实验三　桶形移位器(Barrel Shifter)设计

在现代高速 RISC 微处理器里，普遍采用桶形移位器(Barrel Shifter)来实现单时钟周期内数据的各种高速移位操作，桶形移位器设计的最终面积与速度直接影响着整个 RISC 系统的性能。

实验目的：

(1) 熟悉桶形移位器的工作原理。

(2) 在门级电路上实现可综合的桶形移位器。

(3) 熟悉 Verilog 语言的可综合的设计技术。

实验要求：

要求用 Verilog HDL 实现系统设计，并通过综合、布局、布线，最后下载到目标板，具体要求如下：

(1) 系统要求：完成两种以上物理结构的桶形移位器，并附相应的各类型结构的示意图形以及文字描述。文字描述包括在移位过程中补零/补符号位如何操作、循环移位时的策略、输入/输出的区域划分。

(2) 功能要求：实现逻辑左移、逻辑右移、算术左移、算术右移、循环左移、循环右移。内部不允许有时钟控制。

(3) 信号要求：

① 要求用 Verilog HDL 描述桶形移位器的逻辑电路结构。

② 不允许调用 shifter 的库单元或者内核。

③ 桶形移位器的数据输入(data_in)和输出(data_out)的位宽为 32 位(bit)。

注：在同一时间内，逻辑位移、算术位移、循环位移这三种情况只有一种能发生，不会有两种或者两种以上的情况同时发生。

(4) 综合与布线要求：

① 将设计文件综合并布线成为 FPGA 可下载电路文件，要求指出优化目标(optimization goal)、优化效果(optimization effort)和目标时钟频率。

② 根据 post place & route static timing report 的结果，以及占用的 FPGA 资源，简单分析各种结构在时序上以及面积上的优劣。

实验四　用状态机实现序列检测器的设计

实验目的：

(1) 学习用状态机实现序列检测器的设计，并完成相应的仿真和硬件测试。

(2) 进一步熟悉 Verilog HDL 对状态机的描述。

实验原理：

序列检测器可用于检测一组或多组由二进制码组成的脉冲序列信号，当序列检测器连续收到一组串行二进制码后，如果这组码与检测器中预先设置的码相同，则输出 A，否则输出 B。由于这种检测的关键在于正确码的收到必须是连续的，这就要求检测器必须记住前一次的正确码及正确序列，直到在连续的检测中所收到的每一位码都与预置数的对应码相同为止。在检测过程中，任何一位对应码不相等都将回到前面的某一状态再开始检测。例如，电路完成对序列数 "11100101" 的测试，当这一串序列数左移串行进入检测器后，若此数与预置的密码数相同，则输出 "A"，否则仍然输出 "B"。

实验要求：

(1) 分析任务，画出系统状态机。

(2) 用 Verilog HDL 完成对输入的串行数据的检测。

(3) 完成系统的仿真验证。

(4) 将设计代码下载到目标板，使其上的数码管按要求显示数值。

实验思考：

说明设计表达的是什么类型的状态机？它的优点是什么？

实验五　循环冗余校验(CRC)模块设计

实验目的：

设计一个在数字传输中常用的校验、纠错模块——循环冗余校验 CRC 模块，学习使用 Verilog HDL 完成数据传输中的差错控制的描述。

实验原理：

CRC 即 Cyclic Redundancy Check 循环冗余校验，是一种数字通信中的信道编码技术。经过 CRC 方式编码的串行发送序列码称为 CRC 码，共由两部分构成：k 位有效信息数据和 r 位 CRC 校验码，其中 r 位 CRC 校验码是通过 k 位有效信息序列被一个事先选择的 r + 1 位 "生成多项式" 相 "除" 后得到的(r 位余数即是 CRC 校验码)。这里的除法是 "模 2 运算"。CRC 校验码一般在有效信息发送时产生，拼接在有效信息后被一起发送；在接收端，CRC 码用同样的生成多项式相除，除尽表示无误，弃掉 r 位 CRC 校验码，接收有效信息；反之，则表示传输出错，纠错或请求重发。本设计完成 12 位信息加 5 位 CRC 校验码的发送、接收，可采用题图 3.3 所示模块的接口方式，图中端口数据说明如下所述。

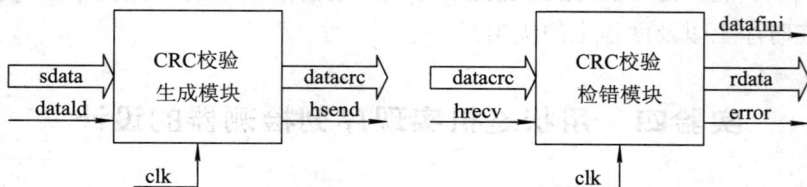

题图 3.3　CRC 模块

CRC 校验生成模块接口信号：

- sdata：12 位的待发送信息。
- datald：信号有效提示位，高电平有效。
- atacrc：附加上 5 位 CRC 校验码的 17 位 CRC 码。
- hsend：发送数据有效提示，可生成与检错模块的握手信号。
- clk：时钟信号。

CRC 校验检错模块：

- datacrc：接收来自于生成模块的 CRC 码数据。
- hrecv：接收数据有效提示，可生成与生成模块的握手信号，协调相互之间的关系。
- error：误码警告信号。
- datafini：提示数据接收校验完成。
- rdata：输出经过纠错的接收数据。
- clk：系统时钟。

实验要求：

(1) 查阅 CRC 校验的基本原理及其用途的相关资料。

(2) 本次实验采用的 CRC 生成多项式为 $X^5 + X^4 + X^2 + 1$，校验码为 5 位，有效信息数据为 12 位，采用输入、输出都为并行的 CRC 校验生成方式。

(3) 数据的发送与接收中设计握手信号，保证信号的正确发送、接收。

(4) 用 Verilog HDL 完成上述模块的设计、综合、仿真及其结果分析。

(5) 用目标板设计本实验的硬件测试平台，完成实验的下载和硬件测试。

实验思考：

如果在一个时钟周期内完成输入数据、输出 CRC 的一次 CRC 校验，应如何设计？

第 4 章　基于 IP Core 的设计

◆◆

随着集成度的不断提高，集成电路行业的产品更新换代的周期越来越短，如何更快地完成大规模电路的设计成为整个行业面临的重要课题。在这种形势下，IP Core 应运而生并已经成为一项产业。据 Dataquest 统计，2005 年全球 SOC 设计的 80%都是采用以 IP Core 为主来进行设计的，IP Core 成为集成电路产业中增长最快的一部分，基于 IP Core 的集成电路设计方法也得到了很大的重视。利用 IP Core 可以使设计师不必了解设计芯片所需要的所有技术，从而降低了芯片设计的技术难度，另外，调用 IP Core 能避免重复劳动，大大减轻了工程师的负担，且复制 IP Core 是不需要花费任何代价的，因此使用 IP Core 成为目前现代数字系统设计的发展趋势。

本章主要介绍 IP Core 的种类、复用、IP Core 生成工具以及常用 IP Core 在 ISE 软件中的设计和仿真。

4.1　IP 模块的种类与应用

在 SOC 设计中，IP Core 特指可以通过知识产权贸易在各设计公司间流通的完成特定功能的电路模块。从电路设计的角度来看，IP Core 与公司内部自行建立的可重复使用模块差别很小，IP Core 同样也要求要有完整的功能说明文档、测试文档及接口文档。因为 IP Core 的生产与贸易涉及利润问题，所以一般 IP Core 的规模都比较大，如 CPU 核、DSP 核、完成复杂计算功能的模块、存储器模块、复杂接口模块等。利用 IP Core 设计电子系统，引用方便，修改基本元件的功能容易。具有复杂功能和商业价值的 IP Core 一般具有知识产权，尽管 IP Core 的市场活动还不规范，但是仍有许多集成电路设计公司从事 IP Core 的设计、开发和营销工作。目前，IP Core 有硬核、固核和软核三种有效形式。

1. 硬核(Hard Core)

经验证的具有特定电路功能的集成电路版图称为硬核。硬核已完成对性能、尺寸和功耗的优化，并对一个特定的工艺技术进行映射，具有可保证的性能。因此，在系统设计时，硬核只能在整个设计周期中被当成一个完整的库单元处理。

硬 IP Core 可以再使用，且由于它已处于设计表示的最底层，因而最容易集成，容易成功流片。硬 IP Core 最大的优点是确保性能，如速度、功耗等，但硬核一般不允许更改，硬 IP Core 难以转移到新工艺或集成到新结构中，它是不可重配置的。

2. 固核(Firm Core)

带有平面规划信息的网表称为固核。固核也是可重用的 IP 模块，这些模块已经在结构上和拓扑上对性能和面积通过平面布图和布局进行了优化，可以在一定的工艺技术范围内使用，作为可综合的寄存器传输级(RTL)代码或作为通用库元件的网表文件提供，系统设计者可以根据特殊需要对固核的 IP 模块进行改动。

3. 软核(Soft Core)

软核是以可综合的寄存器传输级(RTL)描述或通用库元件的网表形式提供的可重用的 IP 模块，这意味着软核的使用者要负责实际的实现和布图软核，它的优势是对工艺技术的适应性很强，应用新的加工工艺或改变芯片加工厂家的时候很少需要对软核进行改动，原来设计好的芯片可以方便地移植到新的工艺中。由于软核设计以高层次表示，因而软 IP Core 易于重定目标和重配置，然而预测软 IP Core 的时序、面积与功率诸方面的性能较困难。

从完成 IP Core 设计所花费的代价来讲，硬件宏单元代价最高，从 IP Core 的使用灵活性来讲，软件宏单元的可重复使用性最高。一个 IP Core 的价值不单与模块本身的用途和设计复杂性有关，而且与其可重复使用性程度和设计完成的程度有关。将 IP Core 完成至物理设计，其设计复杂性增加了，但是其可重复使用性却降低了。

IP Core 除提供形式方面的分类外，还有功能方面的划分。一般 IP Core 可以分为两大类，即嵌入式 IP Core 与通用 IP 模块。嵌入式 IP Core 指可编程 IP 模块，主要是 CPU 与 DSP。通用 IP 模块则包括存储器、存储控制器、通用接口电路、通用功能模块等。IP 模块的这种划分通常是基于商业方面的考虑，按业界的一般观点，提供嵌入式 IP Core 的供应商有比较大的利润空间，而且生存环境较好。嵌入式 IP Core 除 IP Core 本身的设计外，还需要有良好的开发环境、软件支持及完善的服务体系，因此其技术门槛相对较高，竞争不是非常激烈。

通用 IP 模块由于开发技术相对比较简单，面临的竞争也比较激烈。通用 IP 模块的价值依赖于 IP Core 的技术含量、IP Core 的品质和供应商的信誉，基于较新工艺的通用 IP Core 或包含有专利内容的通用 IP Core 将有较好的发展前景。对技术要求较高的 IP Core，如高速接口、高速锁相环等模块，也将有较强的生命力。

存储器 IP Core 与其它 IP Core 稍有不同。通常存储器的设计严重依赖于芯片的加工工艺，同时存储器是 SOC 芯片上最重要的部件，大多数 SOC 芯片上的存储器会占整个芯片面积的 70%，甚至更多，而且芯片的性能将主要由存储器的存取时间决定。存储器 IP Core 通常由芯片加工厂家提供，而且都以硬 IP Core 的方式提供，部分厂家还依据特殊工艺提供 DRAM IP Core。

4.2　IP Core 的选择与复用

4.2.1　IP Core 的选择

一个完整的系统设计主要由两部分组成，一部分是核，如 MCU、RAM，另一部分是用户自己定义的逻辑电路。按系统设计的要求将这些功能模块连接在一起就完成了芯片的设计，因此，首先是选择合适的核，这主要从核的功能、性能可靠性和实现技术几方面来考虑。

硬 IP Core 与软 IP Core 在实际应用中各有其优点与缺陷。软 IP Core 设计比较灵活，可以根据具体的需要对软 IP Core 的代码进行改动，或软 IP Core 本身提供许多可以设置的参数，在应用时比较方便。应用软 IP Core 的缺陷是软核的关键路径的时序性能无保证，最终性能主要取决于使用者采用的综合、布局布线和实现技术，设计完成后需要重新对完成设计的芯片进行功能与时序验证。软 IP Core 的设计工作量较大，而且设计时间较长。如何选择软 IP Core 也需要做较多的工作，需要向供应商索取关于 IP Core 功能验证方面的资料，询问 IP Core 的应用范围，另外还需要考虑供应商的声誉。应用软 IP Core 也需要 IP Core 供应商提供更多的服务。

硬 IP Core 的实现较简单，类似于 PCB 设计中 IC 芯片的使用。硬 IP Core 的优势是 IP Core 的设计在布局布线后经过了详细的功能优化验证与测试过程，部分 IP Core 还经过了投片验证与测试，时序性能稳定，所以硬核的功能有非常可靠的保证。一般在设计芯片时，70% 的时间都是花费在芯片设计的功能与时序验证上，所以应用硬 IP Core 进行设计可以显著地节省设计时间。

应用硬 IP Core 进行设计的缺陷是它具有不能修改的结构和布局布线，硬核不能按设计需要修改和调整时序，缺少使用的灵活性。硬核的设计严重依赖于设计时所参照的加工工艺，所以当设计工艺改变的时候硬核的适应性非常差。另外，在应用硬核设计时，通常芯片的面积会较大，因为硬核的版图必须作为模块直接安放在芯片版图中，而基于模块的设计所得到的芯片面积通常比将模块功能分散后进行布局布线得到的芯片面积大。硬核的设计是完全无法更改的，因此其应用范围也受到了一定的限制。

软 IP Core 与硬 IP Core 并非对立关系，通常供应商会同时提供完成同一种功能的软 IP Core 和硬 IP Core，而后由客户按自己的需要进行选择。在有些情况软 IP Core 与硬 IP Core 会结合在一起，例如在一个完整的功能模块中，可能同时存在软 IP Core 部分与硬 IP Core 部分，软的部分提供某种程度的可调整性与适应性，而硬的部分可以不用重新验证，可以节省芯片设计时间，避免了软 IP Core 的某些缺陷。通常在 SOC 芯片设计中，微处理器与存储器会使用硬 IP Core。微处理器的设计比较复杂，对时序的要求比较严格，应用硬 IP Core 可以排除许多时序错误，同时可以保证处理器的性能。存储器是对芯片性能影响最大的部件，而且其设计严重依赖于设计工艺，所以存储器 IP Core 通常也作为硬 IP Core 出现在芯片中。典型 SOC 芯片中硬 IP Core 与软 IP Core 的使用如图 4.1 所示。

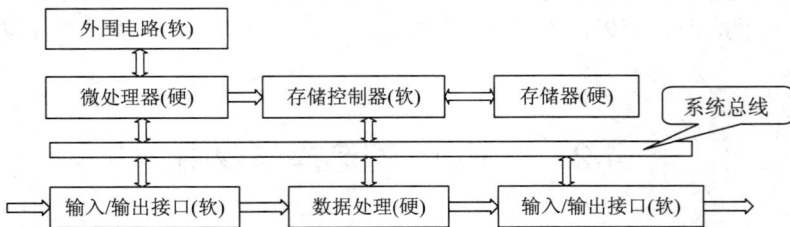

图 4.1　典型 SOC 芯片中硬 IP Core 与软 IP Core 的使用

在芯片的设计与生产过程中，IP Core 的应用及 IP Core 的供应方式也并非一成不变。通常在芯片设计的初期，除存储器模块为硬 IP Core 外，大部分的模块可能都是软 IP Core。当芯片完成设计，经过功能验证、时序验证与投片测试后，可能有部分 IP Core 被固化为硬 IP Core 并被加入到 IP 库中，然后随着芯片设计的不断改进，被固化的 IP Core 会越来越多，到芯片大规模生产的时候，可能 85% 的芯片面积都由硬 IP Core 占据。

当新的加工工艺出现，需要将芯片移植到新的工艺中时，就会出现下一个循环，芯片的设计流程重新开始，大部分的模块为软 IP Core，并需要重新进行芯片的各种验证工作。通常在设计芯片时需要考虑工艺的成熟程度，如果加工工艺非常成熟，通常会存在大量的基于此种工艺的硬 IP Core 资源，而且大部分供应商的产品都已经经过了各种验证，应用硬 IP Core 设计会节省大量的设计时间，芯片的性能与品质也可以得到很好的保证。

根据 IP Core 使用的方式不同，IP Core 设计者还可以按下列三种形式设计供集成选择的 IP Core：可再用、可重定目标以及可配置。可再用 IP Core 是着眼于按各种再使用标准定义的格式和快速集成的要求而建立的，便于移植，更重要的是有效集成；可重定目标 IP Core 是在充分高的抽象级上设计的，因而可以方便地在各种工艺与结构之间转移；可配置 IP Core 是参数化后的可重定目标 IP Core，其优点是可以对功能加以裁剪以符合特定的应用，这些参数包括总线宽度、存储器容量、使能或禁止功能块。

4.2.2　IP Core 的复用

IP Core 的复用是设计人员赢得迅速上市时间的主要策略。系统设计者的主要任务是在规定的周期时间内研发出复杂的设计，IP Core 的复用已经成为系统设计方法的关键所在。"复用"(re-use)指的是在设计新产品时采用已有的各种功能模块，即使进行修改也是非常有限的，这样可以减少设计的人力和风险，缩短设计周期，确保优良品质。

但伴随着 IP Core 的推广和使用，也出现了一系列亟须解决的问题。对于每个集成电路设计师来说，每天所能处理的工作量却无法有很大的提高，如果按每天处理 100 门电路来计算，一个人设计百万门的电路将耗费掉数百年的时间。而且随着芯片集成度的提高，芯片的复杂程度也相应地提高，在单芯片上可能需要集成各种不同功能的电路，如图像处理、加密电路、接口电路、模拟电路等。设计芯片所需要的技术种类比较繁杂，而且必须适用于各种严格的工业标准。对于单个的设计公司来说，掌握这些不同领域的技术很困难。因此，首先 IP Core 供应商需要提供怎样的文件，才能使 IP Core 用户能够方便、准确地进行 IP Core 选择；其次是 IP Core 的使用者并不熟悉 IP Core 结构，如何才能快速对其进行修改以适应设计者的需要(对软 IP Core)；第三，由于 SOC 各模块间的通讯并没有一个统一的标准，造成 IP Core 集成的困难，如何解决 IP Core 的接口标准问题。另外，需要研究如何重复使用过去的设计模块，如何使新的设计能够具有可重复使用性、可重复综合性、可重复集成性以及如何进行系统级验证；第四，IP Core 种类很多，如何建立一个相对客观的 IP Core 评价体系，实现对 IP Core 质量的评估；第五，如何进行 IP Core 的验证；第六，IP Core 使用的最大障碍之一是 IP Core 的知识产权保护，如何有效地建立起 IP Core 的保护体系。这一系列问题的出现，最终导致了 IP Core 标准的产生及相关国际组织的出现。

由于 IP Core 已成为芯片设计的一项重要内容，因此业界成立了不同的组织以推动设计复用标准的发展，他们的目标是开发一套业界标准，促进 IP Core 的使用并简化外部 IP Core 与内部设计之间的接口。1996 年 9 月虚拟接口联盟(VSIA)成立，该联盟的成立是为了推动多个来源 IP 内核之间的"混合搭配"而制订开放标准，从而加速 SOC 开发。该联盟的会员由业界各系统公司、半导体公司、IP Core 公司和 EDA 公司组成。Synopsys 公司和 Mentor Graphics 公司合作开展了著名的 OpenMORE(Open Measure of Reuse Excellence)计划，这是建立在两家公司共同发起的"复用方法指南"基础上的一项评估计划。一些开发和销售 IP Core 的公司于 1996 年成立了可复用特定应用知识产权开发协会(RAPID)。

国际上为 IP/SOC 制定标准的主要组织/联盟有 IEEE 国际标准化组织 VSIA、OCP-IP 和 SPIRIT，专门从事核或称 IP Core 模块的互连标准研究，使核的使用就像在印制板上使用集成电路块一样方便。这三个联盟的目的都是要使设计人员更容易地进行 IP Core 的集成，但他们的工作并不重叠，而是高度互补的。VSIA 为 IP Core 的交付、转让、质量评估以及保护制定了较全面的标准，起到不可替代的作用；OCP-IP 致力于 IP Core 接口及片上互连标准的开发，为 IP Core 的即插即用作出了贡献；SPIRIT 致力于 IP Core 集成的自动化。

4.3　IP Core 生成工具简介

Core Generator 是基于 Xilinx FPGA 的 IP Core 开发工具，是 Xilinx FPGA 设计 ISE 开发软件中的一个重要的设计输入工具，它提供了大量成熟、高效的 IP Core 为用户所用。

Core Generator 可生成的 IP Core 大致分为十大功能模块：基本模块、通信与网络模块、数字信号处理模块、存储器模块、微处理器模块、控制器与外设模块、标准与协议模块、语音处理模块、标准总线模块、视频与图像处理模块等，这些功能涵盖了从基本设计单元到复杂功能样机的众多成熟设计，而且每次 ISE 的升级补丁中都会有 IP Core 的升级，另外用户可以通过 Xilinx 的 IP Core 中心查询更多的 IP Core 信息。

如果用户设计只是针对 FPGA 应用的，使用 IP Core 能避免重复设计，缩短工程时间，提高工作效率。Core Generator 是根据 Xilinx 的 FPGA 器件特点和结构而设计的，直接用 Xilinx FPGA 底层硬件语言描述，充分发挥了 FPGA 的功能，其实现结果在面积和速度上都令人满意。图 4.2 所示为 Core Generator 的操作界面。

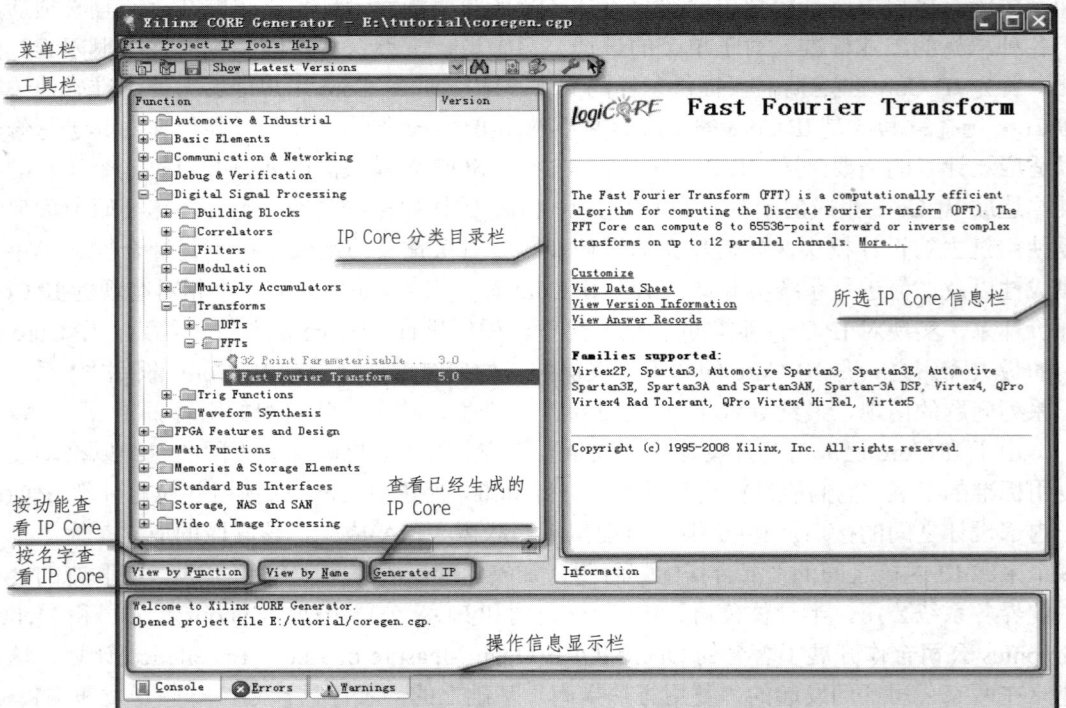

图 4.2　Core Generator 的操作界面

1. 菜单栏

菜单栏由一系列下拉菜单组成,这些菜单涵盖了 IP Core 生成器的所有命令,下面介绍三个常用菜单。

(1)【File】菜单:包括新建工程(New Project)、打开工程(Open Project)、关闭工程(Close Project)、保存工程(Save Project)、导入 XCO 文件(Import XCO File)等命令。另外用户可以用【Preferences】命令指定 PDF 浏览器与网络浏览器的位置,并设置代理服务器等互联方式。

(2)【Tools】菜单:包括存储编辑器(Memory Editor)和查找 IP 索引表(Search IP List)。其中,存储编辑器是设计存储器的初始化文件(扩展名为 .coe),查找 IP 索引表是通过键入 IP Core 的名字查找相应的 IP Core。

(3)【Help】菜单:包含的命令有 Core Generator 帮助(Core Generator Help)、 网络帮助(Xilinx on the Web)和软件手册(Software Manuuals)等。

2. 工具栏

工具栏包含了一些常用命令的快捷按钮。当鼠标箭头指向工具栏的按钮时会自动弹出功能提示信息。

- 按钮 🗆:新建工程。
- 按钮 🗂:打开工程。
- 按钮 🖫:保存工程。
- 通过 Show All Versions 列表显示在当前版本下的 IP Core。
- 按钮 🔍:查找需要的 IP Core。
- 按钮 🖾:打开 Memory Editor。
- 按钮 🌍:链接 Xilinx 的更新网站。
- 按钮 🔧:指向 Xilinx 的技术支持网页 http://support.Xilinx.com,为用户提供个性化的网上技术支持。

3. IP Core 的显示

IP Core 有三种显示方式:

(1) 按功能查看 IP Core:在这种模式下,按照功能显示 Core Generator 的模块。

(2) 按名字查看 IP Core:在这种模式下,IP Core 按照字母排列的顺序显示所有的 IP Core。在查询栏里输入用户所需 IP Core 的名称,则对应的 IP Core 就被找出。

(3) 查看已经生成的 IP Core:在这种模式下,IP Core 分类目录栏显示了当前工程已生成的 IP Core 的基本信息,包括 IP Core 模块名称、IP Core 名称、版本号、器件族供应商和生成日期。

4. 操作信息显示栏

该栏显示了 IP Core 生成器和用户之间的交互信息,如工程的报警、错误等基本信息。

5. 所选 IP Core 信息栏

该栏显示了所选 IP Core 的一些基本信息,包括该 IP Core 的简介和其所支持的器件族等。

6. IP Core 分类目录栏

该栏根据 IP Core 的三种显示方式完成对应的 IP Core 显示。

4.4　常用 IP Core 的设计

下面以常用的计数器、存储器、数字时钟管理器为例，详细介绍 IP Core 工程的创建与管理、查找合适的 IP Core、IP Core 的参数设计与生成以及 IP Core 的仿真。

4.4.1　可逆计数器的设计

计数器在 FPGA 的设计中用得十分广泛，这里以四位可逆二进制计数器为例对其 IP Core 设计予以介绍。

1. 基于 Core Generator 的工程的创建与管理

IP Core 生成器的启动方法有两种，一种是在【Projcet Navigator】中新建 Coregen IP 类型的资源(请参考第 2 章中工程的建立与管理)；另一种是直接在 Windows 界面下运行【开始】→【程序】→【Xilinx ISE Design Suit 10.1】→【ISE】→【Accessories】→【CORE Generator】命令。这里采用第二种方式，选择的器件族为 Spartan-3E，器件为 XC3S500E，封装类型为4FG320C(后面的 IP 所选的器件与此相同)，然后打开如图 4.3 所示窗口。

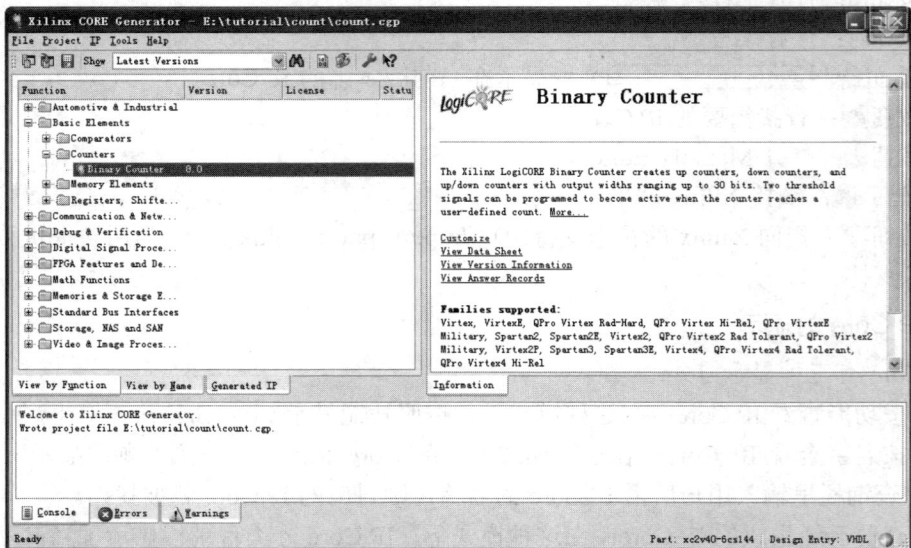

图 4.3　选择 IP Core 源文件向导

2. IP Core 的参数设计与生成

正确设置工程的属性后就可以根据需要选择合适的 IP Core。在图 4.3 的功能栏中，选择【Basic Elements】→【Counters】→【Binary Counter v8.0】，右键单击【Binary Counter v8.0】或者在右边的信息栏中选择例化该 IP Core(Customize)选项。单击【Customize】或者双击【Binary Counter v8.0】，打开该 IP Core 的参数设置窗口的第 1 页，如图 4.4 所示。这里需要从以下几个方面对该 IP Core 进行设置。

(1) IP Core 的名字(Component Name)：每个 IP Core 都必须给其定义一个名字。

(2) 输出数据宽度选择(Width Options)：可选宽度为 2～30 位。

(3) 计数限制选择(Count Restrictions)：可分为计数步长选择和计数终值选择。

① 计数步长选择(Step Value)：可选步长为 $1～2^{数据宽度-1}$。

② 计数终值选择(Final Count Value)：可选范围为 $0～2^{数据宽度-2}$。

(4) 计数模式选择(Count Mode)：这里有加计数(UP)、减计数(DOWN)和可逆计数 (UP/DOWN)三种方式。

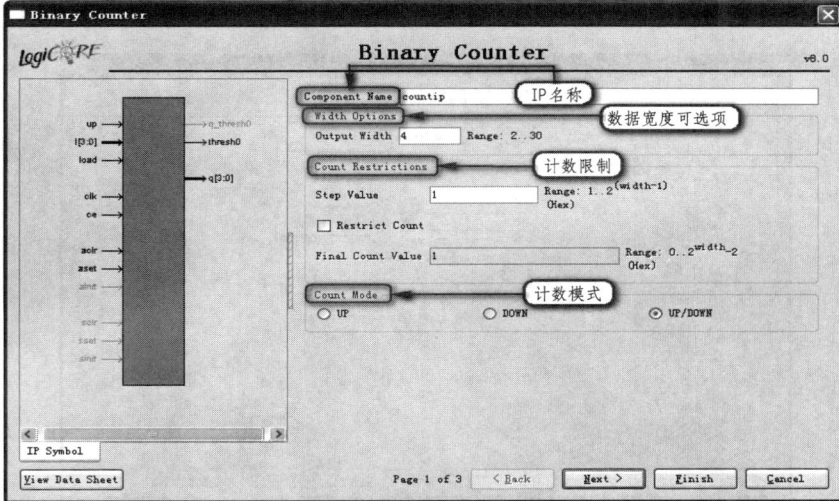

图 4.4　四位可逆二进制计数器 IP Core 的参数设置页面 1

单击 Next > 按钮，进入第 2 页的参数设置，如图 4.5 所示，其中全部为寄存器的设置：

(1) 异步设置(Asynchronous Settings)：包括异步置位(Set)、异步清零(Clear)以及初始化 设置(Init)，通过初始化可以异步地设置寄存器的初始值。

(2) 同步设置(Synchronous Settings)：与异步设置类似。

(3) 时钟使能(Clock Enable)：在使能信号为高电平时输入的时钟信号才是有效的。

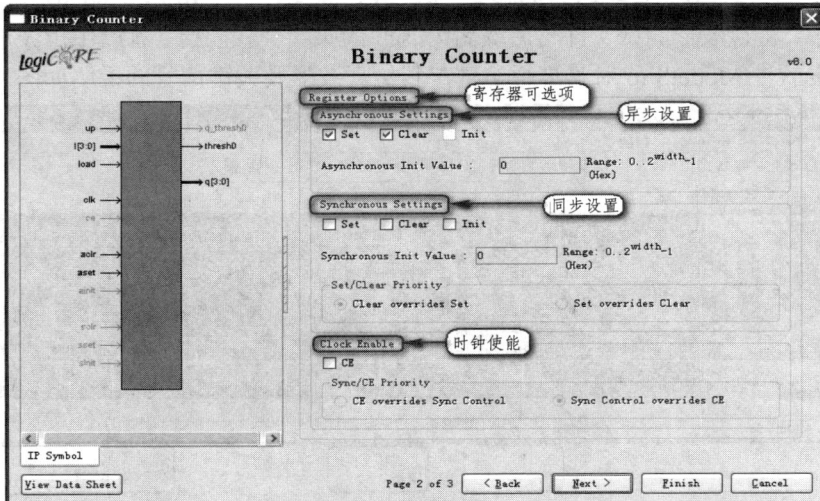

图 4.5　四位可逆二进制计数器 IP Core 的参数设置页面 2

单击 [Next >] 按钮，进入第 3 页的参数设置，如图 4.6 所示。

(1) 置数可选项(Load Options)：可以通过输入端口置入计算的初始值。

(2) 门槛可选项(Threshold Options)：包括异步门槛值设置(Asynchronous Threshold Output)、同步门槛值设置(Synchronous Threshold Output)和时钟初期门槛设置(Cycle Early Threshold Output)。当计数值与所设门槛值相等时，其输出为高电平。

此例中参数按图 4.4、图 4.5 和图 4.6 界面进行设置，参数设置完成后，单击 [Finish] 按钮，就生成了按照所设参数要求的 IP Core。

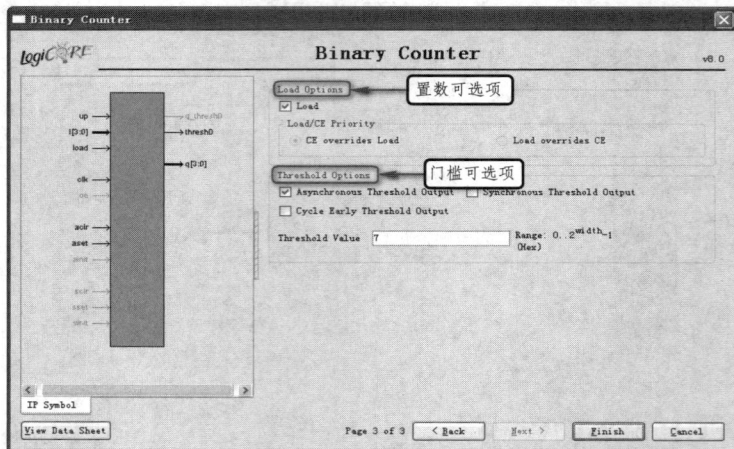

图 4.6　四位可逆二进制计数器 IP Core 的参数设置页面 3

3. IP Core 的仿真

在【Project Navigator】里，打开该 IP Core。如果是初次使用，还需要对 ISE 所带的库文件进行编译。编译成功后，选择【Project】→【New source】→【Schemtic】，在原理图中就可以用原理图方式调用该 IP Core，完成该 IP Core 的端口设置，产生后缀名为 .sch 的头文件。

加入波形测试向量。选择【Project】→【New Source】→【Test Bench Waveform】，在接下来的选项中，将该波形测试文件与后缀名为 .sch 的头文件相映射，就产生了波形测试向量。然后调用仿真软件 ModelSim 对其进行仿真，其仿真波形及关键信号的说明如图 4.7 所示。

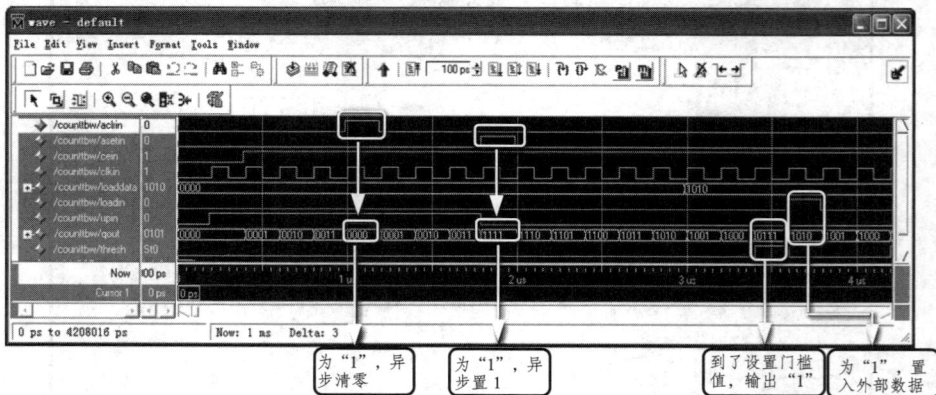

图 4.7　四位可逆二进制计数器 IP Core 的仿真波形与关键信号的说明

4.4.2　存储器的设计

Xilinx 公司提供了大量的存储器 IP Core 资源，包括内嵌的块存储器、分布式存储器以及 16 位的移位寄存器，利用这些资源可以生成深度、位宽可配置的 RAM、ROM、FIFO 以及移位寄存器等存储逻辑。其中，块存储器是硬件存储器，不占用任何逻辑资源，而分布式存储器以及 16 位的移位寄存器都是 Xilinx 专有的存储结构，由 FPGA 芯片的查找表和触发器资源构建。每个查找表可构成 16 位的分布式存储器或移位寄存器。一般来讲，块存储器是宝贵的资源，通常用于大数据量的应用场合，而其余两类用于小数据量环境。

1. 双口 RAM 的设计

RAM 有三种模式，分别是单端口 RAM、简单双端口 RAM 以及真正双端口 RAM。这里以真正双端口 RAM 为例介绍 RAM 模式。

双端口 RAM 模型如图 4.8 所示，图中上边的端口 A 和下边的端口 B 都支持读写操作，WEA、WEB 信号为高电平时进行写操作，低电平为读操作。同时它支持两个端口读、写操作的任何组合：两个端口同时读操作、两个端口同时写操作或者在两个不同的时钟下一个端口执行写操作，另一个端口执行读操作。两个端口的宽度可以有多种定义，可以是同宽度，也可以是不同宽度的，这样的结构给设计者带来了方便。双端口 RAM 的引出端定义如表 4.1 所示。

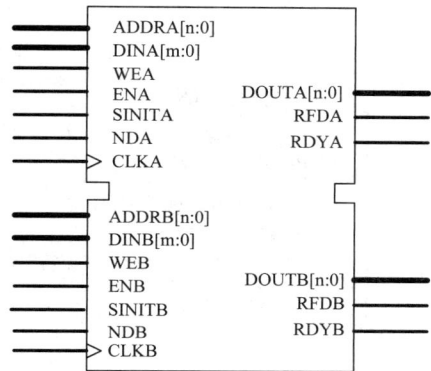

图 4.8　双端口 RAM 的模型

表 4.1　双端口 RAM 的引出端定义

端　　口	端口方向	端　口　说　明
ADDR[A/B][n:0]	输入	地址信号
DIN[A/B][m:0]	输入	写入数据信号
WE[A/B]	输入	读/写控制信号。当其为高电平时，表示对目标地址进行写操作；低电平时表示对目标地址进行读操作
EN[A/B]	输入	使能信号，当其为低电平时，读出和写入操作无效
CLK[A/B]	输入	时钟信号，所有存储器的操作都在时钟的同步下进行
ND[A/B]	输入	握手信号，表示A或B端口上有新的而且有效的地址数据(高电平有效)
SINIT[A/B]	输入	同步初始化控制信号，使输出端口初始化为预先设定的状态
DOUT[A/B][n:0]	输出	数据读出端口，存储器的同步数据输出端口
RFD[A/B]	输出	握手信号，标志存储器已经准备好接收新数据
RDY[A/B]	输出	握手信号，表示输出端口上的数据有效

下面详细介绍双口 RAM 的 IP Core 的设计以及仿真。

1) IP Core 的参数设计与生成

在 Xilinx Core Generator 中，选择【MEMORIES & Storage Elements】→【RAMs &ROMs】，可看到五个存储模块，其中灰色的项目表示由于所选器件族不支持此 IP Core，所以该 IP Core 在当前工程不可用。这里选择在 Spartan-3E 器件族可以使用的【Dual Port Block Memory 6.3】。

双击【Dual Port Block Memory 6.3】，打开该 IP Core 的参数设置窗口的第 1 页，如图 4.9 所示，需要对该 IP Core 的名字以及端口 A、B 等基本参数进行设置。

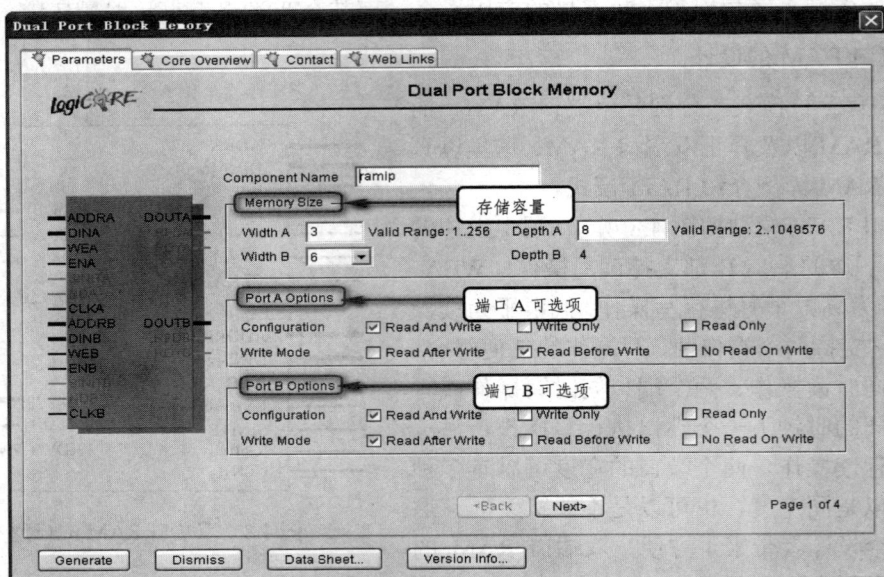

图 4.9　双口 RAM 的参数设置页面 1

(1) 存储容量(Memory Size)：包括端口 A 和端口 B。

① 端口 A 包括：

● 数据端口深度(Width)：可以选择数据端口 A 的宽度，宽度范围为 1～256 位。

● 地址端口 A 深度(Depth)：可以选择存储器的字节数，由于存储容量为 4 MB，故数据宽度为 3 位，则存储器的字节数范围为 2 B～1 MB。

② 端口 B 包括：

● 数据端口深度(Width)：可以选择数据端口 B 的宽度，其宽度取决于定义的数据端口 A 的宽度。不同的器件系列其宽度不同，这里为数据端口 A 的宽度的 1、2、4 倍。

● 地址端口 B 深度(Depth)：定义了端口 A 宽度、深度以及端口 B 宽度后，端口 B 的深度值将为定值。根据端口 A 和 B 定义的存储器的大小必须相等可以计算出端口 B 的深度。

(2) 端口 A/B 可选项(Port A/B Options)包括：

① 配置选项(Configuration)：可以选择的有读写(Read and Write)、只写(Write Only)以及只读(Read Only)模式。

② 写模式(Write mode)：可以选择的有读后写(Read After Write)、读前写(Read Before Write)以及只写不读(NO Read On Write)模式。

● Read After Write 模式：在该模式下，同时读写 BlockRAM 的同一地址，读出的数据与当前写入的数据相同，其时序如图 4.10 所示。

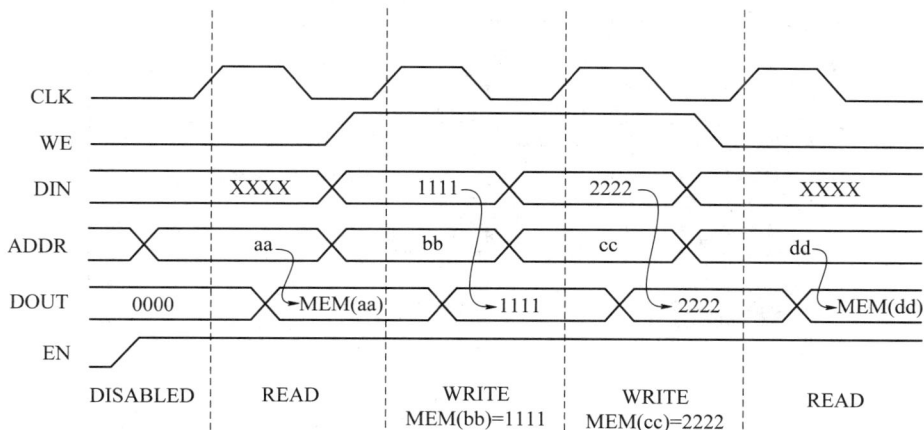

图 4.10　Read After Write 模式时序

● Read Before Write 模式：在该模式下，存储器中当前地址上的数据被传送到输出端口，其时序如图 4.11 所示。

● NO Read On Write 模式：在该模式下，同时读写 BlockRAM 的同一地址时，读出的数据将在数据写入时保持不变。

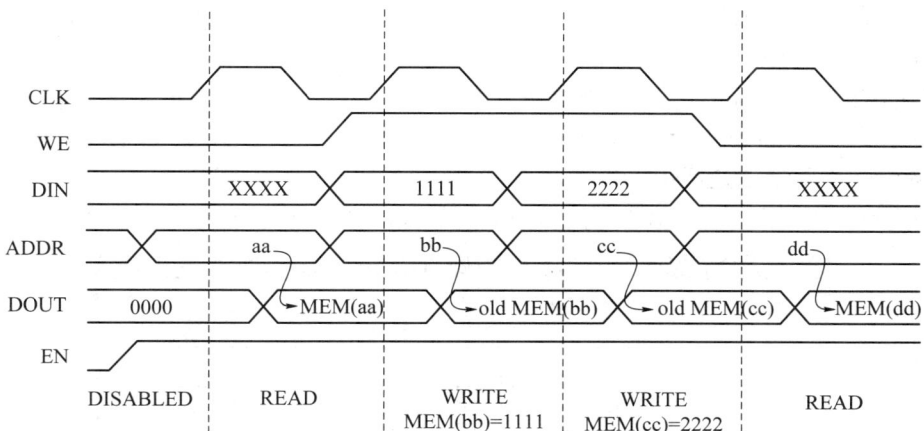

图 4.11　Read Before Write 模式时序

单击 [Next >] 按钮，进入第 2 页与第 3 页端口 A、B 设计可选项参数设置界面，这两个界面分别为端口 A、B 设计的可选项。这里以端口 A 为例对其予以说明，如图 4.12 所示(端口 B 的设置同 A)。

(3) 端口 A、B 设计可选项(Port A/B Design Options)包括：

① 引脚可选项(Options Pins)：

● 引脚使能端(Enabled Pin)：含义如表 4.1 所示。

● 握手信号引脚端(Handshaking Pins)：包括 ND、RFD、RDY 信号，它们的含义如表 4.1 所示。

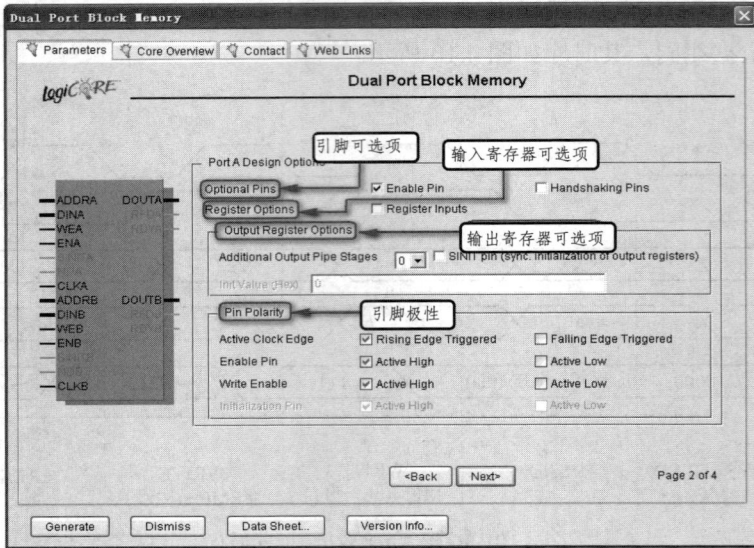

图 4.12　双口 RAM 的参数设置页面 2

② 输入寄存器可选项(Register Inputs)：可以为输入端口 DIN、ADDR 和 WE 添加输入寄存器，若添加了寄存器，则数据在这些端口的第 2 个时钟的上升沿输入到该模块内部。

③ 输出寄存器可选项(Output Register Options)：包括以下两个选项：

● 附加的输出流水阶段(Additional Output Pipe Stages)：选择"1"可以为输出端口再增加一级寄存器，选择"0"不加寄存器。

● 初始化(SINIT Pin)，其含义如表 4.1 所示。

④ 引脚极性(Pin Polarity)：使用者可以为引出端进行极性配置，包括时钟选择上升沿还是下降沿、高电平还是低电平使能。

单击 Next > 按钮，进入第 4 页的参数设置界面，如图 4.13 所示。

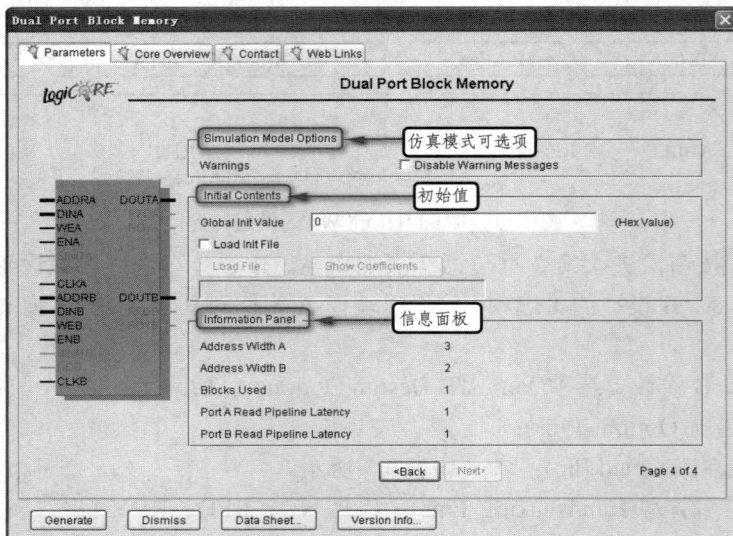

图 4.13　双口 RAM 的其它参数设置页面 4

(4) 仿真模式可选项(Simulation Model Options)：对警告信息的使能选择。

(5) 初始化设置(Initial Contents)：可以设置配置后存储器中的初始值。

① 全局初始化值(Global Init Value)：定义了配置后存储器中的初始值，缺省值为"0"。

② 加载初始化文件(Load Init File)：存储器中的初始值可以保存在一个 .coe 的文件中，加载这个文件可以使存储器在配置后，各个单元的初始值为文件中所列出的值。对于 .coe 的文件，可以通过 Memory Editor 生成，下面为其生成方法：

打开 Xilinx Core Generator，选择【Tools】→【Memory Editor】，进入 Memory Editor 编辑界面，如图 4.14 所示。

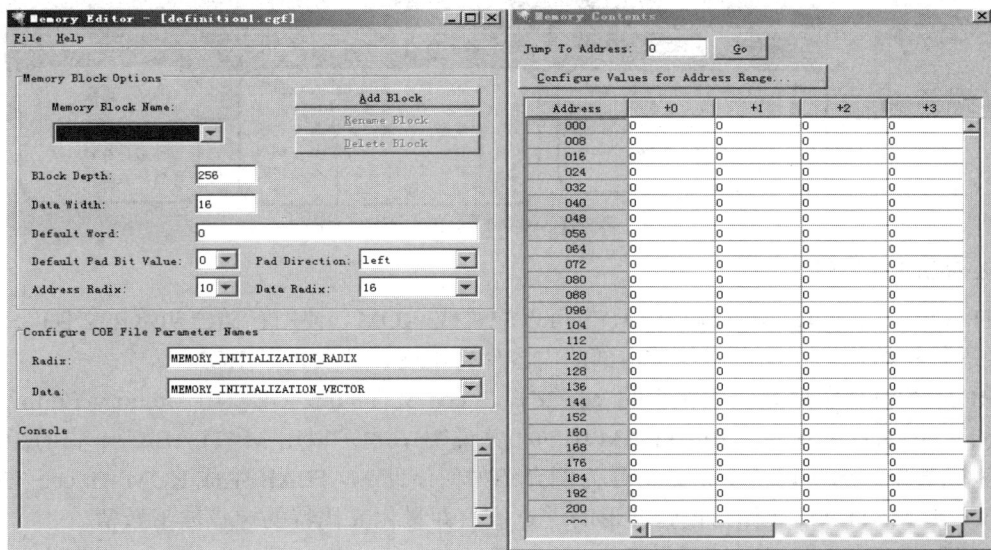

图 4.14　Memory Editor 编辑界面

单击 Add Block 按钮，然后键入"d_ram"，设置好双端口 RAM 的各个参数，并且在初始值输入区(Memory Contents)写入相关数据。选择【File】→【Generate】，生成 .coe 文件，如图 4.15 所示。

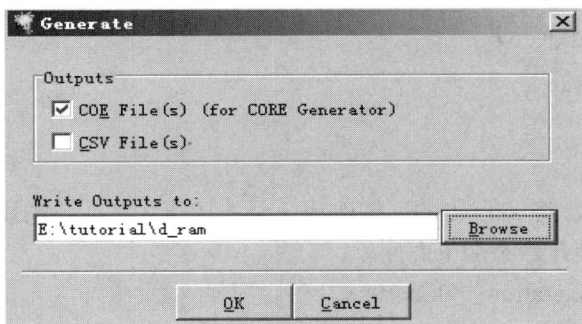

图 4.15　.coe 文件的生成

2) IP Core 的仿真

双口 RAM 的参数设置分别如图 4.9、图 4.12、图 4.13 所示，其仿真波形与说明如图 4.16 所示。

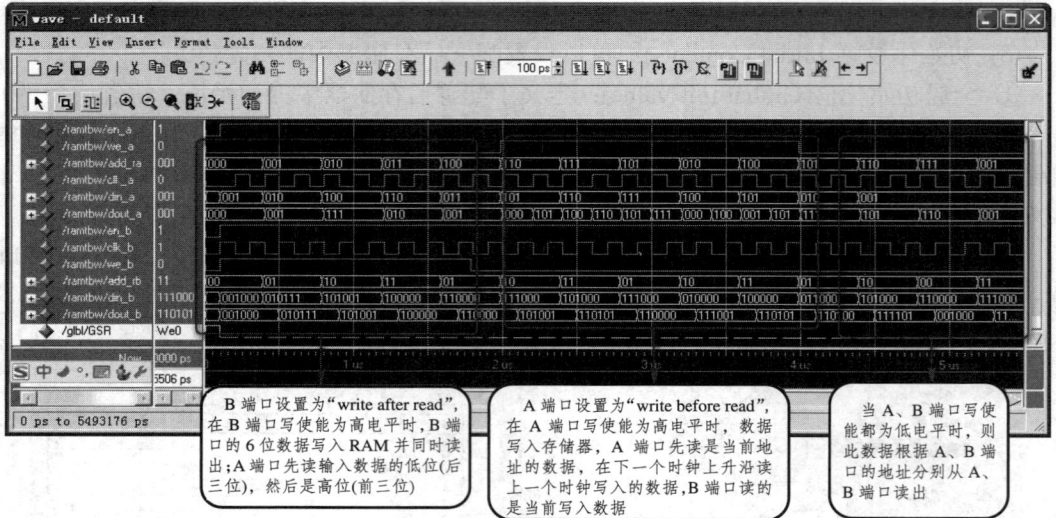

图 4.16　双端口 RAM 的仿真波形与说明

2. ROM 的设计

FPGA 中的块 RAM(BlockRAM)也可以配置成 ROM。使用存储器初始化文件(.coe)对 ROM 进行初始化，在加电后使其内部的内容保持不变，即实现了 ROM 功能。

ROM 的设计主要是生成相应的 .coe 文件，.coe 文件的产生可以用 Memory Editor 直接输入相应的数据(见双端口 BlockRAM 中的相关说明)，也可以用 MATLAB/C++ 中的函数方便地生成数据。这里以一个正弦信号为例介绍如何借助 MATLAB 生成 ROM 的 .coe 文件。

(1) 用 MATLAB 计算出正弦波形的浮点值，并量化 8 比特的定点波形数值。

打开 MATLAB，编写如下程序：

① 在 $0 \sim 2\pi$ 内等间隔取 256 个点：x=linspace(0，6.28，256)；

② 计算幅度为 1 的采样点的正弦函数的正弦值：y = sin(x)；

③ 由于数值为 8 bit，需要将数据放大然后取整：y = y*256；

④ 将文件存盘，并量化成 8 bit：

　　f=fopen('f:/ sin.txt', 'wt');

　　fprintf(f, '%8.0f\n', y);

　　fclose(f)

(2) 生成 .coe 文件。

在 F 盘根目录下，将 sin.txt 的后缀改成 .coe，打开文件，并在最后一行添加一个分号";"，然后在文件的最开始添加下面两行：

　　memory_initialization_radix=10;

　　memory_initialization_vector = ……

上面两行是对所存贮数据的进制以及相关初始值的说明，然后保存文件退出。

(3) 将 .coe 文件加载到所生成的 ROM 中。

① 单击【Memories & Storage Elements】→【RAMs & ROMS】→【Block Memory Generator v2.7】，新建一个 BlockRAM 的 IP Core。

② IP Core 的参数设置。打开该 IP Core 的参数设置界面，单击 [Next >] 按钮翻页，在第 1 页选择单口 ROM(Single Port Rom)，在第 2 页选择数据位宽为 8，数据深度为 256，在第 3 页载入初始化的 .coe 文件，如图 4.17 所示。

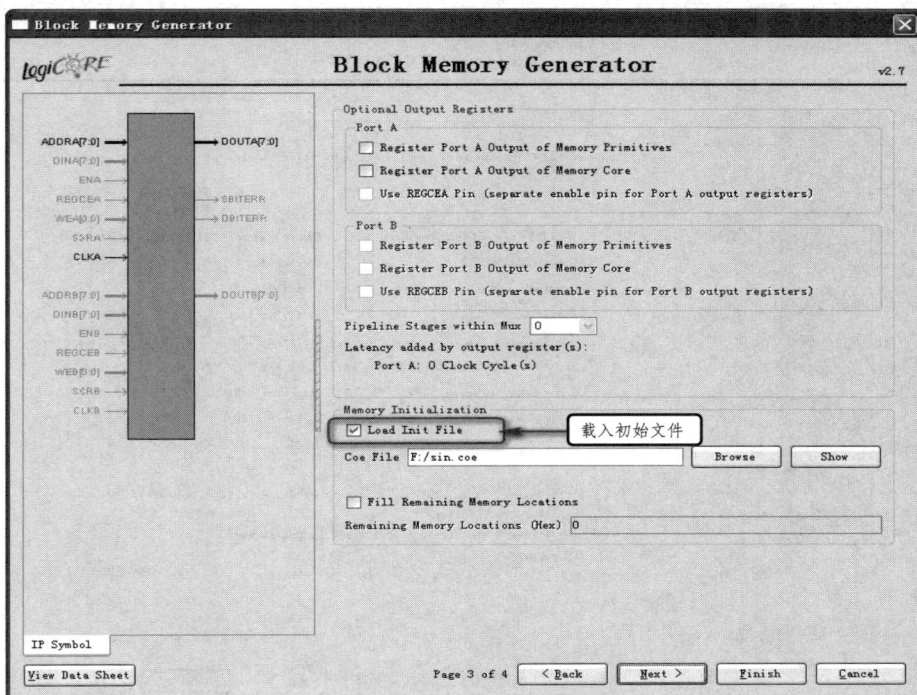

图 4.17　ROM 初始化文件的载入

在存储器初始化(Memory Initialization)栏中的载入初始化文件(Load Init File)单选框中打"√"，然后单击 [Browse] 按钮，找到存储初始化文件的路径，选择初始化文件完成载入。

3. FIFO 的设计

FIFO 即数据先入先出。在 FIFO IP Core 的具体实现中，数据存储的部分是采用简单双端口模式操作的，一个端口只写数据而另一个端口只读数据，另外在 RAM(块 RAM 和分布式 RAM)周围加一些控制电路来输出指示信息。FIFO IP Core 常用引出端的定义如表 4.2 所示。

表 4.2　FIFO IP Core 常用引出端的定义

端口	端口方向	端口说明
DIN	输入	写入数据信号
W_CLK	输入	写时钟信号，写入数据信号在时钟的同步下进行
W_EN	输入	写使能信号，当其为低电平时，写入数据无效
R_CLK	输入	读时钟信号，读出数据信号在时钟的同步下进行
R_EN	输入	读使能信号，当其为低电平时，读出数据无效
DOUT	输出	数据读出端口，存储器的同步数据输出端口
EMPTY	输出	"空"指示信号，当其为高电平时，就不能再从 FIFO 中读出数据，此时输出端处于高阻态
FULL	输出	"满"指示信号，当其为高电平时，就不能再往 FIFO 中写入数据，否则会造成数据丢失

下面是 FIFO 的 IP Core 设计。先选择 IP Core 的类型以及型号，选择【Memories&Storage Elements】→【FIFOs】→【Fifo Generator v4.3】，打开 FIFO 的参数设置页面，如图 4.18 所示。

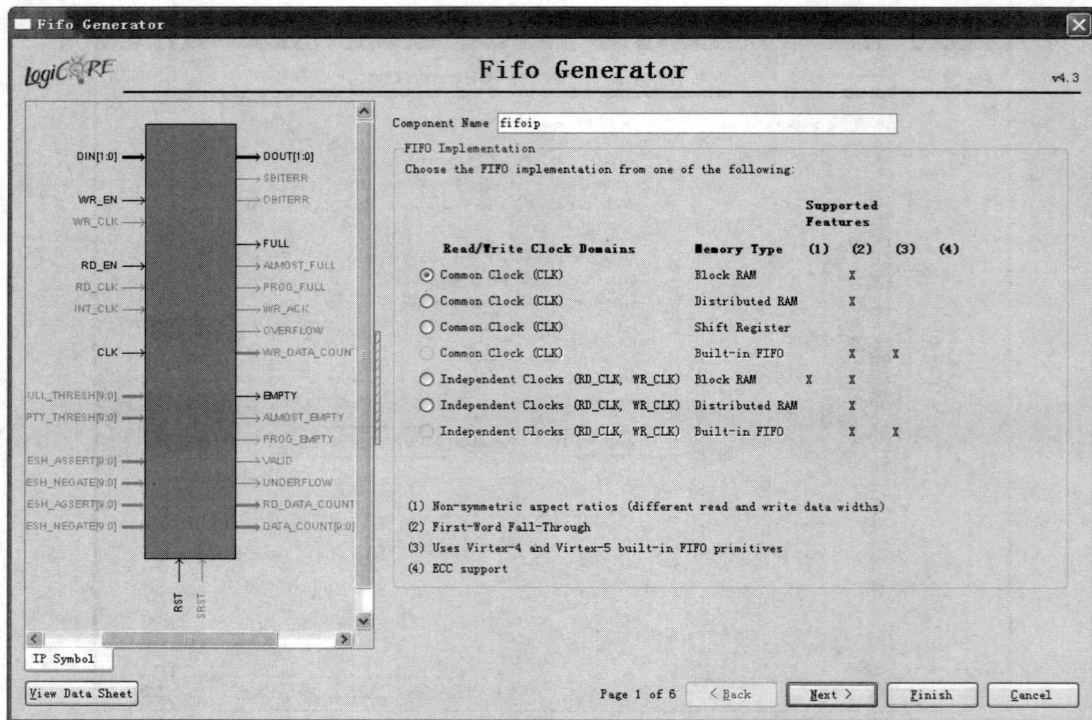

图 4.18　FIFO 的参数设置页面 1

(1) FIFO 的参数设置。

如图 4.18 所示，该页参数设置说明如表 4.3 所示。

表 4.3　FIFO 的参数设置说明

读写时钟域	存储器类型	不同的读写宽度	首字通过模式	嵌入式寄存器	支持ECC
公用时钟	块存储器	√		√	√
公用时钟	分布式存储器	√		√	√
公用时钟	移位寄存器	√	√	√	√
公用时钟	嵌入式FIFO	√			
独立的读/写时钟	块存储器			√	√
独立的读/写时钟	分布式存储器	√		√	√
独立的读/写时钟	嵌入式FIFO	√			√

点击 ![Next >] 按钮，进入第 2 页的参数设置页面，如图 4.19 所示。

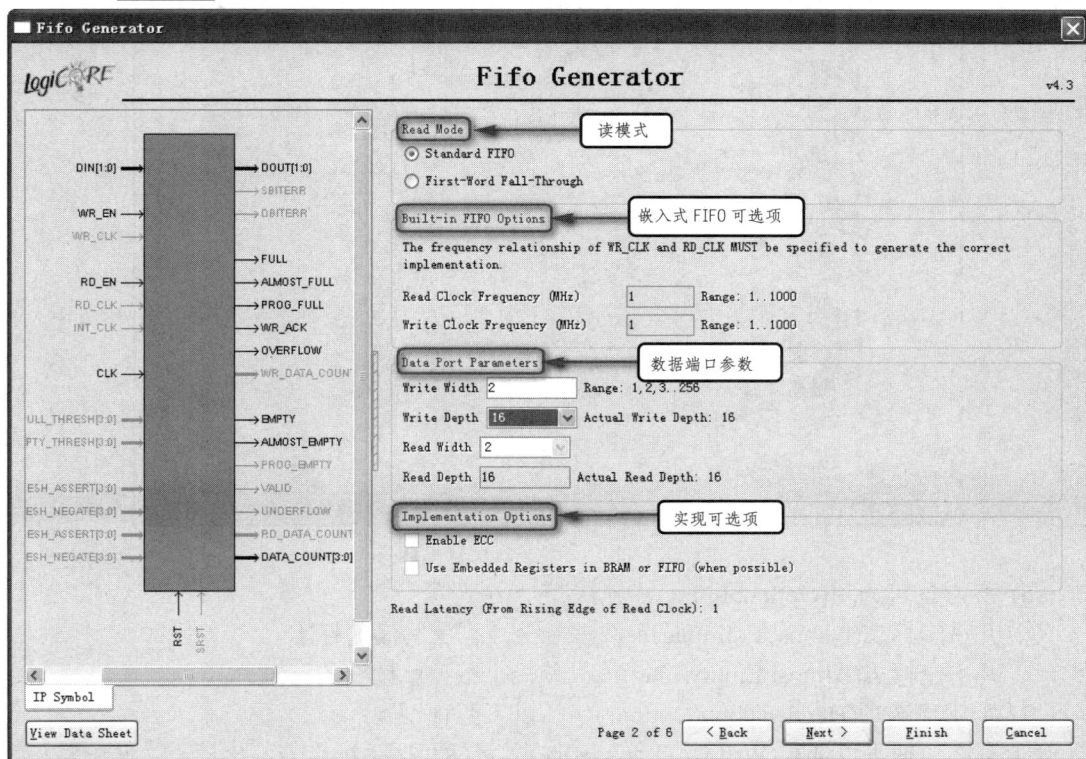

图 4.19　FIFO 的参数设置页面 2

(2) 读模式(Read Mode)包括以下两种模式：

① 标准模式(Standard FIFO)：在该模式下，FIFO 复位后，写入的第一个数据会进入存储单元中，但输出缓冲器为空。只有进行第二次读操作时，才会读取有效数据。

② 首字直接传送模式(Fist-Word Fall-Through)：该模式在复位后第一次写操作时，写入的数据会同时送往内部存储单元和输出缓冲区。当执行读操作时，读取的数据就是有效数据。

(3) 嵌入式 FIFO 可选项(Built-in FIFO Options)包括以下两个设置项：

① 读时钟频率设置(Read Clock Frequency)：可设置范围为 1 MHz～1000 MHz。

② 写时钟频率设置(Write Clock Frequency)：可设置范围为 1 MHz～1000 MHz。

(4) 数据端口参数(Data Port Parameters)包括以下四个设置项：

① 数据写入宽度(Write Width)：可设置范围为 1~256 位。

② 数据写入深度(Write Depth)，可设置范围为 $2^4 \sim 2^{22}$。

数据读出宽度、深度的设置范围与写入的相同。

(5) 实现可选项(Implemetation Options)包括以下两个选项：

① ECC 使能(Enable ECC)：只有 Virtex-5 系列的公共及独立时钟的 RAM 与嵌入式 FIFO 支持该选项。

② 在 BRAM 或 FIFO 中使用嵌入式寄存器。

点击 ![Next >] 按钮，进入参数设置页面 3，如图 4.20 所示。

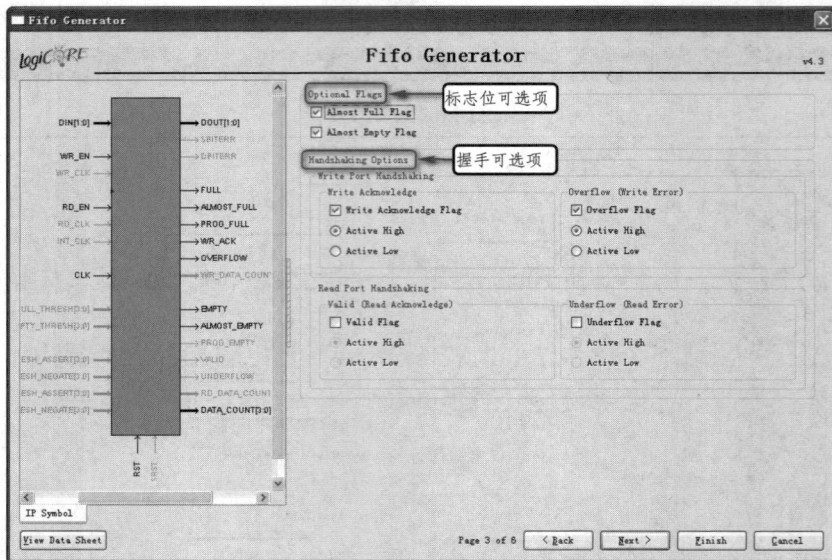

图 4.20　FIFO 的参数设置页面 3

(6) 标志位可选项(Optional Flags)包括以下两个选项：

① 几乎满标志(Almost Full Flag)：只差一个数据就写满的标志。

② 几乎空标志(Almost Empty Flag)：只差一个数据就读空的标志。

(7) 握手可选项(Handshaking Options)包括以下两种设置：

① 写端口握手可选项(Write Acknowledge)：包括写握手标志与溢出标志。其中写握手标志表示当前数据成功地写入了存储单元；溢出标志表示写入了超过存储容量的数据，该数据溢出，该端口可以设置为高电平或者低电平输出。

② 读端口握手可选项(Read Acknowledge)：与写端口相似，包括读握手标志和下溢标志。

点击 Next > 按钮，进入参数设置页面 4，如图 4.21 所示。

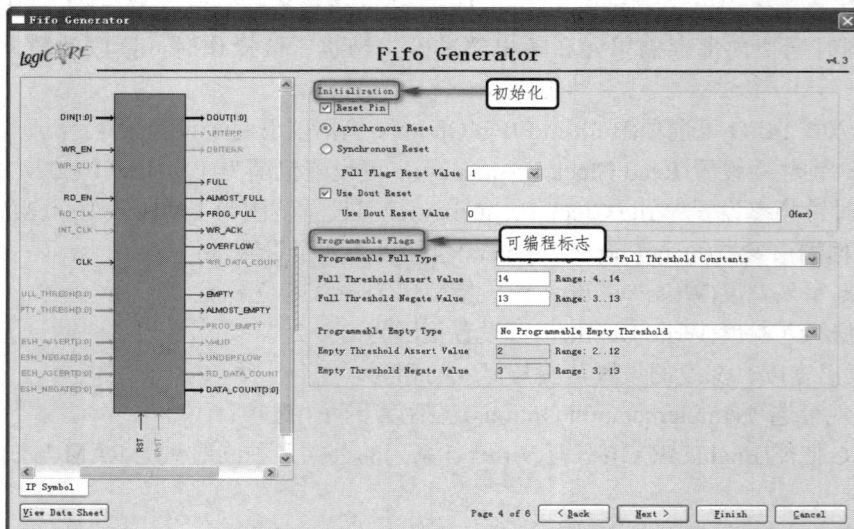

图 4.21　FIFO 的参数设置页面 4

(8) 初始化设置(Initiazation)。

① 复位引脚(Reset Pin)：包括同步和异步复位设置，可以设置为高电平或者低电平有效。

② 使用输出复位值(Use Dout Reset)。

(9) 可编程标志(Programmable Flags)包括以下几个设置：

① 可编程的满类型(Programmable Full Type)包括以下几个选项：

● 无可编程的满阈值(No Programmable Full Threshold)：不能设置满标志。

● 单路的可编程满握手常数(Single Programmable Full Threshold Constant)：编程设置满标志的数值，当到了该数值时，对应的端口输出为 1。

● 多路的可编程满握手常数(Multiple Programmable Full Threshold Constants)：分别可以设置正值与负值。

● 单路的可编程满握手输入端口(Single Programmable Full Threshold input port)：从外部端口输入"满"标志的数值。

● 多路的可编程满握手输入端口(Multiple Programmable Full Threshold Input Ports)：与前类似。

② 满握手正值设置(Full Threshold Assert Value)：当 FIFO 成功写入的数据大于或等于所设置值时，输出高电平。

③ 满握手负值设置(Full Threshold Negate Value)：当 FIFO 中所存数据小于或等于所设置值时，输出低电平。

可编程的"空"标志以及相关设置与"满"标志类似。

点击 Next > 按钮，依次进入 FIFO 的参数设置页面 5 和页面 6。参数设置页面 5 为 FIFO 的数据个数设置选项，通过该输出端口，设计者可知道存储单元存储的数据个数。参数设置页面 6 是对该 IP Core 的选择情况的一个说明。IP Core 参数的设置如图 4.18～图 4.21 所示，仿真波形图和说明如图 4.22 所示。

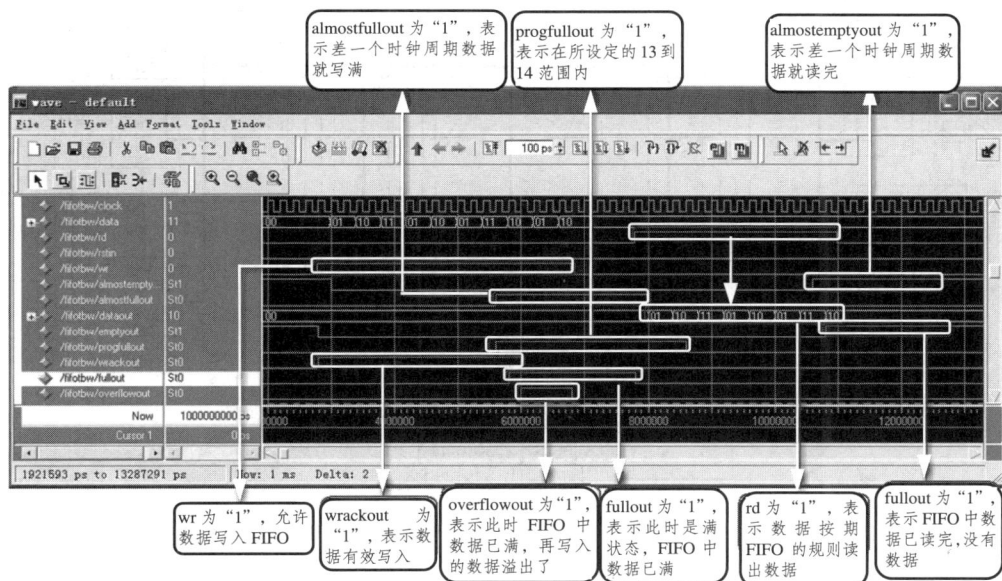

图 4.22　FIFO 的仿真波形和说明

4.4.3　时钟的设计

1．全局时钟网络

在 FPGA 设计中，时钟的设计和使用至关重要。在 Xilinx 系列 FPGA 产品中，全局时钟网络是一种全局布线资源，它可以保证时钟信号到达各个目标逻辑单元的时延基本相同。针对不同类型的器件，Xilinx 公司提供的全局时钟网络在数量、性能等方面都有区别，这里以 Spartan-3E 系列器件为例，介绍全局时钟网络的特性和用法。

图 4.23 所示为 Spartan-3E 系列器件全局时钟网络分布示意图，其中 16 个全局时钟输入位于芯片的上部与下部，8 个右半平面时钟输入位于芯片的右侧，8 个左半平面时钟输入位于芯片的左侧。时钟选择器的输出可以连到同一侧垂直连线上，还可以连到同一侧任何一个数字时钟管理器 DCM(Digital Clock Manager)模块的输入上。DCM 当中包含一个延迟锁定电路 DLL(Delay-Locked Loop)，可以提供对时钟信号的二倍频和分频功能，并且能够维持各输出时钟之间的相位关系，即零时钟偏差。

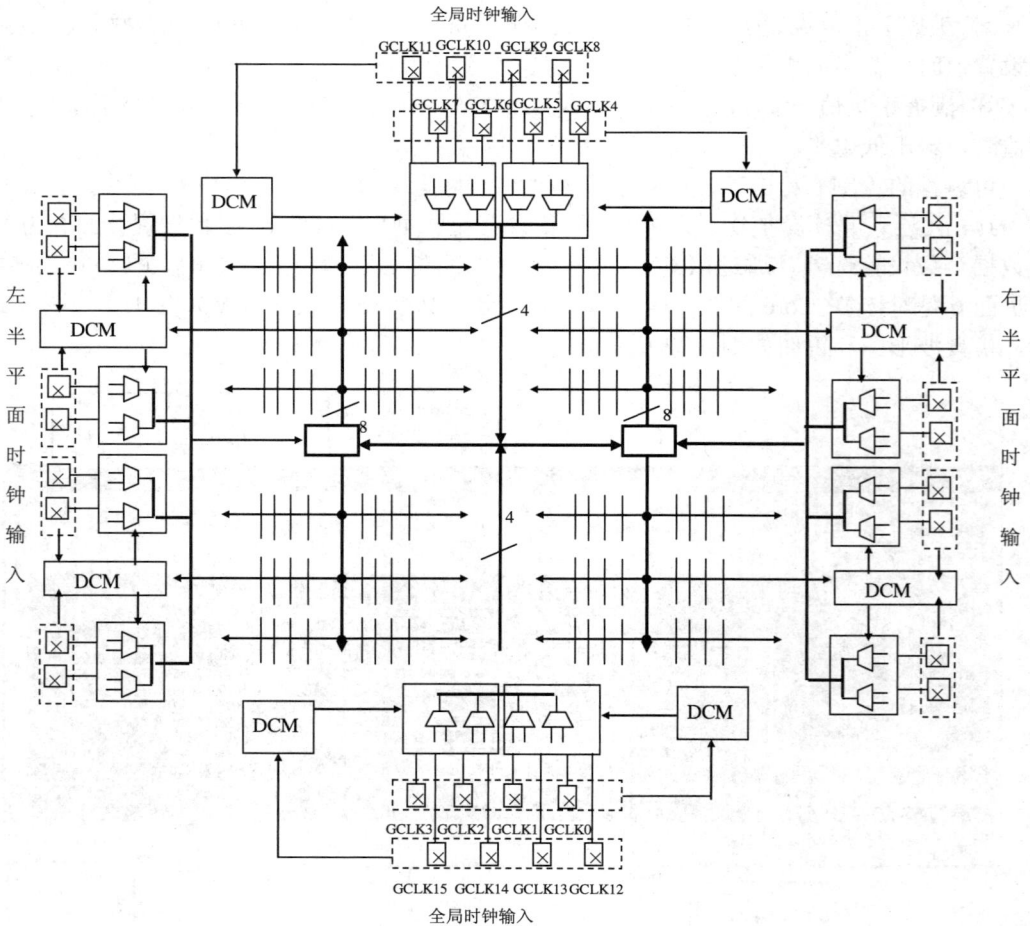

图 4.23　Spartan-3E 系列器件全局时钟网络分布示意图

全局时钟通过将时钟选择器或者全局时钟缓冲器放置在设计中以减少动态功耗，Xilinx 的软件自动禁用那些没有用到的时钟线。其中时钟缓冲多路选择器不仅驱动输入时钟信号直接到达内部缓冲器，而且提供了转换两个互不相关时钟信号的多路选择器。

在 Spartan-3E 系列器件中，全局时钟网络最简单的用法是将时钟信号与全局时钟网络直接相连，从而保证时钟信号到达各逻辑单元的时延基本相同，如图 4.24 所示。

在图 4.24(a)中，全局时钟信号(GCLK)通过时钟输入引脚端(PAD)输入，经过输入缓冲器 IBUFG 和内部缓冲器 BUFG 到达时钟分布网络，保证有足够的驱动能力。

在图 4.24(b)中，差分全局时钟信号(GCLKS 和 GCLKP)通过差分时钟输入端输入，经过输入缓冲器(IBUFGDS)和内部缓冲器(BUFG)到达时钟分布网络。

在图 4.24(c)中，全局时钟信号(GCLK)通过时钟输入引脚端(PAD)输入，经过输入缓冲器(IBUFG)和数字时钟管理器(DCM)，DCM 作处理提供统一的同步时钟，通过内部缓冲器(BUFG)到达时钟分布网络。

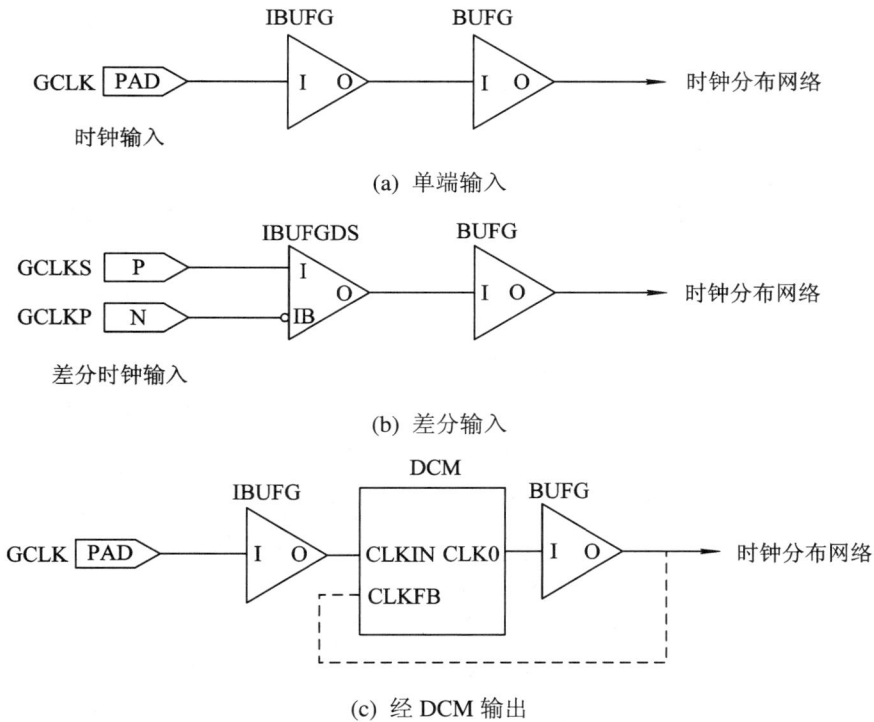

(a) 单端输入

(b) 差分输入

(c) 经 DCM 输出

图 4.24　Spartan-3E 系列器件中全局时钟网络应用示意图

2. 数字时钟管理器(DCM)

DCM 是 Xilinx 公司在其产品中采用的时钟管理机制。DCM 的主要功能包括消除时钟时延、频率综合和时钟相位调整。在 Spartan-3E 系列器件中，DCM 可以工作在高频或低频模式，其关键参数包括输入时钟频率范围、输出时钟频率范围、输入时钟允许抖动范围、输出时钟允许抖动范围等。

图 4.25 所示为 Spartan-3E 系列器件 DCM 的引出端，其定义如表 4.4 所示。

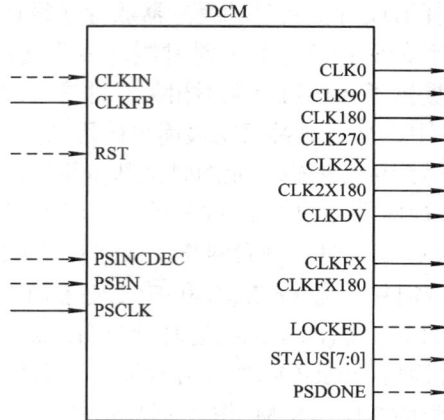

图 4.25　DCM 的引出端

表 4.4　DCM 的引出端定义

端　口	端口方向	端　口　说　明
CLKIN	输入	DCM输入时钟信号
CLKFB	输入	DCM 时钟反馈信号
RST	输入	复位输入信号，控制DCM的初始化，通常接地
PSINCDEC	输入	相移增量控制信号，DCM控制信号，控制输出时钟的相位动态调整方向
PSEN	输入	相移使能信号，DCM 控制信号，是输出时钟相位动态调整的使能信号
PSCLK	输入	相移时钟信号，DCM 参考时钟信号，输出时钟相位动态调整的参考时钟
CLK0	输出	DCM输出时钟信号，与CLKIN无相位偏移
CLK90	输出	DCM 输出时钟信号，与 CLKIN 相位相差 90°
CLK180	输出	DCM 输出时钟信号，与 CLKIN 相位相差 180°
CLK270	输出	DCM输出时钟信号，与CLKIN相位相差270°
CLK2X	输出	DCM输出时钟信号，是CLKIN的2倍频时钟信号
CLK2X180	输出	DCM输出时钟信号，该信号与CLK2X相位相差180°
CLKDV	输出	DCM输出时钟信号，是CLK的分频时钟信号
CLKFX	输出	DCM输出时钟信号，是CLKIN经过频率综合后的时钟信号
CLKFX180	输出	频率合成时钟相移 180° 的输出信号
LOCKED	输出	DCM 锁定输出信号，用于显示 DCM 是否锁定 CLKIN
STATUS[7：0]	输出	DCM状态信号，用于显示DCM的工作状态
PSDONE	输出	相移完成信号，DCM 的状态信号，用于显示输出时钟先淘汰动态调整是否正常

　　下面介绍 DCM 的 IP Core 设计。先选择 IP Core 的类型以及型号，选择【FPGA　Features and Design】→【Clocking】→【Spartan-3E】→【Choose Wizard by Conponent】→【DCM ADV v9.1li】，然后双击【DCM ADV v9.1li】，打开该 IP Core 的参数设置窗口的第 1 页，如图 4.26 所示。

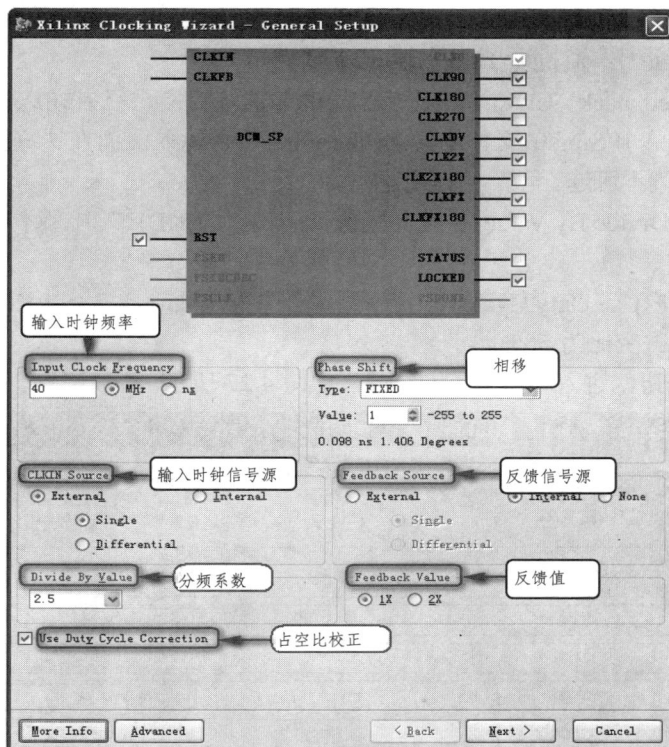

图 4.26 DCM 的参数设置页面 1

在 DCM 模块的输出端口中，ISE 选中 CLK0 和 LOCKED 这两个信号，其余的输出信号自己添加。

(1) 输入时钟频率(Input Clock Frequency)：可在输入时钟频率栏中键入输入时钟的频率或周期，单位分别是 MHz 和 ns。

(2) 相移(Phase Shift)：包括类型(Type)和值(Value)。

不同的相移类型对应不同的值：

● 类型为无(NONE)：没有相移，则对应的值 value 不能设置。

● 类型为固定(FIXED)：通过设置值 value 改变相应的输出信号的相移，值的范围为 $-255 \sim 255$。

● 类型为可变(VARIABLE)：通过 PSEN、PSINCDEC 和 PSCLK 等三个输入信号动态地调整输出信号的相移，值的范围为 $-102 \sim 102$。

(3) 输入时钟信号源(CLKIN Source)：包括外部的时钟信号源和内部的时钟信号源两个选项。

● 外部的(External)：通过输入全局缓冲器连接输入时钟信号源。输入时钟信号源可以选择单个(Single)或者差分(Differential)输入。

● 内部的(Internal)：内部时钟信号源连接输入时钟信号源。

(4) 反馈信号源(Feedback Source)有以下三个选项：

● 无(None)：无反馈。

- 外部的(External)：通过输入引脚反馈。
- 内部的(Internal)：通过内部缓冲器反馈。

(5) 反馈值(Feed back Value)：与反馈信号源的选项对应，只有在选择外部的(External)选项时，反馈值有单个(Single)或者差分(Differential)两种输入。而在选择无(None)和内部的(Internal)时，反馈值不可选。

(6) 分频系数(Divide By Value)：只有在选择端口"CLKDV"时，才可以设置对应的分频系数。

(7) 占空比校正(Use Duty Cycle Correction)：当选择此项时，输出 CLK0、CLK90、CLK180 和 CLK270 信号的占空比为 50%。

单击 Next > 按钮，进入参数设置页面 2，如图 4.27 所示。

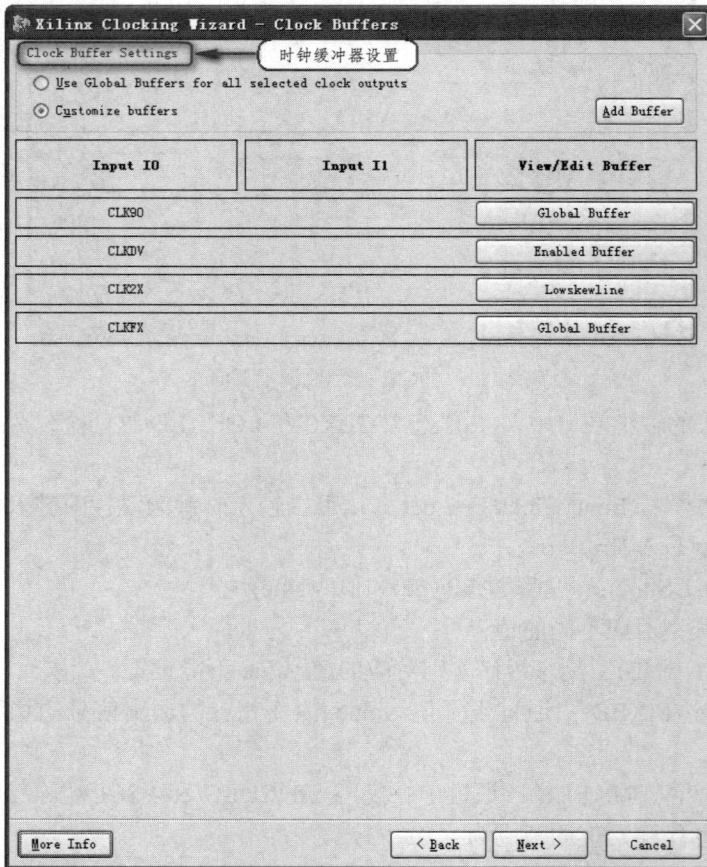

图 4.27　DCM 的参数设置页面 2

(8) 时钟缓冲器的设置包括以下两个选项：

① 对全部选择的时钟输出使用全局缓冲器(Use Global Buffers for all selected clock outputs)：此选项是默认选项，将全部选择的 DCM 时钟输出都使用全局缓冲器。

② 定制缓冲器(Customize buffers)：此选项可以为每一个输出时钟定制缓冲器，每一个输出时钟有几种设置。以 CLK90 输出为例，单击 CLK90 所对应的全局缓冲器 Global Buffer 按钮，产生如图 4.28 所示页面。

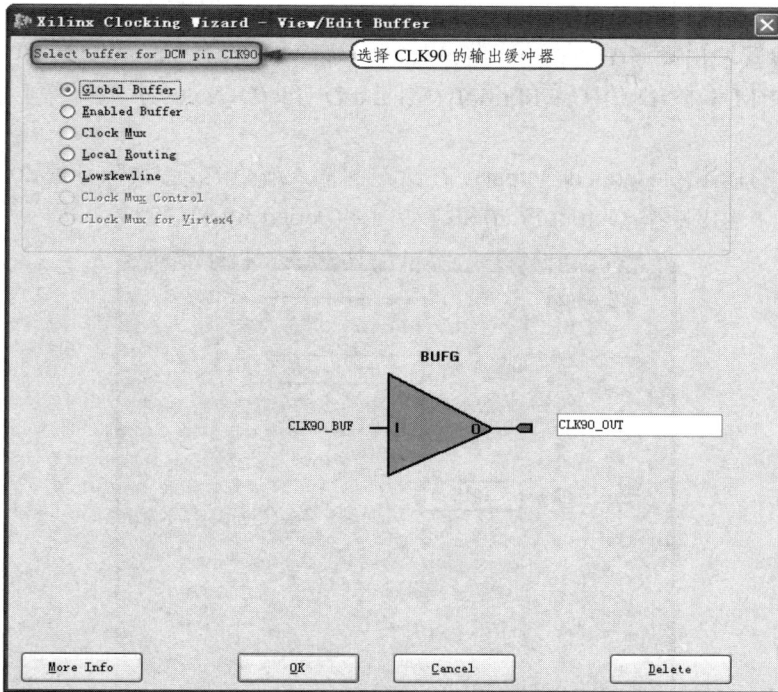

图 4.28　选择 CLK90 的输出缓冲器

　　该页面为选择 CLK90 的输出缓冲器(Select buffer for DCM pin CLK90)，可选的有以下五个选项，其模式图与说明如表 4.5 所示。

表 4.5　输出缓冲器的模式图和说明

时钟缓冲器选择	模式图	说明
全局缓冲器模式 (Global Buffer)	I0 —▷— O　BUFG	作为连接到全局时钟网络入口的四个缓冲器的一个
使能缓冲器模式 (Enabled Buffer)	I0 —▷— O　CE　BUFGCE	作为时钟使能缓冲器连接到全局时钟网络入口的四个缓冲器的一个。当CE为高电平时使能缓冲器，为低电平时缓冲器输出为0
时钟选择器模式 (Clock Mux)	I0　I1　S　BUFGMUX —— O	作为时钟多路复用缓冲器连接到全局时钟网络入口的四个缓冲器的一个。当S为"0"时，输出"I0"，当S为"1"时，输出"I1"
本地路径模式 (Local Routing)	I0 ——	连接到本地互联，连线的歪斜要求不是很严格
低歪斜模式 (Lowskewline)	I0 ——	没有缓冲器，使用歪斜比较小的连线，可以相对减小时钟间的摆动

　　单击 Next > 按钮，进入第 3 页的页面设置，如图 4.29 所示。

　　(9) 速度为 −5 的有效范围(Valid Range for Speed Grade -5)：表示在当前所选择的速度等级下有效的输入/输出时钟范围。

(10) 抖动计算器的输入值(Inputs of Jitter Calculations)有以下两个选项：

① 使用设置输出频率(Use Ouput frequency)：键入需要输出的频率值。

② 使用乘(M)和除(D)值(Use Multiply(M) and Divide(D) Values)：键入需要的"M"和"N"乘除系数值。

(11) 产生的输出(Generated Output)：在给定的输入/输出(或者乘除系数)值下，对应于图中"M"、"D"、输出频率(Output Freq)和抖动周期(Peried Jitter)等参数。

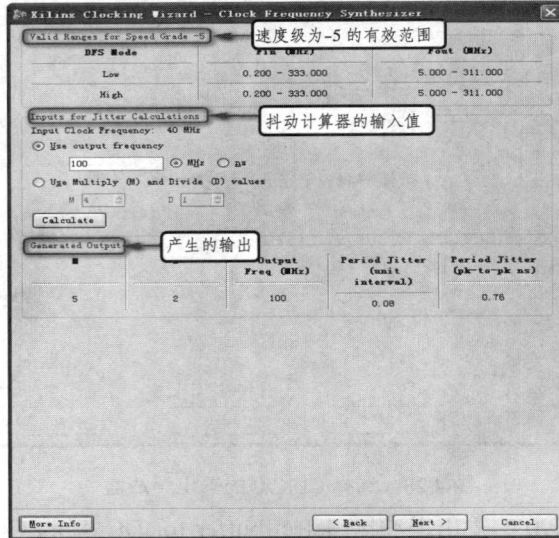

图 4.29　DCM 的参数设置页面 3

单击 Next > 按钮，进入第 4 页的页面设置，该页是对该 IP Core 选择情况的一个说明。DCM 的参数设置分别如图 4.26、图 4.27 和图 4.29 所示，生成的 DCM 的仿真波形和说明如图 4.30 所示。

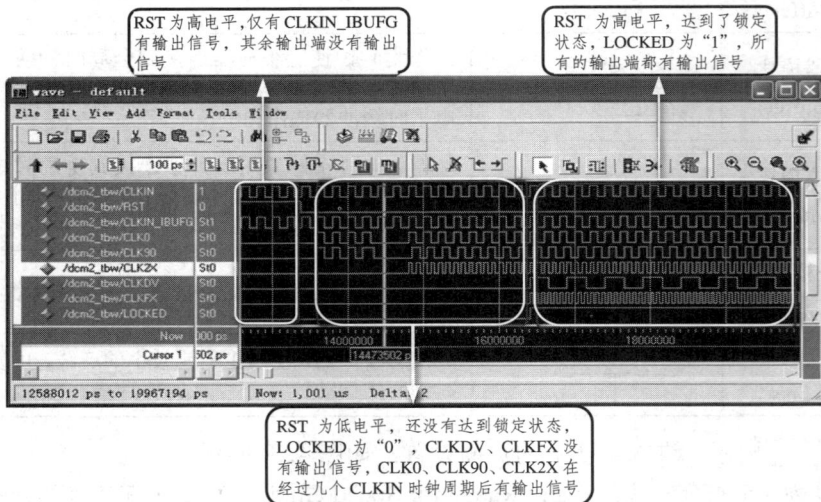

图 4.30　DCM 的仿真波形和说明

小　结

本章中介绍了 IP Core 的种类、选择与复用，通过可逆计数器，详细介绍了 IP Core 的选择、参数设置与仿真流程以及注意事项，同时还介绍了存储器的参数设计及相关工作时序，并给出了相关的仿真波形以及对应的说明。读者通过本章的学习，应基本掌握 IP Core 的设计流程、IP Core 的选择以及相关参数设置。

习　题

4.1　什么叫作 IP Core? IP Core 在设计中的作用是什么?

4.2　如何对使用 IP Core 的设计进行仿真验证?

4.3　试述基于 ISE 的 IP Core 的设计流程。

4.4　阐述软核、硬核与固核的含义，并说明其优缺点。

4.5　采用 IP Core 设计步进为 3 位、长为 8 位的加计数器，并具有复位功能。

4.6　采用数字时钟管理器设计一个 3 倍频器，其中输入时钟频率为 10 MHz。

4.7　设计一个 FIFO，其中输入信号为 3 位，具有"几乎满"、"几乎空"标志。

实 验 项 目

实验一　计数器的设计

实验目的:

(1) 掌握计数器 IP Core 的使用。

(2) 进一步熟悉 ISE 的 IP Core 的开发流程。

实验原理:

题图 4.1 所示为计数器的设计结构图。

题图 4.1　计数器的设计结构图

计数器就是对输入的信号进行计数，这里是对时钟信号进行计数。由于时钟信号一般频率很高，若直接在数码管进行显示会因时钟信号变化太快而看不清楚，所以就需要对时钟先进行分频，然后计数器对分频后的时钟进行计数，通过译码电路后由数码管将计数值适时显示。

实验要求：

(1) 用 IP Core 完成加计数器的设计，其中计数器的输出数据长度为 4 位，计数步长为 2，该计数器可以预置数。

(2) 用 Verilog 语言对输入的时钟信号进行分频，使计数器的输入时钟信号为 1 Hz。

(3) 用 Verilog 语言完成译码电路的设计。

(4) 完成系统的仿真验证。

(5) 在目标板按要求在数码管上显示计数值。

实验二　正弦波形发生器的设计

实验目的：

(1) 掌握 ROM IP Core 的使用。

(2) 掌握利用 MATLAB 产生 ROM 初始值的方法。

(3) 进一步熟悉 ISE 的 IP Core 的开发流程。

实验原理：

波形发生器的设计结构图如题图 4.2 所示。

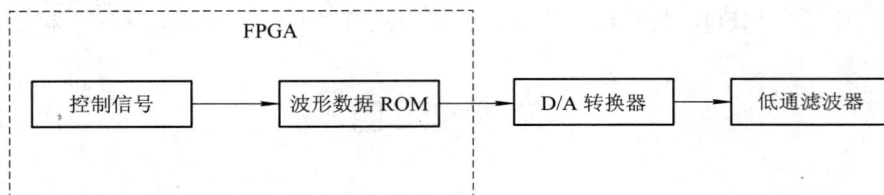

题图 4.2　波形发生器的设计结构图

ROM 中存有发生器的波形数据，当接收来自于 FPGA 的地址信号后，将从数据线输出相应的波形数据，地址变换越快，则输出数据的速度越快，从而使 D/A 输出的模拟信号的变化速度越快。D/A 转换器将 ROM 输出的数据变换成模拟信号，经低通滤波器滤除其中的高频成分得到模拟波形信号。

实验要求：

(1) 用 ROM 存储正弦信号的波形数据，存储点数为 512 点，数据长度为 16 位。

(2) 用 Verilog 语言设计控制信号，控制 ROM 的地址信号读出数据。

(3) 完成波形发生器的仿真验证。

(4) 在目标板按要求显示正弦波形。

实验三　双口 RAM 的设计

实验目的：

(1) 掌握双口 RAM 的时序关系。

(2) 掌握 RAM　IP Core 的使用。

(3) 进一步熟悉 ISE 的 IP Core 的开发流程。

实验原理:

双口 RAM 实验的结构图如题图 4.3 所示。

将时钟频率进行分频至 0.1 Hz,用两路按键模拟 A、B 端口的输入信号,用两路拨码开关模拟 A、B 端口的读/写控制信号,对不同的地址读出输入数,并通过译码电路在数码管进行显示。

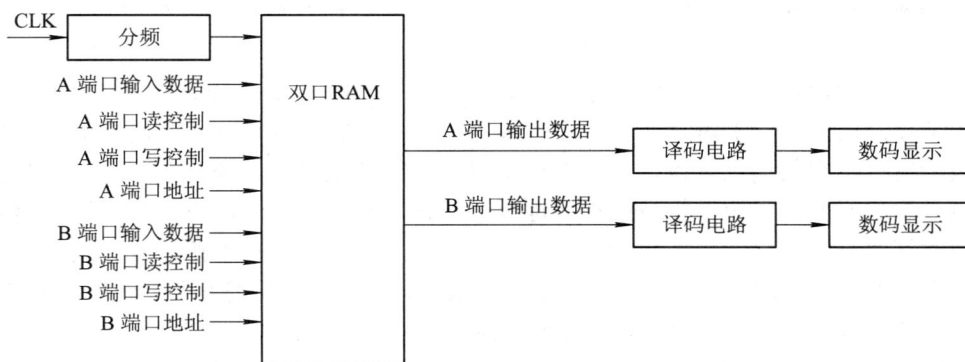

题图 4.3　双口 RAM 实验的结构图

实验要求:

(1) 设计双口 RAM,其要求为:

① 输入数据为 3 位,地址长度为 2 位,具有读/写功能。

② 端口 A 设置为 "Read After Write" 模式,端口 B 设置为 "Read Before Write" 模式。

(2) 用 Verilog 语言对输入的时钟信号进行分频,使 RAM 的输入时钟信号为 0.1 Hz。

(3) 完成双口 RAM 的仿真验证。

(4) 通过译码电路,在数码管上显示 A、B 端口地址读出的输入信号值。

第 5 章　系　统　仿　真

在整个设计流程中仿真的地位十分重要，行为模型的表达、电子系统的建模、逻辑电路的验证以及门级系统的测试，每一步都离不开仿真。完成设计输入并成功进行编译仅能说明设计符合一定的语法规范，并不能说明设计功能的正确性，因为在芯片内部存在着传输延时，工作时并不一定严格按照程序运行。另外，在高频的情况下，对时钟的建立时间和保持时间等都有严格的要求，所以实际运行的结果与程序往往不相符或毛刺过多，只有通过仿真我们才能了解程序在芯片内部的工作情况，然后根据情况和需要进行修改和优化，这样我们就可以在成品前发现问题，以便解决问题，完善设计。

Xilinx 在 ISE 8.1 版本以后都嵌套了自己的仿真工具 ISE Simulator，Xilinx 自带的仿真器与仿真环境虽结合紧密，但仅适合激励不太复杂的仿真。ModelSim 易学易用，仿真功能强大，因此在本章采用 ModelSim 作为 HDL 仿真工具，对其仿真环境和仿真方式，以及在 ISE 环境下的功能仿真和时序仿真进行具体介绍。

5.1　ModelSim 软件的安装及简介

ModelSim 是 Mentor Graphics 公司的子公司 Model Tech 公司开发的工业上最通用的独立仿真器之一，它提供了友好的调试环境，是唯一的单内核支持 VHDL 和 Verilog 混合仿真的仿真器，它不仅能作仿真，还能够对程序进行调试，测试代码覆盖率，对波形进行比较等，是作 FPGA/ASIC 设计的 RTL 级和门级电路仿真的首选。ModelSim 有多个版本，如 ModelSim/VHDL 和 ModelSim/Verilog 支持 VHDL 仿真和 Verilog 仿真；Mentor Graphics 公司为各个 FPGA 厂家都提供了 OEM 版的 ModelSim，ModelSim XE 是 Xilinx 公司的 OEM 版，ModelSim AE 是 Altera 公司的 OEM 版。ModelSim SE 是完全版，能混合仿真 Verilog 和 VHDL，并且可以支持每个公司的器件。本章采用 Mentor Graphics ModelSim SE 6.2b 作为仿真工具进行介绍。

5.1.1　ModelSim 软件的安装

首先从 Mentor Graphics 官方网(http://www.model.com/)注册下载 ModelSim 评估版或购买完全版，也可以到 Xilinx 官方网站注册下载 ModelSim XE 版本，然后双击 setup.exe 文件，启动 ModelSim 安装向导进行安装。首先根据向导提示选择 Full Product (完全版)或者 Evaluation Edition (评估版)，然后根据向导提示选择安装路径，软件安装完成后会弹出授权向导【License Wizard】窗口，在该窗口中单击 Continue 按钮，弹出授权文件加载窗口【License File Location】，在该窗口中单击 Browse... 按钮加载授权文件。然后点击 OK 按钮，向导提示授权文件加载成功，软件就可以使用了。若没有成功安装授权文件，启动 Modelsim 时会提示"Unable check out a license"(没有检测到授权文件)的提示信息，此时可通过从 Windows 桌面单击任务栏【开始】→【程序】→【Modelsim 6.2SE】→【License Wizard】命令，弹出【License Wizard】窗口对授权文件进行加载，如图 5.1 所示。

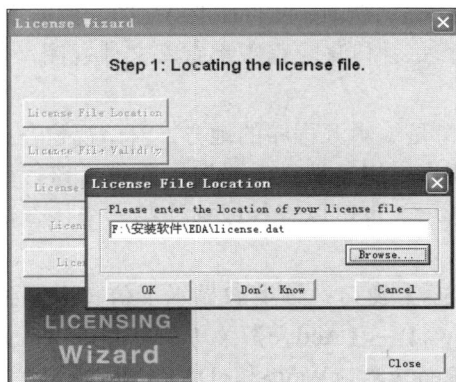

图 5.1　授权文件加载窗口

5.1.2　ModelSim 窗口简介

ModelSim 仿真工具有一个随着 ModelSim 的启动而打开的主窗口和多个子窗口(如图 5.2 所示)：源程序窗口、进程(Active Prosess)窗口、数据流(dataflow)窗口、波形(wave)窗口、列表(list)窗口、对象(Objects)窗口和监视(Watch)窗口等。打开 ModelSim 仿真工具，单击主窗口工具栏上的【View】命令，在弹出页中勾选相应的子窗口选项即可看到对应的子窗口。每个子窗口右上角的 按钮，可以将其锁定在主窗口中或解除与主窗口的锁定，解锁后可以单独对该子窗口进行操作。

图 5.2　ModelSim 的窗口

下面介绍 ModelSim 中的主窗口和几个常用的子窗口：

(1) 主窗口：它是所有其它窗口运行的基础，包含工作(Workspace)区和脚本(Transcript)区。当【Transcript】区中显示设计加载提示符"ModelSim>"时，在当前状态下能浏览帮助编辑库、编辑源代码；当设计导入后，【Transcript】区显示提示符"VSIM>"，可以显示仿真器的行为动作，如命令、信息、声明等。【Workspace】区的视图数量在不同的仿真流程中会有所不同，包括库文件(Library)视图、文件(Files)视图、数据集合(sim)视图、工程(Project)视图、存储(Memories)视图，每种仿真流程中都有库文件视图，它显示了当前工作库包含的所有设计单元信息。

(2) 源程序窗口：该窗口是编辑源程序的地方，窗口视窗左上角显示源程序的路径和名称。在此窗口中可以设置断点，用于调试。设置了断点后该行前面会有一个红色圆指示，取消断点后变为空心灰色指示。也可以查找或标注某一个待查信号，标注后该行前面会有一个圆圈指示。

(3) 进程【Active Prosess】窗口：该窗口显示了仿真中用到的所有进程的列表。选择【View】→【Debug Windows】→【Active】菜单命令，可以在该窗口显示当前工程中的全部进程。每一个进程都有<Ready>、<Wait>和<Done>三个不同的状态。

- <Ready>：表示这个进程将在当前的计算机能分辨最短时间内被执行。
- <Wait>：表示进程正在等待 VHDL 信号或者 Verilog 网表和信号的变化。
- <Done>：表示进程正在执行等待语句。

(4) 对象【Objects】窗口：该窗口主要用来选择要查看的信号。在仿真时，可以将此窗口中的信号拖动到待导入的窗口，或者在此窗口中选中需要查看的信号，然后右击，选择待导入的窗口。如将信号导入到【wave】窗口，首先在【Objects】窗口中右击待查看的信号，选择【Add to Wave】选项，然后单击【Selected Signals】二级选项就可将待观察的信号导入到【wave】窗口中，也可以如图 5.3 所示单击工具栏上【Add】→【Wave】→【Selected Signals】完成同样的操作。每个窗口导入选项下都有【Selected Signals】、【Signals in Region】和【Signals in Design】三个二级选项。【Selected Signals】指【Objects】窗口中被选中的信号；【Signals in Region】指【Objects】窗口中所有的信号；【Signals in Design】指当前设计中所有端口信号。另外，【Objects】窗口中的信号列表将根据【Workspace】区【sim】视图中设计层次的变化而发生变化。另外，在【Objects】窗口右击某信号，选择【Force…】选项，在弹出的【Force Selected Signal】对话框中根据需要可以强制改变信号的值，如图 5.3 所示。

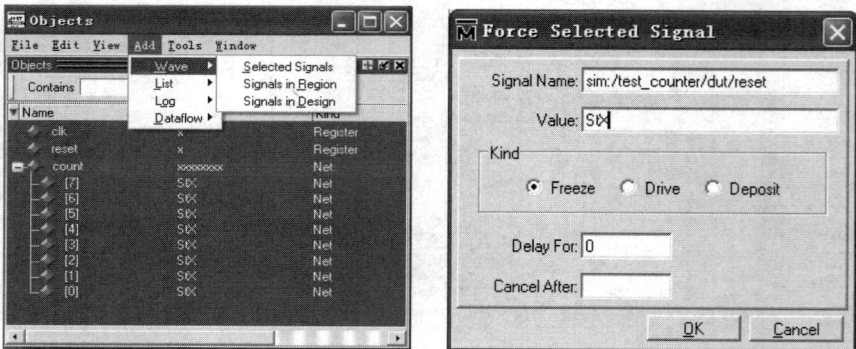

图 5.3　对象窗口

(5) 列表【list】窗口：该窗口使用表格的形式显示仿真的结果。窗口被分为左右两个部分，左边为仿真运行时间以及仿真的 Delta 时间，右边为信号列表，如图 5.4 所示。向【list】窗口中导入信号有如下方法：

● 从【Objects】窗口、【Workspace】区的【sim】视图、【wave】窗口或【dataflow】窗口中选中信号并拖动到【list】窗口中。

● 在【Workspace】区的【sim】视图或【Objects】窗口中选中被观察信号，然后右击选择【Add to List】选项或者单击主窗口中工具栏上【Add】→【Add to List】选项下的【Selected Signals】、【Signals in Region】或【Signals in Design】某一选项可以将待观察的信号导入到【list】窗口中。

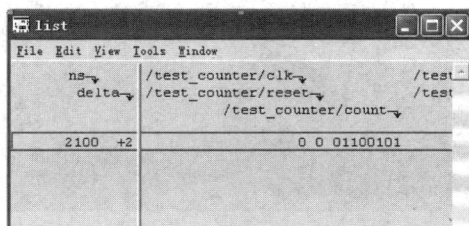

图 5.4　列表窗口

(6) 波形【wave】窗口：在【wave】窗口可以查看仿真的波形文件，如图 5.5 所示，【wave】窗口中的竖线是光标。【wave】窗口从左到右分为三个不同的区域，分别用来显示信号名称及路径、光标处的信号值和波形。【wave】窗口导入数据的方法与【list】窗口类似，该窗口可以使用【Add】→【Divider】命令将数据分为多个组，也可以使用【Add】→【Window Pane】命令分为多个窗口，以便于信号分析，所有信号可以在多个窗口和区域之间进行拷贝、复制和移动等。如图 5.5 中的【wave】窗口被一条横穿窗口的横线分为上下两个窗口，且上面窗口右边的信号列表被分为两组。在【wave】窗口中可以直观地对信号进行分析。

● 拖曳光标，会出现一粗一细两条光标，在两条光标间显示仿真的相对时间。

● 单击工具栏上的【←】或【→】按钮，光标移动到被选信号邻近的下降沿或上升沿。

● 激活工具栏上的【图】按钮，在【wave】窗口的波形上进行拖曳，可对被选区域放大。

● 工具栏上的【Tools】命令可实现信号波形比较【Waveform Compare】、设置断点【Breakpoints…】以及进行信号分组【Group…】等。

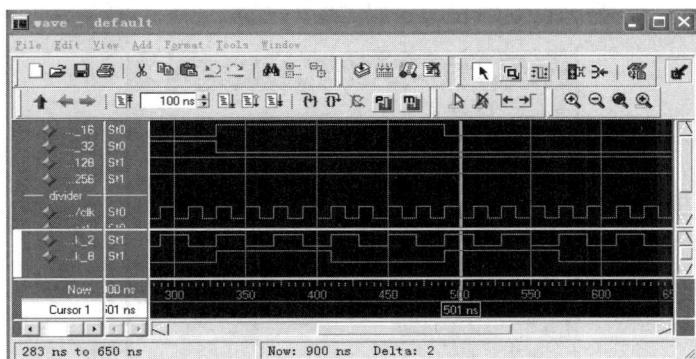

图 5.5　波形窗口

(7) 数据流窗口【dataflow】：通过该窗口可以跟踪设计中的物理连接、设计中事件的传播、寄存器、网线等，如图 5.6 所示。在【dataflow】窗口中可以显示进程、信号、网线和寄存器等，也可以显示设计中的内部连接。向该窗口中导入信号的方法与【list】窗口类似，双击【wave】窗口中任何一个信号波形也可将信号导入到【dataflow】窗口。

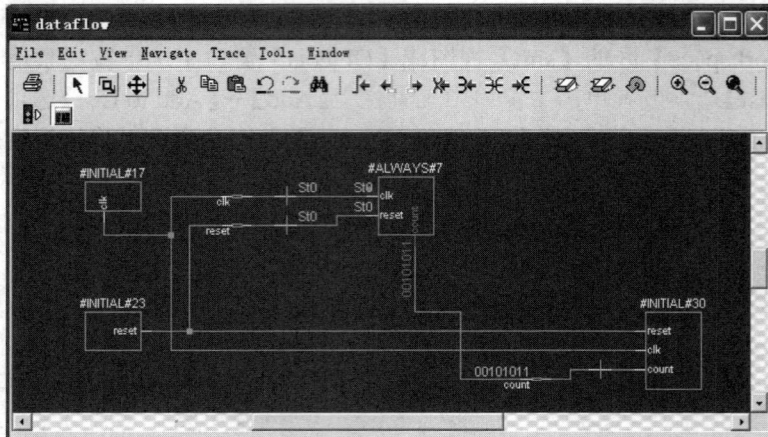

图 5.6　数据流窗口

因为 ModelSim 是一个独立的仿真工具，它不需要依赖其它的软件运行，所以它既可以单独使用，也可以和 ISE 集成环境联合使用。下面就分别介绍这两种使用方法。

5.1.3　ModelSim 的使用方式

单独使用 ModelSim 有两种方式：基本方式和工程方式。

1．基本方式

基本方式的仿真步骤：首先建立仿真库，编译源代码，然后启动仿真器，执行仿真。

(1) 建立仿真库。

为了便于文件管理，建立库前首先要改变库的路径。在 ModelSim 主窗口中选择【File】→【Change Directory】，选择库将要存放的路径，然后在主窗口中选择【File】→【New】→【Library…】命令，弹出如图 5.7 所示对话框，输入仿真库的名字，默认为"work"。这个操作相当于在命令控制台输入"vlib work"或"vmap work work"命令。

图 5.7　新建一个库

(2) 编译源代码。

在主窗口中选择【Compile】→【Compile…】，弹出如图 5.8 所示对话框。选择库名"work"，然后选择已编写好的一个或者多个 Verilog HDL 文件，单击 Compile 按钮进行编译。此处选用 ModelSim 安装目录下【examples\tutorials\verilog\basicSimulation】中的源程序 counter.v。counter.v 是 ModelSim 安装自带的示例文件，可以实现八位二进制计数器功能。如果编译通过，就会在"work"库中出现导入的模块，否则在【transcript】区中就会出现某个文件编译不能通过的提示信息，以及错误的原因和源程序代码的行号。双击提示信息后将弹出源程序窗口且提示的错误行被标注，根据错误提示信息，修改源程序后重复编译步骤直到该文件通过编译为止。

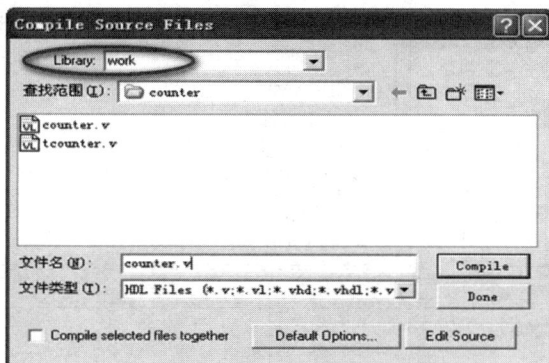

图 5.8　选择要编译的文件

(3) 启动仿真器。

编译通过后就可对导入的模块进行仿真，测试该模块逻辑功能是否正确实现八位二进制计数器功能。首先须对其编写测试激励(test_bencher)文件，测试文件编译通过后就可以进行仿真了。此处我们选择 ModelSim 安装目录下"examples\tutorials\verilog\basicSimulation"文件夹中的测试激励文件 tcounter.v，按上一步的方法将激励文件编译后，双击结构窗口中的"tset_counter"模块或者单击工具栏上的 按钮，或者在主窗口中选择【Simulate】→【Start Simulation…】命令，弹出如图 5.9 所示窗口，选择要仿真的 test_counter 模块，然后单击 OK 按钮把该模块导入到库中，启动仿真器进入下一步。

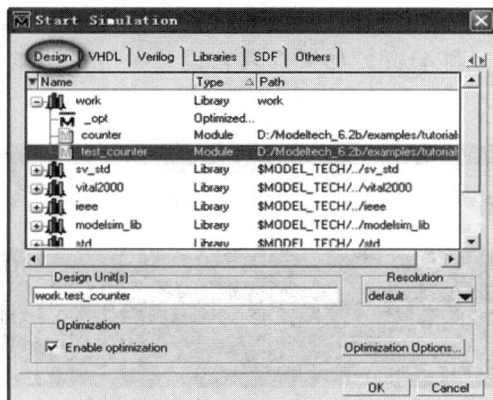

图 5.9　输入待仿真的模块

（4）运行仿真。

在如图 5.10 所示的仿真器中就可以在【Workspace】区的【sim】视图中看到仿真模块的结构图，其中 test_counter 单元调用了由 counter.v 模块例化的单元 dut。此时可先右击待观察的模块，然后将其添加到【wave】窗口、【dataflow】窗口或者【list】窗口中。也可以在【Objects】窗口中对某个需要观察的信号拖入或者右击，将其导入到【wave】窗口、【dataflow】窗口或者【list】窗口。

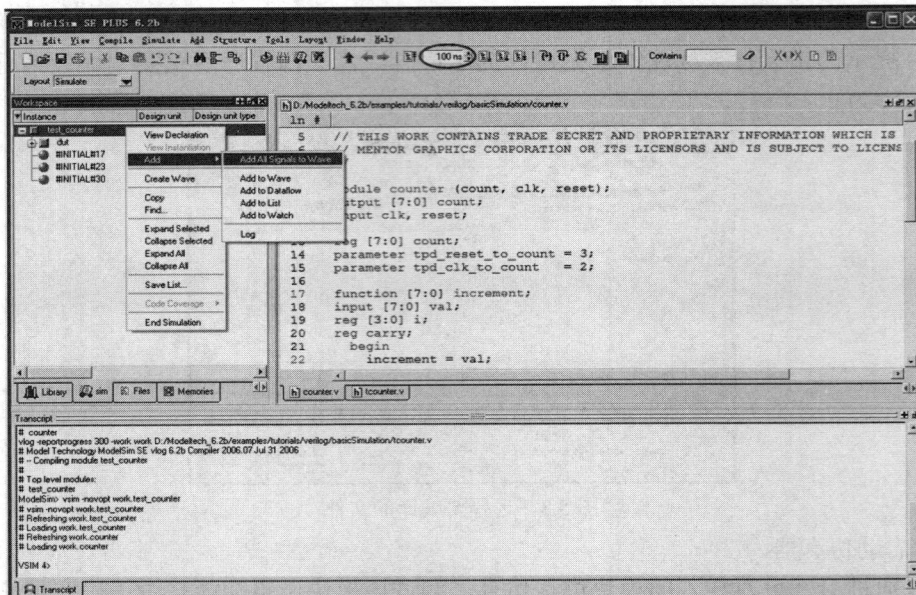

图 5.10　将仿真单元导入到【wave】窗口

信号导入到【wave】窗口后，在工具栏上 ▭100 ns▾ 图标(见图 5.10)中设置仿真时间，单击▣按钮运行仿真，或者在主窗口中选择【Simulate】→【Run】命令，启动仿真。也可以在【Transcript】区输入命令 "run"，命令 "run" 后可以加上需要仿真的时间，如 run 100 ns。

（5）功能分析。

运行仿真后，在【wave】窗口就会看到需要观察的信号的功能仿真波形，如图 5.11 所示。分析波形文件和主窗口的输出结果，由图 5.11 可以判断 counter 计数器的功能是正确的，这样就完成了基本的逻辑功能验证。如果在其它设计中仿真功能不正确，必须返回检查并修改源程序后重新仿真。

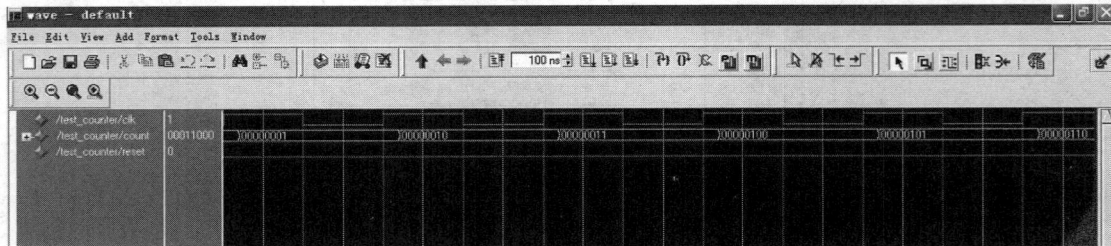

图 5.11　功能仿真结果

2．工程方式

工程方式的仿真步骤：首先建立工程，添加源文件，然后编译并导入测试文件，执行仿真。

（1）建立工程。

启动 ModelSim，在主窗口中选择【File】→【New】→【Project】命令，弹出新建工程【Create Project】窗口，如图 5.12 所示。在【Project Name】栏输入工程名"counter"，在【Project Location】栏中单击 Browse... 按钮设置工程存放路径，默认库名(Default Library Name)为"work"，单击 OK 按钮，进入下一步操作。

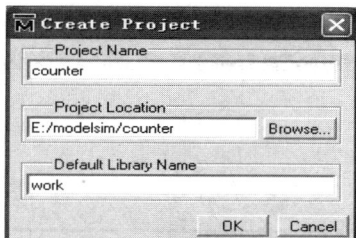

图 5.12　建立工程窗口

（2）添加源文件。

在弹出的对话框中选择【Add Existing File】命令，弹出向工程中添加已有文件【Add file to Project】对话框，如图 5.13 所示。单击 Browse... 按钮，选择需要添加的文件，此处导入和前面基本方式仿真相同的 counter.v 和 tcounter.v 两个文件。在对话框中可以选择【Reference from current location】或者【Copy to project directory】单选框。选择【Reference from current location】是将源文件存储在当前的目录下，不复制源文件；选择【Copy to project directory】是将源文件复制后，存储在当前的工程目录下。单击 OK 按钮，完成源文件添加后，可在【Workspace】区的【Library】视图中看到添加进来的 counter.v 和 tcounter.v 文件。

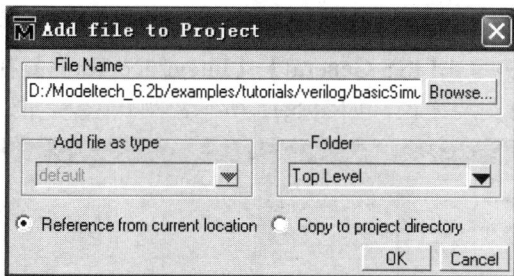

图 5.13　添加文件到工程窗口

（3）编译。

在工程标签的任意位置右击，选择【Compile】→【Compile all】将工程中所有文件进行编译，编译成功后，在【Transcript】区中出现仿真成功提示信息。

（4）执行仿真。

在【Library】视图中展开 work，双击测试模块"test_counter"，启动仿真器，在【Workspace】区启动【sim】视图，如图 5.14 所示，然后将信号加载进【wave】或其它待分析的窗口，运行仿真，最后分析窗口或脚本区中的信号，判断功能是否正确。

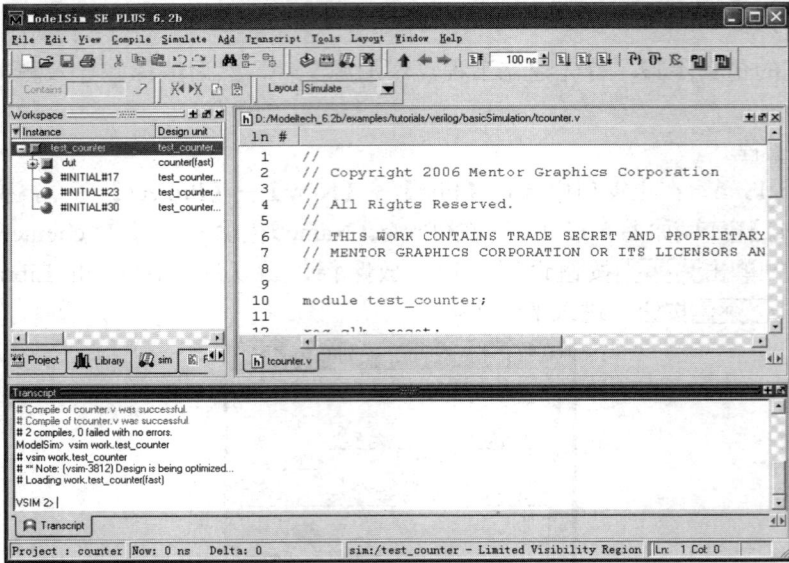

图 5.14　启动仿真窗口

5.2　在 ISE 中调用 ModelSim

5.2.1　建立仿真环境

1．设置仿真接口

ModelSim 是一个独立的仿真工具，ISE 集成环境并没有集成 ModelSim 仿真工具，但预留了仿真软件接口，通过这个接口可以直接从 ISE 中启动 ModelSim。这个接口可以在工程属性窗口中进行设置：启动 ISE 集成开发环境后，单击【Edit】→【Preference…】打开属性对话框，在属性对话框中单击【ISE General】→【Integrated Tools】，在【Model Tech Simulator】栏中正确填写仿真工具的安装路径，如图 5.15 所示。单击 OK 按钮，关闭属性对话框。

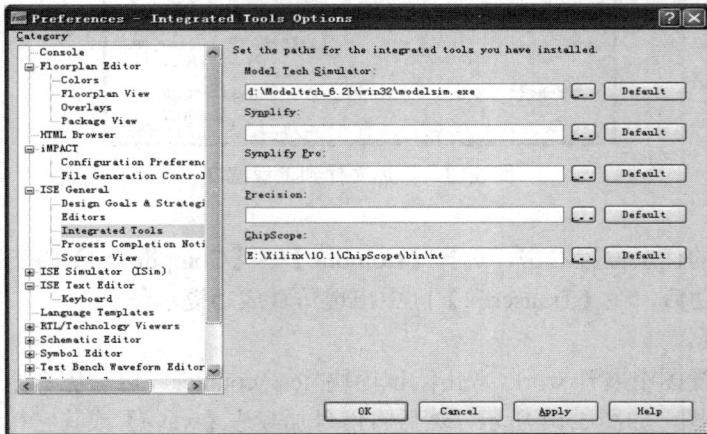

图 5.15　第三方工具接口设置

2．仿真库的命名

ISE 和 ModelSim 是两个可以单独使用的软件，在 ISE 环境中启动 ModelSim 前需要做一些准备工作，下面我们介绍有关仿真库的一些知识。

ModelSim 有很多不同的版本，如 Xilinx 公司使用的 ModelSim 为 ModelSim XE 的 OEM 版，这样的版本含有该公司的仿真库，只支持该公司器件的仿真，不需要建立仿真库，直接使用就可以了。但对于 ModelSim SE\PE 版，它没有任何公司的 FPGA/CPLD 仿真库，没有添加仿真库就只能进行功能仿真，所以在使用之前要建立相应的仿真库。

在 Modesim 中编译 Xilinx 器件的仿真库时，需要添加 Simprims、Unisims、Xilinxcorelib 三个库。Simprim 用于布局布线后的仿真；Unisim 用于综合后的仿真；如果设计中调用了 CoreGen 产生的 IP Core，则还需要编译 Xilinxcorelib 库。仿真库的命名可以是任意的，但是如果在 ISE 集成环境中启动仿真器，Verilog HDL 仿真库的名字必须命名为 Xilinxcorelib_ver、Simprims_ver 和 Unisims_ver，分别对应 ISE 安装目录【verilog\src】下的 Xilinxcorelib、Simprims 和 Unisims 等三个库。VHDL 仿真库的名字必须命名为 Xilinxcorelib、Simprims 和 Unisims，分别对应 ISE 安装目录【vhdl\src】下的 Xilinxcorelib、Simprims 和 Unisims 等三个库。

3．仿真库的建立

建立 Xilinx 器件的仿真库需要编译 ISE 安装目录下的 Xilinx 器件库。对仿真库文件的编译有多种方法，如在仿真器中编译仿真库、在 ISE 环境中编译仿真库和使用仿真库编译向导等方法。

1）在 ModelSim 仿真器中编译仿真库

在 ModelSim 仿真器中编译仿真库的操作步骤如下：

(1) 修改 modelsim.ini 文件属性。因为 ModelSim 根目录下的配置文件 modelsim.ini 中记录了仿真库的路径，在编译仿真库时，在 modelsim.ini 中会自动记录创建的库的路径，并与编译的库形成映射关系，因此首先需要将配置文件的 modelsim.ini 的只读属性修改为存档属性，使软件可以记录仿真库建立的路径和映射关系，启动 ModelSim 时就可以直接调用 Xilinx 仿真库，而不用再次编译仿真库了。

(2) 启动 ModelSim 仿真工具。在主窗口中选择【File】→【Change Directory】命令，将工作路径改为打算存放仿真库的路径，如图 5.16 所示。

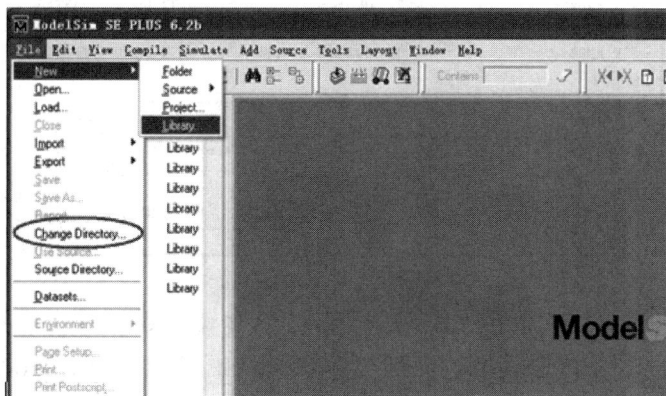

图 5.16 更改路径

(3) 创建仿真库。在主窗口中选择【File】→【New】→【Library...】命令，弹出新建库【Create a New Library】对话框。在该对话框中输入仿真库的名字"Simprims_ver"，如图5.17 所示。

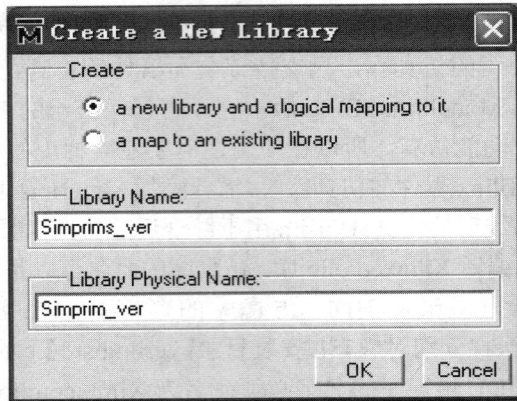

图 5.17　输入库名称

(4) 编译仿真库。在主窗口中选择【Compile】→【Compile...】命令，或者单击工具栏上的 按钮，出现编译源文件【Compile Source Files】对话框，如图 5.18 所示。在【Compile Source Files】对话框的【Library】下拉列表中首先选择"simprims_ver"库，然后单击 Compile 按钮，对 ISE 安装路径下【verilog\src\simprims】的所有源文件进行编译(如果源文件数量太大，则分多次进行编译)；或者在主窗口中输入命令"vlog -work simprims_ver D:/Xilinx/10.1/ISE/verilog/src/simprims/*.v"（根目录由 ISE 的安装路径决定）。编译完成之后，在【Workspace】区【Library】视图中展开库"simprims_ver"，会看到刚编译的模块，该库建立成功。然后按照上述添加库的方法，继续添加另外两个库"Unisims_ver"、"Xilinxcorelib_ver"。

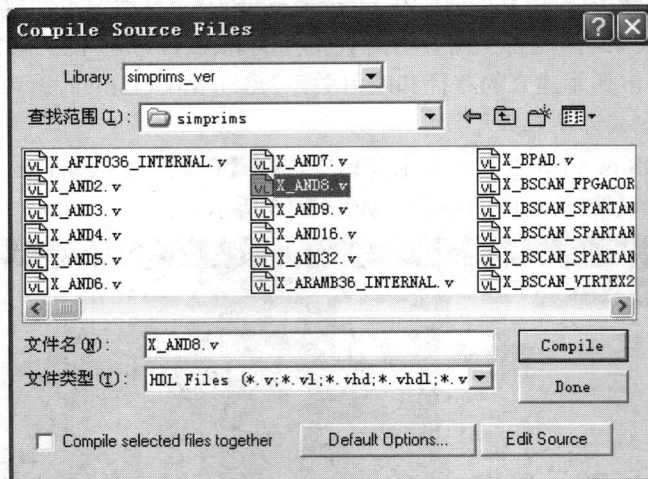

图 5.18　选择需编译的库

(5) 完成以上的步骤后，重新启动 ModelSim，在【Workspace】区就会看到新添加的三个标准库，Xilinx 器件的仿真环境就建立了。以后在 ISE 环境下调用 ModelSim 时就不需要再次建立仿真库了，除非更改了使用的硬件描述语言。

2) 在 ISE 环境中编译仿真库

利用 ISE10.1 中的仿真库编译向导【Simulation Library Compilation Wizard】可以很方便地完成仿真库的编译。

在 ISE 环境中编译仿真库的操作步骤如下：

(1) 将 modelsim.ini 去掉只读属性，设为存档，然后单击 Windows 任务栏【开始】→【程序】→【Xilinx ISE suite 10.1】→【ISE】→【Accessories】→【Simulation Library Compilation Wizard】，弹出图 5.19 所示对话框。

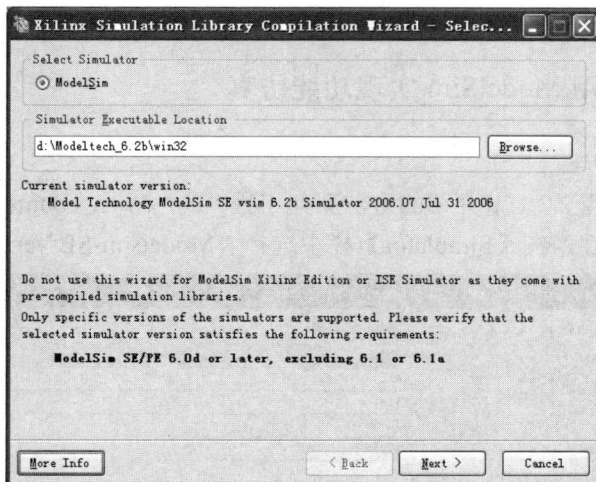

图 5.19　仿真器选择

(2) 选择【ModelSim】，单击 Next 按钮，弹出如图 5.20 所示对话框。

(3) 在图 5.20 中列出需要编译的库和映射到新的仿真库名称，单击 Next 按钮，进入编译状态。

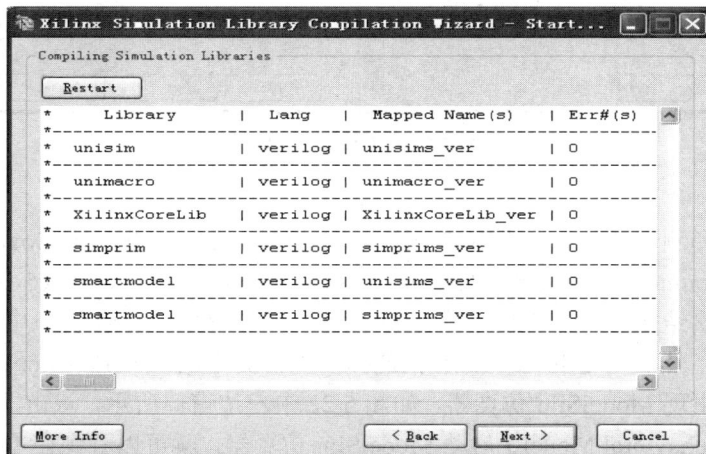

图 5.20　编译列表

编译过程大概需要几分钟到十几分钟，编译完成后，在 ModelSim 根目录下的配置文件 modelsim.ini 中会多出下面几行信息：

UNISIMS_VER = E:\Xilinx\10.1\ISE\verilog\mti_se\unisims_ver

UNIMACRO_VER = E:\Xilinx\10.1\ISE\verilog\mti_se\unimacro_ver

…

SIMPRIM = E:\Xilinx\10.1\ISE\vhdl\mti_se\simprim

XILINXCORELIB = E:\Xilinx\10.1\ISE\vhdl\mti_se\XilinxCoreLib

我们可以看到，在 modelsim.ini 中已经将需要用到的各个库的路径信息都添加进来了，形成了映射关系，以后使用时就不需要再编译仿真库了，ModelSim 可以根据这些路径直接找到 Xilinx 的仿真库。

5.2.2　在 ISE 中调用 ModelSim 实现功能仿真

1．创建工程

启动 ISE 后，按照 2.2.1 节介绍的方法新建工程"Up_down_counter"。在图 5.21 工程属性窗口中配置工程属性，在【Simulator】栏中选择"Modelsim-SE Verilog"仿真工具。

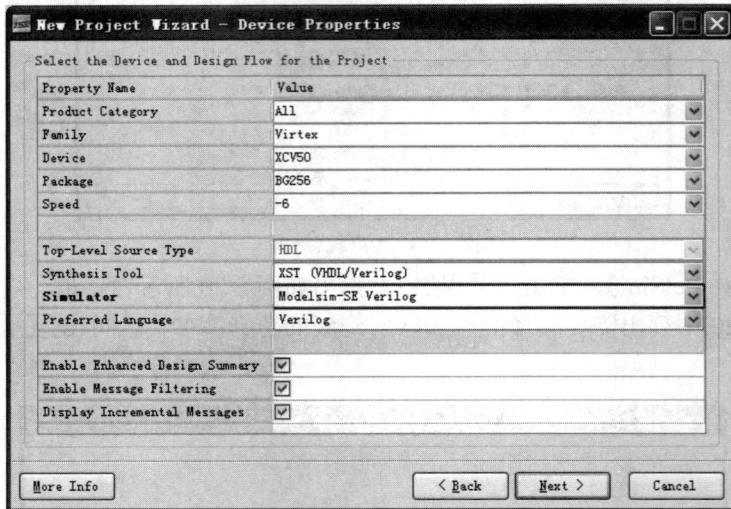

图 5.21　工程属性窗口

2．仿真

添加源文件和测试文件。在主窗口中选择【File】→【Add Existing Source】命令，导入测试文件"test_counter.v"以及源文件"up_down_counter.v"以后，在【Sources】窗口中显示两个文件的层次结构，如图 5.22 中右边窗口所示。在【Sources】窗口中，单击测试文件"test_counter.v"，然后在【Soures for】栏选择功能仿真【Behavioral Simulation】选项，此时在窗口中就会出现 ModelSim 仿真器，如图 5.22 中左边窗口所示，双击【Prosesses】窗口中的【Simulate Behavioral Model】启动 ModelSim 仿真器，就可以看到在【wave】窗口以及在主窗口中的仿真数据，如图 5.23 所示，这样就在 ISE 中启动了 ModelSim 仿真器，此时的仿真功能分析完全在 ModelSim 中进行，方法同前节。如发现结果不对，则返回 ISE 软件修改。逻辑功能正确后，再通过 ISE 软件综合产生时序仿真需要的文件，就可以调用 ModelSim 进行时序仿真了。

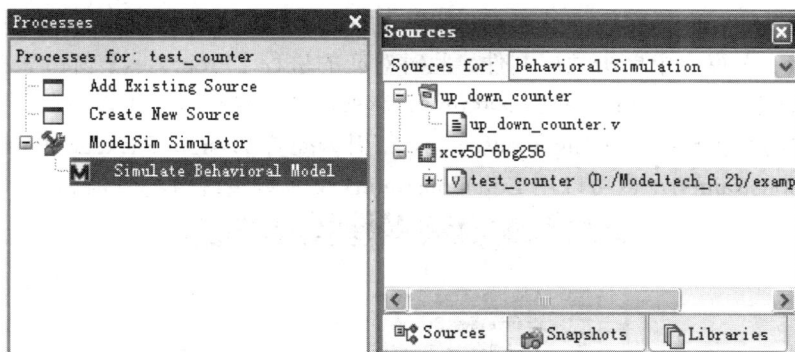

图 5.22 ISE 中调用 ModelSim 窗口

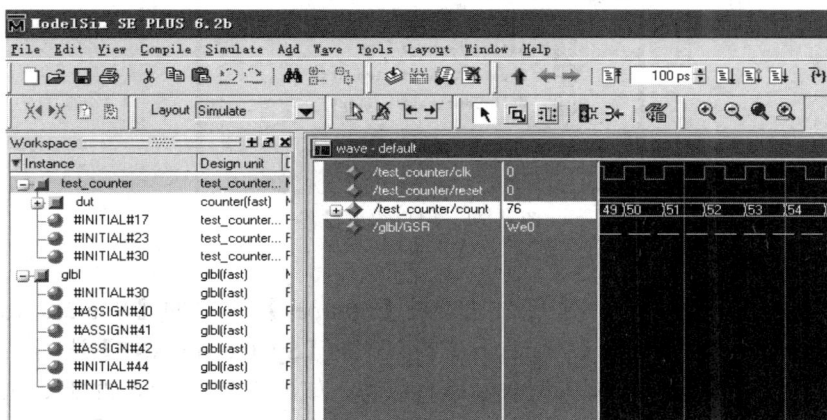

图 5.23 在 ISE 中启动的 ModelSim 仿真器

5.2.3 在 ISE 中调用 ModelSim 实现时序仿真

在完成功能仿真后，需要进一步验证设计加入布局布线延时后的仿真结果，这就是时序仿真。进行时序仿真前需要产生时序仿真需要的文件，包括综合布局布线生成的网表文件、测试激励、元件库、综合布局布线生成的具有时延信息的反标文件，这些文件通过 ISE 工具中的综合、实现等步骤得到。综合实现方法在书中第 2.2.3 节和 2.2.4 节作了详细介绍，这里仅作简要说明。

1. 建立时序仿真文件步骤

1) 设置综合工具

打开 ISE，按照第 2.2.1 节中介绍的方法新建工程，并添加待综合的文件和测试文件。综合工具可以选择 ISE 自带的 XST 综合，也可选择第三方综合工具，如 Synplify。

2) 设置用户约束

约束包括时序、管脚配置和面积约束。一般情况下，当时钟频率低于 50 MHz，且设计只有一个时钟时，不需要对设计附加时序约束条件，这时用自动综合就能达到设计要求。但是，当设计的时钟频率较高，或者设计中有像多周期这样复杂的时序时，就需要附加时序约束条件来保证综合、实现的结果满足设计的时序要求。

在【Sources】窗口中单击顶层文件，此时对应的进程【Processes】窗口如图 5.24 所示。展开【Processes】窗口中的【User Constraints】选项，双击展开项就可以进行用户约束设置，包括设置时序约束(Create Timing Constraints)、引脚配置(Assign Package Pins)和面积约束(Create Area Constraints)，也可以用 Edit Constraints 文本编辑综合约束信息。

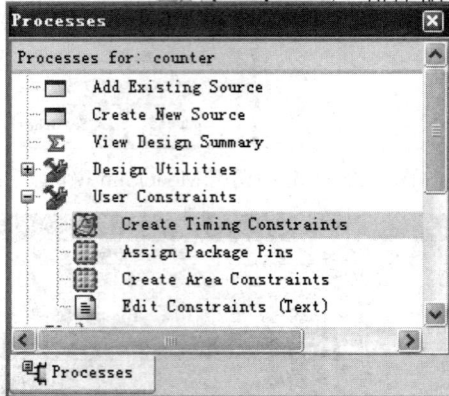

图 5.24　用户约束设置

3) 进行逻辑综合

行为级功能仿真通过后，在图 5.22 中【Sources】窗口的【Sources for】栏选择【Implementation】命令，双击【Processes】窗口中的【Synthesize-XST】选项，进行逻辑综合。当综合选项前的问号变成绿勾时表示综合成功，如图 5.25 所示，否则变成红色叉。这时根据【Tanscript】中的错误提示信息修改源程序直到综合通过。双击【Processes】窗口中的【Generate Post-Synthesis Simulation Model】选项，产生综合后的网表文件"TOP_synthesis.v"(TOP 代表进行综合的顶层文件，它的名称根据设计者进行综合的模块名而定)，该文件保存在当前工程目录下【\netgen\synthesis】文件夹中，将它导入到 ModelSim 中就可以做综合后的仿真。逻辑综合的详细过程参见书中第 2.2.3 节。

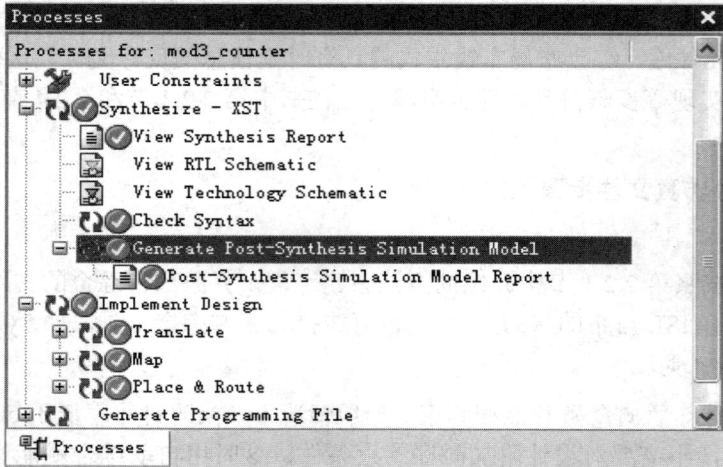

图 5.25　进程窗口

4) 进行物理实现

物理实现包括转换(Translate)、映射(Map)和布局布线(Place&Route)等三个步骤。转换是将多个文件合并为一个网表；映射是将网表中的逻辑符号组装到物理单元中；布局布线是将元件放置到器件中将它们连接起来，同时提取时序数据并产生各种报表。

综合通过后，展开图 5.25 中【Implement Design】选项的层次，可以看到【Translate】、【Map】和【Place&Route】这三种实现方式。双击【Processes】窗口中【Generate Post-Synthesis Simulation Model】选项，生成仿真文件"Top_translate.v"(TOP 表示在源程序窗口选择的顶层文件，名称根据设计者的设计而定)。双击【Processes】窗口中的【Generate Post-Map Simulation Mode】选项，生成一个网表文件"Top_map.v"和一个带有门延时，但是没有线延时信息的反标文件"Top_map.sdf"。双击【Processes】窗口中的【Generate Post-Place&Route Simulation Model】选项，也生成一个网表文件"Top_timesim.v"和一个带有门延时和线延时信息的反标文件"Top_timesim.sdf"。这些文件分别保存在工程目录下的【netgen\translate】、【netgen\map】、【netgen\par】文件夹中，其中"Top_timesim.sdf"文件有完整的器件延时信息，是作精确时序仿真所需的文件。物理实现详见书中的第 2.2.4 节。

2．进行时序仿真

在图 5.26 中的【Sources】窗口【Sources for】栏的下拉列表中可以看到转换后仿真(Post-Translate Simulation)、映射后仿真(Post-Map Simulation)和布局布线后仿真(Post-Place-Route Simulation)。首先选择转换后仿真【Post-Translate Simulation】选项，然后选中【Sources】窗口中的顶层文件，在图 5.26【Processes】窗口单击【Simulate Post-Translate Model】选项激活 ModelSim 仿真器，开始运行转换后仿真。按照同样的方法继续作映射后仿真和布局布线后仿真，并验证设计是否满足要求。如果此时设计不能满足要求，则要仔细分析原因，此时可能需要返回修改约束条件，也有可能需要修改源程序，然后重新综合，重新进行仿真，直到设计满足要求，仿真结束。

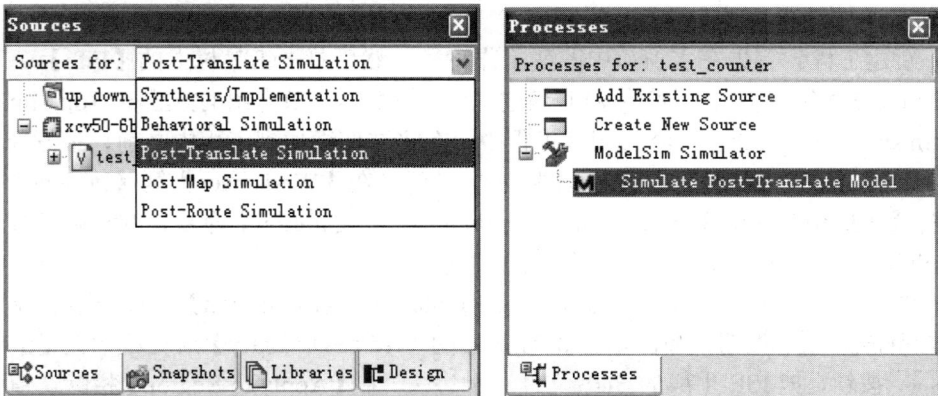

图 5.26　转换后仿真窗口

虽然在 ISE 中进行仿真不用添加仿真文件，显得很方便，但是每次仿真都要反复调用 ModelSim 仿真器，仿真速度较慢，调试也不方便。下面介绍直接在 ModelSim 中进行仿真的方法。

5.3　在 ModelSim 中进行仿真

直接在 ISE 中进行仿真操作虽然比较简单，但是速度却没有直接在 ModelSim 中快，因为在 ISE 中源文件的每次修改都需要重新综合后才能调用 ModelSim，且每一次仿真都要重新启动 ModelSim。而直接在 ModelSim 中进行仿真，源文件修改后只要重新编译即可仿真，不用重启软件，速度要快得多。直接在 ModelSim 中仿真调试也非常方便，因为在 ISE 中调用 ModelSim 只能看到输入/输出信号，而对于设计的中间信号，特别是 IP Core 的内部信号无法观测。直接在 ModelSim 中仿真可以观测设计中出现的任何信号和 IP Core 内的任何信号，这样我们设计的数据流向不仅可以很清楚地表示出来，而且还可以检测不同编程方式的处理效果，极大地方便了设计和调试。

直接在 ModelSim 中进行仿真时，每种仿真对应的文件不同，其对应关系如下：

- 功能仿真需要导入的文件：Testbench 文件和 TOP.v。
- 转换后仿真需要导入的文件：Testbench 文件、glbl.v 和 TOP_post_traslate.v。
- 映射后仿真需要导入的文件：Testbench 文件、glbl.v、TOP_map.v 和 TOP_map.sdf。
- 布局布线后仿真需要导入的文件：Testbench 文件、glbl.v、TOP_timesim.v 和 TOP_timesim.sdf。

这几种仿真的流程和激励是相同的，后三种仿真需要 Xilinx 的器件库，且需导入"glbl.v"文件，该文件在 Xilinx 安装路径【verilog\src】下，是仿真时需要的全局初始化文件。时序仿真导入到仿真器的设计包括基于实际布局布线设计的最坏情况的布局布线延时，并且在仿真结果波形图中，时序仿真后的信号加载了时延，而功能仿真没有。现在以布局布线后的仿真为例，对时序仿真进行介绍。

在 ModelSim 中进行仿真一般有两种方式，前面我们已经作了介绍，现在以工程方式进行时序仿真的介绍，具体步骤如下：

(1) 新建工程。首先在主窗口中改变工作路径，然后单击工具栏上的【File】→【New】→【Projecte...】命令，弹出工程属性窗口，新建工程，按照 5.1.3 节介绍的方法将"Top_timsim.v"、"Top_timsim.sdf"、"glbl.v"添加到该工程中。在将文件添加到工程中之前，最好新建一个文件夹，将这些文件复制到该文件夹中以便于管理。在【Workspace】区【Project】视图右击，选择【Add to Project】→【Adding Simulation Configuration】命令，弹出仿真配置对话框(Add Simulation Configuration)，如图 5.27 所示。

(2) 添加 SDF 文件。在图 5.27【Adding Simulation Configuration】对话框中选择【SDF】标签项，单击 Add... 按钮，弹出如图 5.28 所示的【Add SDF Entry】对话框，在【SDF File】单击 Browse... 按钮，把 ISE 生成的 SDF 文件添加进去。在【Apply to Region】栏默认值是"/"，表示该 SDF 文件应用于当前工作路径下的所有模块，若输入当前工作路径下测试文件中例化的顶层文件名"/test_counter/dut"(在本例中测试文件名为 test_counter，例化的顶层文件 counter 的名字为 dut)，表示该 SDF 文件仅仅应用于"dut"模块。注意 TOP_map.v 和 TOP_timesim.v 文件中有一句初始化 SDF 文件路径的代码，如"initial $sdf_annotate ("netgen/par/TOP_timesim.sdf");"，该代码指定调用 ModelSim 当前工作路径下的 SDF 文件，手动添加 SDF 文件时需要将该初始化语句删除，或者将该路径改为 SDF 文件保存的路径，这时就不用手动添加 SDF 文件了，如改为 "initial $sdf_annotate ("TOP_timesim.sdf")，表示指定 SDF 文件在 ModelSim 当前的工作路径下，此时只需要将 SDF 文件复制到当前工作路径即可。

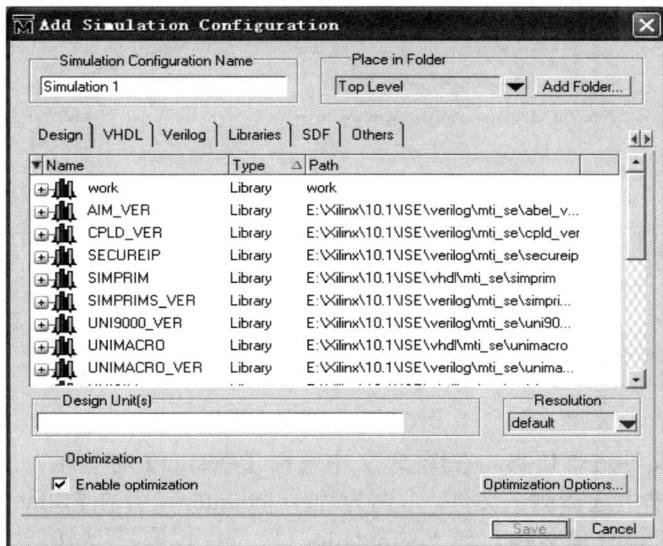

图 5.27　仿真配置对话框

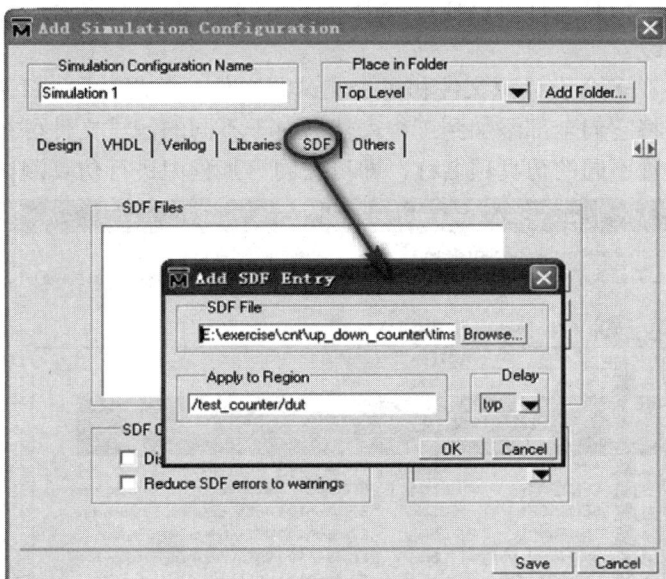

图 5.28　添加 SDF 文件

（3）添加库。在图 5.27【Adding Simulation Configuration】对话框中选择【Libriaries】标签项，将已编译好的 simprims_ver、unisims_ver 和 XilinxcoreLib_ver 三个库(库的编译过程见 5.2.1 节)添加到工程中，如图 5.29 所示。

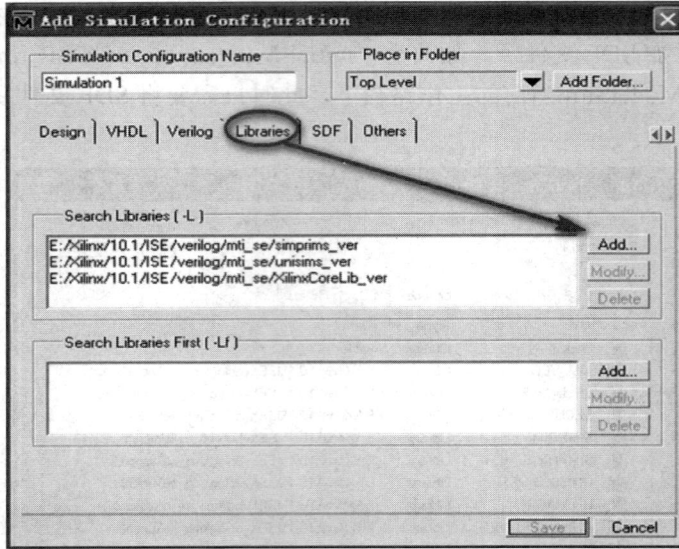

图 5.29　仿真库设置

（4）选择仿真文件进行仿真。在图 5.29 中选择【Design】标签项，出现如图 5.30 所示对话框，在该对话框中选择测试文件，本例为"test_counter"，并在【Simulation Configuration Name】标签下输入仿真项名称，如"Simulation1"，单击 Save 按钮后，在【Workspace】区【Project】视图中出现仿真名"Simulation1"。双击"Simulation1"启动仿真器，以后的分析过程同 5.2 节。仿真属性可以通过右击仿真名"Simulation1"，选择【properties…】进入属性窗口进行修改。

有时设计中存在多个设计源文件和多个测试源文件，若想在同一工程中测试不同的文件，可按上述方法将它们全部添加到工程，然后对于不同的测试文件可在图 5.30 中选择对应的被测文件并设置不同的仿真项名称，即可在同一工程中进行仿真测试。

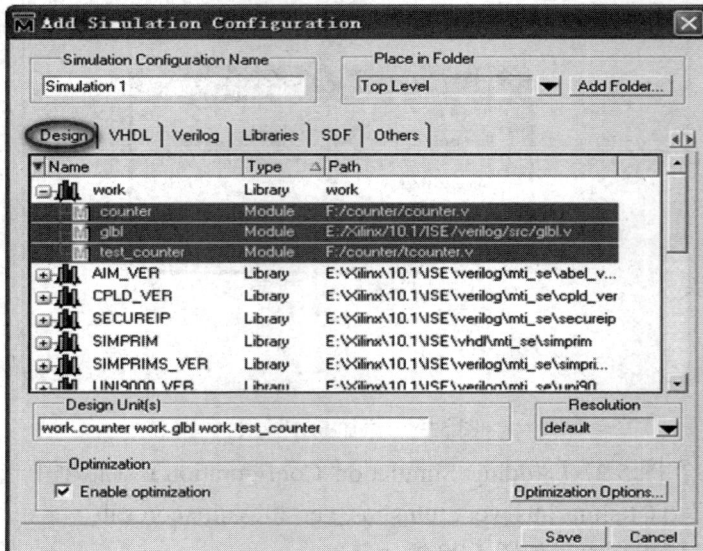

图 5.30　添加仿真文件

5.4 基于 IP Core 的 FIFO 仿真实例

在 ModelSim 中进行仿真需要仿真的源文件和 testbench 文件,下面通过基于 IP Core 的 FIFO 实例介绍直接在 ModelSim 中的仿真过程。

5.4.1 建立 FIFO IP Core 的源文件

1. 新建工程

从 Windows 任务栏选择【开始】→【程序】→【Xilinx ISE suite 10.1】→【ISE】→【Accessories】→【CORE Generator】命令,直接启动 Core Generater 工具,按照第 4.4 节的方法,新建名为[工程名].cgp 的工程,在图 5.31 工程属性窗口中设置工程属性。在【Generation】标签项【Folw】栏中选择用户输出产品【Custom Output Products】,在仿真语言【Simulation Files】栏中选择【Verilog】,将输出给用户的 IP Core 源文件设为 Verilog 语言,仿真文件其它选项可以为默认值。

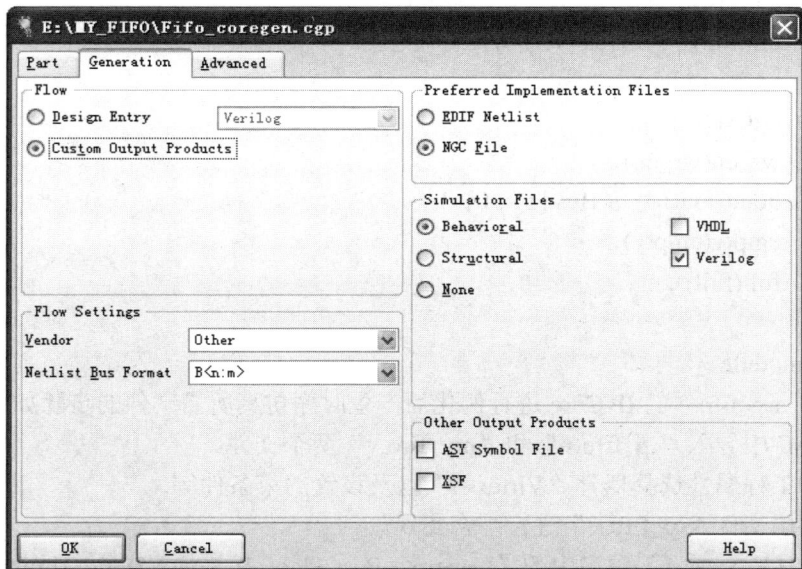

图 5.31 工程属性窗口

2. 产生 FIFO IP Core 的源文件

在 CORE Generator 的【Founction】窗口中单击【Memories&Storage Elements】→【FIFOs】→【Fifo Generator v4.3】命令,按照 4.4.2 节的方法设置 FIFO 参数。根据设置参数的不同,在保存工程的文件夹里会产生一系列不同后缀名的文件,其中 Corename.v 文件是在 ModelSim 中进行功能仿真的 Verilog 源文件;Corename.veo 文件是 Verilog 源代码,在对模块进行例化时使用;Corename.xco 包含当前工程属性与 IP Core 的参数信息,该文件既可以用于功能仿真,也可以用于产生 IP Core。本实例中产生的 IP Core 的名称 Corename 为

"my_fifo"，它具有 18 位输入/输出端口，功能仿真时直接导入"my_fifo.v"。但作时序仿真前，必须将生成的名为"my_fifo"的 IP Core 进行例化，例化文件"ip_fifo.v"代码如下所示，其中注释符号//***之间是例化 IP Core "my_fifo.v"的代码，该段代码即是 CORE Generator 自动生成的文件的内容：

```
module ip_fifo(clk，din，rd_en，rst，wr_en，dout，empty，full);
input clk;
input[17:0] din;
input rd_en;
input rst;
input wr_en;
output[17:0] dout;
output empty;
output full;
//***以下代码对生成的名为"my_fifo"的 IP Core 进行例化，例化模块名称为"dut"
my_fifo dut (
    .clk(clk)，
    .din(din)，    // Bus [17 : 0]
    .rd_en(rd_en)，
    .rst(rst)，
    .wr_en(wr_en)，
    .dout(dout)，    // Bus [17 : 0]
    .empty(empty)，
    .full(full));
//***
endmodule
```

将名为"my_fifo"的 IP Core 进行例化后产生时序仿真所需文件的步骤如下：

(1) 在 ISE 中导入"ip_fifo.v"和"my_fifo.v"两个文件。

(2) 设置工程属性选择器件"Virtex-5"以及设置约束条件等。

(3) 对顶层文件"ip_fifo.v"进行综合实现。

(4) 单击【Processes】窗口中的【Generate Post-Place & Route Static Timing】选项，在当前工程路径下【netgen\par】文件夹中自动产生时序仿真网表文件"ip_fifo_timesim"和时序约束文件"ip_fifo_timesim"。

5.4.2　建立 Testbench 文件

Testbench 文件是进行仿真必不可少的测试文件，该文件的建立可利用 ISE Navergation 中新建测试文件向导来完成，因为 Testbench 的初始化都是相同的，这样可以节省设计时间。

首先打开 ISE 软件，新建工程，导入 IP Core 源文件"my_fifo.v"，并通过编译。然后按照 ISE 新建文件的方法，在【Select Source Type】中选择【Verilog Test Fixture】添加测试激励文件(可参考第二章的 2.2.1 节)。单击 [Next >] 按钮，在【Select】选项卡中选择待测试文件 "my_fifo.v"，然后根据向导完成测试激励(Testbench)文件的添加，测试激励 fifo_test 文件的 Verilog 代码如下：

```verilog
`timescale 1ns / 1ps
module fifo_test;
// 定义输入端口
reg clk;
reg [17:0] din;
reg rd_en;
reg rst;
reg wr_en;
// 定义输出端口
wire [17:0] dout;
wire empty;
wire full;
// 例化测试单元(UUT)
ip_fifo uut (
    .clk(clk)，
    .din(din)，
    .rd_en(rd_en)，
    .rst(rst)，
    .wr_en(wr_en)，
    .dout(dout)，
    .empty(empty)，
    .full(full)
        );
initial begin
    // 输入信号初始化
    clk = 0;
    din = 0;
    rd_en = 0;
    rst = 0;
    wr_en = 0;
  end
initial   begin
        #100    rst = 1;    // 100 ns 后，结束复位
        rd_en = 0;
          wr_en = 1;    // 写有效
          #300;
```

```
                    rd_en = 1; // 读有效
                    wr_en = 0;
                    end
        initial    begin
        #80    din=18'b00_1111_1000_1111_1111;
        #20    din=18'b10_1111_1000_1100_1001;
        …                    // 根据测试需要编辑激励
                    end
        endmodule
```

5.4.3　在 ModelSim 中进行仿真

在 ModelSim 对 FIFO IP Core 进行仿真必须添加 Xilinx 器件的 Xilinxcorelib 仿真库，可按照 5.2.1 节介绍的方法对库进行编译，建立仿真环境。

按照 5.3 节的工程方式新建工程，在 ModelSim 工程中添加功能仿真文件：IP Core 源文件"my_fifo.v"和 Testbench 文件"fifo_test.v"；在【Add Simulation Configuration】窗口中添加仿真库 Xilinxcorelib_ver，如图 5.32 所示。

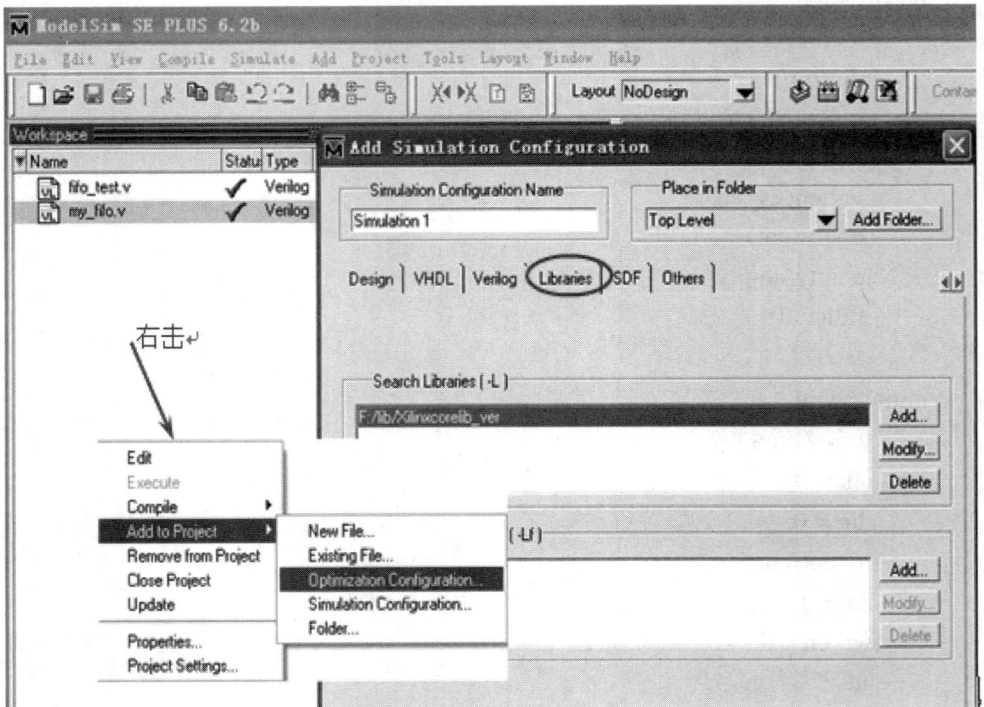

图 5.32　添加仿真文件以及配置仿真属性

在【Workspace】区【Project】选项中单击 M[Simulation1]启动仿真器，然后将需要观察的信号添加进波形文件，并运行仿真，FIFO 功能仿真结果如图 5.33 所示，仿真结果与 FIFO 实际功能相符。

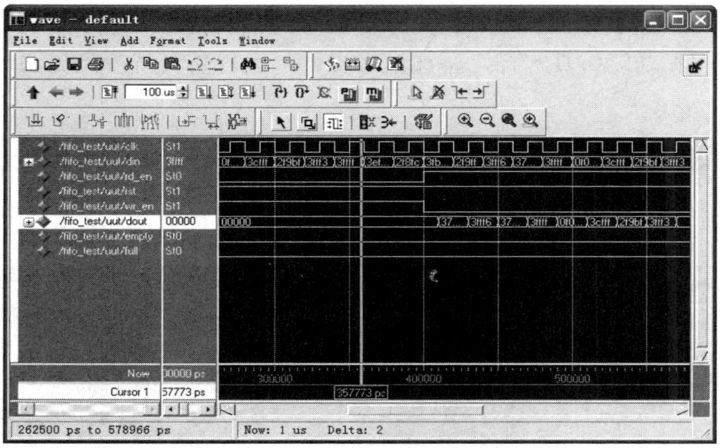

图 5.33　FIFO 功能仿真结果

下面进行时序仿真：

(1) 在 ModelSim 工程中新建工程。

(2) 添加时序仿真文件：网表文件"ip_fifo_timesim.v"、Testbench 文件"fifo_test.v"和全局初始化文件"glbl.v"。

(3) 添加 SDF 文件。右击【Project】窗口，在弹出的对话框中单击【Add to Project】→【Simulation Configuration…】，弹出【Add Simulation Configuration】对话框。将 ip_fifo_timesim.v 文件中初始化 SDF 文件路径代码修改为"initial $sdf_annotate("ip_tififo _mesim.sdf");"，然后将 ISE 中产生的反标文件"ip_tififo_mesim.sdf"拷贝到 ModelSim 当前工作路径下。

(4) 添加仿真库。在【Add Simulation Configuration】对话框中选择【Libraries】标签项添加仿真库"Xilinxcorelib_ver"。

(5) 选择仿真文件。在【Add Simulation Configuration】对话框中选择【Design】标签项，在"work"库中同时选中"glbl"和"fifo_test"，单击 Save 按钮进行保存，如图 5.34 所示。

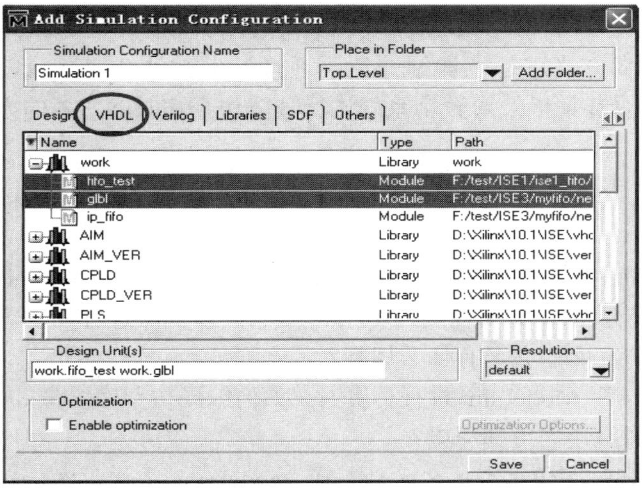

图 5.34　选择仿真文件

(6) 在【Workspace】区【Project】视图中双击 Ⓜ[Simulation1]启动仿真器。

接下来的过程和功能仿真一样，添加波形文件，运行仿真就得到如图 5.35 所示的时序仿真的波形图。

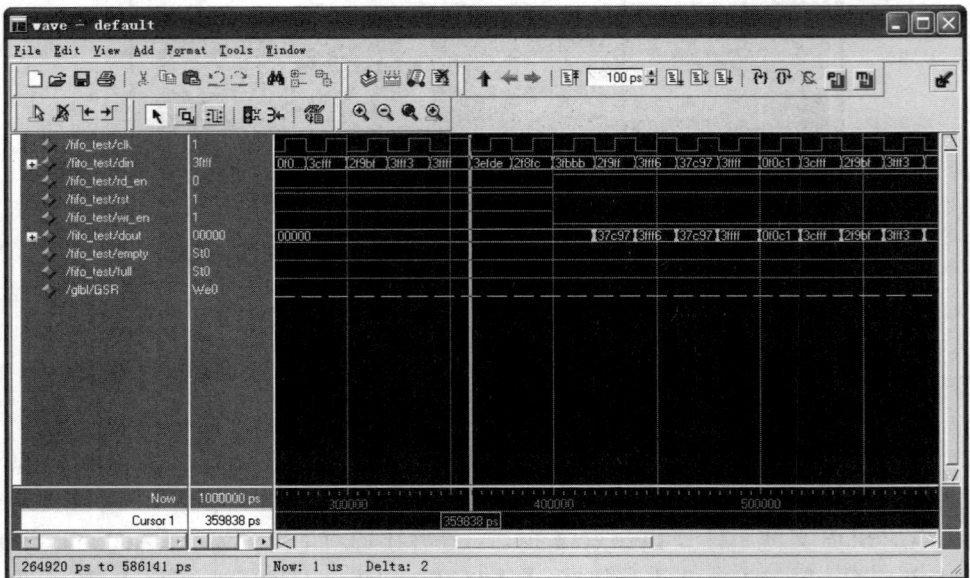

图 5.35　FIFO 时序仿真结果

由图 5.33 和图 5.35 相比较得知，功能仿真只是验证设计实现的功能，输出没有时延，没有具体的物理特性，而时序仿真体现了所用器件的具体物理特性，具有一定的时延，是实际器件运行下的仿真结果。

小　　结

在本章中，重点介绍了 ModelSim 仿真工具的使用。简要介绍了 ModelSim 的主要窗口，对 ModelSim 的仿真方式进行了详细介绍，通过实例并结合 Xilinx ISE 10.1 介绍了在 ModelSim 中建立仿真环境以及对数字系统进行功能仿真和时序仿真的方法。

习　　题

5.1　在 ModelSim 中怎样编译仿真库？简述其工程方式进行仿真的使用方法。

5.2　在作功能仿真时，是否需要对 FPGA 厂家的仿真库进行编译？哪些情况下需要预编译厂家仿真库，仿真库的命名有什么规则？

5.3　在 ISE 中调用 ModelSim 进行仿真时，如何编译仿真库？在 ModelSim 中对 Xilinx 器件进行仿真时，如何建立仿真环境？

5.4　功能仿真和时序仿真有什么区别？在 ModelSim 中作时序仿真时需要哪些文件？这些文件是怎样产生的以及存储在何处？

实 验 项 目

实验一 数控分频器设计与仿真

实验目的：

(1) 巩固原理图设计方法。

(2) 巩固测试文件编写方法。

(3) 掌握 ModelSim 的两种仿真方式。

实验要求：

(1) 使用 ECS 原理图编辑工具设计一个含八位预置数的数控分频器。

(2) 使用 Verilog HDL 编写测试文件。

(3) 在 ModelSim 中利用基本方式对设计进行功能仿真，并验证其功能。

(4) 在 ModelSim 中利用工程方式对设计进行功能仿真，并验证其功能。

实验原理：

数控分频器的功能是当在输入端给定不同输入数据时，将对输入的时钟信号有不同的分频比。数控分频器就是用计数值可并行预置的加法计数器设计完成的，方法是将计数溢出位与加载预置数的输入信号相接即可。

实验二 8 位十进制频率计设计

实验目的：

(1) 熟悉较复杂数字系统的设计方法。

(2) 进一步掌握测试文件的编写方法。

(3) 掌握在 ModelSim 进行时序仿真的方法。

(4) 进一步熟悉 ISE 的设计开发流程。

实验要求：

(1) 使用 ECS 原理图编辑工具及 HDL 语言设计八位十进制频率计电路。

(2) 使用 Verilog HDL 编写测试文件。

(3) 在 ModelSim 中对设计进行功能仿真。

(4) 对设计进行综合适配。

(5) 对设计进行时序仿真，比较功能仿真和时序仿真的结果。

(6) 下载到目标板，测试实际的信号频率。

实验原理：

频率测量的基本原理是计算每秒钟内待测信号的脉冲个数，这就要求计数使能信号 TSTEN 能产生一个 1 s 脉宽的周期信号，并对频率计的每一计数器的使能端进行同步控制。

当 TSTEN 为高电平时允许计数，低电平时停止计数，并保持其所计的数。在停止计数期间，首先需要一个锁存信号 Load 的上跳沿将计数器在前 1 s 的计数值锁存进 32 位锁存器中，并由外部的七段译码器译出并稳定显示。设置锁存器的好处是使显示的数据稳定，不会由于周期性的清零信号而不断闪烁。锁存信号之后，必须有一个清零信号 CLR_CNT 对计数器进行清零，为下一秒的计数操作作准备。测频控制信号发生器的工作时序如题图 5.1 所示。为了产生这个时序图，需首先建立一个由 D 触发器构成的二分频器，在每次时钟 CLK 上升沿到来时其值翻转。

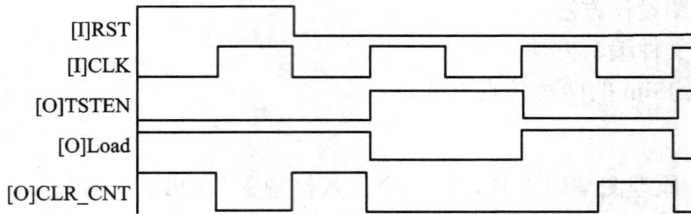

题图 5.1　测频控制信号发生器工作时序

其中，控制信号时钟 CLK 的频率取 1 Hz，那么信号 TSTEN 的脉宽恰好为 1 s，用作闸门信号。然后根据测频的时序要求，可得出信号 Load 和 CLR_CNT 的逻辑描述。在计数完成后，即计数使能信号 TSTEN 在 1 s 的高电平后，利用其反相值的上跳沿产生一个锁存信号 Load，0.5 s 后 CLR_CNT 产生一个清零信号上跳沿(高质量的测频控制信号发生器的设计十分重要，设计中要对其进行仔细的实时仿真，防止可能产生的毛刺)。

第 6 章　可编程逻辑器件原理

◆◆◆

可编程逻辑器件自 20 世纪 70 年代出现以来发展得很快，近年来得到了广泛应用，其中应用最广泛的是复杂可编程逻辑器件 CPLD(Complex Programmable Logic Device)和现场可编程门阵列 FPGA(Field Programmable Gate Array)。

本章主要介绍可编程逻辑器件分类、FPGA 和 CPLD 的结构和工作原理、FPGA 的配置原理和配置方式及 FPGA/CPLD 的选择和命名规则。

6.1　可编程逻辑器件的分类及特点

目前，可编程逻辑器件已经是一个非常庞大的家族了，生产厂家众多，产品名称各异，制造工艺和结构也不尽相同。例如，目前生产可编程 ASIC 器件的厂家主要有 Xilinx、Altera、Lattice、Actel、Atmel、AMD、Cypress、Intel、Motorola、TI 等，各厂家又有不同的系列和产品名称，器件结构和分类更是不同，常见的可编程逻辑器件有 FPGA、CPLD、GAL、PAL、PLA 和 PROM 等。由于历史的原因，对可编程逻辑器件的命名不很规范，可编程逻辑器件有多种分类方法，没有统一的分类标准。本节介绍其中几种比较通行的分类方法。

1. 从可编程逻辑器件的集成度分类

集成度是集成电路一项很重要的指标，如果从集成密度上分类，可分为低密度可编程逻辑器件和高密度可编程逻辑器件。通常，当 PLD 中的等效门数超过 500 门，则认为它是高密度 PLD。如果按照这个标准，PROM、PLA、PAL 和 GAL 器件属于低密度可编程逻辑器件，而 CPLD 和 FPGA 属于高密度可编程逻辑器件。

2. 从互连结构上分类

从互连结构上可将 PLD 分为确定型和统计型两类。

(1) 确定型 PLD 是指互连结构每次用相同的互连线实现布线，所以线路的时延是可以预测的，这类 PLD 的定时特性常常可以从数据手册上查阅而事先确定。这种基本结构大多为与或阵列的器件，它能有效地实现"积之和"乘积项形式的布尔逻辑函数，包括简单 PLD 器件(PROM、PLA、PAL 和 GAL)和 CPLD。目前除了 FPGA 器件外，基本上都属于这一类结构。

(2) 统计型 PLD 的典型代表是 FPGA，它是指设计系统每次执行相同的功能都能给出不同的布线模式，一般无法确切地预知线路的时延，所以设计系统必须允许设计者提出约束条件，如关键路径的时延。统计型结构的可编程逻辑器件主要通过改变内部连线的布线来编程。

3. 从编程元件上分类

1) 熔丝或反熔丝开关

熔丝开关是最早的可编程元件，由熔断丝组成。在需要编程的互连节点上设置相应的熔丝开关。在编程时，需要保持连接的节点保留熔丝，需要去除连接的节点熔丝用电流熔断，最后留在器件内的熔丝模式决定相应器件的逻辑功能。它是一次可编程器件，缺点是占用面积大，要求大电流，难于测试。使用熔丝开关技术的可编程逻辑器件如 PROM、PAL 和 Xilinx 的 XC5000 系列器件等。

反熔丝元件克服了熔丝元件的缺点，在编程元件的尺寸和性能方面比熔丝开关有显著的改善。反熔丝开关通过击穿介质达到连通线路的目的。反熔丝在硅片上只占一个通孔的面积，因此反熔丝占用硅片面积小，对提高芯片的集成密度很有利。

2) 浮栅编程技术

浮栅编程技术包括紫外线擦除、电编程的 UVEPROM，以及电编程的 E^2PROM 和闪速存储器(Flash Memory)。它们都用悬浮栅存储电荷的方法来保存编程数据，所以在断电时，存储数据不会丢失。GAL 和大多数 CPLD 都用这种方式编程。

3) SRAM 配置存储器

使用静态存储器 SRAM 存储配置数据，称配置存储器。目前 Xilinx 公司生产的 FPGA 主要采用了这种编程结构，这种 SRAM 配置存储器具有很强的抗干扰性，与其它编程元件相比，具有高密度和高可靠性的特点。

第一类和第二类器件称为非易失性器件，它们在编程后，即使掉电配置的数据仍保持在器件上；第三类器件即 SRAM 器件称为易失性器件，每次掉电后配置的数据会丢失，在每次加电时需要进行重新配置。

4. 从可编程特性上分类

从可编程特性上可分为一次可编程和重复可编程两类。由于熔丝或反熔丝器件只能写一次，所以称为一次性编程，其它方式编程的器件均可以多次编程。一次可编程的典型产品是 PROM、PAL、熔丝和反熔丝型 FPGA。在重复可编程的器件中，用紫外线擦除的产品的编程次数一般在几十次的数量级，采用电擦除方式的次数稍多些，采用 E^2CMOS 工艺的产品擦写次数可达上千次，采用 SRAM 配置结构的则被认为可实现无限次的编程。

6.2　复杂可编程逻辑器件 CPLD

复杂可编程逻辑器件 CPLD 是在 20 世纪 80 年代中期，随着半导体工艺的不断完善，用户对器件的集成度要求不断提高的形势下发展起来的产物。基于乘积项的 CPLD 是由简单低密度 PLD 的结构演变而来的，可实现较大规模的电路，编程也很灵活。下面先简要介绍简单低密度 PLD 的原理，然后再介绍 CPLD 的结构和工作原理。

6.2.1　简单低密度 PLD 的原理

简单低密度 PLD 的结构框图如图 6.1 所示。

典型的 PLD 由一个"与"阵列和一个"或"阵列组成，而任意一个组合逻辑都可以用"与-或"表达式来描述，所以简单 PLD 能以乘积和的形式完成大量的组合逻辑功能。

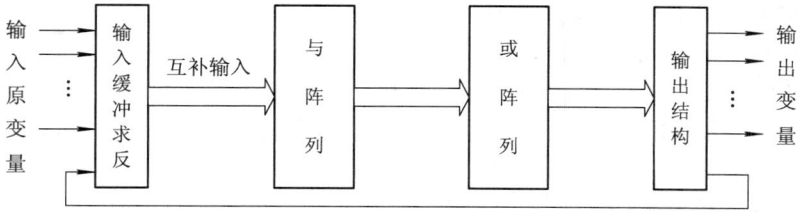

图 6.1 简单低密度 PLD 的结构框图

1. PLD 的表示方法

阵列规模庞大的 PLD 使用了一种新的表示方法，它在芯片的内部配置和逻辑图之间建立了一一对应的关系，并使逻辑图和真值表结合起来。

1) 连接方式

PLD 门阵列交叉点上的连接方式，即固定连接单元、可编程连接单元和被编程擦除单元的符号如图 6.2 所示。

(a) 固定连接　　　　(b) 可编程连接单元　　　　(c) 被编程擦除单元

图 6.2 PLD 的连接点表示符号

2) 基本门电路的 PLD 表示方式

PLD 中门电路的惯用表示法如图 6.3 所示。

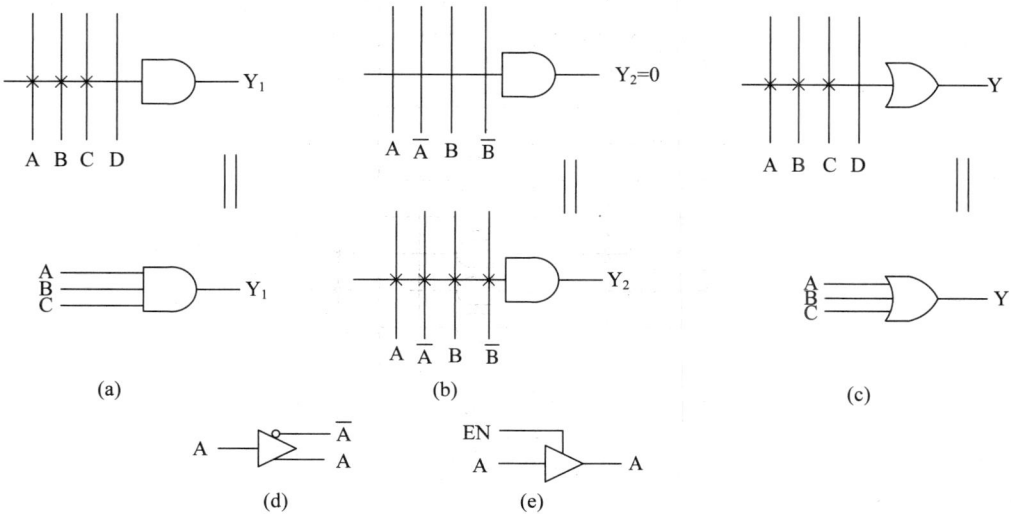

图 6.3 PLD 电路中门电路的惯用画法

(a) 与门；(b) 输出恒等于零的与门；(c) 或门；(d) 互补输出缓冲器；(e) 三态输出缓冲器

3) PLD 电路表示法

PLD 编程后的电路如图 6.4 所示，PLD 电路由与阵列和或阵列组成。连线交叉点"x"表示与门的一个输入端与一个外输入相连接，或门阵列的几列连线交叉点"．"表示一个或门可以和几个与门输出端相连接。通过编程使可编程连接单元的某些点连接，某些点断开，输入/输出形成以下逻辑关系，就构成了同或门和异或门。

$$Y_1 = \overline{A}\,\overline{B} + AB$$

$$Y_2 = \overline{A}\,B + A\,\overline{B}$$

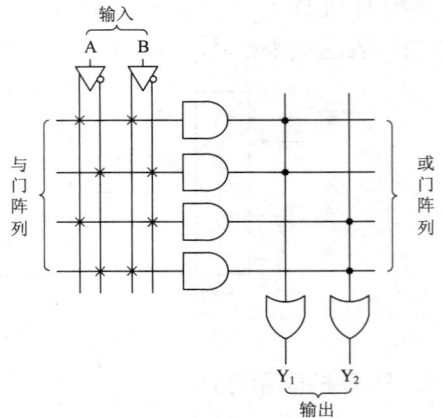

图 6.4　PLD 编程后的电路

2. 可编程阵列逻辑器件(PAL)

可编程阵列逻辑器件 PAL 是 20 世纪 70 年代后期推出的 PLD。PAL 由一个可编程的"与"平面和一个固定的"或"平面构成，或门的输出可以通过触发器有选择地被置为寄存状态。PAL 器件是现场可编程的，它的实现工艺有反熔丝技术、EPROM 技术和 E^2PROM 技术。

PAL 的基本电路如图 6.5 所示，它是由可编程的与门阵列和固定连接的或门阵列以及其它附加的输出电路组成。

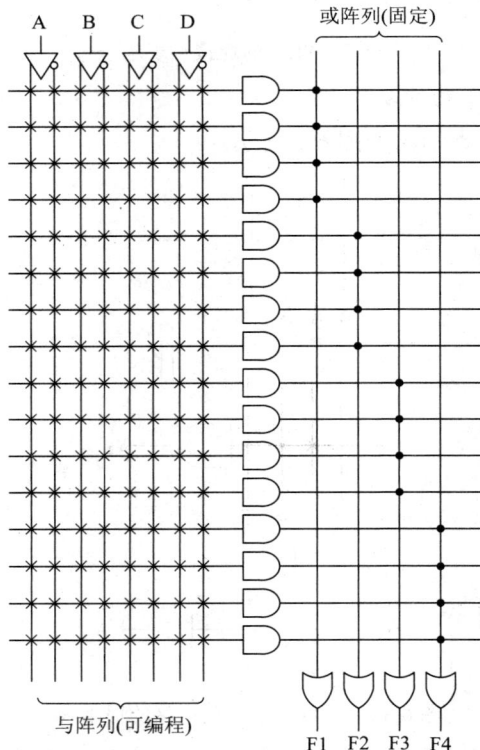

图 6.5　PAL 的基本电路

在尚未编程前，与逻辑阵列所有的交叉点均有快速熔丝连通。编程时将有用的熔丝保留，无用的熔丝熔断，就得到所需的电路。图 6.6 是编程后的 PAL 电路，它实现的逻辑函数为

$$F_1 = \overline{B}C + ACD$$
$$F_2 = A\overline{B}C + B\overline{C}$$
$$F_3 = \overline{B}\,\overline{C}\,D + B\overline{C}\,\overline{D} + BC\,\overline{D}$$
$$F_4 = \overline{B}C\,\overline{D} + BD + CD$$

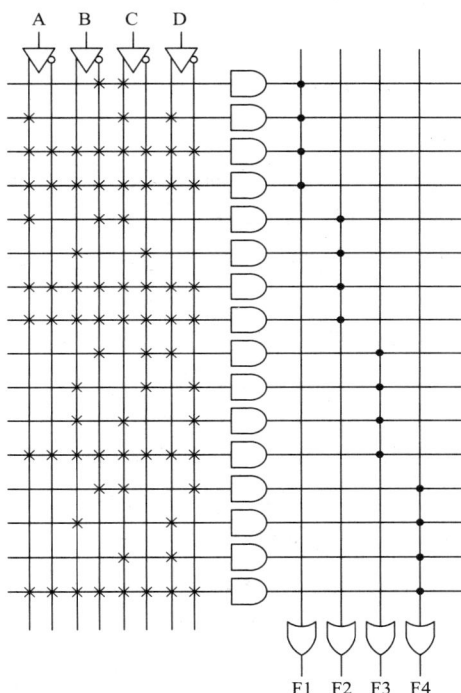

图 6.6　编程后的 PAL 电路

PAL 器件内部只有与阵列和或阵列，这类器件适合构成组合逻辑电路。除此以外，还有多种形式的输出、反馈电路结构。其中 PAL 带异或门的寄存器输出电路如图 6.7 所示。它在输出三态缓冲器和与-或逻辑阵列输出之间串入了由 D 触发器组成的寄存器，并将触发器输出状态反馈到与逻辑阵列的输入端，从而使 PAL 电路具有记忆功能，并能方便地组成各种时序逻辑电路。该电路在 D 触发器和与-或逻辑阵列之间还可增设异或门，不仅可实现对数据的保持操作，而且可对与-或逻辑阵列输出的函数求反。在图 6.7 所示的编程情况下，当 $I_1 = 0$ 时，$D_1 = Q_1$；当 $I_1 = 1$ 时，$D_1 = \overline{Q_1}$，Q 在时钟信号 CLK 到来后翻转，即 $Q_1^{n+1} = \overline{Q_1^n}$。而对下一个触发器，当 $I_1 = 0$ 时，$D_2 = Q_2\overline{I}_2 + Q_1Q_2$；当 $I_1 = 1$ 时，$D_2 = Y_2 = \overline{Q_2\overline{I}_2 + Q_1Q_2}$。PAL 有多种品种，用户可根据使用需要，选择其阵列结构大小和输入/输出的方式，以实现所需的各种组合逻辑功能和时序逻辑功能。

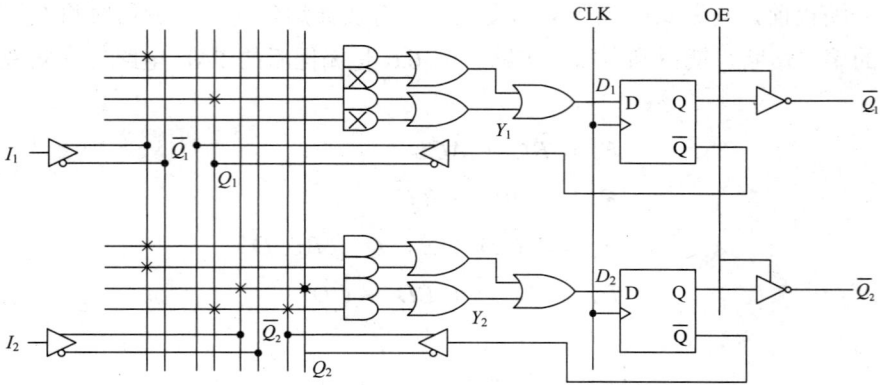

图 6.7　PAL 带异或门的寄存器输出电路

3. 可编程通用逻辑器件(GAL)

在 PAL 的基础上,又发展了一种通用阵列逻辑 GAL,如 GAL16V8、GAL22V10 等,它继承了 PAL 器件的与-或阵列结构,但在结构和工艺上作了很大改进。PAL 器件采用双极性熔丝工艺,一旦编程就不能改写,这给用户修改电路带来不便。可编程通用逻辑器件 GAL 采用了 E^2PROM 工艺,实现了电可擦除、电可改写,具有低功耗、电擦除可反复编程、速度快的特点,其输出结构是可编程的逻辑宏单元,通过编程可将输出逻辑宏单元(Output Logic Macro Cell,OLMC)设置成不同的工作状态,从而增加了器件的通用性,因而它的设计具有很强的灵活性,至今仍有许多人使用。这些早期的 PLD 器件的一个共同特点是可以实现速度特性较好的逻辑功能,但其过于简单的结构也使它们只能实现规模较小的电路。

OLMC 是与 GAL16V8 器件输出引脚对应的可编程模块。为避免与正文中输出引脚号混淆,也可以将其中的编号删除,不影响对原理的理解。

GAL 按门阵列的可编程结构分为两大类:一类是与 PAL 基本结构相类似的普通型 GAL 器件,其与门阵列是可编程的,或门阵列固定连接,这类器件如 20 引脚的 GAL16V8;另一类是与门阵列和或门阵列均可编程,如 24 引脚的 GAL39V8。

下面以常见的 GAL16V8(如图 6.8 所示)为例,介绍 GAL 器件的结构形式和工作原理。GAL16V8 由一个 $32×64$ 位的可编程与逻辑阵列、8 个输出逻辑宏单元、8 个输入缓冲器、8 个三态输出缓冲器和 8 个反馈/输入缓冲器等电路组成。

GAL16V8 的每个输入正负信号和对应的反馈正负信号四列构成一个组,共 8 组输入 32 列。对每个 OLMC 有 8 个与门输入,共计 64 项。通过这样一个矩阵就可以把任何一个输入信号连同它的极性连接到要输出的任何一个与门上,与逻辑阵列的每个交叉点设有 E^2CMOS 编程单元。对 GAL 的编程就是对这个与阵列的 E^2CMOS 编程单元进行数据写入,实现相关点的编程连接,得到所需的逻辑函数。

在 GAL16V8 中,引脚 2~9 作为固定输入,引脚 15、16 作为固定输出。而引脚 12、13、14、17、18、19 由三态门控制,既可以作输入端又可以作输出端。第 1 脚是专门用于 CP 的时钟输入端,第 11 脚是三态选通信号端 OE,在组合电路中这两个引脚都可作为信号输入端。因此这类芯片最多有 16 个输入脚,输出脚最多有 8 个,这也正是芯片型号中的两个数字的含义。

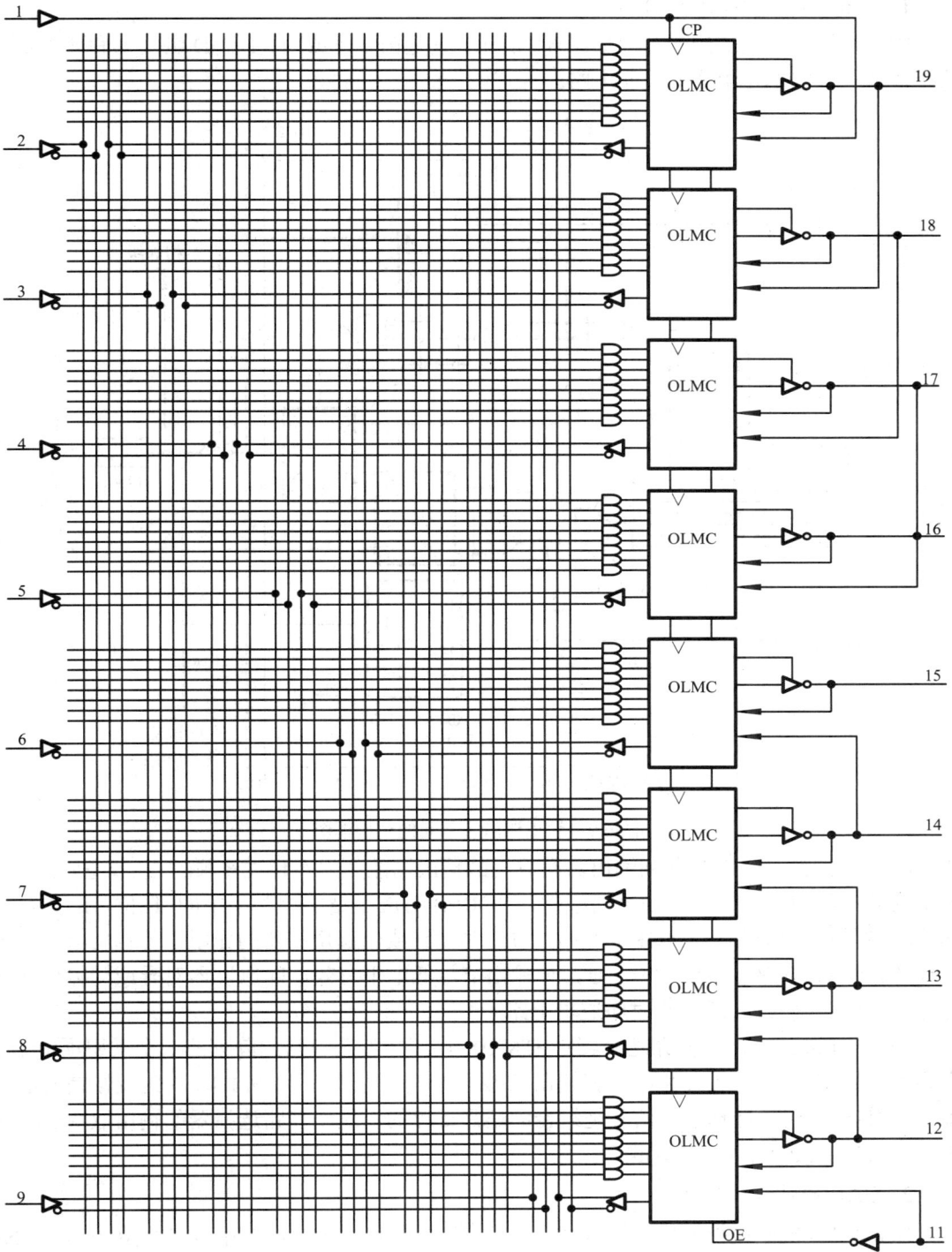

图 6.8　GAL16V8 的逻辑结构图

GAL 器件没有独立的或阵列结构，它将各个或门放在各自的输出逻辑宏单元 OLMC 中。下面对输出逻辑宏单元 OLMC 的结构和原理进行介绍。

1) 输出逻辑宏单元(OLMC)

输出逻辑宏单元的结构框图如图 6.9 所示。它是由 1 个或门、1 个 D 触发器和 4 个数据选择器及一些门电路组成的控制电路。

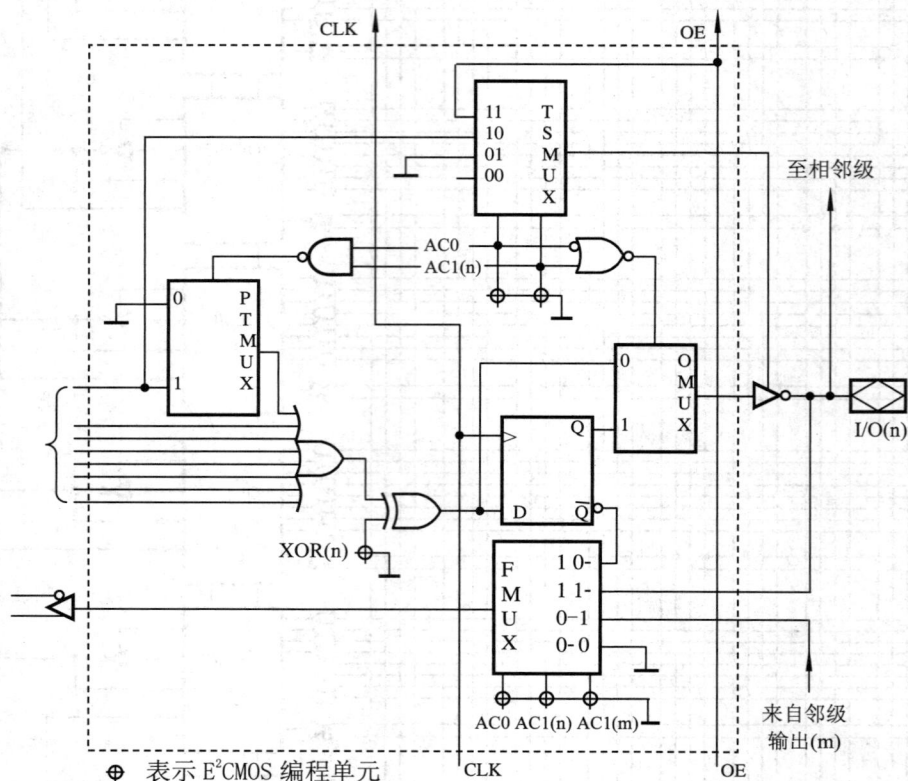

⊕ 表示 E²CMOS 编程单元

图 6.9　输出逻辑宏单元的结构框图

OLMC 的前级来自与阵列输出。在或门的输出端能产生不超过 8 项的与-或逻辑函数。图中的异或门用于控制输出信号的极性，XOR(n) 对应于结构控制字中的 1 位，n 为各个 OLMC 的输出引脚号。当 XOR(n) 端为"1"时，异或门起反相器的作用，使输出信号高电平有效。否则 XOR(n) 端为"0"时，使输出信号低电平有效。D 触发器对异或门输出状态起记忆作用，使 GAL 适用于时序逻辑电路。

每个 OLMC 有 4 个多路选择器：PTMUX 用于控制来自与门阵列的 8 个乘积项中第 1 个乘积项的作用；TSMUX 用于选择输出三态缓冲器的选通信号；FMUX 决定反馈信号的来源；OMUX 则用于选择输出信号是组合的还是寄存的。这些多路选择器的输出取决于结构控制字 AC0、AC1(n) 和 AC1(m)。

2) GAL 的结构控制字

GAL16V8 的结构控制字如图 6.10 所示。结构控制字共 82 位，其中 AC0、AC1(n)、SYN、XOR(n) 是 OLMC 的控制信号，XOR(n)、AC1(n) 和 AC1(m) 每路输出一位，n 为对应的 OLMC 的输出引脚，m 代表与 n 相邻一位，即 n + 1 和 n − 1。AC0 只有一个，为各路所公有。AC0、AC1(n) 和 AC1(m) 均为结构控制位，决定 4 个多路选择器输出的状态。SYN 为同步位，它决定 GAL 是纯粹组合型输出(当 SYN = 1 时),还是具有寄存器型输出能力(当 SYN = 0 时)。结构控制字中还有乘积项禁止位,共 64 位,分别控制 64 个乘积项(PT0~PT63),以屏蔽某些不用的乘积项。

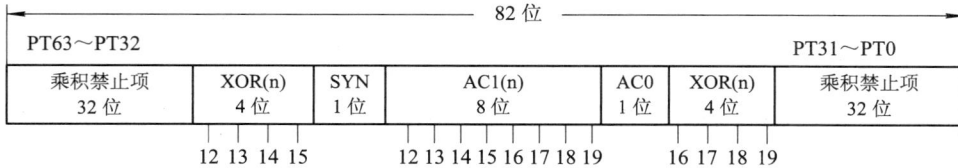

82 位							
PT63~PT32							PT31~PT0
乘积禁止项 32 位	XOR(n) 4 位	SYN 1 位	AC1(n) 8 位	AC0 1 位	XOR(n) 4 位	乘积禁止项 32 位	
	12 13 14 15		12 13 14 15 16 17 18 19		16 17 18 19		

图 6.10 GAL16V8 的结构控制字

GAL 的各种编程工作模式是由结构控制字来控制的。不同的结构控制字对应不同的 OLMC 编程工作模式。OLMC 的编程工作模式如表 6.1 所示。

表 6.1 OLMC 的编程工作模式

SYN	AC0	AC1(n)	XOR(n)	工作模式	输出极性	备注
1	0	1	/	专用输入	/	1 和 11 脚为数据输入,三态门禁止
1	0	0	0	专用组合输出	低电平有效	1 和 11 脚为数据输入,三态门选通
			1		高电平有效	
1	1	1	0	反馈组合输出	低电平有效	1 和 11 脚为数据输入,三态门的选通信号是第一乘积项;反馈信号取自 I/O 端
			1		高电平有效	
0	1	1	0	时序电路中的组合输出	低电平有效	1 脚接 CP,11 脚接 OE,至少有一个 OLMC 是寄存器输出模式
			1		高电平有效	
0	1	0	0	寄存器输出	低电平有效	1 脚接 CP,11 脚接 OE
			1		高电平有效	

GAL 的结构控制字是由编译器将用户输入的软件经编译而成,并由编程器写入。一般情况下,使用者首先应用某种编程语言编制描述其逻辑功能的程序,然后在相应语言的开发系统中,生成标准格式数据文件,最后使用专用编程器写入 GAL 芯片,就可以实现特定的逻辑功能。

6.2.2 CPLD 的结构和工作原理

CPLD 是由多个类似 PAL 的逻辑块组成,每个逻辑块就相当于一个 PAL/GAL 器件,逻辑块之间使用可编程内部连线实现相互连接。但 CPLD 比 PAL/GAL 在集成规模和工艺水平上有了很大的提高,出现了大批结构复杂、功能更多的逻辑阵列单元形式,如 Altera 公司的 EPM 系列器件、Atmel 公司的 ATV5000 系列器件采用多阵列矩阵 MAX(Multiple Array Matrix)结构的大规模 CPLD,Xilinx 公司的 XC7000 和 XC9500 系列产品采用通用互连矩阵

UIM(Universal Interconnect Matrix)及双重逻辑功能块结构的逻辑阵列单元。

　　CPLD 采用 EPROM 或 E^{2}CMOS 工艺，断电后编程数据不会丢失，因此不需要外部存储器，而且这种 CPLD 中设置有加密单元，加密后可以防止编程数据被读出。

　　生产这种 CPLD 的公司有多家，各个公司的器件结构千差万别，但一般情况下，都至少包含了三种结构：可编程逻辑块、可编程 I/O 单元和可编程内部连线。可编程逻辑块是基于简单 PLD 的乘积项结构，包含有乘积项、宏单元等，能有效地实现各种逻辑功能。每个逻辑块就相当于一个 PAL/GAL 器件，逻辑块之间使用可编程内部连线实现相互连接。CPLD 的基本结构如图 6.11 所示。从概念上，CPLD 是由多个类似 PAL 的功能块组成，通过固定在芯片上的器件内部的可编程连线区的布线资源将其互连起来。

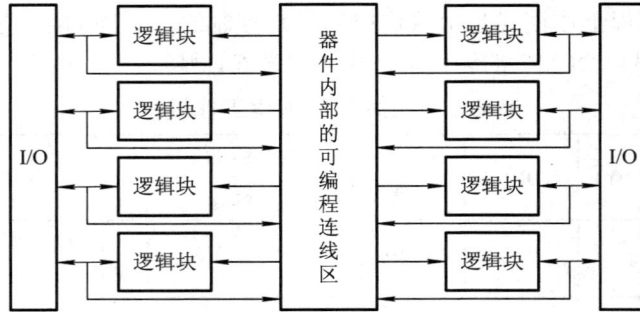

图 6.11　CPLD 的基本结构图

　　下面以 Xilinx 公司的 XC9500 系列产品为例，介绍 CPLD 的电路结构和工作原理。XC9500 系列产品的性能参数表如表 6.2 所示。

表 6.2　XC9500 系列产品的性能参数表

器件	宏单元	可用门数	寄存器	t_{PD}/ns	t_{SU}/ns	t_{CO}/ns	f_{CNT}/MHz	f_{SYSTEM}/MHz
XC9536	36	800	36	5	3.5	4.0	100	100
XC9572	72	1600	72	7.5	4.5	4.5	125	83.3
XC95108	108	2400	108	7.5	4.5	4.5	125	83.3
XC95144	144	3200	144	7.5	4.5	4.5	125	83.3
XC95216	216	4800	216	10	6.0	6.0	111.1	67.7
XC95288	288	6400	288	15	8.0	8.0	92.2	56.6
XC9536XL	36	800	36	4	3	3	—	200
XC9572XL	72	1600	72	5	3.7	3.5	—	178
XC9544XL	144	3200	144	5	3.7	3.5	—	178
XC95288XL	288	6400	288	6	4.1	4.3	—	151

　　XC9500 系列器件包括 XC9500 系列在系统可编程 CPLD 器件和 XC9500XL 系列高性能 CPLD 器件，XC9500 系列器件内有 36～288 个宏单元(每个宏单元内包含一个寄存器)，800～6400 个等效门，44～352 个封装引脚。XC9500 CPLD 器件所有信号都有相同的延时，

与其路径无关，其引脚的传输时间 t_{PD} 最快可达 5 ns，相应的计数器频率 f_{CNT} 可达 125 MHz。XC9500XL CPLD 器件 t_{PD} 最快可达 4 ns，相应的计数器频率 f_{CNT} 可达 200 MHz。

　　XC9500 器件采用 0.35 μm 快闪存储(FastFLASH)技术，功耗明显比 E^2CMOS 工艺低。对于高性能通用逻辑设计集成，XC9500 CPLD 系列器件提供先进的系统内编程和测试能力。此系列所有器件均支持在系统编程(ISP)，且达到最小 10000 次编程/擦除次数，均支持扩充的 IEEE 1149.1(JTAG)边界扫描测试标准。XC9500 器件具有先进的数据保密特性，它可以完全保护编程数据不被非法读取和擦除。除保密特性外，XC9500 系列器件的每个 I/O 都有一个可编程输出摆率控制位，从而可减小系统噪声。

　　XC9500 系列器件的基本结构如图 6.12 所示，每个 XC9500 器件是由多个功能块 FB(Function Block)和输入/输出接口模块(I/O Block)组成，并由一个开关矩阵 FastCONNECT 完全互联。每个 FB 提供具有 36 个输入和 18 个输出的可编程逻辑；输入/输出接口模块提供器件输入和输出的缓冲；FastCONNECT 开关矩阵用于 CPLD 内部信号的快速连接。对于每个功能模块，有 12～18 个输出及相关的输出使能信号直接驱动 I/O 接口模块。

1．功能模块 FB

　　功能模块 FB 的结构框图如图 6.12 所示，每个功能模块由 18 个独立的宏单元构成，每个宏单元可实现一个组合电路或寄存器的功能，功能模块也接收全局时钟信号、输出使能信号和复位/置位信号。功能模块产生驱动 FastCONNECT 开关矩阵的 18 个输出，这 18 个信号和相应的输出使能信号也用于驱动 I/O 接口模块。

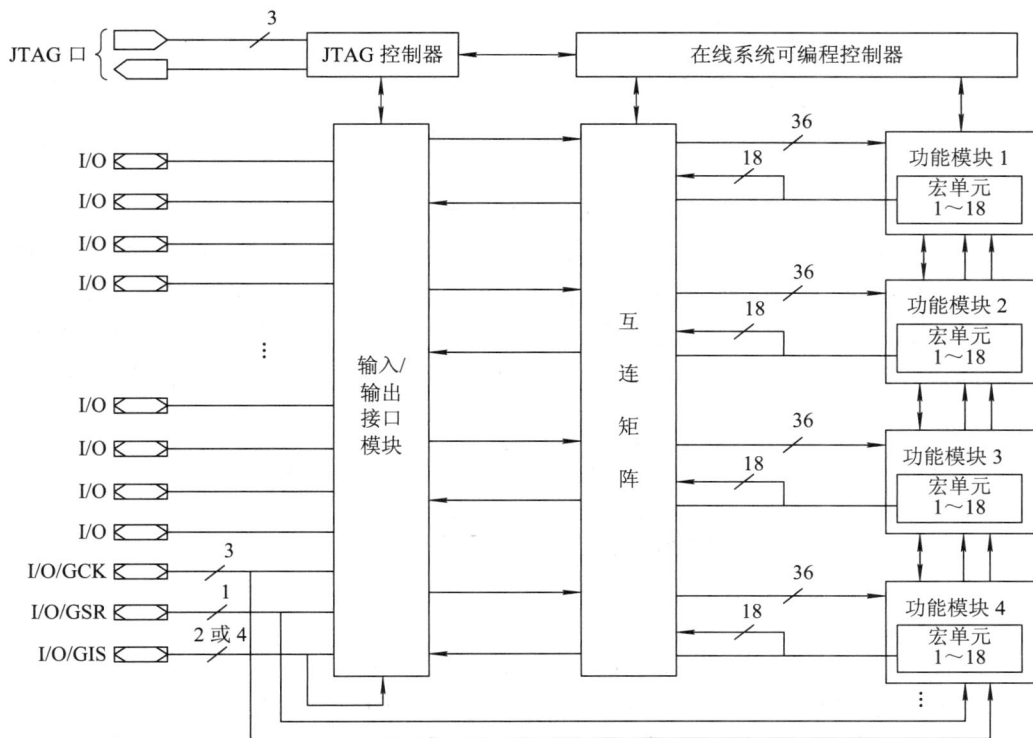

图 6.12　功能模块 FB 的结构框图

2．宏单元

XC9500 器件的每个宏单元可以单独配置成组合逻辑或时序逻辑的功能，XC9500 宏单元逻辑结构示意图如图 6.13 所示。

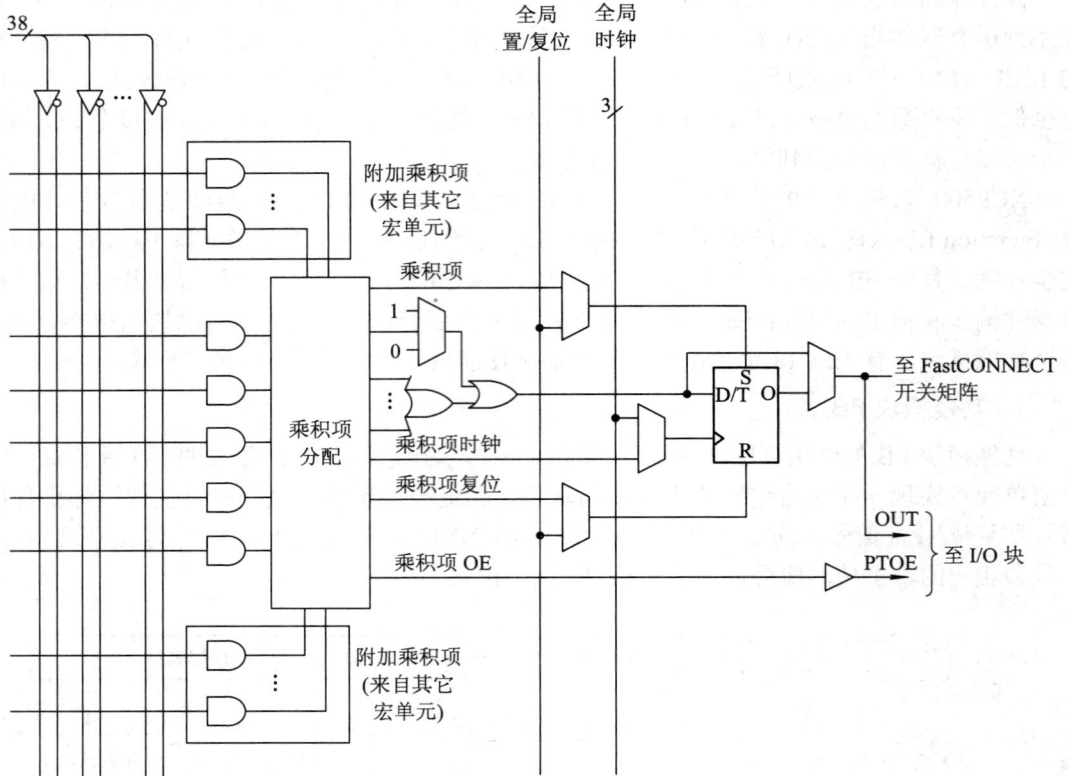

图 6.13　XC9500 宏单元逻辑结构示意图

在宏单元中，来自与阵列的五个直接乘积项是实现组合功能的主要输入数据来源，它们也可用作包括时钟、复位/置位和输出使能的控制输入。乘积项分配器控制五个直接的乘积项通过逻辑分配到每个宏单元。乘积项分配器的功能与每个宏单元如何利用五个直接乘积项的选择有关。例如，所有五个直接乘积项可以驱动"或"函数，如图 6.14 所示。

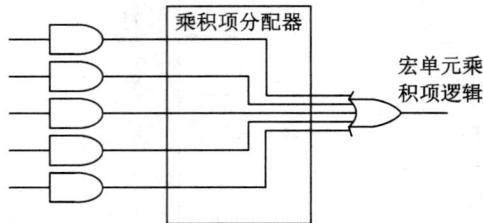

图 6.14　使用直接乘积项的宏单元逻辑

宏单元的寄存器可以配置成 D 触发器或 T 触发器或用于实现组合逻辑。每个寄存器均支持异步置位与复位。在加电期间，所有的用户寄存器都被初始化为用户定义的预加载状态(默认状态为 0)。

3. 乘积项分配器

乘积项分配器可以重新分配功能模块内其它的乘积项来增加宏单元的逻辑能力，它允许超过五个直接乘积项，这就要求附加乘积项的任何宏单元可以存取功能模块内其它宏单元中独立的乘积项，如图 6.15 所示。最多 15 个乘积项对单个宏单元是有效的，此时仅有一个小的增加延时 t_{PTA}。

乘积项分配器也可以重新分配 FB 内来自任何宏单元的乘积项，通过组合部分积之和连到其它几个宏单元，如图 6.16 所示，在这个例子中，附加的延时仅为 $8t_{PTA}$。

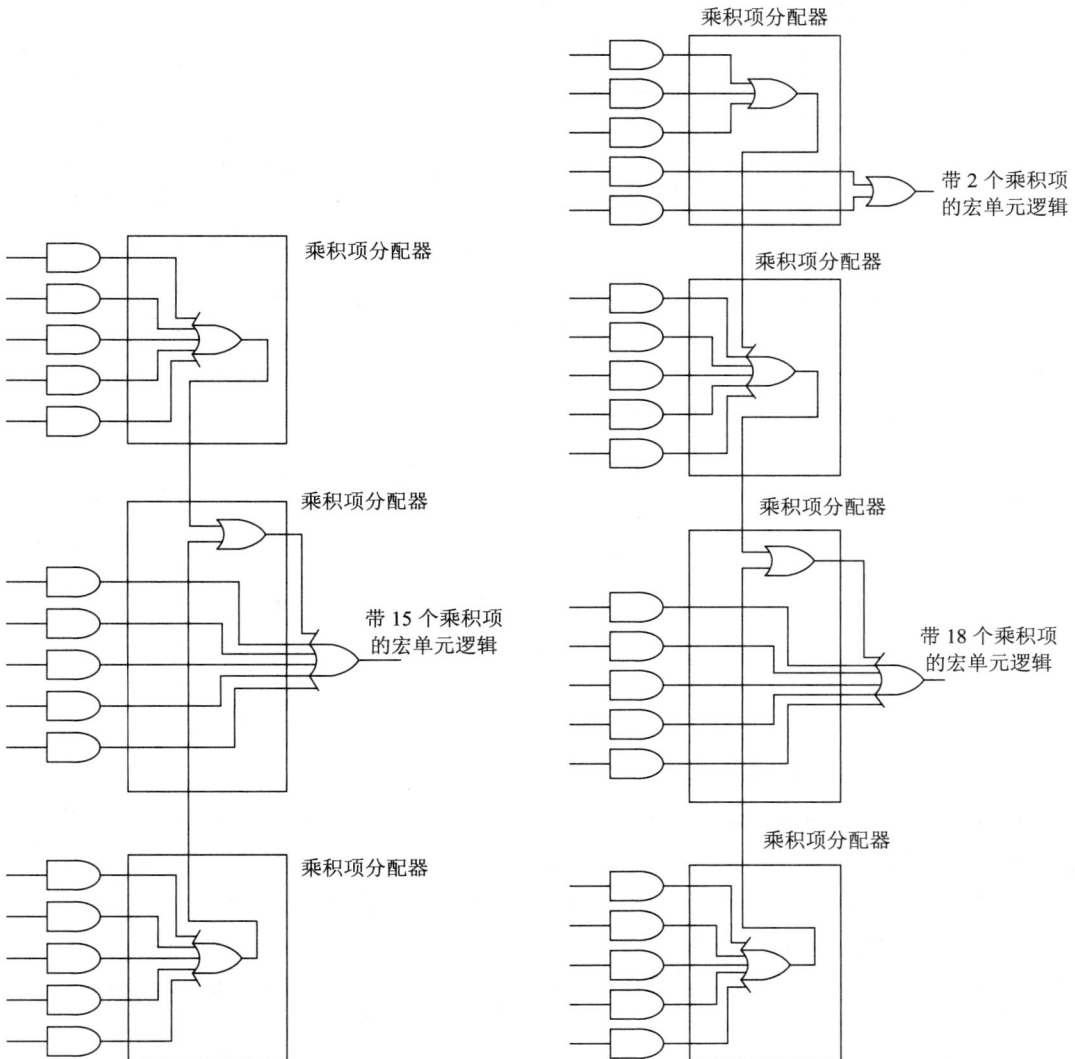

图 6.15　利用 15 个乘积项的乘积项分配　　　　图 6.16　通过数个宏单元的乘积项分配

4. FastCONNECT 开关矩阵

FastCONNECT 开关矩阵连接信号到 FB 的输入端，如图 6.17 所示。所有 I/O 模块的输出(对应于用户引脚的输入)和所有 FB 的输出驱动 FastCONNECT 开关矩阵，这些信号的任一个(FB 扇入限制高达 36)可以编程选择，以统一的延时驱动每个 FB。

    FastCONNECT 开关矩阵具有驱动目标 FB 前组合多个内部连接到单个线与输出的能力。这样可以提供附加的逻辑能力和增加目标 FB 的有效逻辑扇入，而不产生任何附加的时序延时。对内部连接仅来源于 FB 的输出是有效的，它由开发软件自动调用。

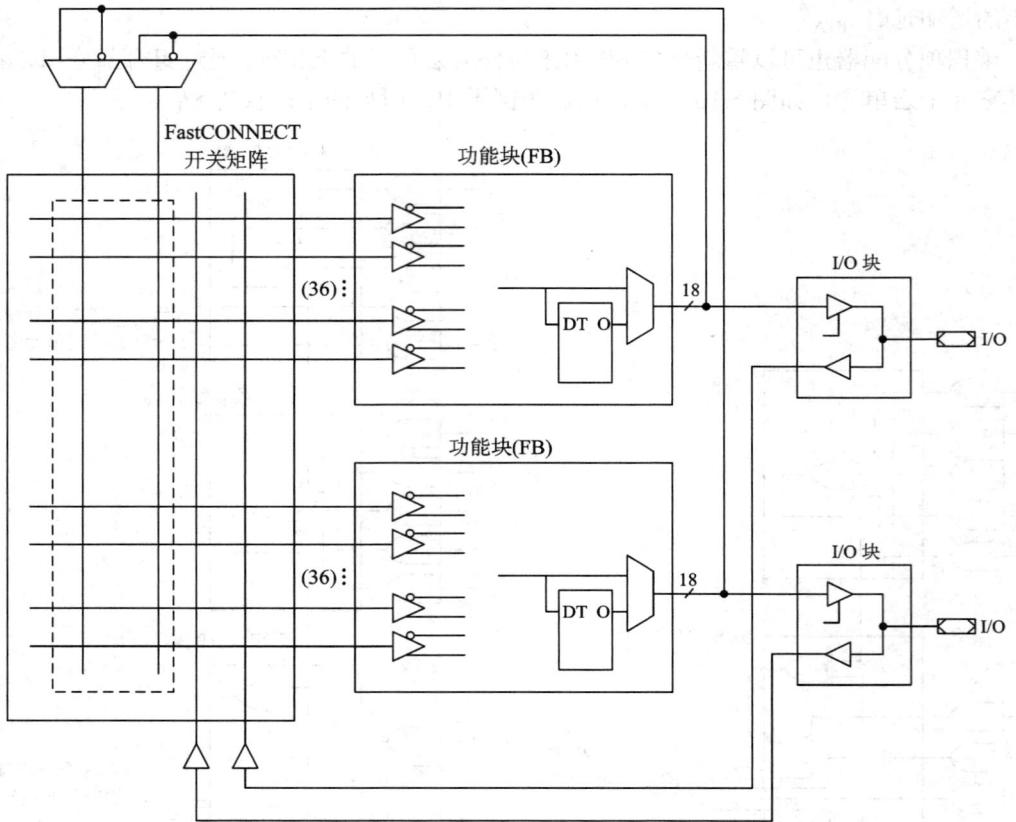

图 6.17   FastCONNECT 开关矩阵连接信号到 FB 的输入端

5. 输入/输出接口模块(I/O)

    I/O 块提供内部逻辑电路和用户 I/O 引脚之间的接口。每个 I/O 块包括数个输入缓冲器、输出使能多路选择器、用户可编程接地控制和输出驱动器等部分，如图 6.18 所示。

    输入缓冲器是与标准的 5 V CMOS、5V TTL 和 3.3 V 信号电平兼容的。输入缓冲器利用内部 5 V 电源(V_{CCINT})确保输入门限为常数，从而保证输入门限电压不随接口电压 V_{CCIO} 而改变。输出使能可以来自宏单元的乘积项信号，或者全局输出使能(OE)信号的任一个，或者总是"1"或总是"0"。

    每个输出有独立的输出摆率控制。输出沿的摆率可以通过编程使得输出摆率变慢来减少系统噪声，这样附加一个时间延时 t_{SLEW}，如图 6.19 所示。

    每个 I/O 块提供用户编程接地引脚，允许将器件 I/O 引脚配置为附加的接地引脚。把关键处设置的编程接地引脚与外部的地连接，可以减少由大量瞬时转换输出产生的系统噪声。

    控制上拉电阻(典型值为 10 kΩ)接到每个器件的 I/O 引脚，用来防止器件在非正常工作时引脚出现悬浮情况。在器件编程模式和系统加电期间，这个电阻是有效的，擦除器件时它也是有效的，在正常运行器件时这个电阻是无效的。

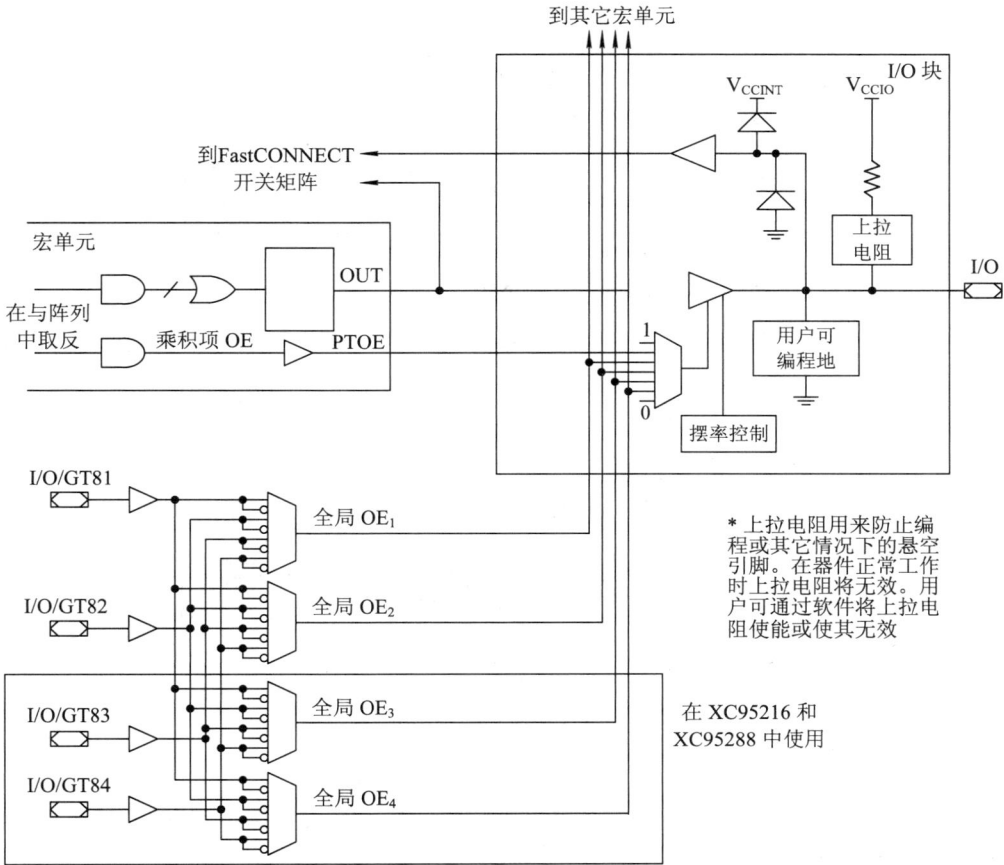

图 6.18　I/O 接口模块

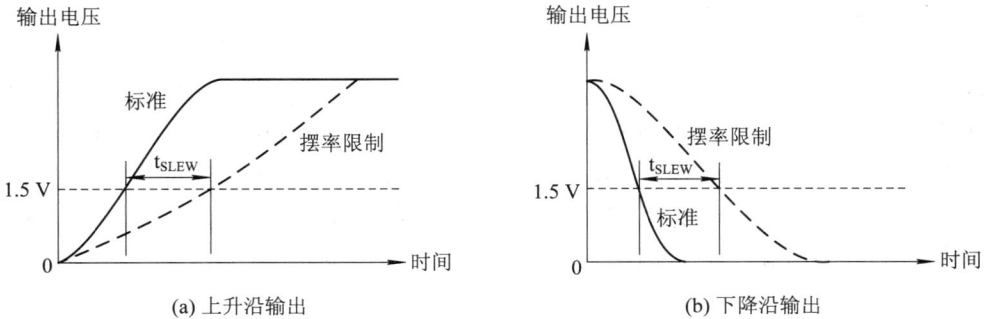

图 6.19　输出摆率控制

XC9500 系列器件可在 5 V 正常电压和 3.3 V/2.5 V 的低电压条件下安全工作。I/O 输出驱动器具有支持 24 mA 输出驱动的能力，在器件中的所有输出驱动器可以配置为 5 V TTL电平或 3.3 V 电平，器件的输出电源 V_{CCIO} 可连接 5 V 或 3.3 V 的电源。图 6.20 表示 XC9500

器件如何在仅有 5 V 或混合的 3.3 V/5 V 系统中的使用。低电压器件 XC9500XL CPLD 具有比 XC9500 CPLD 更高的性能，其输出电压为 3.3 V 或 2.5 V，其 I/O 引脚可接受 5 V、3.3 V 和 2.5 V 的电压输入。

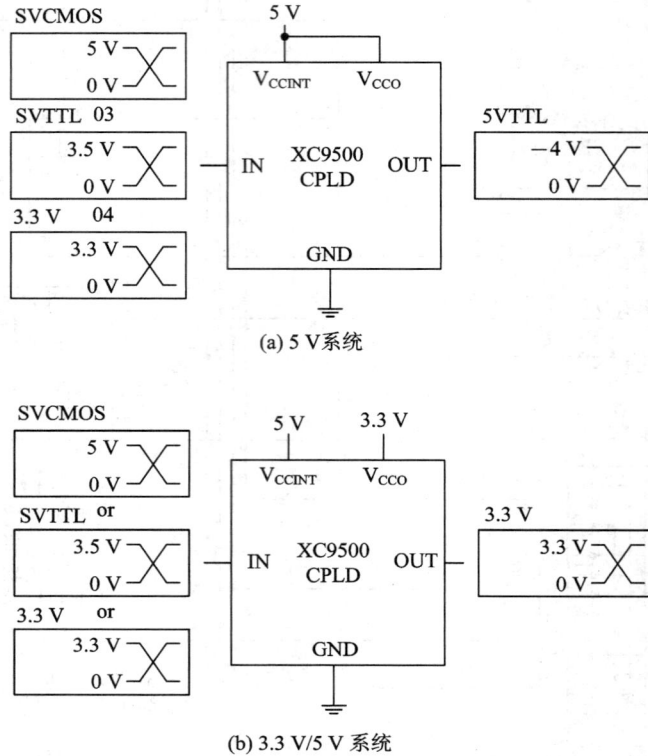

图 6.20　XC9500 系列器件的工作模式

6．低功率模式

所有 XC9500 器件提供对单个宏单元或横跨所有宏单元的低功率模式，这个特性可使器件功率显著减少。每个单个宏单元可以被用户编程为低功率模式，这种模式的应用使关键的部件可以保持为标准的功率模式，而其它部件可以编程为低功率运行，以便减少整个功耗。

XC9500 器件在加电期间，所有器件引脚和 JTAG 引脚被禁止，所有器件输出用 I/O 块上拉电阻使能禁止。当电源电压达到安全电平，用户寄存器开始初始化(一般在 100 μs 内)，器件立即运行有效。XC9500 器件在编程期间，器件处于正常工作状态，器件的输入和输出被使能，JTAG 引脚同时也被使能，允许在任何时间擦除器件或进行边界扫描测试。XC9500 器件在擦除状态(任何用户模式编程之前)下，器件输出用 I/O 块上拉电阻禁止，而使能 JTAG 引脚允许器件在任何时间被编程。

6.3　现场可编程门阵列 FPGA

现场可编程门阵列 FPGA 是 20 世纪 80 年代中期推出的另一种类型的可编程逻辑器件。现场可编程门阵列 FPGA 是由掩膜可编程门阵列 MPGA 和可编程逻辑器件二者演变过来的，并将它们的特性结合在一起。FPGA 由一组排列规则、组合灵活的用户可编程门阵列构成，并由可编程的内部连线连接这些逻辑功能块来实现不同的设计，因此 FPGA 既有门阵列的高逻辑密度和通用性，又有可编程逻辑器件的用户可编程特性。FPGA 的门阵列结构可以达到比 CPLD 更高的集成度，含有更多的 I/O 端口和触发器资源，同时具有更复杂的布线结构和逻辑实现，可编程门阵列在器件的选择和内部的互连上提供了更大的自由度，用户可通过编程将内部的逻辑单元连成任何复杂的数字系统。FPGA 是现场可编程的，可以反复擦写和重新编程，因此具有更大的灵活性，目前 FPGA 已成为设计数字电路或系统的首选器件之一。

6.3.1　FPGA 的基本结构

　　FPGA 的生产厂家以及产品种类较多，但它们的基本组成大致相似。FPGA 的基本结构示意图如图 6.21 所示。它的核心部分是逻辑单元阵列 LCA，LCA 是由内部逻辑块矩阵和周围 I/O 接口模块组成。LCA 内部连线在逻辑块的行列之间，占据逻辑块 I/O 接口模块之间的通道，可以由可编程开关以任意方式连接形成逻辑单元之间的互连。

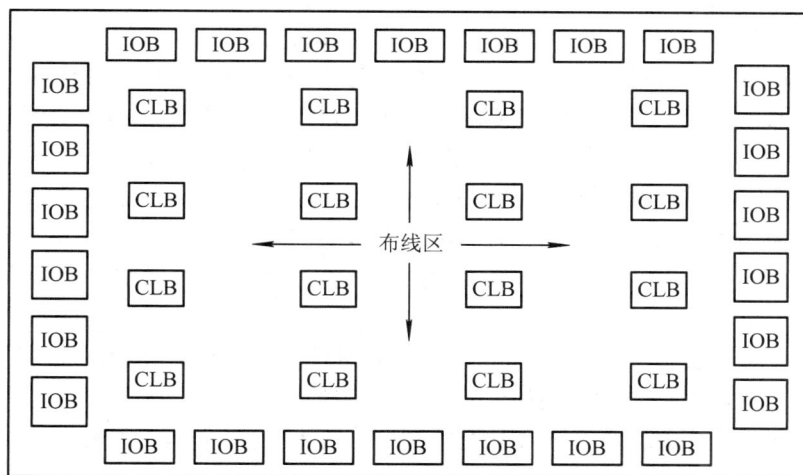

图 6.21　FPGA 的基本结构示意图

　　FPGA 由三种编程单元和一个存放编程数据的静态存储器组成，这三种可编程单元是由布线资源分隔的可编程逻辑模块 CLB、周边可编程 I/O 单元 IOB 和布线通道中的互连资源组成。CLB 阵列实现用户指定的逻辑功能，它们以阵列的形式分布在 FPGA 中；可编程 I/O 单元 IOB 为内部逻辑与器件封装引脚之间提供了可编程接口，它通常排列在芯片四周；可编程互连资源分布在 CLB 的空隙，它是在模块之间传递信号的网络，通过编程实现各个 CLB 之间、CLB 与 IOB 之间以及全局信号与 CLB 和 IOB 之间的连接。

　　目前，大部分 FPGA 利用用户编程的查找表 LUT(Look-Up Table)实现模块逻辑，利用程序控制多路复用器实现其功能选择。FPGA 的功能配置是由编程数据存储贮器 SRAM 存放的编程数据决定。这些编程数据决定和控制各个 CLB、IOB 及内部连线的逻辑功能和它们之间的互连关系。FPGA 的静态存储器 SRAM 的存储单元如图 6.22 所示，它是由两个

CMOS 反相器和一个用于读写数据的开关晶体管组成。两个 CMOS 反相器接成一个环路形成双稳态器件。由于采用了独特的工艺设计，这种结构具有很强的抗干扰能力和很高的可靠性，但停电后，存储器中的数据不能保存，每次通电必须重新给存储器装载编程数据。通常配置数据存放在 FPGA 外部的配置芯片 EPROM、E^2PROM 或计算机中，系统开机或需要时，由 FPGA 内初始化逻辑提供在加电时自动加载配置数据至 SRAM 中。用户也可以控制加载过程，在现场修改器件的逻辑功能，即所谓的现场编程。SRAM 存储单元的数据一旦确定，FPGA 门阵列的逻辑关系也就确定了。采用 SRAM 查找表结构的 FPGA 厂商有 Xilinx、Altera、Lattice 等。

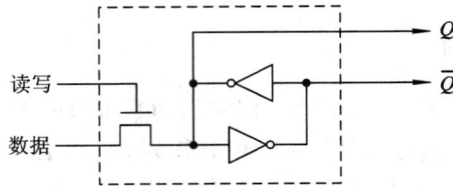

图 6.22　FPGA 的静态存储器 SRAM 的存储单元

随着技术的发展，在 2004 年以后，一些厂家推出了一些新型 FPGA，如 Altera 公司的 MAX Ⅱ 系列 FPGA，这些产品与 CPLD 一样，内部集成了非易失性的存储器，从而减少了系统配置的芯片数量和成本。这些器件的逻辑功能是基于 FPGA 查找表结构，在本质上它就是一种在内部集成了配置芯片的 FPGA。这些器件配置时间极短，加电就可以工作，并且 FPGA 掉电后，配置数据也不会丢失，不需要从外部加载配置数据。

还有一些 FPGA 的逻辑功能是通过多路开关实现，编程是通过逆熔丝的通断实现的，这样的结构称为多路开关反熔丝结构，或者说是反熔丝多路开关结构，这些开关元件在未编程时处于开路状态。编程时，在需要连接处的逆熔丝开关元件两端加上编程电压，逆熔丝就由高阻抗变为低阻抗，实现两点间的连接，编程后器件内的反熔丝模式决定了相应器件的逻辑功能。基于反熔丝多路开关的 FPGA 具有体积小、集成度高、速度快、易加密、抗干扰能力强、耐高温等特性，适用于要求高可靠性的特殊应用场合，但因为反熔丝多路开关结构是一次性编程器件，在设计开发的初期阶段不灵活。Actel 和 Quicklogic 是采用反熔丝多路开关结构 FPGA 的代表厂商。

6.3.2　基于查找表的 FPGA 的结构和工作原理

Xilinx 公司的 FPGA 产品基本上都是基于查找表型的器件，包括两大类：Spartan 类和 Virtex 类。Spartan 类主要面向低成本的中低端应用，Virtex 类主要面向高端应用，这两个系列的差异在于芯片的规模和专用模块上。

下面先简要介绍 Spartan、Spartan-2、Spartan-3、Spartan-3E 系列产品的结构和特点。

(1) Spartan 系列产品的主要性能如表 6.3 所示，该系列结合了片上 RAM、强大的 IP 库支持和大容量、低价格的特点，使其可在大批量生产中替代 ASIC；系统门数范围为 5 千门到 4 万门，这些 FPGA 结合了结构上的多功能性，具有沿触发和双口模式的片内 RAM 存储器，配以更高的速度、更丰富的布线资源和更灵活的软件，达到完全自动地实现复杂的高密度和高性能的设计要求。

表 6.3　Spartan 系列产品的主要性能

器件	逻辑单元	可用门	CLB 阵列	CLB 总数	最大用户 I/O
XCS05	238	5K	10×10	100	77
XCS10	466	10K	14×14	196	112
XCS20	950	20K	20×20	400	160
XCS30	1368	30K	24×24	576	192
XCS40	1862	40K	28×28	784	224

(2) Spartan-2 系列产品的主要性能如表 6.4 所示，该系列是在 Spartan 系列结构的基础上进行了较大的改进，是高速、高密度现场可编程门阵列，系统门数范围为 1.5 万门到 20 万门；采用基于 VirtexTM 结构的流水线结构，支持流行的接口标准，具有适量的逻辑资源和嵌入式 RAM。

表 6.4　Spartan-2 系列产品的主要性能

器件	逻辑单元	可用门	CLB 阵列	CLB 总数	最大用户 I/O
XC2S15	432	15K	8×12	96	86
XC2S30	972	30K	12×18	216	132
XC2S50	1728	50K	16×24	384	176
XC2S100	2700	100K	20×30	600	196
XC2S150	3888	150K	24×36	864	260
XC2S200	5292	200K	28×42	1176	284

(3) Spartan-3 系列产品的主要性能如表 6.5 所示，该系列是为那些需要大容量、低价格电子应用的用户而设计的。该系列基于 Virtex-2 FPGA 架构，采用 90 nm 技术，系统门数从 5 万门到 500 万门，内嵌了硬核乘法器和数字时钟管理模块；从结构上看，Spartan-3 将逻辑、存储器、数学运算、数字处理器、I/O 以及系统管理资源结合在一起，改进了处理技术，为编程逻辑工业提供了新的标准。

表 6.5　Spartan-3 系列产品的主要性能

器件	逻辑单元	可用门	CLB 阵列	CLB 总数	最大用户 I/O
XC3S50	1728	50K	16×12	192	124
XC3S200	4320	200K	24×20	480	173
XC3S400	8064	400K	32×28	896	264
XC3S1000	17280	1M	48×40	1920	391
XC3S1500	29952	1.5M	64×52	3328	487
XC3S2000	46080	2M	80×64	5120	565
XC3S4000	62208	4M	96×72	6912	712
XC3S5000	74880	5M	104×80	8320	784

(4) Spartan-3E 系列产品的主要性能如表 6.6 所示，其主要面向消费电子应用，如宽带

无线接入、家庭网络接入以及数字电视设备等。该系列的系统门数范围从 10 万到 160 万门，是在 Spartan-3 基础上进一步改进的产品，提供了比 Spartan-3 更多的 I/O 端口和更低的单位成本。由于更好地利用了 90 nm 制造工艺，在单位成本上实现了更多的功能和处理带宽。

表 6.6　Spartan-3E 系列产品的主要性能

器件	逻辑单元	可用门	CLB 阵列	CLB 总数	最大用户 I/O
XC3S100E	2160	100K	22 × 16	240	108
XC3S250E	5508	250K	34 × 26	612	172
XC3S500E	10476	500K	46 × 34	1164	232
XC3S1200E	19512	1200K	60 × 46	2168	304
XC3S1600E	33192	1600K	76 × 58	3688	376

下面以 Spartan 系列产品为例，介绍基于查找表的 FPGA 的电路结构和工作原理。

1. 可编程逻辑模块 CLB

CLB 是 FPGA 的基本逻辑单元电路，它能实现绝大多数的逻辑功能。CLB 的简化原理框图如图 6.23 所示，CLB 由组合逻辑函数发生器、触发器、编程数据存储单元和一些内部控制的数据选择器等电路组成。组合逻辑函数发生器是由查找表 LUT 构成。

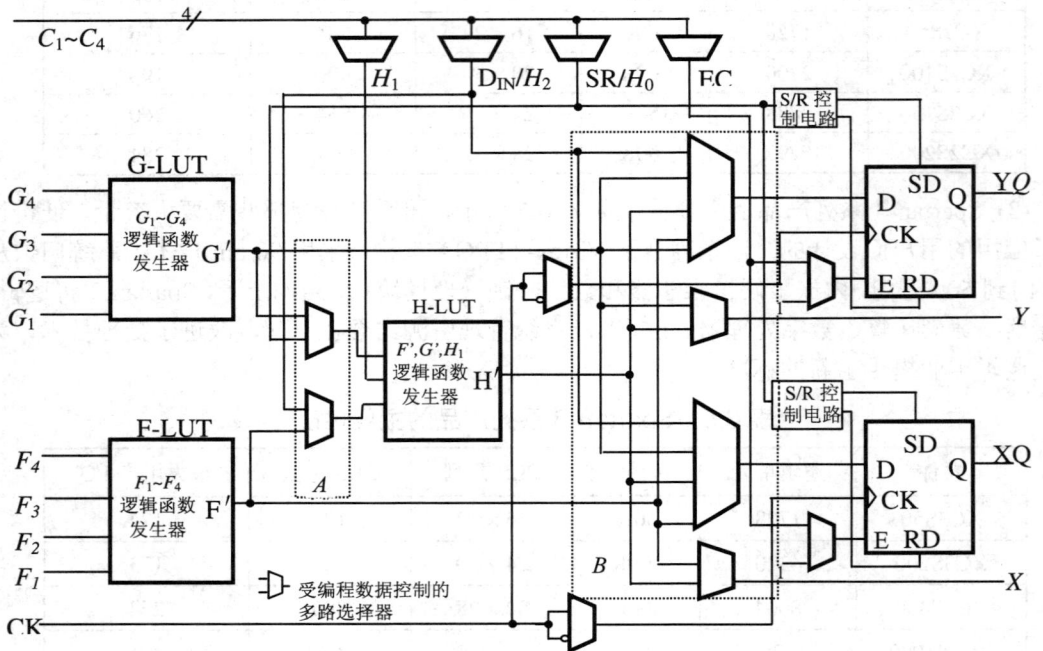

图 6.23　CLB 的简化原理框图

查找表型的 FPGA 用查找表 LUT 实现多种组合逻辑功能。查找表是由静态存储器 SRAM 构成的函数发生器，二变量函数发生器的原理图如图 6.24 所示，电路是由 NMOS 管构成的逻辑函数发生器。A、B 是两个输入变量，F 是输出逻辑函数。输出和输入的逻辑关系是由一组配置存储器单元的控制代码 $M_0 \sim M_3$ 决定，$M_0 \sim M_3$ 为编程静态存储单元 SRAM 中的数据，通过向编程存储单元 $M_0 \sim M_3$ 写入不同数据，查找表得到不同输入和输出的逻辑关系。当 $M_0M_1M_2M_3 = 1100$ 时，若 $AB = 10$，T_1 和 T_2 导通，$F = 1$；若 $AB = 01$，T_3 和 T_4 导通，$F = 1$；若 $AB = 11$ 或 $AB = 00$ 时，则 4 条支路皆不导通，$F = 0$；因此 F 的逻辑表达式为 $F = \overline{A}B + A\overline{B} = A \oplus B$。表 6.7 是 $M_0 \sim M_3$ 为不同取值时输入与输出的逻辑关系。

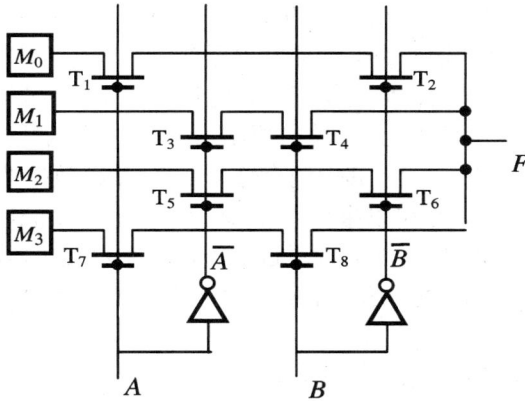

图 6.24　二变量函数发生器的原理图

表 6.7　二变量查找表的函数表

M_0	M_1	M_2	M_3	F
0	0	0	0	0
0	0	0	1	AB
0	0	1	0	$\overline{A}B = A + B$
0	0	1	1	$AB + AB = A \odot B$
0	1	0	0	$\overline{A}B$
0	1	0	1	B
0	1	1	0	$\overline{A}$
0	1	1	1	$\overline{A} + B$
1	0	0	0	$A\overline{B}$
1	0	0	1	A
1	0	1	0	$\overline{B}$
1	0	1	1	$A + \overline{B}$
1	1	0	0	$\overline{A}B + A\overline{B} = A \oplus B$
1	1	0	1	$A + B$
1	1	1	0	$\overline{A} + \overline{B} = \overline{AB}$
1	1	1	1	1

　　同理，M 个输入多变量的查找表相当于 M 个输入的逻辑函数真值表存储在一个 $2^M \times 1$ 的 SRAM 中，SRAM 的地址线起输入作用，SRAM 的输出为逻辑函数的值，由此输出状态控制传输门或多路开关信号的通断实现与其它功能块的可编程连接。作为查找表来实现的函数发生器，时延与实现的函数的复杂性无关。

　　上述查找表类型的逻辑函数发生器只能产生组合逻辑功能，在此基础上再增加触发器，便可构成既可实现组合逻辑功能，又可实现时序逻辑功能的基本逻辑单元电路。FPGA 就是由许多这样的基本逻辑单元来完成各种复杂的逻辑功能的。

　　FPGA 中有许多可编程多路选择器实现其功能选择。与查找表的工作情况一样，可编程多路选择器对信号的选择也是通过编程存储单元中的数据来控制门阵列中门的开和关，从而实现对多输入信号的选择输出。

　　Spartan 系列产品的 CLB 的组合逻辑发生器部分采用三个 16×1 的存储器查找表来实现组合逻辑函数，其中两个是四输入逻辑功能发生器 F 查找表(F-LUT)和 G 查找表(G-LUT)，每个能提供四个独立输入信号的任何逻辑函数。它们各有 16 个编程数据存储单元，实现的逻辑功能由 16 个编程数据存储单元写入的数据决定。第三个函数功能发生器 H-LUT 能实现三输入变量的任意函数逻辑功能，其中两个输入端由 A 组数据选择器编程决定，这些输入可以来自于 F 和 G 的输出，也可以来自于 CLB 的外部输入 H_0 和外部输入 H_2，第三个输入总是来自 CLB 的外部输入 H_1。因而，通过三个逻辑函数发生器的两级组合，CLB 能实现高达 9 个输入变量的某些函数。这三个查找表能联合起来完成任何单个五输入变量的逻辑功能。

　　来自函数发生器的信号也可以在查找表输出端直接输出。F 和 H 可以由可编程数据选择器编程接到 X 输出，G 和 H 可接到 Y 输出，实现组合逻辑功能。

　　CLB 可以传递组合逻辑的输出到互连网络，也可以在一个或两个触发器中存储组合逻辑的结果或其它输入数据，并把它们的输出同样连接到互连网络。每个 CLB 有两个边沿触发的 D 触发器，D 触发器被利用来存贮组合逻辑发生器的输出。D 触发器和组合逻辑发生器也能被独立应用。存贮单元的数据输入由 B 组数据选择器编程决定。CLB 的存储单元结构如图 6.25 所示。在两个触发器中，其中有一个可由用户规定极性为上升沿或下降沿的公共时钟 CK。两个 D 触发器共用 CLB 的内部控制信号 SR，通过各自的 S/R 控制电路，分别对两个触发器异步置位和复位。时钟使能也可通过选择器选择直接受 CLB 内部控制信号 EC 控制或接高电平。这两个 D 触发器都能被在加电或重配置时的全局置位/复位线初始化信号 GSR 控制。两个触发器分别从 XQ 和 YQ 输出，XQ 和 YQ 是 CLB 的时序逻辑输出端。

　　图 6.23 中的 CLB 内部信号 H_1、D_{IN}/H_2、SR/H_0、EC 是由 CLB 的四个控制信号输入端 $C_1 \sim C_4$ 通过四个数据选择器转换而成。

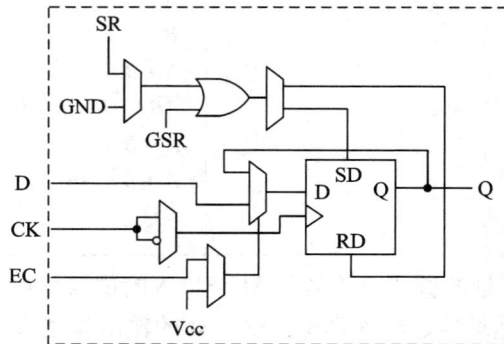

图 6.25　CLB 的存储单元结构

　　CLB 除了实现组合逻辑和时序逻辑功能外，函数发生器 G 和 F 的编程数据存储单元还可构成读/写存储器使用。一个 CLB 可以构成两个容量为 16×1 位的 RAM 或一个 32×1 位 RAM，函数发生器 G 的编程数据存储单元还可设置为 16×1 位的双口 RAM(可以同时进行读操作和写操作)。Spartan 系列的一个 CLB 所支持的存储器容量、触发方式和单口、双口模式的关系如表 6.8 所示。以 CLB 构成两个 16×1 位单口 RAM 为例，其原理框图如图 6.26 所示。CLB 作为 RAM 使用时，控制信号功能将有所变化，时钟脉冲 K 作为 RAM 的写入信号，H_1、D_{IN}/H_2 和 SR/H_0 变为两个数据输入端 D_0、D_1 和写使能输入，$G_1 \sim G_4$ 和 $F_1 \sim F_4$ 分别为两个 RAM 的地址信号，G'、F' 为两个 RAM 的数据输出。写入时，地址信号 $G_1 \sim G_4$、$F_1 \sim F_4$ 经写地址译码器译码，选通相应的存储单元，在写时钟 K 和写使能 WE 的控制下将数据 D_0、D_1 分别写入 G 和 F 的存储单元。读出时，读地址信号通过数据选择器，直接选通对应地址单元的存储数据，数据便可从 RAM 中立即输出。

表 6.8　CLB 所支持的存储器容量、触发方式和单口、双口模式的关系

	16×1	$(16 \times 1) \times 2$	32×1	边沿触发	电平触发
单口	✓	✓	✓	✓	✓
双口	✓	✓		✓	

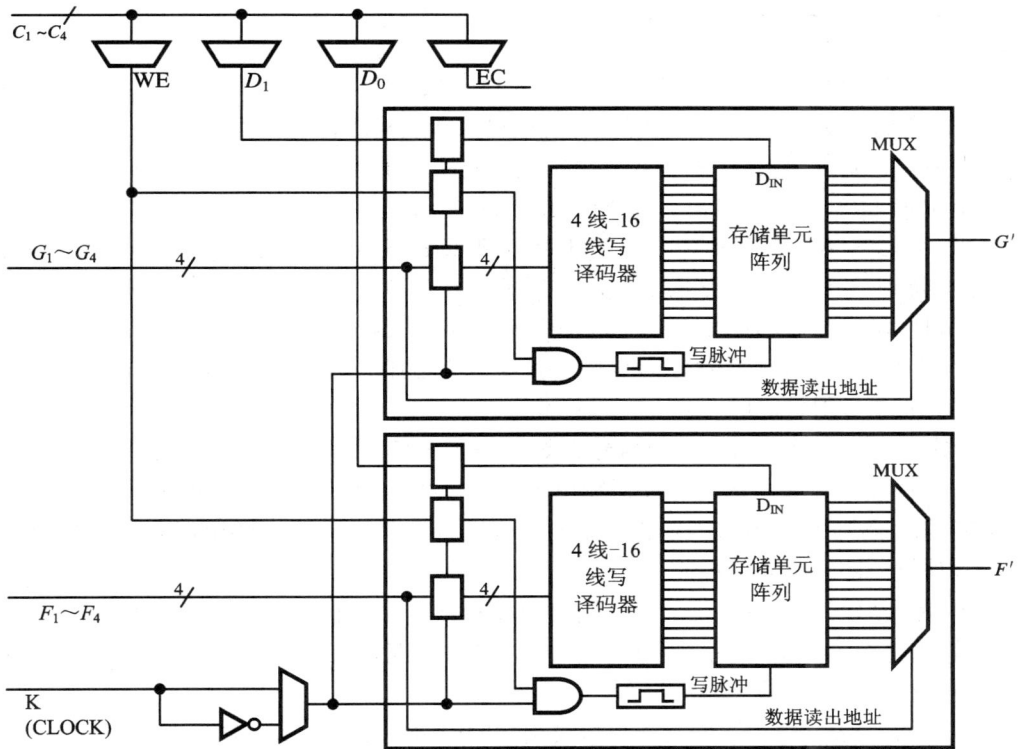

图 6.26　CLB 构成两个 16×1 位单口 RAM 的原理框图

2. I/O 模块 IOB

用户可编程 IOB 提供外部引脚和内部逻辑功能之间的接口。每个 IOB 控制一个封装引脚，并能被设置为输入、输出和双向工作模式。每个 I/O 单元具有两个触发器、输入门限检测缓冲器、三态输出缓冲器、两根时钟输入线及一组程序控制存储单元。Spartan 系列的 IOB 简化原理框图如图 6.27 所示。

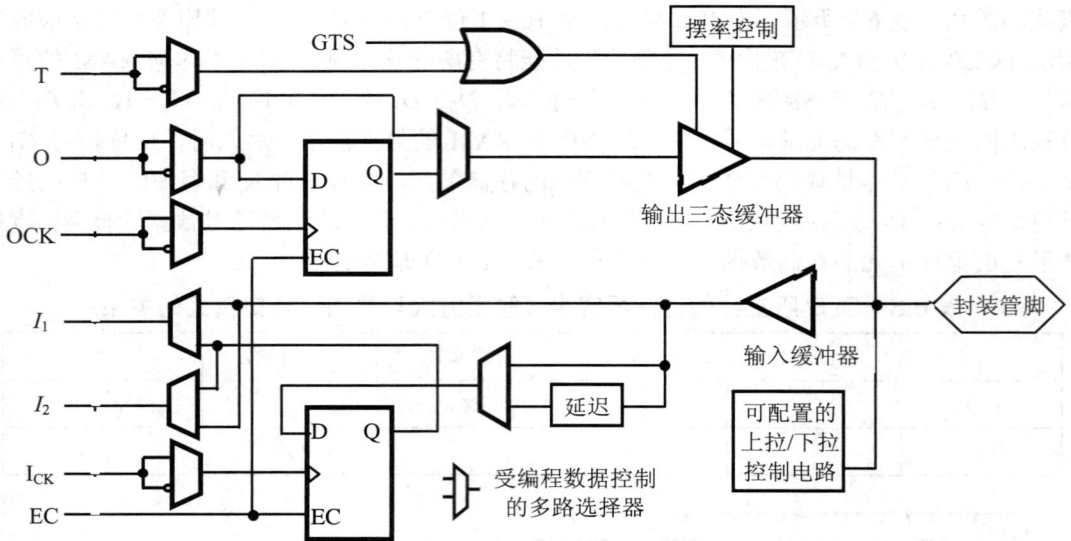

图 6.27　Spartan 系列的 IOB 简化原理框图

当 I/O 引脚作为输入时，能被配置为直接输入或由输入寄存器输入。IOB 的输入信号通过输入缓冲器，能直接由 I_1、I_2 输入到内部逻辑电路，或由触发器寄存后输入至内部逻辑电路。每个 IOB 的输入缓冲器带有阀值检测，可将施加到封装引脚上的外部信号转换成内部逻辑电平，IOB 输入的阀值可编程为 TTL 电平或 CMOS 电平。缓冲后的输入信号驱动存储单元的数据输入。输入到寄存器前可以选择延时几个纳秒，由于延时使能，可使输入触发器的建立时间增加，足够的延时用于满足外部引脚上数据保持时间的要求。IOB 数据输入通道每个都有一拍的延迟或者延迟是缺省的。这个增加的延迟保证了时钟通过任何全局时钟缓冲器的一个零保持时间。

当 I/O 引脚作为输出时，输出信号由 O 端进入 IOB 模块，经选择器选择是否反相后，可被编程为直接输出或由输出寄存器输出至一个可编程的三态输出缓冲器。三态输出缓冲器的使能控制信号 T 能被编程定义为高电平或低电平有效。三态输出缓冲器还具有输出转换率控制功能，即输出摆率控制。

GTS 是全局三态线，它强迫所有输出为高阻态，除了非边界扫描有效或工作在外界测试状态。输入寄存器和输出寄存器共用时钟使能 EC，但它们有各自的时钟信号 ICK 和 OCK，且都能被编程为上升沿或下降沿触发。

可编程的上拉/下拉控制电路用于将没用到的引脚拉至 V_{CC} 或 GND 电平，以减少引脚悬空增加的附加功耗和系统噪声。

3. FPGA 的互连资源

FPGA 内部的可编程互连资源是连接各模块的通道，它可形成多个 CLB、IOB 组成的功能电路。互连资源主要由各种长度的金属导线、可编程开关点和可编程开关矩阵组成。FPGA 内部信号通过金属线在各个模块进行传输，并通过可编程开关点和可编程开关矩阵控制其传输方向。

所有的内部布线通道都由金属线、可编程开关点及可编程开关矩阵来完成布线任务。图 6.28 所示是 Spartan 系列 CLB 可编程连线资源示意图。布线区里的金属线以纵横交错的栅格状结构分布在两个层面(一层为横向线段,另一层为纵向线段),金属线可分为单长线、双长线、长线和全局时钟线。

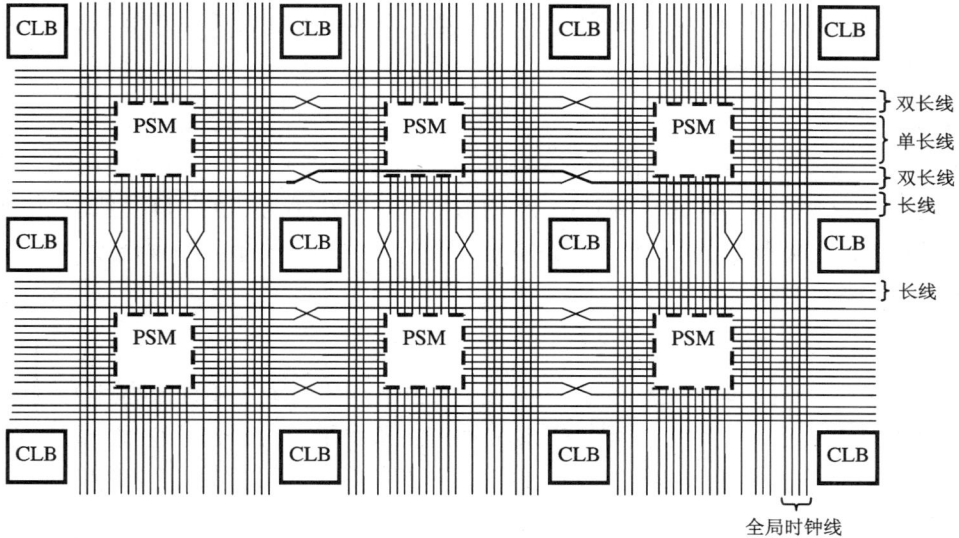

图 6.28 CLB 可编程连线资源

下面对 Spartan 系列 CLB 可编程连线资源分别进行介绍。

1) 可编程开关矩阵

在每一个水平和垂直布线通道的交汇处有一个控制布线方向的可编程开关矩阵,如图 6.29 所示。每个开关矩阵是由多个可编程的跨接的晶体管来建立线间的连接。允许毗邻行和列的金属线段之间的可编程互连。例如一个单倍长度信号从开关矩阵的右边进入,能够通过开关矩阵编程连接到上部、左部或底部的单长度线。同样,双长度线也是如此。

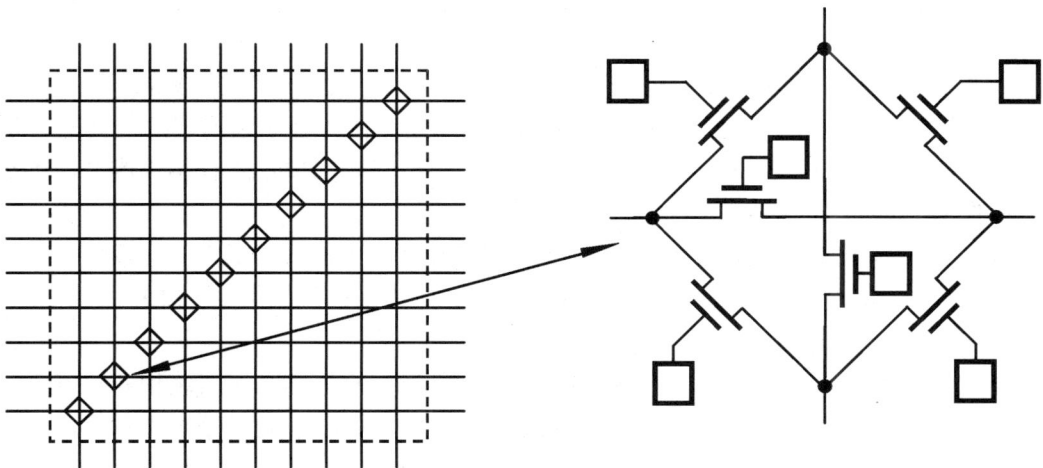

图 6.29 可编程开关矩阵

2) 单长度线

单倍长度线提供了一种最大的互连灵活性和相邻功能块之间的快速布线。在邻近的 CLB 中，有八条水平及八条垂直的单倍长度线与每个 CLB 相连，这些线把位于 CLB 每行每列的开关矩阵连接起来。单长度线之间是通过可编程开关矩阵的方式来连接的。

单倍长度线在通过每个开关矩阵时会产生延迟，因此不适合长距离信号布线，它通常用于局部区域的信号布线。

3) 双长度线

由栅状金属段组成，比单长度线长两倍。有四条水平或垂直的双长度线与每个 CLB 相连。在进入下一个开关矩阵之前穿过两个 CLB。双长度线是与开关矩阵交错成对分组，以使每根线在 CLB 的另一行或列通过开关矩阵。双长度线由开关矩阵编程连接，提供快速、灵活的中等距离布线。

4) 长线

长线通常水平地或垂直地跨过整个阵列，或由中点的一个可编程分离开关将长线分成两条独立的布线通道。每行每列两个 CLB 之间有三条水平长线。长线能被一系列的三态门驱动，所以它们可以实现三态总线、宽多路转换器和"线与"、"线或"功能。长线适用于高扇出、时延小、远距离布线。

5) 全局时钟线

全局时钟线只分布在垂直方向上，用来提供全局时钟信号和高扇出的控制信号。

6) 布线通道

布线通道有以下三种：

(1) CLB 布线通道：用于连接行、列通道的 CLB 布线通道。

(2) IOB 布线通道：在 CLB 阵列周围，用于连接 I/O 和 CLB 的布线通道。

(3) 全局布线：分配整个器件的时钟并得到最小的延迟和摆率。全局布线也可用作其它高扇出信号布线。

所有的内部布线通道是由金属段和可编程的开关点及开关矩阵来完成布线任务的。一个构造的体系矩阵在布线通道提供自动高效布线。设计软件基于密度和时序的要求自动分配适当资源。为了保证得到精确内连线的描述，设计者可打开 EPIC 设计编辑器去查找器件内实际的内部连接。

CLB 输入/输出信号均匀分布于 CLB 四周并提供最大布线的灵活性。一般整个结构是对称、有规则的，它适合建立布局布线的算法。I/O 及查找表能自由地在 CLB 内改变位置，避免布线拥挤。

Spartan 系列详细的 CLB 布线连线图如图 6.30 所示，阴影方块是可编程开关矩阵。金属线通过开关矩阵 PSM 和可编程开关点与 CLB 和 IOB 相连。在每一个水平和垂直布线通道的交汇处有数个控制布线方向的可编程开关矩阵 PSM。可编程开关点也是由可编程的晶体管实现所选金属线之间及模块引脚之间的连接。

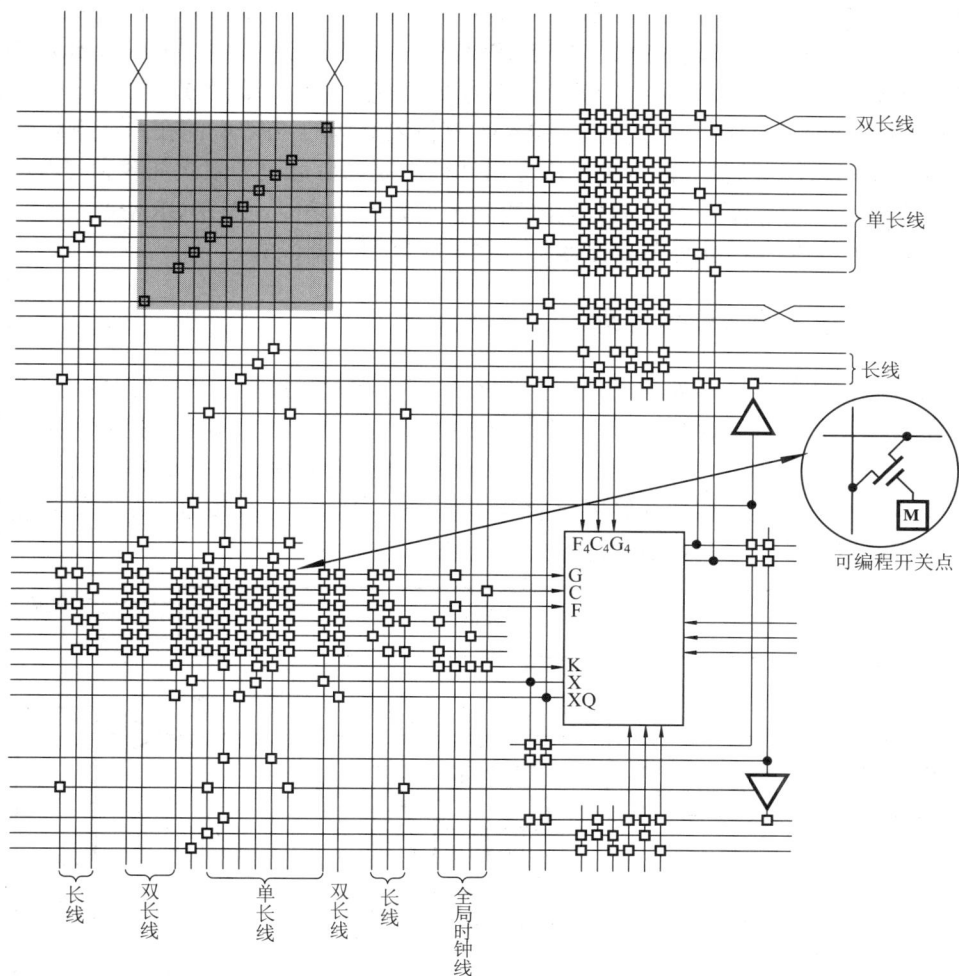

图 6.30　CLB 布线连线图

6.4　FPGA 的配置

器件编程或配置需要满足一定的条件，如编程电压、编程时序和编程算法等。传统的编程技术是将 PLD 插在编程器上进行，比如简单 PLD 大多使用这种方式编程。随着 PLD 集成度的不断提高，设计的工作量越来越大，PLD 的编程日益复杂，PLD 的编程必须在开发系统的支持下才能完成。PLD 的开发系统包括硬件和软件两部分，硬件包括计算机和专用的编程电缆或编程器，软件是指各种开发软件。

目前，许多新型的 FPGA 采用了在系统下载或重新配置(In-Chip Reconfigurable，ICR)的功能。在系统下载或重新配置使人们在逻辑设计时可以在未设计具体电路时就把 FPGA/CPLD 焊接在印制电路板上，然后在设计调试时可以反复地改变整个电路的硬件逻辑关系，而不必对电路板进行修改，从而简化了 PLD 器件的编程和目标系统的升级维护工作。

　　由于工艺不同，不同工艺的在系统可编程器件表现出不同的性能。人们常把基于电可擦除存储单元的 E^2PROM 或 Flash 技术的 CPLD 的在系统下载称为编程(Program)，如 Lattice 公司的 ispLSI 1016 器件的可编程存储单元均为 E^2CMOS 结构，编程过程就是把编程数据写入 E^2CMOS 单元阵列的过程。把基于 SRAM 查找表结构的 FPGA 的在系统下载称为配置(Configure)。SRAM 中的数据理论上允许在器件被烧制以后可被无限次加载和修改，因此不仅具有在系统可编程性能，而且具有无限次动态重编程的功能。但是 SRAM 工艺的可编程单元掉电后数据丢失，因此外部存储器每次加电时需要重新配置。

6.4.1　FPGA 在系统可配置原理

　　配置数据存储单元以阵列形式分布在 FPGA 中，配置数据存储单元阵列结构如图 6.31 所示。存储单元为 5 管 SRAM 结构，只有一根位线，其中 T 管为本单元控制门，由字线控制。数据以串行方式移入移位寄存器，而地址移位寄存器顺序选中存储单元的一根字线，当某列字线为高电平时，该列存储单元的 T 管导通，从而与位线接通，在写信号控制下将数据移位寄存器中一个字的数据通过各列位线写入该列存储单元。

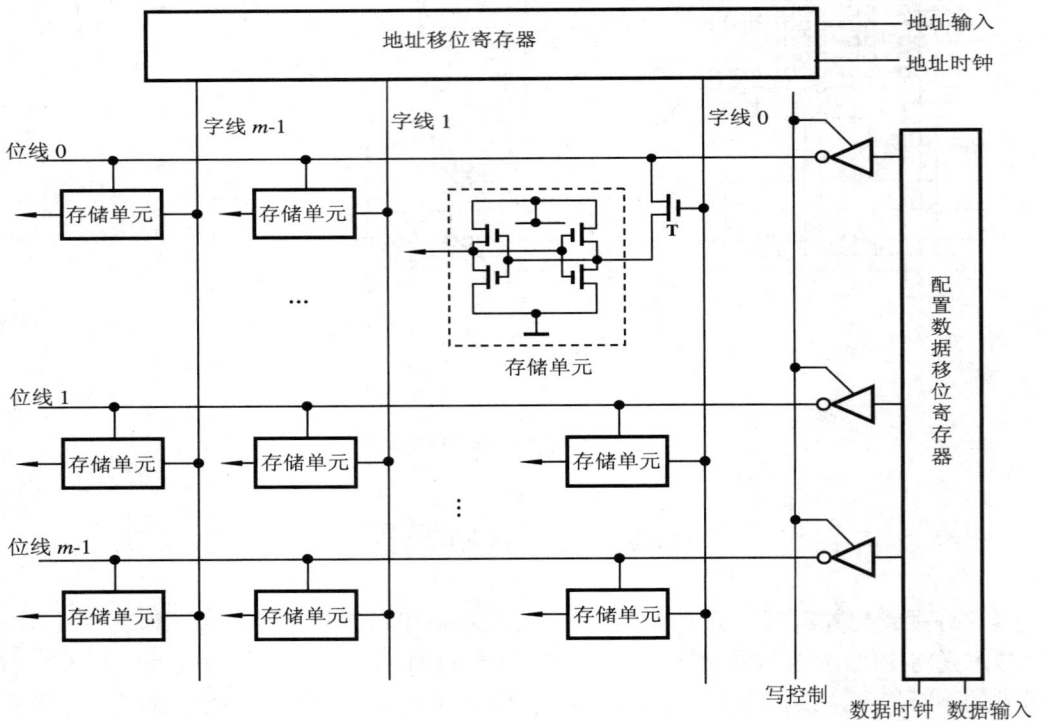

图 6.31　配置数据存储单元阵列结构

　　配置数据按照一定的数据结构形式组成数据流装入 FPGA 中，配置数据流由开发软件自动生成。开发软件将设计转化成网表文件，它自动对逻辑电路分区、布局、布线和校验 FPGA 的设计，然后按 E^2PROM 格式产生配置数据流并形成配置数据文件，最后还可将配置数据文件存入 E^2PROM 中。

6.4.2　FPGA 配置方式

可编程逻辑器件的配置方式分为主动配置和从动配置两类。主动配置由可编程器件引导配置过程，从动配置则由外部处理器控制配置过程。根据配置数据线数的不同，器件配置可分为并行配置和串行配置两类。串行配置以 Bit(比特)为单位将配置数据载入可编程器件，而并行配置一般以 Byte(字节)为单位向可编程器件载入配置数据。被动配置根据配置数据与时钟的关系可分为同步和异步两种方式。FPGA 的配置按照主/被动以及串/并行可以使用以下配置模式，这些配置模式可以通过 FPGA 的模式选择引脚设定的电平来决定，可采用 USB Blaster 下载线、MasterBlaste 通信线、ByteBlaster、ByteBlasterMV 并行下载线实现配置。ByteBlaster 的端口图如图 6.32 所示。JATG 模式的配置电缆引脚定义如表 6.9 所示。

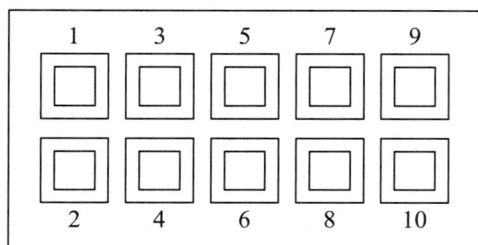

图 6.32　ByteBlaster 的端口图

表 6.9　JATG 模式的配置电缆引脚定义

引脚	1	2	3	4	5	6	7	8	9	10
JATG 模式	TCK	GND	TDO	VCC	TMS	—	—	—	TDI	GND

(1) 从动串行(Slave Serial)模式：通过异步串行微处理器实现配置。

(2) 从动并行(Slave Parallel Synchronous)模式：通过并行的微处理器实现配置。

(3) 主动串行 (Master Serial)模式：通过 FPGA 控制串行配置芯片实现自身配置。

(4) 主动并行(Master SelectMAP)模式：通过 FPGA 控制并行配置芯片实现自身配置。

(5) JTAG 模式：通过 IEEE 的标准 1149.1(JTAG)引脚实现配置。

Xilinx 公司的 FPGA 系列产品主要有 JTAG、Master Serial、Slave Serial、Master SelectMAP 和 Slave selcetMAP 下载配置模式。其中，在 Master Serial 和 Master SelectMAP 模式中必须使用 Xilinx 公司专用的 E^2PROM；在 JTAG、Slave Serial 和 Slave SelcetMAP 模式中需要其它可编程控制器来控制配置过程。

针对不同的应用场合，在同一个 FPGA 的下载配置电路中可以同时存在多种下载配置模式。FPGA 编程数据通常需要存放在 PROM 中，在每次加电期间都需要将 PROM 中的编程数据装入 FPGA。下面介绍如何将 PROM 中的编程数据装入 FPGA 中。

图 6.33 是一个典型的 Master Serial 模式和 JTAG 模式并存的下载配置电路原理示意图，通过改变 FPGA 的 M_2、M_1 和 M_0 管脚连接，可以实现 FPGA 下载配置模式的切换。

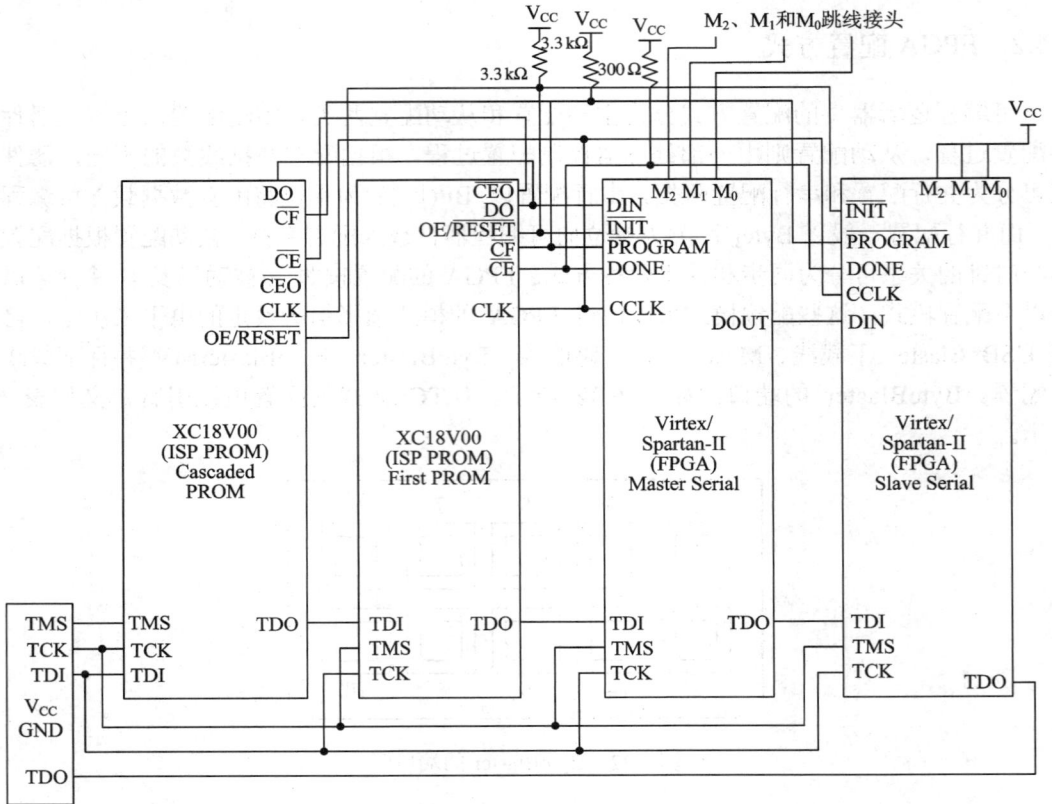

图 6.33　JTAG/Master Serial 模式并存的下载配置电路原理示意图

(1) 当 $M_0 = 0$、$M_1 = 0$、$M_2 = 0$ 时，采用 Master Serial 模式。

(2) 当 $M_0 = 1$、$M_1 = 0$、$M_2 = 1$ 时，采用 JTAG 模式。

当采用 JTAG 模式时，右击【Generate Programming File】(此界面参考图 2.43)中的【properties】，在产生的属性对话框【startup options】中设置【FPGA Start-Up Clock】为 JTAG Clock；当采用 Master Serial 模式时，设置【FPGA Start-Up Clock】为 CCLK，如图 6.34 所示。

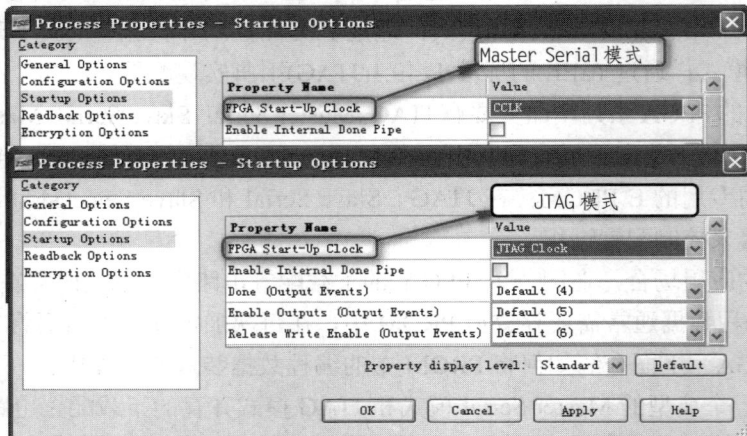

图 6.34　不同配置模式下时钟的设置

采取 JTAG 模式时,应为 JTAG 链上的每个可编程器件单独生成一个下载文件或设置为 Bypass。

图 6.33 所示电路用于 Master Serial/JTAG 模式的下载配置,图中是一个主模式器件与一个从模式器件按照菊花链编程模式相连,菊花链编程模式是将主模式器件和所有从模式器件的 CCLK 并行相连,将每个器件的 DOUT 与下一个器件 DIN 串行相连。在菊花链编程模式中起控制作用的主模式器件 FPGA 被放在链中第一位,并且引出的 M_2、M_1、M_0 跳线接头引脚应接地,此时配置电路工作在主动串行(Master Serial)模式下。将第二个 FPGA 从模式器件的 M_2、M_1、M_0 引脚接高电平,该 FPGA 被设置为从串模式(Slave Serial)。串行从模式是在主模式器件控制下,主模式器件读取外部存储器数据,并向从模式器件加载配置数据的过程。该电路是由工作在主动串行模式下的 FPGA 控制串行配置芯片实现对自身和其它从模式器件的配置,所以该电路配置方式是主动串行(Master Serial)模式。除此之外,该电路还可以工作在 JTAG 模式,由 PC 机或微处理器通过 IEEE 的标准 1149.1(JTAG)引脚实现对 PROM(如本电路中两个级联 XC18V00)的配置,或者直接对图中的两个 FPGA 进行加载,此时,放在链中第一位 FPGA 引出的跳线接头引脚需要被置为 $M_0 = 1$、$M_1 = 0$、$M_2 = 1$ 的电平。

该电路在主动串行(Master Serial)模式的工作过程如下:主模式器件利用一个内部晶振产生编程时钟 CCLK 去驱动 Xilinx 公司的两片串行 PROM 芯片 XC18V00 以及一个从器件,并为存储配置数据的外部 PROM XC18V00 生成地址及时序。CCLK 脉冲控制 XC18V00 地址增加,主模式器件以串行方式从 XC18V00 中接收配置数据,并以串行方式输出至下一个从器件。从模式器件在主模式器件产生 CCLK 的控制下,接收来自主模式器件的串行编程数据,装入编程数据后,若还有下一级从器件 FPGA,则传递配置数据到下一个从器件。按此方式,具有相同配置的多个从模式器件可以用并行 DIN 连接输入,多个器件可以同时被编程。

图 6.35 用于 Master Select MAP 方式下载配置电路。配置过程与上述基本相同,只是配置数据是并行从 PROM18V00 读入到 FPGA 器件中。

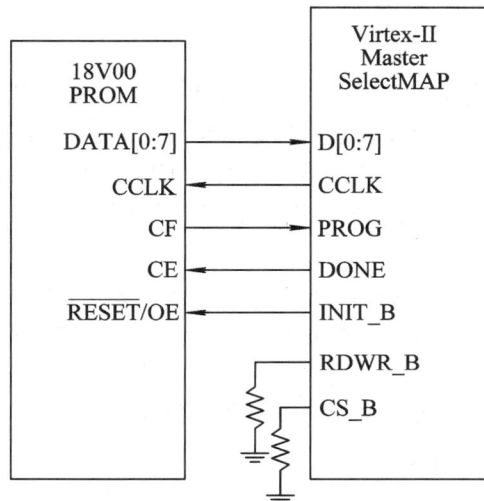

图 6.35　Master Select MAP 方式下载配置电路

6.4.3　配置流程

FPGA 器件的配置流程如图 6.36 所示。配置开始后，在加电和配置命令下，内部复位电路被触发，开始清除编程数据存储器。在 $\overline{\text{INT}}$ 为高电平时，电路自动测试模式引脚状态，以确定装载模式，然后启动数据读入操作。配置开始时，配置数据以一段起始码开头，其中包括配置数据的长度计数，接着便是设计文件的配置数据。当存储器初始化后所加的配置时钟总数等于配置数据的长度计数值时，数据装完，DONE 被置为高电平，电路开始进入用户状态。

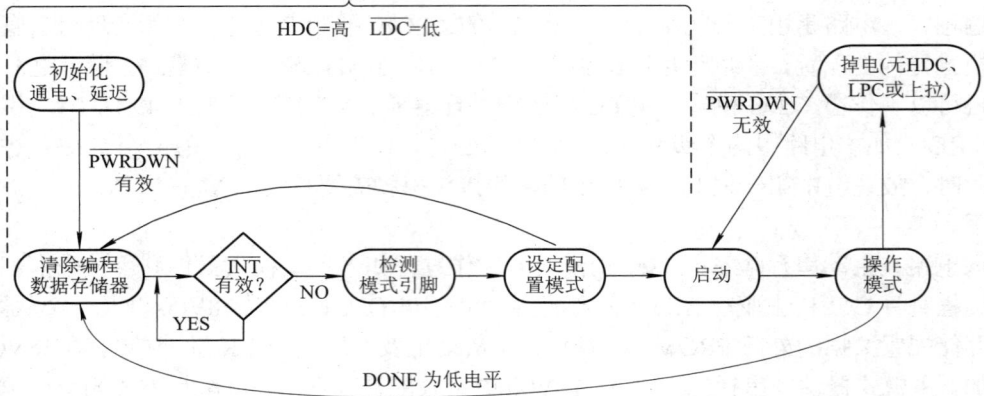

图 6.36　FPGA 器件的配置流程

6.5　可编程逻辑器件的选用

CPLD 和 FPGA 两者的结构不同，编程工艺也不相同，因而决定了它们应用范围的差别，使用时可以从以下几个方面进行选择。

1. 逻辑单元结构

CPLD 中的逻辑单元采用 PAL 结构，由于这样的单元功能强大，一般的逻辑在单元内均可实现，故互连关系简单，一般通过集总总线即可实现，与 FPGA 同样集成规模的芯片相比内部触发器的数量较少。逻辑单元功能强大的 CPLD 还具有很宽的输入结构，适用于实现高级的有限状态机，如控制器等，这种系统逻辑复杂，输入变量多，但对触发器的需求量相对较少。

FPGA 逻辑单元采用查找表结构，每单元只有一个或两个触发器，这样的工艺结构占用芯片面积小、速度高，每块芯片上能集成的单元数多，但逻辑单元的功能较弱。要实现一个较复杂的逻辑功能，需要几个这样的单元组合才能完成。小单元的 FPGA 较适合数据型系统，这种系统所需的触发器数量多，但逻辑相对简单。

2. 内部互连资源与连线结构

FPGA 的分段式连线结构提供了很好的互连灵活性和很高的布线成功率，但是这种连线结构也具有明显的缺点。由于每个信号的传输途径和金属线长度各异，显然一对单元之间的互连路径可以有多种，它的信号传输延迟时间不能确定，因此 FPGA 实现同一个功能可能有不同的方案，其延时是不等的。当使用 FPGA 时，除了要进行逻辑设计外，还要进行延时设计，通常需经数次设计才可找出最佳方案。

与 FPGA 相比，CPLD 不采用分段互连方式，CPLD 的连续式互连结构是利用具有同样长度的一些金属线实现功能单元之间的互连，即用的是集总总线，所以其总线上任意一对输入端与输出端之间的延时相等，因而有较大的时间可预测性，产品可以给出引脚到引脚的最大延迟时间。

3. 配置技术

FPGA 的配置信息存放在外部存储器中，故需外加 ROM 芯片，其保密性较差；而 CPLD 通常采用 EPROM、E^2PROM、逆熔丝等，常不需外部 ROM。另外，FPGA 可实现动态重构，而 CPLD 则不行。

4. 规模

从逻辑规模上讲，CPLD 逻辑电路在中小规模范围内，价格较便宜，器件有很宽的可选范围。CPLD 的主要缺点是功耗比较大，15000 门以上的 CPLD 功耗要高于 FPGA、门阵列和分立器件。FPGA 覆盖了大中规模范围，比 CPLD 更适合于实现多级的逻辑功能。在实现小型化、集成化和高可靠性的同时，上市速度快，市场风险小。对于快速周转的样机，这些特性使得对于大规模的 ASIC 电路设计，FPGA 成为用户的首选。

CPLD 与 FPGA 之间的界线并不分明。有些芯片中采用查找表的小单元，SRAM 编程工艺，其每片所含的触发器数很多，可达到很大的集成规模，与典型的 FPGA 相一致，但在这种器件中却使用了集总总线的互连方式，速度较高，且延时确定，可预知，因而又具有 CPLD 的特点，又可以将它们归于 CPLD 一类。其实归于哪一类都无所谓，只要分清每一种器件的单元、互连以及编程工艺这三大基本特性，从而了解其性能和使用方法即可。

5. FPGA 和 CPLD 封装形式的选择

FPGA 和 CPLD 器件的封装形式很多，其中主要有 PLCC、PQFP、TQFP、RQFP、VQFP、MQFP、PGA、BGA 以及 μBGA 等。同一型号的器件可以有多种不同的封装。常用的 PLCC 封装的引脚数有 28、44、52、68 至 84 等几种规格。由于可以买到现成的 PLCC 插座，插拔方便，一般开发中，比较容易使用，适用于小规模的开发。缺点是 I/O 口有限以及易被人非法解密。PQFP、RQFP 和 VQFP 属贴片封装形式，无需插座，引脚间距有零点几个毫米，直接或在放大镜下就能焊接，适合于一般规模的产品开发或生产，但当引脚间距小于 0.5 mm 时，徒手难以焊接，批量生产需贴装机，采用表面贴装工艺和回流焊工艺，多数大规模、多 I/O 的器件都采用这种封装；PGA 封装的成本都比较高，一般不直接用作系统器件，如 Altera 公司的 10K50 有 403 脚的 PGA 封装，用作硬件仿真；BGA 封装的引脚属于球状引脚，是较为先进的封装形式，大规模 PLD 器件已普遍采用 BGA 封装。由于这种封装形式采用球状引脚，以特定的阵形排列的规律性，因而适用于在同一电路板位置上焊接不同大小的含有同一设计程序的 BGA 器件，这是它的重要优势。此外，BGA 封装的引脚结构具有更强的抗干扰和机械抗振性能。

6.6　Xilinx 器件命名

　　CPLD 与 FPGA 产品型号命名主要由公司代号、产品类别、等效逻辑门、器件频率特性、器件封装类型以及管脚数和使用温度范围所组成。

6.6.1　CPLD 器件命名

　　现以 XC95288XL-6TQ144C 器件为例,介绍各部分的含义,该器件的命名规则如图 6.37 所示。

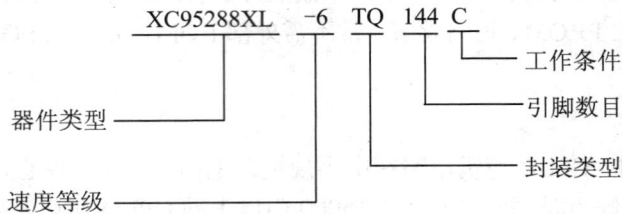

图 6.37　XC9500 系列器件的命名规则

　　(1) 器件类型:XC95 表示 Xilinx 公司的 XC9500 系列器件;288 表示宏单元的个数;XL 表示为低压器件。

　　(2) 速度:−6 表示器件的 $t_{PD} = 6$ns。CPLD 器件具有不同的速度等级。

　　(3) 封装类型:TQ 表示 TQFP 封装。

　　(4) 引脚数目:144 表示有 144 个引脚。

　　(5) 工作条件:C 表示商业用器件,I 表示工业用器件。

6.6.2　FPGA 器件命名

　　这里以 Virtex-4 LX 系列器件的命名为例说明 FPGA 的命名规则,如图 6.38 所示。

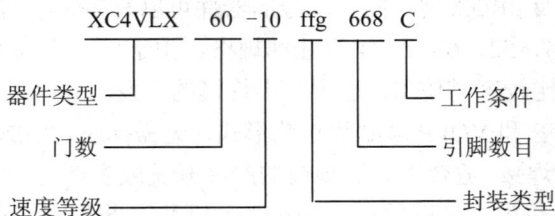

图 6.38　Virtex-4LX 系列器件的命名规则

　　(1) 器件类型:XC4VLX 表示 Xilinx 公司的 Virtex-4 LX 系列器件类型。2 V 表示 Virtex-Ⅱ 系列;4 V 表示 Virtex-4 系列;5 V 表示 Virtex-5 系列。

　　(2) 资源大小:60 表示 6 万等效逻辑门。

　　(3) 速度等级:−10 表示器件的 $t_{PD} = 10$ ns。FPGA 器件具有不同的速度等级。

　　(4) 封装类型:ffg 表示封装类型。

(5) 引脚数：668 表示有 668 个引脚。

(6) 工作条件：C 表示商业用器件，I 表示工业用器件。

小　　结

本章首先介绍了可编程逻辑器件的一些基本概念，主要包括可编程逻辑器件的分类、基本结构和基本资源。然后分别以 XC9500 和 Spartan 系列为例详细介绍了 Xilinx 的 CPLD 和 FPGA 器件的结构及应用特点，并介绍了 CPLD/FPGA 的编程、配置模式与流程。最后简要介绍了 FPGA/CPLD 的选用和 Xilinx 器件的命名规则。

习　　题

6.1　简述可编程逻辑器件的特点。

6.2　试分析题图 6.1 所示电路，写出 F 的逻辑函数表达式。

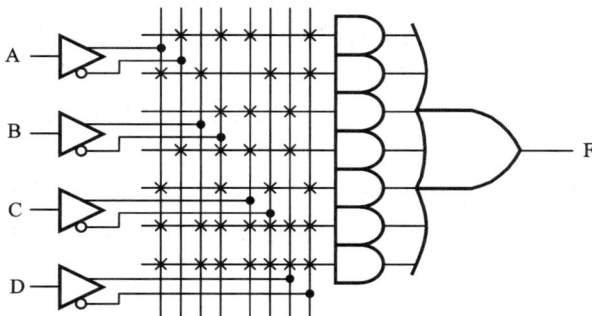

题图 6.1

6.3　PLD 器件按照编程方式不同，可以分为哪几类？

6.4　目前数字专用集成电路的设计主要采用哪三种方式？各有什么特点？

6.5　CPLD 的结构由哪几部分组成？每部分实现什么功能？

6.6　什么是基于查找表的可编程逻辑结构？什么是基于乘积项的可编程逻辑结构？

6.7　解释编程与配置这两个概念。

6.8　说明 FPGA 配置有哪些模式，主动配置和从动配置的主要区别是什么？各种配置模式的主要特点是什么？

6.9　说明 FPGA 配置流程的步骤。

6.10　比较基于查找表的 FPGA 和 CPLD 系统在结构和性能上有何不同？

6.11　为什么在 FPGA 构成的数字系统中要配备一个 PROM 或 E^2PROM？

6.12　登陆 www.Xilinx.com 网站，查找 XC9500XC、XC9500XV、CoolRunner-Ⅱ等系列 CPLD 产品的结构、资源和命名方法。

6.13　登陆 www.Xilinx.com 网站，查找 Spartan-Ⅱ、Spartan-ⅡE、Virtex-Ⅱ、Virtex-Ⅱ Pro、Virtex、Virtex-Ⅱ、Virtex-5 等系列 FPGA 产品的结构、资源和命名方法。

第 7 章　基于 FPGA 的系统级设计技术

近年来，随着微电子技术、计算机技术和信息技术的飞速发展，传统的先硬后软的串行设计方法已不足以应对嵌入式系统设计的挑战。软硬件协同设计作为一种新的设计方法和技术，强调软件和硬件设计开发的并行性和相互反馈，将其与 FPGA 的可编程特性相结合，采用基于 SOPC 的软硬件协同设计方法来生产和设计嵌入式产品能很好地应对挑战，使嵌入式系统设计更加灵活、高效。

VLSI 工艺的飞速发展，使得 DSP 系统的硬件设计成为可能。过去主要利用 ASIC 或 ASSP 来实现的 DSP 系统，现在发展到用微处理器或 FPGA 来实现。利用 FPGA 作为传统的 DSP 处理器的硬件协处理器，或利用 FPGA 高度的并行性可以达到极高的硬件处理速率，这两种途径可以弥补 DSP 处理器性能的差距，所以目前利用 FPGA 实现 DSP 系统正越来越多地成为被选择的方案之一。

不少 FPGA 生产厂商提出了基于 FPGA 的 SOPC 和 DSP 的系统解决方案。本章主要针对 Xilinx 公司的基于 FPGA 嵌入式系统、DSP 系统的开发硬软件平台和设计流程进行了详细介绍。

7.1　基于 FPGA 的嵌入式开发技术

7.1.1　嵌入式系统与 SOPC 技术

嵌入式系统在国内一般被认为是指以应用为中心，以计算机技术为基础，软、硬件可裁剪，适应应用系统对功能、可靠性、成本、体积、功耗等严格要求的专用计算机系统。嵌入式系统的构架可分为处理器、存储器、输入/输出(I/O)接口和软件四部分。嵌入式系统的软件一般由嵌入式操作系统和应用软件组成，它们之间的结合十分紧密，不同于 PC 机上的 Windows 系统和应用软件；硬件的核心部件是嵌入式处理器，其主要发展方向是小体积、高性能和低功耗，主要类型有嵌入式微处理器(MPU)、嵌入式微控制器(MCU)、嵌入式数字信号处理器(DSP)和嵌入式片上系统(SOC)。

目前芯片集成度日益提高，设计复杂度越来越大，设计和验证技术的发展明显落后于集成电路制造技术，已经成为 SOC 设计面临的一个重大问题。传统的 SOC 设计方法采用软、硬件分立设计方法，首先构造硬件子系统部分，然后在已有硬件上进行软件的设计、调试和开发。在深亚微米设计中，硬件开发费用急速增加，而当硬件设计完成后再进行软件调试时，如果发现了硬件系统设计的错误，纠正错误则要付出人力、物力、财力等方面高昂的代价，系统研发周期变长，成本增加，市场风险增大。

软、硬件协同设计成为解决这一问题的关键技术之一。随着平台级 FPGA 产品的出现和 EDA 设计工具软件的不断发展，利用现有的 FPGA 和 EDA 工具，人们也可以很方便地在 FPGA 中嵌入 RISC(Reduced Instruction Set Computer，精简指令集)处理器内核、DSP 算法、存储器、专用 ASIC 模块、其它数字 IP Core 以及用户定制逻辑等，构建成一个可编程的片上系统(SOPC)，把原来需要在 PCB 上采用处理器、DSP、若干 ASIC 芯片才能实现的功能全都集成到了单片 FPGA 上，如图 7.1 所示。

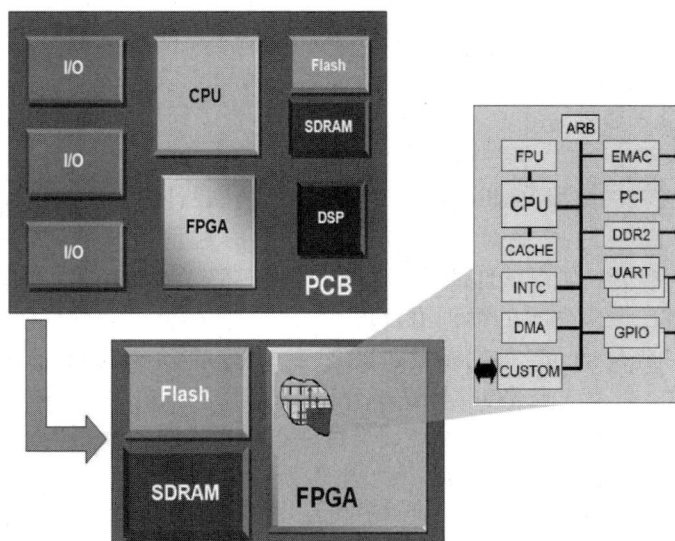

图 7.1　基于 FPGA 的嵌入式系统

SOPC 设计建立在平台设计的基础之上，采用系统级软硬件协同设计方法，在系统级上探析不同的设计方案，如软硬件划分、总线和处理器负载平衡、可编程资源分配，通过在系统级上比较不同实现结构的选择对产品性能的影响，从而进行设计的权衡，使得在物理实现之前就可以进行有效的分析和结构的优化，大大提高系统的可预测性，加速系统的研发速度，提高系统的设计效率，减少设计迭代的次数，降低设计风险，增强系统的竞争力。

SOPC 软硬件协同技术包括基于平台的 SOPC 的系统建模、软件与硬件的划分、由建模系统到软硬件的映射即软硬件协同综合技术、软硬件协同调度、可验证设计、并行计算技术以及协同仿真和集成，这些技术不仅推动了 SOPC 的应用，而且促进了 SOPC 平台的发展。

平台是软、硬 IP 模块及片上通信结构的结合体，一般还包括嵌入式 CPU、实时操作系统、外围接口模块、中间件等。基于平台的设计 PBD(Platform-Based Design)方法是近几年提出的 SOC 软硬件协同设计新方法，是基于块的设计 BBD(Block-Based design)方法的延伸。它扩展了设计重用的理念，强调系统级复用，包含了时序驱动的设计和 BBD 的各种技术，支持软硬件协同设计，提供系统级的算法和结构分析。PBD 方法是一种面对集成、强调系统级重用的设计方法，此方法在平台的基础上开发复杂的产品，目标是降低开发风险和代价，缩短产品的上市时间。PBD 方法具有开发周期短、重用效率高以及设计质量好等优点，不仅能实现最大化的设计复用，而且为软硬件协同设计提供了极大的便利。

　　基于平台的 SOPC 设计方法扩展了芯核设计方法，简化了 SOC 设计过程，无需实现新的芯片即可快速获得片上系统。平台建立在集成 IP Core 的基础上，通常是针对某一特定应用领域而设计的，一个结构良好的 SOPC 平台系统可以有效实现 IP Core 复用，缩短 SOC 开发周期，同时降低研发风险。SOPC 将微处理器、DSP、可编程逻辑等组合形成平台系统，从而消除设计中的差异，硬件可编程性好，容易升级和扩展，受到越来越多的关注。

　　半导体业界认为将整个系统整合到单一模型之中时，平台设计为设计重点之一，而其研发关键在于平台必须可以区分差异性的元素，包括先进的系统模型和验证环境。随着设计项目复杂程度的提高，系统级设计语言的整合趋势可以大大提高设计效率，从而为从事 EDA 设计的企业带来益处。

　　现已证明，基于 C 语言的系统级设计语言不仅可以提高生产效率，而且也是对 Verilog 流程的补充。目前 VHDL 和 Verilog HDL 是中国的主流设计语言。然而，随着 IC 复杂度的不断提高，从更高层次入手对系统进行描述是描述语言未来的发展方向。System Verilog/SystemC 的整合，使得软件团队一方面可以与高效的硬件设计和验证流程进行合作，同时还可以使用自己原来熟悉的编程语言进行工作，使得整个流程可以达到最高的设计效率。Synopsys 公司是 SystemC 的初始发起人之一。为了推动 SystemVerilog 的标准化进程，Synopsys 还公开提供了其 OpenVera 测试平台语言、常用的 API 和 OpenVera Assertion (OVA) 规范，这些使得 SystemVerilog3.1 的出现成为可能。在这些提供出来的技术的基础上，System Verilog 包含了对 RTL 设计进行简化所需的全部功能。

　　这些工具及相关设计方法学一起被归类为电子系统级 ESL(Electronic System-Level)设计，广义指比目前主流的寄存器传输级 RTL 更高的抽象级别上开始的系统设计与验证方法学。

　　ESL 工具和可编程硬件一起构成了基于桌面的硬件开发环境，并提供了符合软件开发的工作流程模型。工具可提供针对特定的基于 FPGA 的参考板的优化支持，软件开发者可以利用这些支持启动项目评估或原型构建。这些板及相应的参考应用程序均使用更高级别的系统描述语言编写，这使创建定制的及硬件加速的系统变得更为快速和容易。另外，ESL 方法学与可编程硬件的结合使用，使尝试大量可能的应用实现以及对极不同的软件/硬件分割策略快速进行实验成为可能。这种尝试新方法和快速分析性能与尺寸平衡的实验能力使基于 ESL 设计方法的 FPGA 设计能够比基于传统的 RTL 方法以更短的时间实现更高的总体性能。

　　目前，ESL 工具已广泛应用在音频/视频/图像处理、加密、信号与分组处理、基因排列、生物信息、地球物理和天体物理等领域。

7.1.2　基于 SOPC 的嵌入式系统开发流程

　　一个完整的嵌入式设计过程包括硬件设计和调试、软件设计与调试，各个步骤相对独立但又相辅相成。由于嵌入式应用场合多样，且软、硬件都可裁剪，因此并不是每个设计都要完成所有的步骤。嵌入式系统开发的一般步骤如下。

1. 需求分析

确定设计任务和目标，并制定说明规格文档，作为下一步设计的指导和验收标准。需求分析往往要与用户反复交流，以明确系统功能需求，性能需求，环境、可靠性、成本、功耗、资源等需求。

2. 体系结构设计

体系结构设计是嵌入式系统的总体设计，它需要确定嵌入式系统的总体构架，从功能上对软硬件进行划分。在此基础上，确定嵌入式系统的硬件选型(主要是处理器选型)，操作系统的选择和开发环境的选择。

3. 硬件的设计、制作及测试

对于一般的嵌入式系统，在这一阶段要确定硬件部分的各功能模块及模块之间的关联，并在此基础上完成元器件的选择、原理图绘制、印刷电路板(PCB)设计、硬件的装配与测试、目标硬件最终的确定和测试。SOPC 系统在此有所不同，由于硬件系统的大部或全部是在FPGA 上实现的，因此在这一阶段的设计工作是基于硬件定义文件，利用平台产生工具生成对应的网表文件，再通过 FPGA 实现工具来完成硬件系统的实现。

4. 软件的设计、实现及测试

这部分工作与硬件开发并行、交互进行。软件设计主要完成引导程序的编制、操作系统的移植、驱动程序的开发、应用软件的编写等工作。设计完成后，软件开发进入实现阶段。这一阶段主要是嵌入式软件的生成(编译、链接)、调试和固化运行，最后完成软件的测试。

5. 系统集成

将测试完成的软件系统装入制作好的硬件系统中，进行系统综合测试，验证系统功能是否能够正确无误地实现，最后将正确的软件固化在目标硬件中。本阶段的工作是整个开发过程中最复杂、最费时的，特别需要相应的辅助工具支持。

6. 系统性能测试及可靠性测试

测试最终完成的系统性能是否满足设计任务书的各项性能指标和要求。若满足，则可将正确无误的软件固化在目标硬件中；若不能满足，在最坏的情况下，则需要回到设计的初始阶段重新进行设计方案的制定。

基于 SOPC 的软硬件协同设计流程从目标系统构思开始。对一个给定的目标系统经过构思，完成其系统整体描述，然后交给软硬件协同设计的开发集成环境，由计算机自动完成剩余的全部工作。一般而言，还要经过模块的行为描述、对模块的有效性检查、软硬件划分、硬件综合、软件编译、软硬件集成、软硬件协同仿真与验证等各个阶段，其中软硬件划分后产生硬件部分、软件部分和软硬件接口界面三个部分。硬件部分遵循硬件描述、硬件综合与配置、生成硬件组建和配置模块；软件部分遵循软件描述、软件生成和参数化的步骤来生成软件模块。最后把生成的软硬件模块和软硬件界面集成，并进行软硬件协同仿真，以进行系统评估和设计验证。SOPC 设计流程如图 7.2 所示。

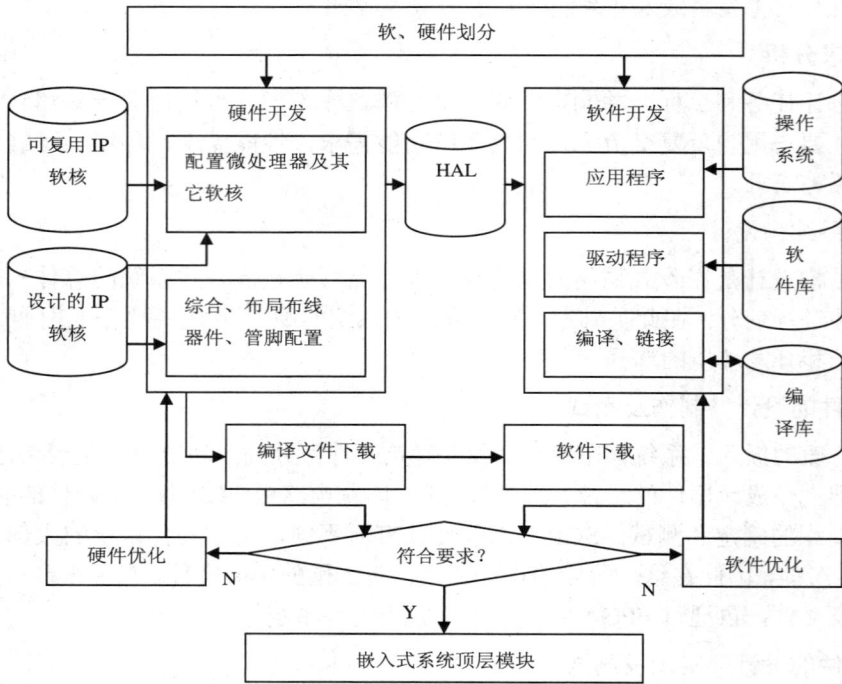

图 7.2　SOPC 设计流程图

7.2　MicroBlaze 嵌入式处理器

FPGA 中嵌入式处理器一般情况下可以有三种不同的使用模式，分别是状态机模式、单片机模式和定制嵌入模式，如图 7.3 所示，因此并不是在 FPGA 中简单地增加一个或多个嵌入式处理器就实现了 SOPC。

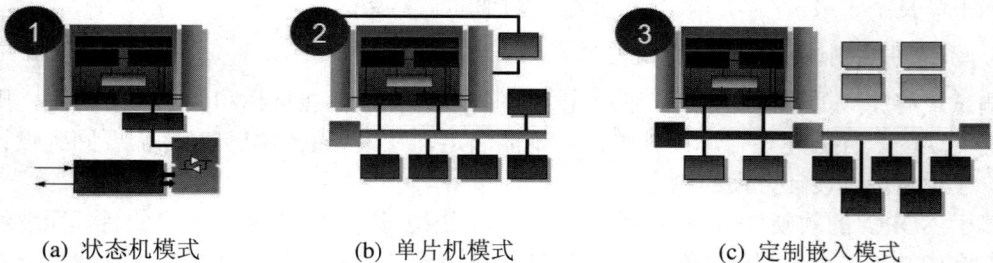

(a) 状态机模式　　　　　(b) 单片机模式　　　　　(c) 定制嵌入模式

图 7.3　FPGA 中嵌入式处理器的使用模式

在状态机模式下嵌入式处理器可以无外设、无总线结构和无实时操作系统，但是可以执行复杂的状态机和算术运算，达到可高或可低的性能，以及最低的成本，通常应用于 VGA 和 LCD 控制等。当嵌入式处理器带有一定的外设，能执行单片机即微控制器的功能时，被称之为单片机模式，该模式可能会利用实时操作系统和总线结构，达到中等的性能和中等的成本，常应用于控制和仪表等。SOPC 中的嵌入式处理器一般为定制嵌入模式，嵌入式处理器具有扩充的外设、实时操作系统和总线结构，达到高度的集成和高的性能，除应用于控制和仪表等外，还可应用于网络和无线通信等。当嵌入式处理器具有基于硬件的除法单元和浮点单元，以及大的可寻址的存储器空间时，嵌入式处理器核还可被用来实现现代复杂的 DSP 算法，此时既可以只利用软件来实现，也可直接利用硬件加速来实现。

Xilinx 公司的 SOPC 嵌入式解决方案中以三类 RISC 结构的微处理器为核心，涵盖了系统硬件设计和软件调试的各个方面。三类嵌入式内核分别为 PicoBlaze、MicroBlaze 和 PowerPC，其中 PicoBlaze 和 MicroBlaze 是可裁剪的软核处理器，PowerPC 为硬核处理器。

PicoBlaze 是采用 VHDL 语言在早期开发的小型八位软处理器内核包，其汇编器是简单的 DOS 可执行文件 KCPSM2.exe，用汇编语言编写的程序经过编译后放入 FPGA 的块 RAM 存储区，汇编器可在数秒内编译完存储在块 RAM 中的程序。需要提醒的是，Xilinx 的 EDK 不提供基于 PicoBlaze 的嵌入式系统开发支持。

PowerPC 是 32 位 PowerPC 嵌入式环境架构，确定了若干系统参数，用以保证在应用程序级实现兼容，增加了其设备扩展的灵活性。Xilinx 将 PowerPC 405 处理器内核整合在 Virtex2 Pro 系列以及更高等级系列的芯片中，允许该硬 IP Core 能够深入到 FPGA 架构的任何部位，提供高端嵌入式应用的 FPGA 解决方案。Virtex4 以及 Virtex5 系列的部分芯片中集成了 2～4 个 PowerPC 405 处理器核。

MicroBlaze 是一款由 Xilinx 公司开发的应用十分广泛的嵌入式处理器软核，用以开发 Xilinx 的 FPGA 上的嵌入式工程，下面主要对 MicroBlaze 进行介绍。

MicroBlaze 采用功能强大的 32 位流水线 RISC 结构，MicroBlaze 是一个非常简化，却具有较高性能的软核。它包含 32 个 32 位通用寄存器和一个可选的 32 位移位寄存器，时钟可达 150 MHz，在 Virtex 2 Pro 以及更高系列的平台上，运行速度可达 120DMIPs (DhrystoneMIPS)，占用资源不到 1000 个 Slice。它符合 IBM CoreConnect 总线标准，能够与 PowerPC 405 系统无缝连接。在 FPGA 内部可以集成多个 MicroBlaze 处理器，这极大增加了 FPGA 开发的灵活性。

MicroBlaze 软核内部采用 RISC 架构和哈佛结构的 32 位指令和数据总线，内部有 32 个通用寄存器 R0～R31、两个特殊寄存器程序指针(PC)和处理器状态寄存器(MSR)、一个 ALU 单元、一个移位单元和两级中断响应单元等基本模块，还可具有 3/5 级流水线、桶形移位器、内存管理/内存保护单元、浮点单元(FPU)、高速缓存、异常处理和调试逻辑等可根据性能需求和逻辑区域成本任意裁剪的高级特性，极大地扩展了 MicroBlaze 的应用范围。MicroBlaze 处理器的内核在不断更新中，MicroBlaze 7.1a 版的内部架构示意图如图 7.4 所示。

MicroBlaze 处理器架构均衡了执行性能和设计尺寸，但由于其最高工作频率由 FPGA 芯片提供，所以计算性能随处理器配置、实现工具结果、目标 FPGA 架构和器件速度级别的不同而不同。

如同 PC 机除了 CPU 之外还需要具有 PCI 总线、ISA 总线和 USB 总线与各类外设相连才能实现一个完整的计算机硬件系统一样，嵌入式系统也必须有自己的总线连接方案。MicroBlaze 的总线接口是以 IBM CoreConnect 为嵌入式处理器的设计基础，具有丰富的接口资源。CoreConnect 即片上总线通信链，它能使多个芯片核相互连接成为一个完整的新芯片。目前 MicroBlaze 软核支持的外设接口示意图如图 7.5 所示，其中包括：① PLB(Processor Local Bus，处理器局部总线)接口；② 带字节允许的 OPB(On-chip Peripheral Bus，片上外设总线)接口；③ 高速的 LMB(Local Memory Bus，本地存储器总线)接口；④ FSL(Fast Simplex

Link，快速单工链)接口；⑤ XCL(Xilinx Cache Link，Xilinx 缓存链路)接口；⑥ 与 MDM(Microprocessor Debug Module，微处理器调试模块)连接的调试接口。

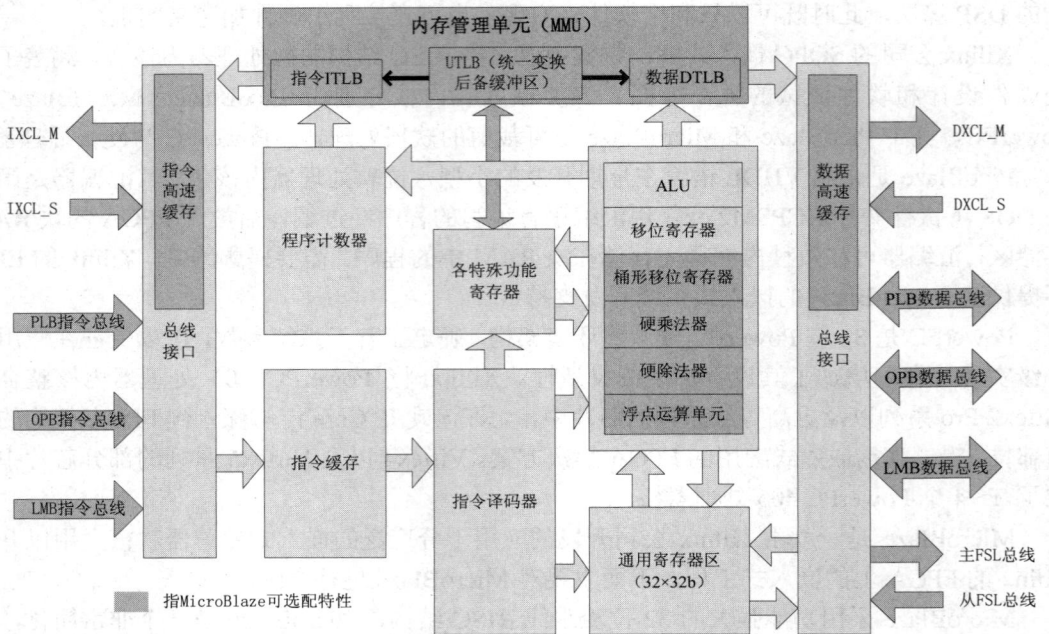

图 7.4　MicroBlaze 7.1a 版的内部架构示意图

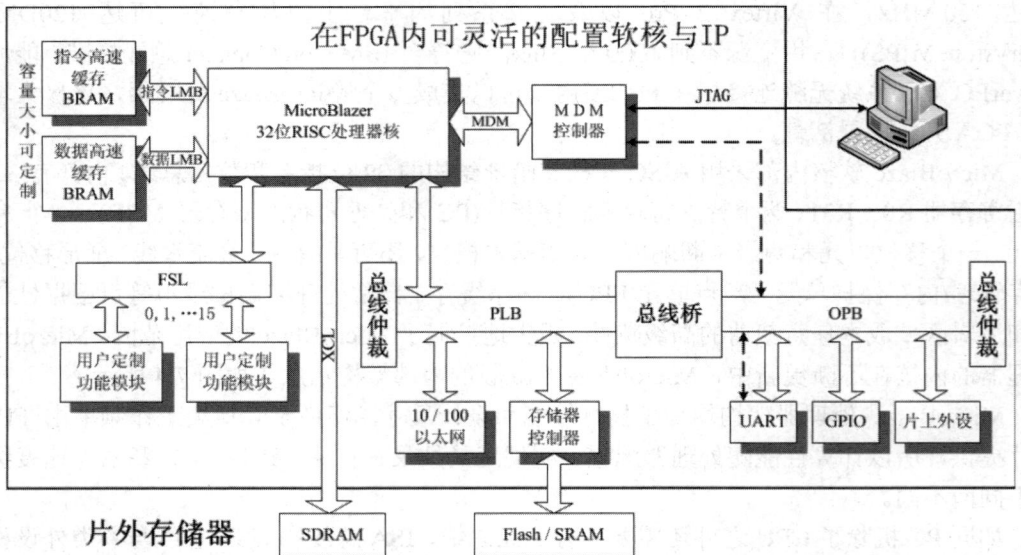

图 7.5　MicroBlaze 软核支持的外设接口示意图

其中，PLB 总线是高带宽的主从结构，并完全同步到一个时钟。OPB 总线比 PLB 总线在协议上相对简单，属于低速接口总线，是对 IBM CoreConnect 片上总线标准的部分实现，适用于将 IP Core 作为外设连接到 MicroBlaze 系统中。目前，新的 PLB 4.6 版本总线协议已提供了对老版本 PLB 和 OPB 两类总线的完全支持。LMB 用于实现对片上的块 RAM

(BlockRAM)的高速访问。FSL 是 MicroBlaze 软核特有的一个基于 FIFO 的单向链路,可以实现用户自定义 IP Core 与 MicroBlaze 内部通用寄存器的直接相连;而 XCL 则是 MicroBlaze 软核新增加的,用于实现对片外存储器的高速访问。MicroBlaze 软核还有专门的调试接口,通过参数设置开发人员可以只使用特定应用所需要的处理器特性。Xilinx 提供了大量的外设 IP Core,可外挂到 MicroBlaze 的 OPB 总线上,如 DMA 单元、以太网 MAC 层处理器、PCI/PCIe 接口、UART 以及 USB 等。一个外设一般不能同时和这两类总线相连,部分 IP 模块之所以能和两类总线连接,是因为其控制接口和低速的 OPB 总线相连,而数据接口和高速总线连接。

MicroBlaze 采用的是哈佛存储结构,也就是指令和数据采用分离的地址空间结构,每个地址空间有 32 位宽,可以最多分别处理 4 GB 的指令和数据存储。另外指令和数据的存储空间可以重叠地被映射到同一块物理地址中,以方便软件调试。除非声明了支持非法异常,所有的指令必须以合法字的形式被接收。

由于 MicroBlaze 没有区分数据接口是 I/O 还是存储,所以处理器存储的接口也是 OPB、LMB 和 XCL,而且 LMB 存储地址空间不能和 OPB 及 XCL 重叠。

MicroBlaze 支持的字、半字和字节的具体内容如表 7.1 所示。须注意 MicroBlaze 是一种大端存储系统处理器,在进行软件编程时要留心这一点。

表 7.1　Micro Blaze 支持的字、半字和字节的具体内容

	字				半字		字节
字节地址	n	n+1	n+2	n+3	n	n+1	n
字节标签	0	1	2	3	0	1	
字节数端	MSByte			LSByte	MSByte	LSByte	
位标签	0			31	0	15	0　　　7
位数端	MSBit			LSBit	MSBit	LSBit	MSBit　LSBit

注:MSByte——字节大数端;LSByte——字节小数端;MSBit——位大数端;LSBit——位小数端

MicroBlaze 的 32 位指令有两种定义模式。A 型指令最多有两个寄存器源操作数和一个寄存器目的操作数,而 B 型指令则有一个寄存器源操作数和一个 16 位立即数以及一个寄存器目的操作数,其立即数还可使用专用指令扩展为 32 位。这两种定义模式将 MicroBlaze 的指令分为算术指令、逻辑指令、程序流控制指令、输出传送指令和特殊指令五种指令类型。关于 MicroBlaze 指令集的语法定义和实例请参考 Xilinx 公司提供的相关文档。

7.3　嵌入式开发套件 EDK

Xilinx 公司推出的 Embedded Development Kit(EDK)是包含了所有用于设计嵌入式编程系统的集成开发解决方案,该套件包括了 Xilinx Platform Studio(XPS)工具、PowerPC 嵌入式硬处理器核和 MicroBlaze 软处理器核,以及进行 Xilinx 平台 FPGA 设计时所需的技术文档和 IP Core,是 Xilinx 综合性嵌入式解决方案的关键部分,利用该工具包提取和自动化处理系统设计,能大大加速嵌入式开发。同时,EDK 也对使用 Xilinx ISE、ChipScope Pro 和第三方 EDA 工具的共同开发提供了良好的支持,如图 7.6 所示。

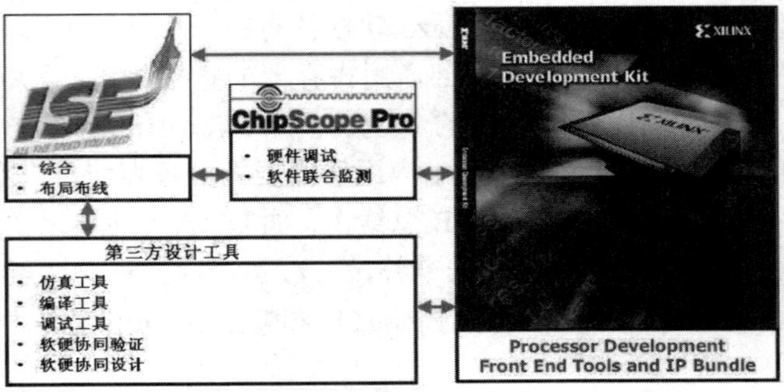

图 7.6　Xilinx 嵌入式集成开发解决方案

7.3.1　EDK 的组成

EDK 自带了许多工具和 IP Core，可以用来设计完整的嵌入式处理器系统，主要包括 Xilinx 平台工具 XPS 和软件开发套件 XPS SDK。使用时须注意，只有安装了 ISE 软件，才能正常运行 EDK，且二者的版本要一致。

EDK 套件的组成包括 Xilinx Platform Studio (XPS，集成了多款硬件设计和仿真工具)、Software Development Kit (SDK)、ChipScope Pro 支持、GNU 开发工具(包括编译器和调试器)、MicroBlaze 软核和许可、处理器外设 IP Core 和应用参考实例。

1. XPS 集成设计环境

XPS 为嵌入式处理器系统提供了一个创建软件和硬件规范流程的图形化集成开发环境，如图 7.7 所示。XPS 无缝地把产生硬件和软件部件以及可选择的校验部件所需要的全部嵌入式系统工具组合在一起，由项目管理、源程序管理和进程管理组成。通过 XPS 可以使用基本系统向导 BSB(Base System Builder)迅速完成基本硬件平台创建，提供自定义 IP Core 创建向导，支持 ChipScope Pro 调试，支持多软件工程项目，是面向独立系统的集成开发环境。例如 Xilinx MicroKernel、Wind River VxWorks、MontaVista Linux 和其它第三方开发系统，提供板支持包 BSP (Board Support Package)。

图 7.7　XPS 的图形化集成开发环境

2．SDK 集成开发环境

XPS SDK 为 XPS 的应用软件开发提供了一个软件工程项目的增强型图形化集成开发环境，如图 7.8 所示。它是基于 Eclipse 开放源代码标准设计的，具备功能完善的 C/C++ 代码编辑器和编译环境，能创建、配置和自动生成 Makefile，并集成了对嵌入式对象的无缝调试环境。它还具有强大的项目管理和源码版本控制功能，支持类似 CVS 的插件。由于本书重点放在硬件系统的实现上，不介绍嵌入式软件开发的相关内容，关于 XPS SDK 的使用请读者参看 Xilinx 的相关文档和嵌入式编程相关书籍自行学习。

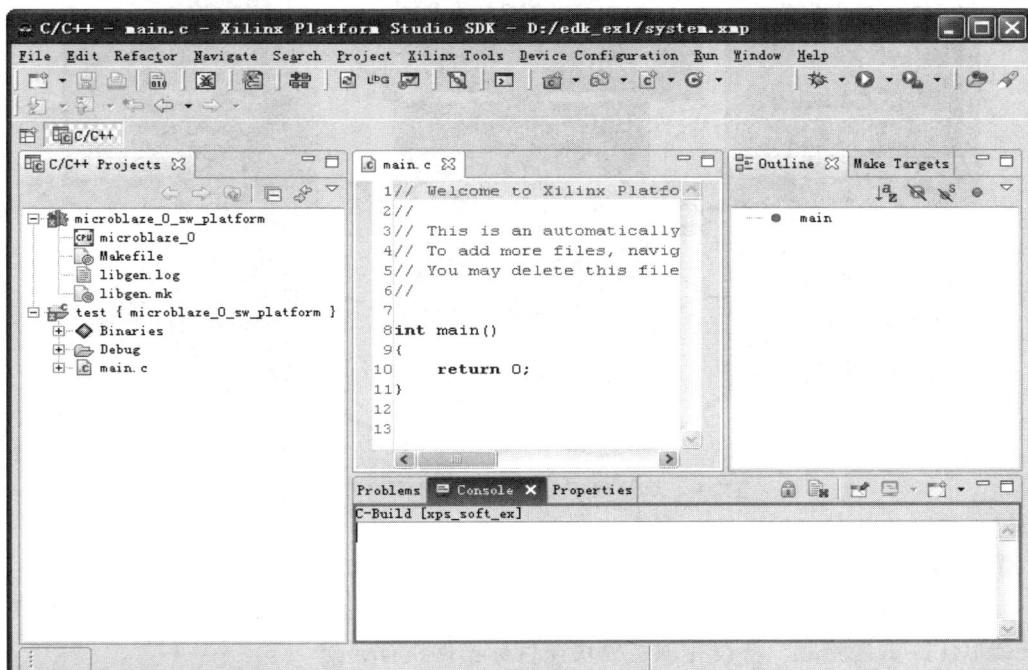

图 7.8　XPS SDK 的增强型图形化集成开发环境

3．ChipScope Pro 支持

ChipScope Pro 分析器主要被用来作硬件系统调试。它支持利用 GNU 调试器同时对软件和硬件进行调试；在 EDK 中集成了 ChipScope Pro 核，能极大地方便调试。

7.3.2　EDK 的任务流程、工具模块与工程管理

对于嵌入式应用来讲，软、硬件协同开发是非常重要的，虽然 EDK 提供了 XPS 工具和 SDK 工具两个图形化平台，但仍以文件结构管理为基础，图形化平台只是方便用户操作的，所有的设置内容都会写入相应的文件中。下面先了解基于 EDK 的嵌入式系统设计流程，再结合流程认识 EDK 中的工具模块，最后了解相应格式的文件以及管理、存储数据文件的模式，这些都是掌握 EDK 操作工具的必备知识。

基于 EDK 嵌入式设计的简化流程图如图 7.9 所示。由图可知，模块 1 完成硬件设计工作，主要由 ISE 完成，最终结果是生成用于配置 FPGA 的 bit 位流文件；模块 2 完成软件设计工作，一般使用 XPS SDK 完成，生成 .elf 可执行文件是该阶段结束的标志；模块 3 是 XPS，

它提供图形化集成设计环境,无缝地把产生的硬件和软件部件,以及可选的校验部件所需的全部嵌入式系统工具组合在一起,提供工程项目管理、应用软件管理和平台管理的能力,为设计提供系统化的支持,并能对 bit 和 elf 进行整合,完成对目标芯片的配置。

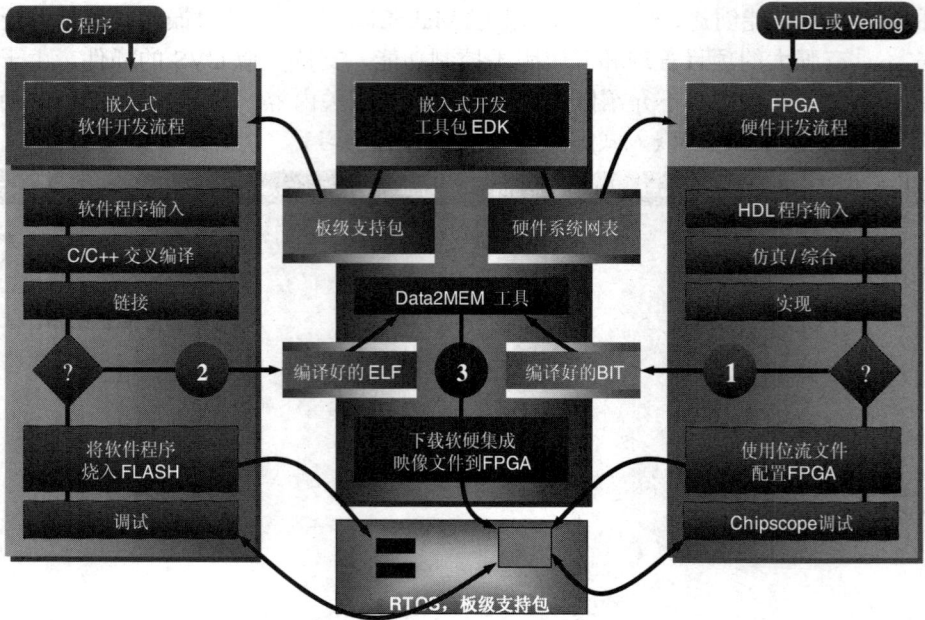

图 7.9　基于 EDK 的嵌入式设计简化流程图

硬件设计工作包括以下几个方面的内容:

(1) 使用 EDK 工具进行硬、软核集成。

(2) 将 EDA 生成的 HDL 代码用 ISE 进行综合、布局布线和前端仿真验证,也可用第三方工具综合,仿真验证,将设计顶层模块在目标器件进行分配。

(3) 使用 ISE 编程器将生成的配置文件下载到 FPGA,进行后端验证和测试。

软件设计工作包括以下几个方面的内容:

(1) 在 EDK 构建硬件系统的同时,开始编写独立于器件的 C/C++ 应用程序,或编写自行设计的 IP Core 驱动程序。

(2) 根据 EDK 对系统的配置脚本生成相对应的 HAL 库,对程序进行软件级仿真和调试,还可以进行操作系统配置。

(3) 将编译、链接后生成的可执行程序下载到目标器件,进行硬件级的调试、测试和优化设计。

在图 7.10 中详细列出了完成设计流程的各项任务的核心软件工具,以及每一个任务流程的输入文件和输出文件。图 7.11 列出了一个完整的 EDK 项目的工程文件结构组织关系。下面结合图 7.10 和图 7.11,对 EDK 工程的主要文件和工程结构关系进行简要说明。

使用 XPS 创建一个 EDK 项目,将生成一个后缀名为.xmp 的文本文件作为工程文件,其中定义了 EDK 工具的版本、相关的硬件配置文件(MHS)和软件配置文件(MSS)、目标器件的类型、软件的源码和库位置等信息。.xmp 文件是由 XPS 软件自动生成的,用户一般不要自行修改。

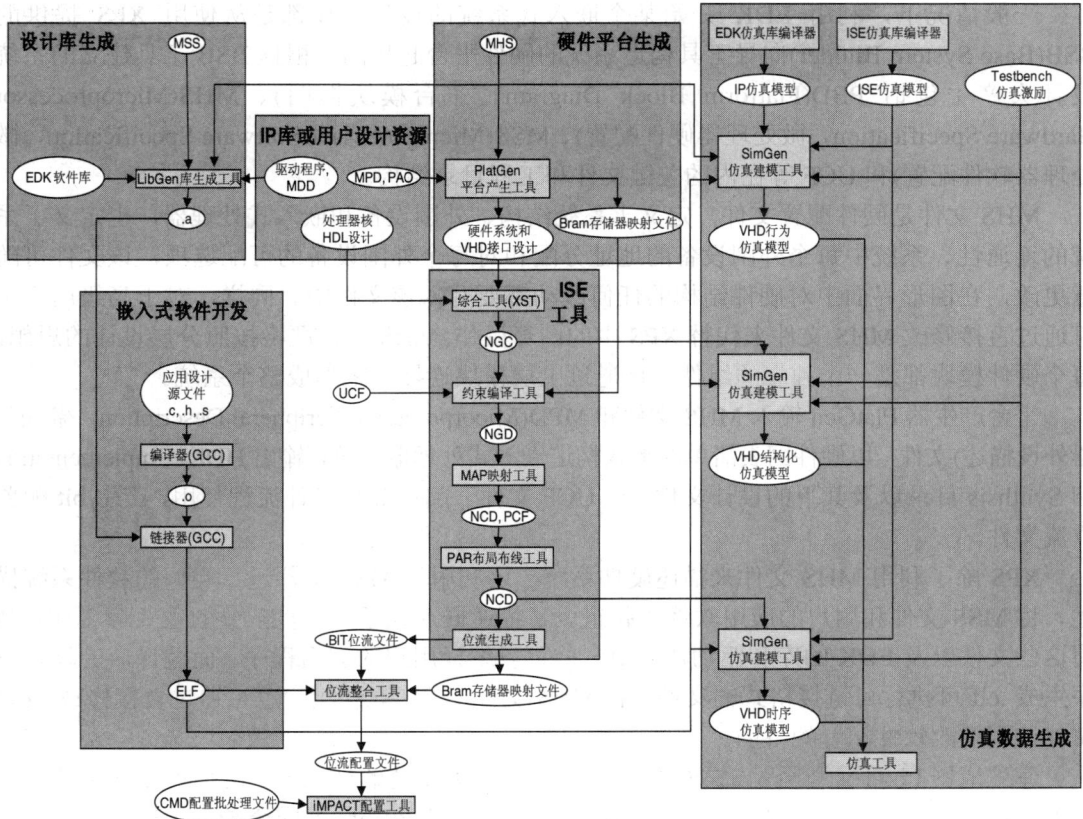

图 7.10　EDK 中各工具模块的任务流程

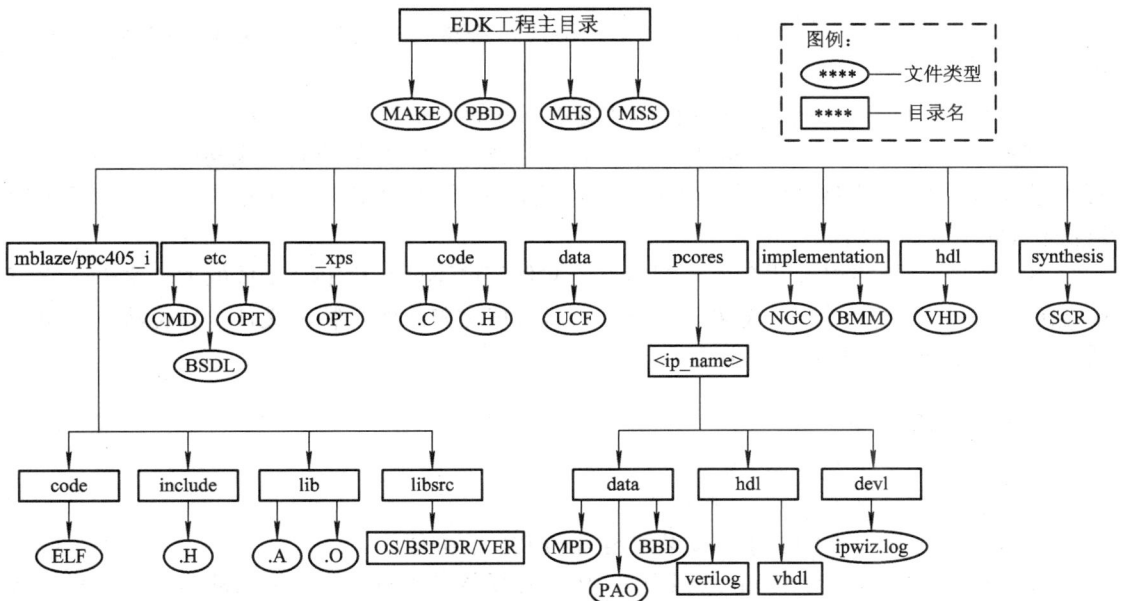

图 7.11　EDK 的工程文件结构组织关系

一般情况下，利用 EDK 开始某个嵌入式系统的设计工作都是从使用 XPS 提供的 BSB(Base System Biulder)向导工具构造系统的硬件平台起步的，根据 BSB 工具建立的系统设计会产生包括 PBD(Platform Block Diagram，平台模块框图)、MHS(Microprocessor Hardware Specification，微处理器硬件配置)、MSS(Microprocessor Software Specification，微处理器软件配置)和 UCF 等在内的关键文件和工程目录结构。

MHS 文件是硬件配置文件，定义了系统结构、外围设备和嵌入式处理器，也定义了系统的连通性、系统中每个外围设备的地址分配和对每个外围设备的可配选项，该文件可随意更改，在图形界面中对硬件结构的任何改动都要写入该文件中。同样，对于高级用户，可通过直接修改 MHS 文件来代替 XPS 中的图形操作。MHS 文件严格按照分层设计的思想，每个硬件模块都是一个独立的组件，再通过上层模块连接起来形成整个系统。

平台产生器 PlatGen 输入 MHS 文件和 MPD(Micorprocessor Peripheral Description，微处理器外设描述)文件，以硬件网表清单的形式构造嵌入式处理器系统，输出 HDL、Implementation 和 Synthsis 目录以及其下的设计文件，与 UCF 文件一起供 ISE 设计流程使用，产生 bit 配置位流文件。

XPS 除了利用 MHS 文件来描述硬件系统，还利用了 MSS 文件进行类似的软件系统描述。将 MSS 文件和用户的应用软件一起组成了描述嵌入式系统软件部分的主要源文件，利用这些文件以及 EDK 的库和驱动器，XPS 就可以编译用户的应用程序。而编译后的软件程序生成 .elf 可执行可链接格式的文件，和 MHS 文件一样，高级用户也可通过直接修改 MSS 文件达到更改软件配置的目的。

库生成器 LibGen 利用 MSS 文件和 EDK 软件库为系统的嵌入式处理器产生必要的库和驱动，输出为嵌入式处理器目录下的 code、include、lib 和 libsrc 四个子目录以及其下的设计文件。这些文件为软件开发建立了一个 HAL 硬件抽象层，用户基于此进行应用软件设计，编写 c 或 cpp 或 asm 源文件，再通过 GCC 编译和链接器，生成 .elf 文件。

MHS 和 MSS 两个关键设计文件的语法格式和内容，将在介绍 EDK 使用时结合具体工程作介绍。

工程目录下的 pcores 目录主要存储针对本工程的定制 IP。

UCF 文件在 XPS 中和在 ISE 中一样，都是用来添加信号的管脚约束与时序约束的。在 EDK 设计中，UCF 文件最常用的功能是用来锁定管脚，可以通过文本编辑器修改，相关的语法和 ISE 中是一致的。

在 XPS 中，最终得到的 FPGA 配置位流文件可能不同于由 ISE 生成的位流文件，它可能是通过 Data2MEM 过程，将软、硬件比特流合成完整系统比特流文件，该位流文件也是通过 JTAG 下载到 FPGA 芯片中的。

7.3.3　EDK 的使用

1. EDK 的安装

EDK 对计算机硬件的要求和安装过程都与 ISE 的类似。

执行安装文件包中的 Setup.exe 程序，依次接受软件授权协议，输入注册码，选择安装路径，确认安装的组件、环境变量设置等，接下来安装程序开始复制文件，安装完成后，会在桌面以及程序菜单中添加 EDK 的快捷方式。双击即可进入 EDK 集成开发环境。

2．EDK 的使用

完整的 EDK 开发流程如图 7.9 所示，各主要步骤分别是：

(1) 创建基本硬件平台。

(2) 根据设计要求添加 IP Core 以及用户定制外设。

(3) 生成硬件系统仿真文件并测试。

(4) 生成硬件网表和位流文件，这个步骤类似于传统 FPGA 设计的综合、布局布线、生成位流文件这三个操作。

(5) 开发软件系统，编译生成 .elf 格式的可执行代码。

(6) 合并软、硬件位流，得到最终的二进制比特文件。

(7) 将更新的最终比特流下载或烧写到 FPGA、PROM、FLASH 和 CF 卡内。

(8) 利用 XMD 命令行调试工具或 ChipScope 工具在线调试、验证整个系统的正确性。

下面按照 EDK 的开发步骤，通过一个简单的基于 MicroBlaze 处理器的嵌入式系统设计实例，介绍 EDK 的主要功能和操作。

1) 创建基本硬件平台

(1) 启动 XPS(Xilinx Platform Studio)。

(2) 选择【Base System Builder Wizard】创建基本硬件平台，如图 7.12 所示。

(3) 为当前工程建立一个专用目录，保存 system.xmp 文件，如图 7.13 所示。

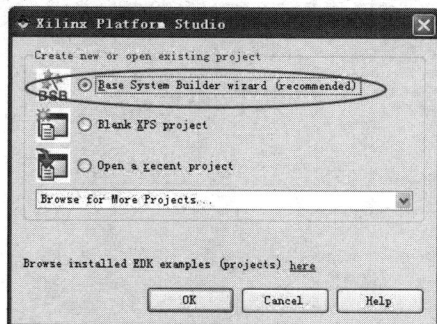

图 7.12　基本硬件平台生成向导　　　　　　　　　图 7.13　新建 XPS 项目

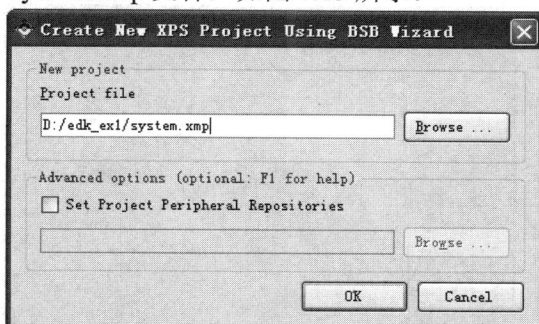

(4) 选择创建一个新设计，指定目标板型号，此处选择 Xilinx 公司的 Spartan-3E Starter 开发板，如图 7.14 所示。列出的可选开发板型号都是由与开发板型号同名的 XBD 文件确定的。XBD 文件按照一定的文件组织结构关系保存在 EDK 软件安装目录的 board 子目录下。在 XBD 文件中按特定格式记录了开发板硬件配置和对应的硬件约束设置。感兴趣的读者可以参照 board 目录的组织结构和 XBD 的文件格式来定制其它型号的开发板。

(5) 使用 MicroBlaze 处理器作为硬件系统的处理器内核。开发板上的 Spartan-3E FPGA 只能支持软核处理器 MicroBlaze，如图 7.15 所示。

(6) 配置 MicroBlaze 处理器，调试方式选择【On-chip H/W debug module】，使用片上的调试模块；【Local memory】可将缺省值适当调大到"16KB"，作为系统的工作内存；其它的保持缺省设置，如图 7.16 所示。注意，到这里出现的两个时钟设置值是由 xbd 的文件内容确定的，用户定制板则要根据开发板进行指定。

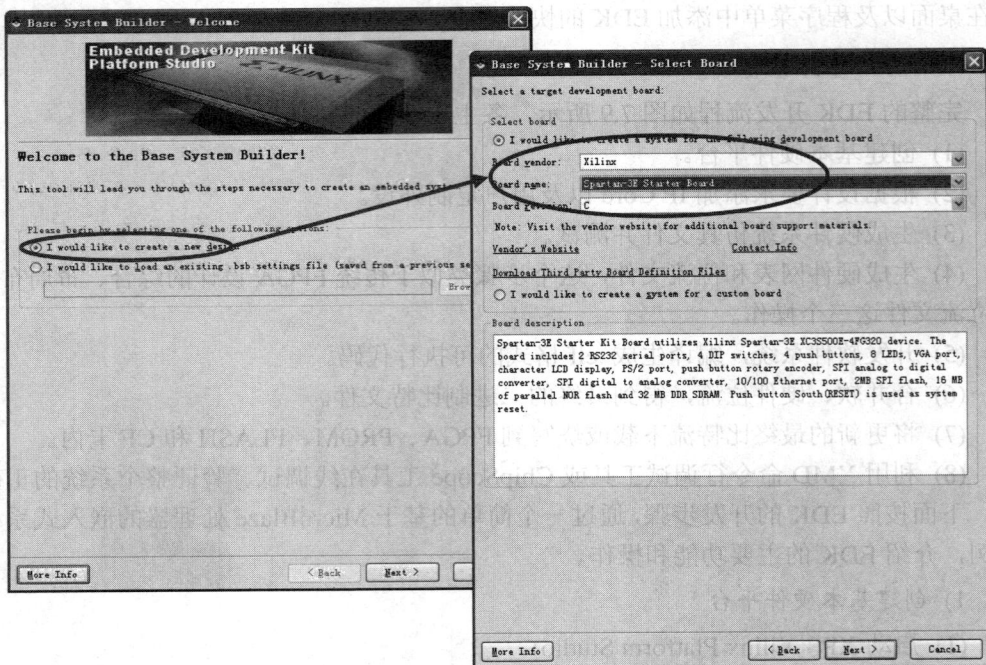

图 7.14　选择工程的目标板

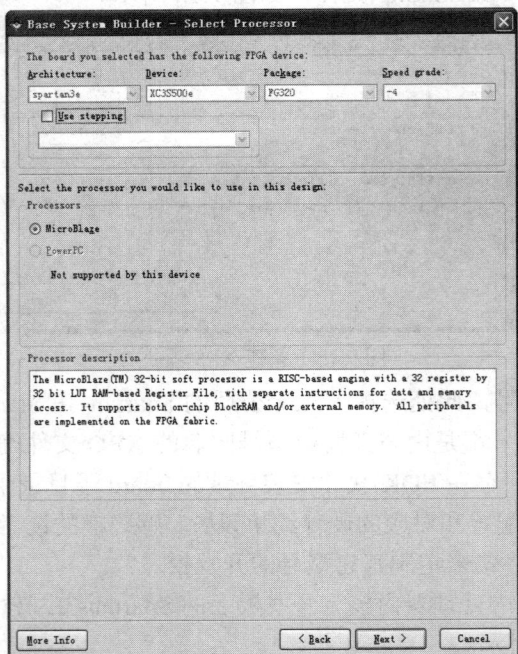

图 7.15　选择嵌入式处理器

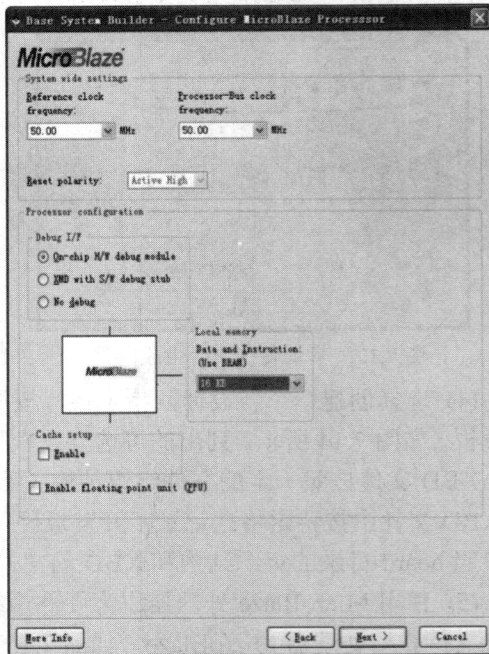

图 7.16　设置嵌入式处理器

(7) 在接下来的几页外设选择页面，不同的开发板差别会很大。这里仅选一个 RS232 外设，其它参数保持缺省，如图 7.17 所示。

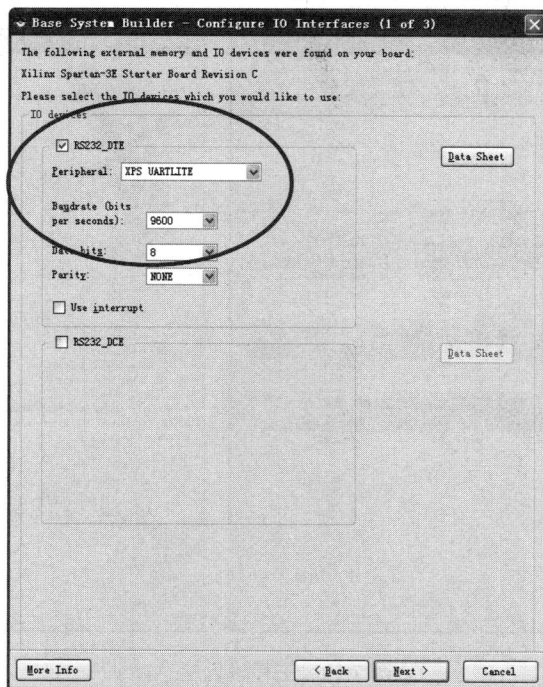

图 7.17　选择系统外设

(8) 软件设置页面中要为软件调试指定标准输入/输出设备，并选上【Memory test】演示软件项目作为测试程序，用来检验所实现的基本硬件平台，如图 7.18 所示。

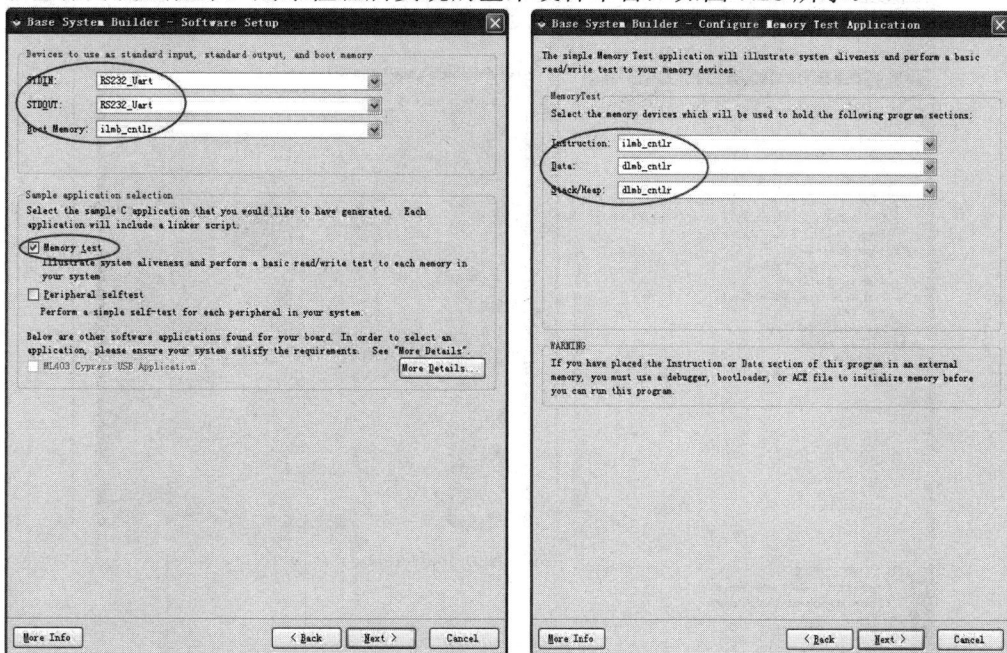

图 7.18　设置工程的软件内容

(9) 确认系统创建页面的设置信息，完成基本硬件平台的创建，如图 7.19 所示。

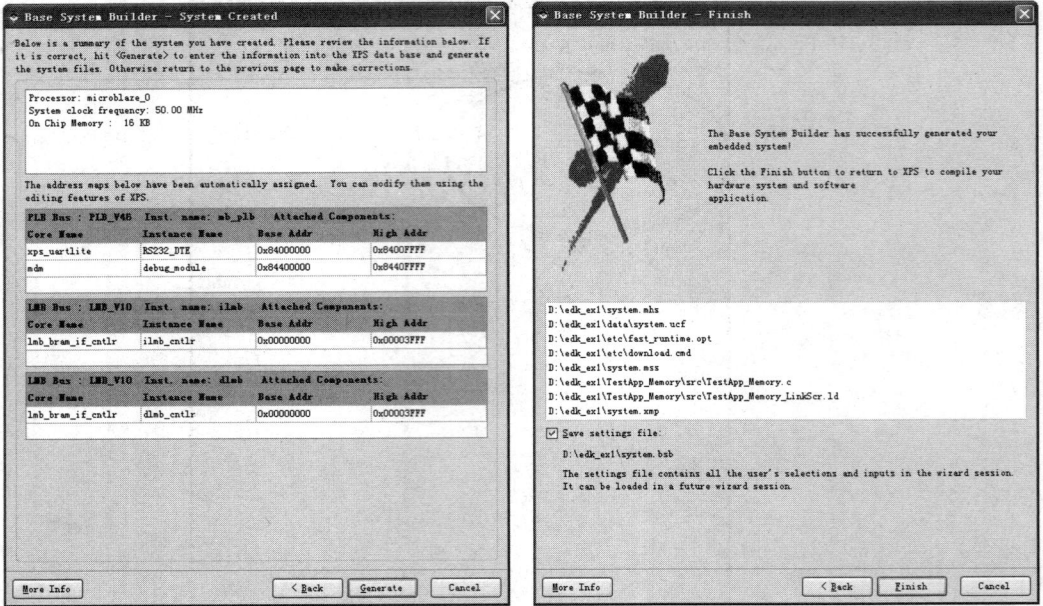

图 7.19　工程设置信息确认

(10) 创建完成的基本硬件平台会在 XPS 中自动打开，并开启【Block Diagram】和【System Assembly View】视图供用户观察硬件平台的系统结构，如图 7.20 所示。

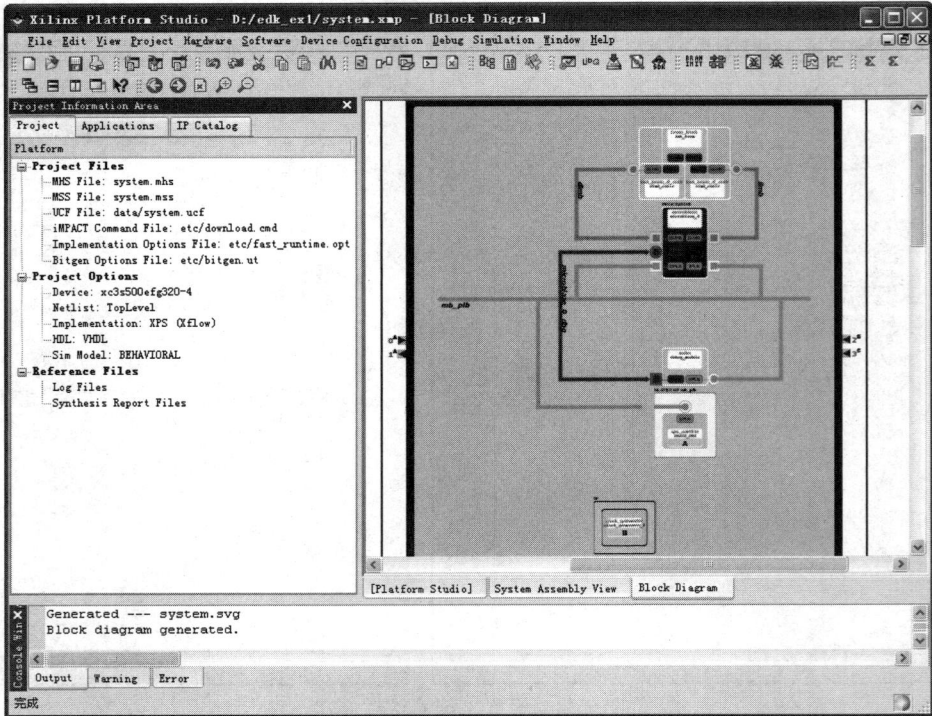

图 7.20　创建的基本硬件平台

至此，基本硬件平台的创建结束，用户接下来可以继续完善硬件设计。

在 XPS 左侧的【Project】视图上，列出了包括 MHS 和 MSS 等在内的工程关键设计文件。分别双击打开 MHS 和 MSS 文件，查看其中的配置信息。下面通过在文件中添加注释来解读文件。

- system.mhs 文件内容(节选)：

```
PARAMETER VERSION = 2.1.0                    # 定义了参数集版本
# 定义 UART 串口的输入和输出信号
  PORT fpga_0_RS232_DTE_RX_pin = fpga_0_RS232_DTE_RX, DIR = I
  PORT fpga_0_RS232_DTE_TX_pin = fpga_0_RS232_DTE_TX, DIR = O
# 定义了系统时钟，大小为 50 MHz，方向为输入，标记为时钟信号
  PORT sys_clk_pin = dcm_clk_s, DIR = I, SIGIS = CLK, CLK_FREQ = 50000000
# 定义系统复位信号，方向为输入，标记为复位信号
PORT sys_rst_pin = sys_rst_s, DIR = I, RST_POLARITY = 1, SIGIS = RST
# 子模块定义，以 BEGIN 和 END 定义段
BEGIN microblaze                             # 处理器子模块定义
  PARAMETER INSTANCE = microblaze_0          # 定义例化名称
  PARAMETER C_INTERCONNECT = 1
  PARAMETER HW_VER = 7.10.d                  # 定义 IP Core 版本
  PARAMETER C_DEBUG_ENABLED = 1
  PARAMETER C_AREA_OPTIMIZED = 1
# 下面是模块端口信号定义
  BUS_INTERFACE DLMB = dlmb
  BUS_INTERFACE ILMB = ilmb
  BUS_INTERFACE DPLB = mb_plb
  BUS_INTERFACE IPLB = mb_plb
  BUS_INTERFACE DEBUG = microblaze_0_dbg
  PORT MB_RESET = mb_reset
END
…… (此处省略部分内容)
BEGIN lmb_bram_if_cntlr                      # 定义存储器模块
  PARAMETER INSTANCE = dlmb_cntlr
  PARAMETER HW_VER = 2.10.a
  PARAMETER C_BASEADDR = 0x00000000          # 定义模块的基地址
  PARAMETER C_HIGHADDR = 0x00003fff
# 定义模块的结束地址，与基地址一起确定了模块的存储器大小
  BUS_INTERFACE SLMB = dlmb
  BUS_INTERFACE BRAM_PORT = dlmb_port
END
…… (此处省略部分内容)
BEGIN xps_uartlite                           # 定义 UART 串口模块
```

```
        PARAMETER INSTANCE = RS232_DTE
        PARAMETER HW_VER = 1.00.a
        PARAMETER C_BAUDRATE = 9600              # 定义波特率
        PARAMETER C_DATA_BITS = 8                # 定义数据位数
        PARAMETER C_ODD_PARITY = 0               # 定义奇偶校验位
        PARAMETER C_USE_PARITY = 0               # 定义是否使用校验
        PARAMETER C_SPLB_CLK_FREQ_HZ = 50000000
        PARAMETER C_BASEADDR = 0x84000000        # 定义串口基地址
        PARAMETER C_HIGHADDR = 0x8400ffff
        BUS_INTERFACE SPLB = mb_plb
        PORT RX = fpga_0_RS232_DTE_RX
        PORT TX = fpga_0_RS232_DTE_TX
      END
      …… (此处省略余下内容)
```

● system.mss 文件内容(节选)：

```
        PARAMETER VERSION = 2.2.0            # 定义参数版本
      BEGIN OS                              # 定义操作系统, 以 BEGIN 和 END 定义段
        PARAMETER OS_NAME = standalone
        PARAMETER OS_VER = 2.00.a
        PARAMETER PROC_INSTANCE = microblaze_0
        PARAMETER STDIN = RS232_DTE
        PARAMETER STDOUT = RS232_DTE
      END

      BEGIN PROCESSOR                       # 定义处理器类型, 以 BEGIN 和 END 定义段
        PARAMETER DRIVER_NAME = cpu
        PARAMETER DRIVER_VER = 1.11.b
        PARAMETER HW_INSTANCE = microblaze_0
        PARAMETER COMPILER = mb-gcc
        PARAMETER ARCHIVER = mb-ar
      END

      BEGIN DRIVER                          # 定义驱动, 以 BEGIN 和 END 定义段
        PARAMETER DRIVER_NAME = bram
        PARAMETER DRIVER_VER = 1.00.a
        PARAMETER HW_INSTANCE = dlmb_cntlr
      END
      …… (此处省略部分内容)
```

```
BEGIN DRIVER                    # 定义驱动，以 BEGIN 和 END 定义段
  PARAMETER DRIVER_NAME = uartlite
  PARAMETER DRIVER_VER = 1.13.a
  PARAMETER HW_INSTANCE = RS232_DTE
END
```
……(此处省略余下内容)

　　如果电脑与开发板之间已经连接好了串口通信线缆和下载线缆，那么可以按照下面的操作验证基本硬件平台是否设置正确。先打开 Windows 操作系统中【附件】菜单下的【超级终端】，进行串口通讯设置，波特率设为 9600 bps，数据位为 8 位，1 位停止位，无奇偶校验位，如图 7.21 所示，用来监视主机串口的通讯情况。然后在 XPS 的菜单中单击【Device Configuration】→【Download BitStream】，该操作需要运行一段时间，自动完成整个设计流程中从编译到下载配置的多个步骤。如无差错的话，在【超级终端】的窗口中将看到图 7.22 所示的两行字符串输出。

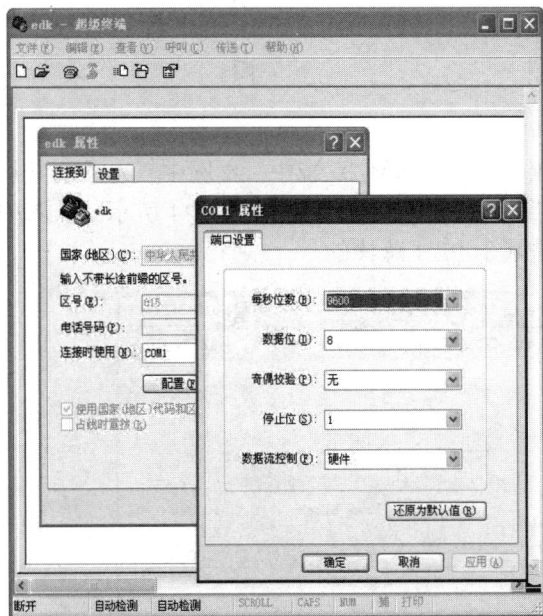

图 7.21　设置超级终端　　　　　　　　图 7.22　超级终端的输出结果

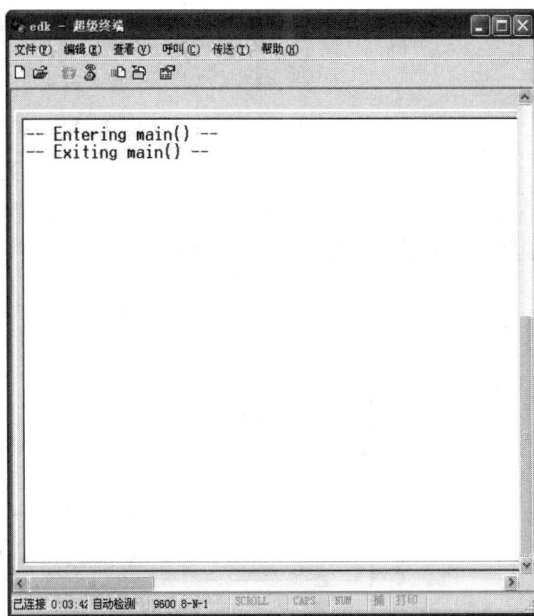

　　如没有观察到此输出结果，主要原因可能有两个：超级终端软件的电脑主机和开发板的波特率设置不一致；使用的串口电缆其发送和接收端没有对调，如使用的是 9 针串口电缆，应将发送和接收两侧串口的 2 和 3 脚进行对调连接，使电脑侧串口的接收线与开发板侧串口的发送线相连。

　　2) 添加外设

　　(1) 在 XPS 的工程信息区将视图切换到【IP Catalog】，该视图中列举出了当前工程可以利用的全部 IP，包括用户的自定义 IP，如图 7.23 所示。

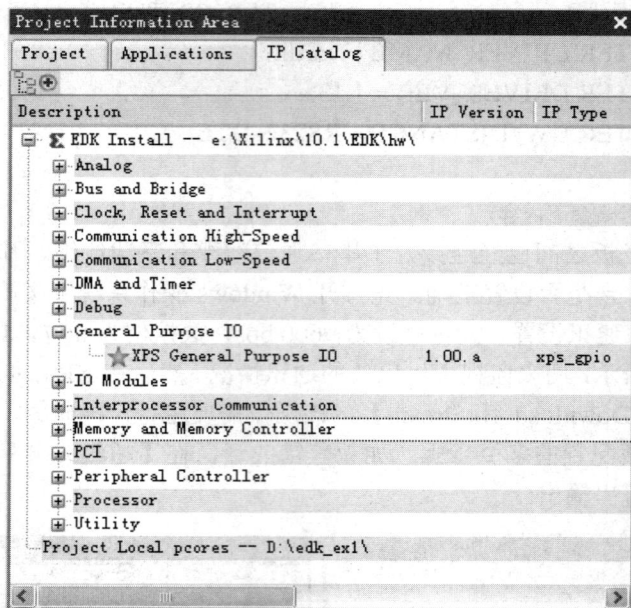

图 7.23　工程可利用的 IP 库

(2) 双击或者拖曳需添加的外设 IP，将其加入到当前硬件系统中。本例中，为系统添加了两个 opb_gpio 核，缺省命名为"xps_gpio_0"和"xps_gpio_1"，如图 7.24 所示。从图中左侧的总线连接图示上可以看出所添加的 IP 是基于 PLB 总线的。

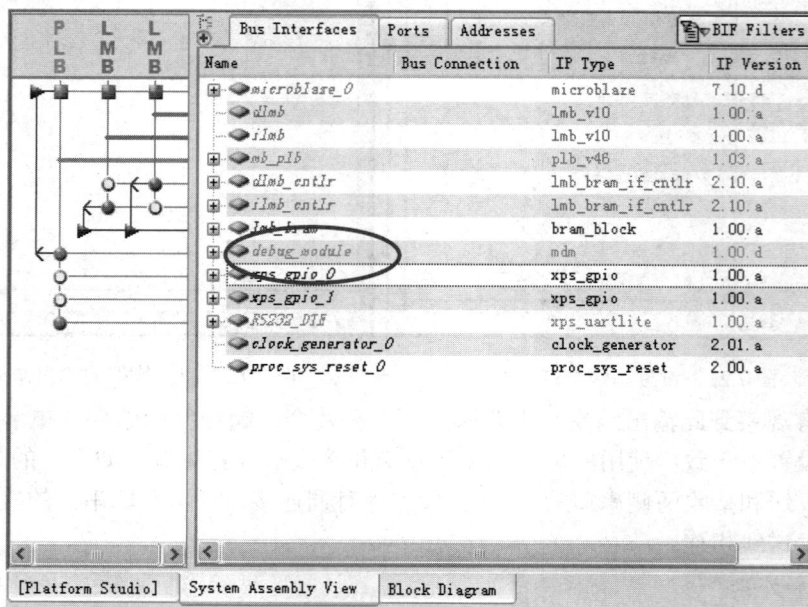

图 7.24　添加外设 IP

(3) 对新添加的外设改名并选择其总线连接关系。本例新添的两个外设名分别改为"gpio_buttons"和"gpio_leds"，总线关系选择连接于"mb_plb"，如图 7.25 所示。

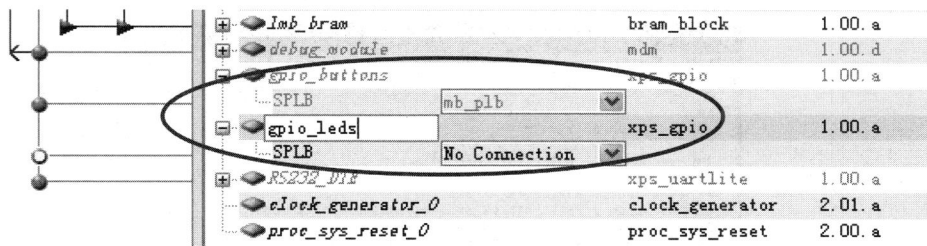

图 7.25　修改外设 IP 命名

(4) 为新添加的外设自动或手动分配基地址和大小，如图 7.26 所示。

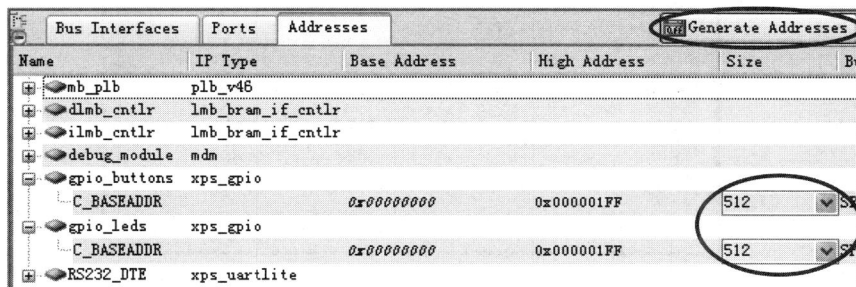

图 7.26　分配外设的基地址和大小

(5) 确定外设的端口类型和位宽。gpio_buttons 设置为与外部连接的输入端口，gpio_leds 设置为与外部连接的输出端口，如图 7.27 所示。

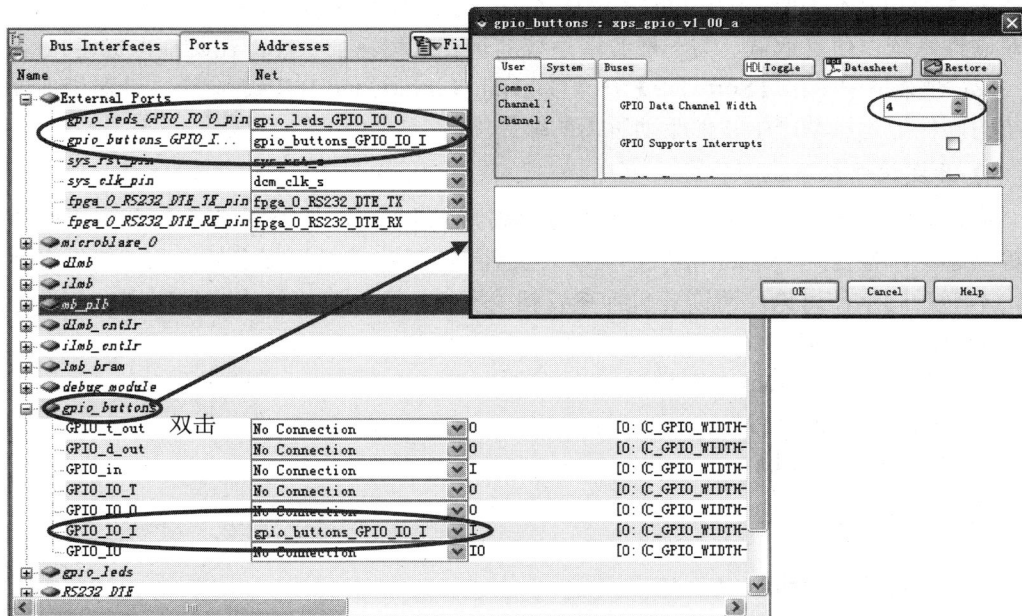

图 7.27　设置外设的端口类型和位宽

(6) 在工程的 ucf 文件中为新添外设添加约束。在本例中，根据 Spartan-3E Starter 开发板的 PCB 布线关系，添加的约束如图 7.28 所示。

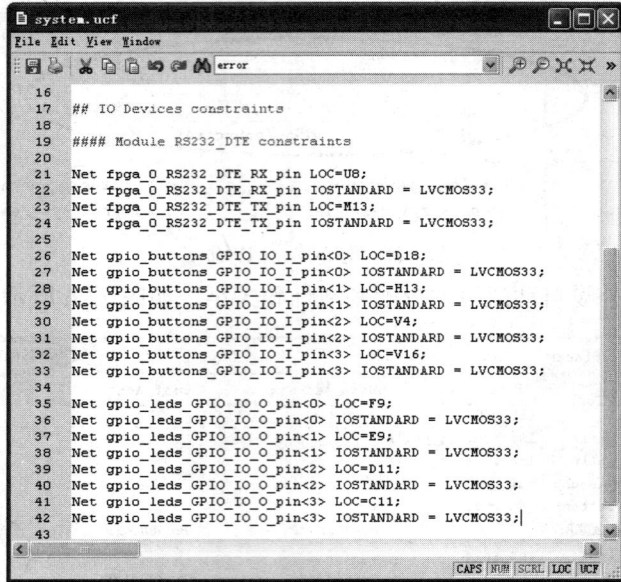

图 7.28　添加外设管脚的约束条件

3) 生成硬件系统

(1) 在 XPS 的菜单中单击【Hardware】→【Generate Bitstream】命令，生成硬件位流文件。在菜单中单击【Device Configuration】→【Download Bitstream】命令，将此硬件位流文件配置进 FPGA。这时目标 FPGA 就成了一个还没有"安装"任何软件的裸硬件系统。这里对硬件系统作仿真调试，与一般数字系统的仿真过程完全一样，在此不再赘述。

(2) 在菜单中单击【Software】→【Generate Library and BSPs】命令，针对当前嵌入式系统的硬件配置自动产生软件驱动所需的编译库。

4) 开发软件程序

嵌入式系统软件开发的目的是将引导代码、应用代码、实时操作系统和中断服务子程序等一起编译整合到一个.elf 格式的可执行文件内，其中涉及到很多的嵌入式软件设计的内容，本书对此不作讨论，请读者自行参看相关资料。下面直接给出本例所用的软件程序代码和部分简单的注解说明。

```
#include "xparameters.h"
#include "xgpio.h"
#include "xutil.h"
int main (void)
{
    XGpio gpio_buttons;
    int i, psb_check;
    XGpio gpio_leds;
    printf("-- Start of the Program --\r\n");
    //  XPAR_GPIO_BUTTONS_DEVICE_ID 在 xparamters.h 中被定义和初始化
```

```
// XGpio_Initialize 对外设进行初始化，XGpio_SetDataDirection 设置数据方向
XGpio_Initialize(&gpio_buttons, XPAR_GPIO_BUTTONS_DEVICE_ID);
XGpio_SetDataDirection(&gpio_buttons, 1, 0xffffffff);
// XPAR_GPIO_LEDS_DEVICE_ID 在 xparamters.h 中被定义和初始化
XGpio_Initialize(&gpio_leds, XPAR_GPIO_LEDS_DEVICE_ID);
XGpio_SetDataDirection(&gpio_leds, 1, 0x0);
while (1)
{
    psb_check = XGpio_DiscreteRead(&gpio_buttons, 1);
    xil_printf("Push Buttons Status %x\r\n", psb_check);
    XGpio_DiscreteWrite(&gpio_leds, 1, psb_check);
    for (i=0; i<1999999; i++);    // 延时
}
}
```

　　以上代码可以使用 XPS SDK 的软件开发集成环境进行编辑调试，也可直接在 XPS 下编辑、编译。这里假定以上代码已通过 XPS 的文本编辑器录入并保存为 "gpio_ctrl.c"。下面介绍如何直接在 XPS 中创建软件项目。

　　(1) 在 XPS 的菜单中单击【Software】→【Add Software Application Project...】，创建一个基于当前硬件系统的软件项目，对于已由 XPS SDK 编译生成的软件工程项目可直接指定对应的 .elf 文件，如图 7.29 所示。新建的软件项目将出现在 XPS 左侧的工程信息区【Applications】视图栏下。

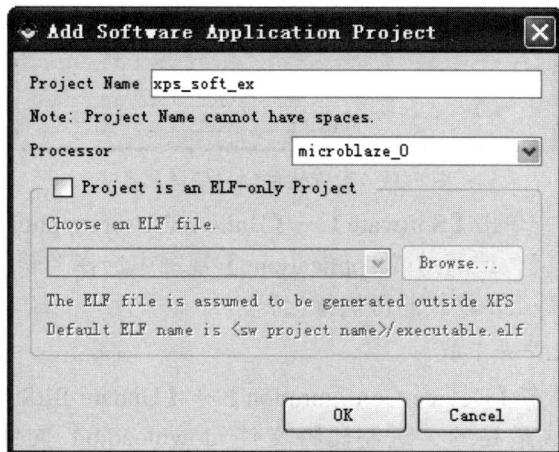

图 7.29　添加新的软件项目

　　(2) 选中新建的软件项目，右键单击，在弹出菜单中选择【Mark to Initialize BRAMs】项，将该项目设为当前的目标软件项目，如图 7.30 所示。在该软件项目的【Source】项上右键单击，在弹出的菜单中选择【Add Existing Files...】项，将 "gpio_ctrl.c" 作为软件设计源文件添加到项目中。

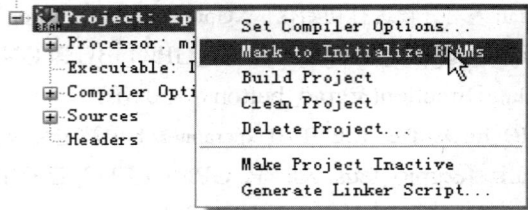

图 7.30　设置当前目标软件项目

（3）再选中该软件项目，右键单击，在图 7.29 所示的右键弹出菜单中选择【Set Compiler Options…】项，弹出项目编译属性设置对话框，设置相关属性，例如调整编译得到的 .elf 文件的输出路径，如图 7.31 所示。

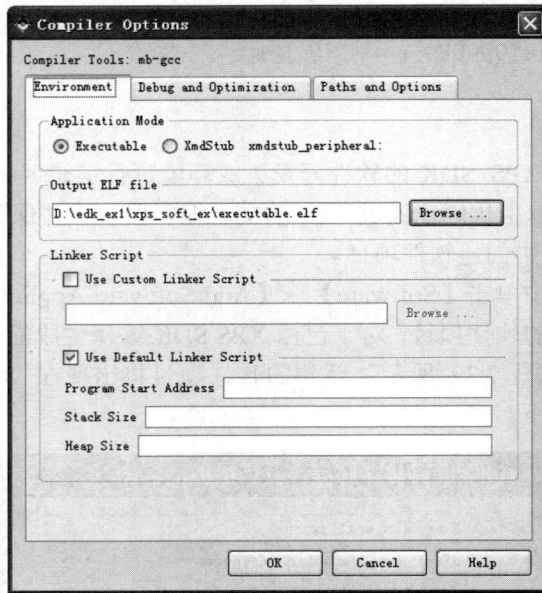

图 7.31　设置软件项目编译属性

（4）在 XPS 的菜单中单击【Software】→【Build All User Applications】，编译当前嵌入式工程下的全部软件项目，或通过【Applications】视图中选择某软件项目，利用其右键弹出菜单编译该项目，生成 .elf 格式的可执行代码。

5）生成最终比特文件并下载

在 XPS 的菜单中单击【Device Configuration】→【Update BitStream】把可执行程序代码同硬件配置文件合成最终的二进制比特文件 download.bit 文件。接着单击【Device Configuration】→【Download BitStream】执行下载。FPGA 将首先根据硬件配置信息建立硬件系统，并把程序代码映射到片内 BRAM 中，最后启动 MicroBlaze，运行软件程序。

本程序运行时可以看到，LED 灯的亮灭是根据对应按键的状态来控制的。

6）调试

如果系统运行的情况与所期望的不相同，那么就需要进行调试。可以使用 EDK 集成的 XMD 命令行调试器和 GDB 调试器对代码进行仿真和调试。XMD 是通过 MDM 模块和 JTAG

口连接目标板上的 CPU，GDB 则可以对程序进行单步调试或断点设置，此外也可以配合 ChipScope 软件工具进行硬件与软件的协同调试。

7.4　在 SOPC 系统中添加定制外设 IP Core

基于 FPGA 的嵌入式系统与传统的嵌入式系统相比较，最大的优势是利用 FPGA 的硬件可编程特性，系统可以很方便地添加和定制硬件外设。系统所需的外设可从开发包中的 IP 库中调用，也可由用户根据系统功能需要利用 HDL 语言自行开发设计。前面已经介绍，SOPC 系统是通过总线来实现处理器与外设之间的连接的。为了方便用户将定制外设挂接到总线上，EDK 专门提供了定制 IP Core 产生向导来简化用户定制外设总线接口的开发。下面介绍如何完成一个实现开关去抖动功能的定制外设 IP Core 的设计。该外设具有一个可寻址的状态寄存器供处理器访问，并在开关状态发生变化时能向处理器请求中断。

在系统中设计和添加定制外设的关键是利用好 XPS 中的定制 IP 产生向导工具，一般操作过程分为三个阶段：第一阶段，利用定制 IP Core 产生向导产生自制外设的设计模板；第二阶段，在 ISE 中添加和修改 HDL 文件，设计外设逻辑功能并编译；第三阶段，再次调用定制 IP Core 产生向导导入第二阶段对外设的修改，将其添加到系统的外设库中。这样一来，系统就可以通过外设库像标准外设一样添加定制外设了。下面介绍这三个阶段的具体操作步骤。

第一阶段是在 XPS 的菜单中单击【Hardware】→【Create or Import Peripheral...】，启动定制 IP 产生向导，然后单击 Next > 按钮，依次进入以下对话框中，具体操作步骤如下：

(1) 在向导【Peripheral Flow】对话框中选择【Create templates for a new peripheral】项，用来产生一个新的外设 IP，如图 7.32 所示。

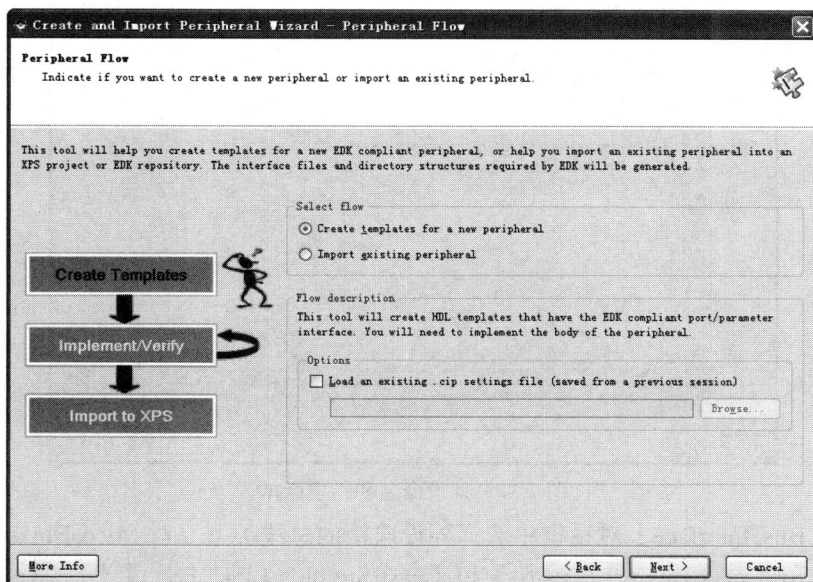

图 7.32　新建一个外设模板

（2）在【Repository or Project】对话框中选择定制外设的保存位置。如果选择【To an EDK user rspository】单选框，则将定制外设设计保存在用户的系统 IP 库中，可被其它的 EDK 工程识别和调用；如果选择【To an XPS project】单选框，则该定制外设仅能被当前工程识别到，所有设计文件都保存在当前工程的 pcores 目录下。现选择前一项，如图 7.33 所示。

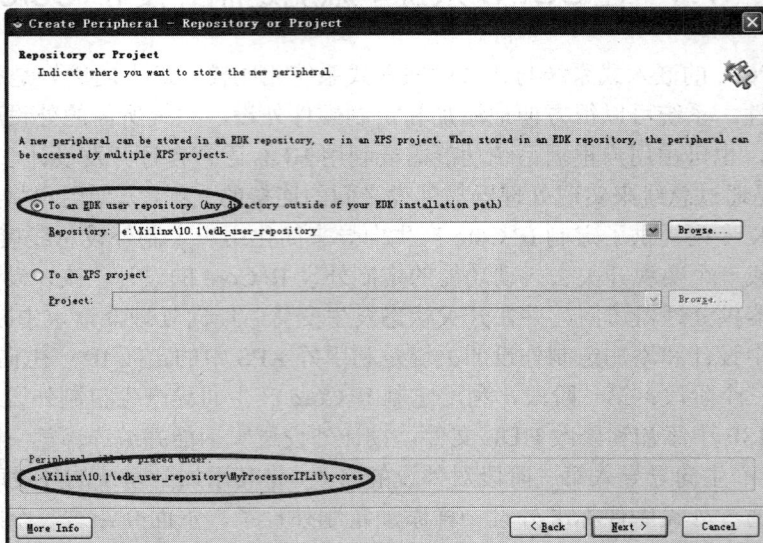

图 7.33　指定定制外设的保存路径

（3）在【Name and Version】对话框中输入外设的名字和版本号，也可添加外设描述信息，这里将定制外设命名为 "switch_debouncer"，版本设为 "1.00.a"，如图 7.34 所示。

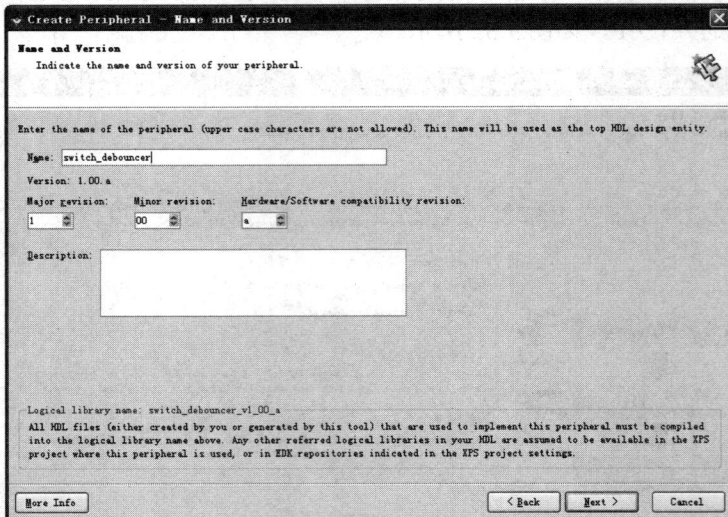

图 7.34　外设命名和指定版本

（4）在【Bus Interface】对话框中选择外设连接的总线类型，对 MicroBlaze 处理器可以选择【Processor Local Bus (PLB v4.6)】和【Fast Simplex Link (FSL)】两种总线类型，应根据外设对工作性能的要求由用户酌情选取。本例添加的是个低速外设，应选择前者，如图

7.35 所示。如果定制外设需要考虑向下兼容，则可选中【Enable OPB and PLB v3.4 bus interface】让外设的连接总线类型设为 OPB 或 PLB v3.4。

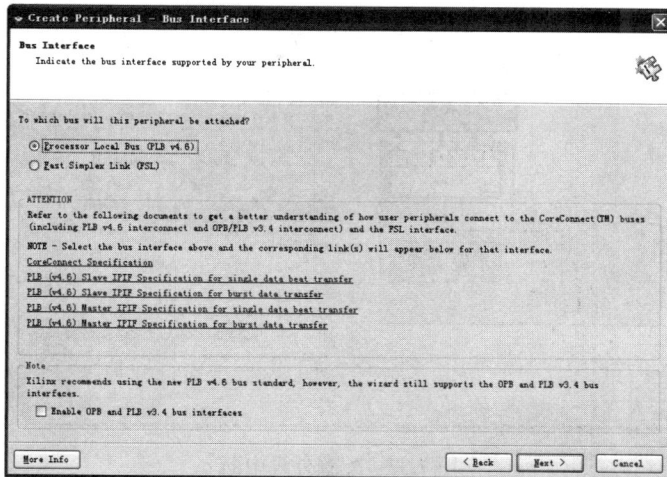

图 7.35　选择总线类型

（5）在【IPIF (IP Interface) Services】对话框中，根据定制外设在第 4 步选定的总线类型，罗列出外设和处理器之间的多个 IP 接口(IPIF)信号以供用户选择，各信号的具体功能请参考 Xilinx 相关文档。本例中根据外设功能设计要求，选择对应的参数项，如图 7.36 所示。

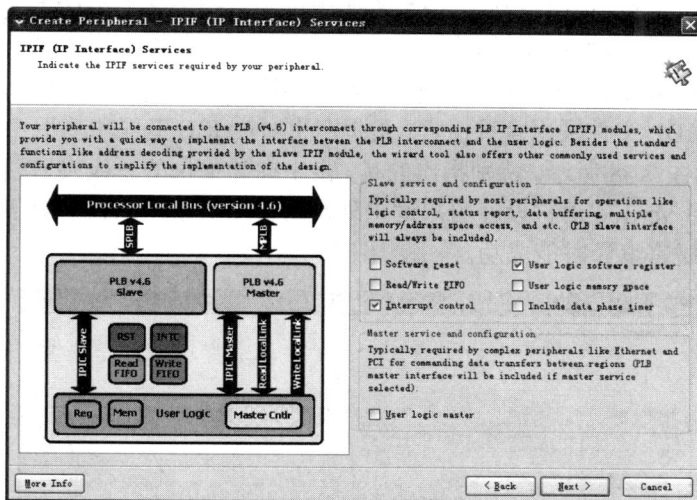

图 7.36　配置接口信号

（6）在【Slave Interface】对话框中保持缺省设置。

（7）在中断服务【Interrupt Service】页面中配置外设的中断功能。本例中需去除【Use Device ISC(interrupt source controller)】选项，不需使用中断控制器；将【Number of interrupts generated by user-logic】设置为 "1"；把【Capture mode】调整为 "Rising Edge Detect"，这样外设就可以在 IPIF 的中断线上通过产生一个上升沿跳变来向处理器请求中断，如图 7.37 所示。

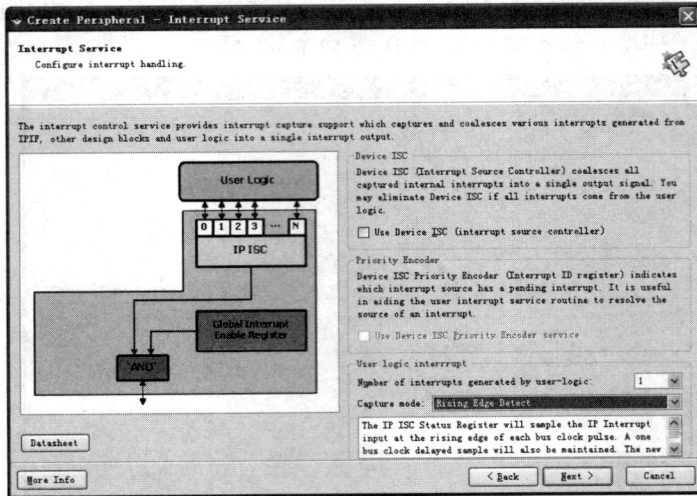

图 7.37　配置外设中断

(8) 在【User S/W Register】页面中将【Number of software accessible registers】设置为 "1"，为外设配置一个可被软件访问的寄存器。

(9) 在【IP Interconnect (IPIC)】页面中可根据设计要求为定制外设总线接口添加信号。通常向导已为用户选好了信号，可不作调整直接进行下一步设置。

(10)【Peripheral Simulation Support】页面中可为外设设计产生仿真文件，用户可根据情况选择是否生成。本例直接跳过。

(11)【Peripheral Implementation Support】页面询问用户为外设生成哪些模板文件，包括外设功能设计 HDL 文件采用哪种语言、是否产生对应 ISE 工程和基于 C 语言的外设软件驱动，本例设置如图 7.38 所示。特别指出的是，由于向导提供的总线接口模板是基于 VHDL 语言的，因此使用 Verilog 语言设计用户逻辑外设时，要特别注意接口对应关系，以确保使用 XST 进行混合语言编译时能成功。

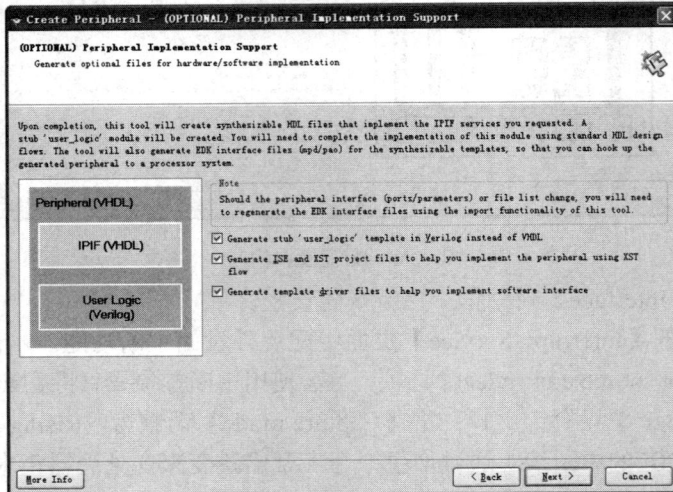

图 7.38　选择输出模板

(12) 完成模板的生成，定制 IP 产生向导将在第 2 步设定的位置生成 pcores 和 drivers 两个目录，如图 7.39 所示。pcores 中包含有外设的 ISE 工程设计文件，drivers 目录中则包含了外设的软件驱动模板文件。第一阶段到此结束。

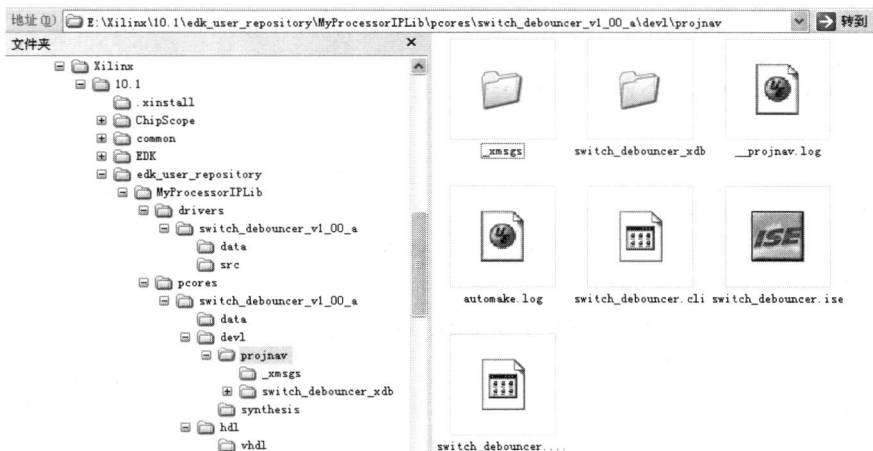

图 7.39　生成的定制外设模板目录结构

在第二阶段添加 HDL 逻辑，具体操作步骤如下：

(1) 用 ISE 打开生成的 ISE 工程，工程结构如图 7.40 所示。需要说明的是，ISE 10.1 版需要安装最新补丁进行升级消除其在路径查找上的缺陷，否则打开的工程可能不能成功加载设计源文件，需要用户手工进行添加。

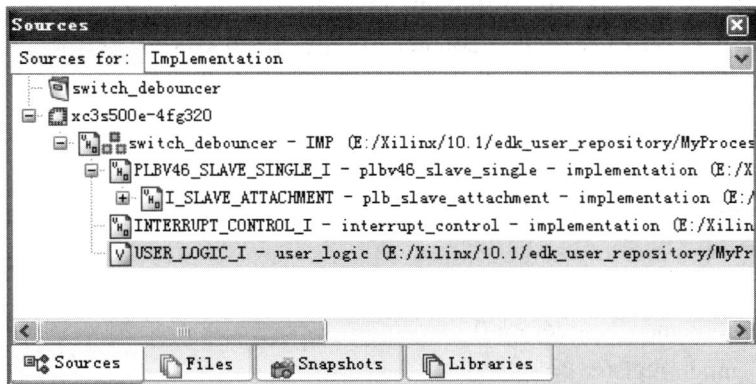

图 7.40　定制外设的 ISE 工程结构

(2) 在 USER_LOGIC_I 模块上右击，选择增加一个 Verilog 文件，将其保存在"pcores\switch_debouncer_v1_00_a\hdl\verilog"目录下，添加的 switch_debouncer_core.v 程序内容如下：

```
module switch_debouncer_core
  (  reset,
     clock,
     input_switch_array,
```

```verilog
    output_switch_array,
    new_switch_state,
    acknowledge
);

parameter NUM_SWITCHES = 4;        // 对应开发板上的四个滑动开关

input reset,clock;
input acknowledge;                 // 输入已被后续模块读取而返回的确认信号
input [NUM_SWITCHES-1:0] input_switch_array;
// 原始开关输入，未去抖动，定义成总线
output [NUM_SWITCHES-1:0] output_switch_array;
// 对应开关阵列输出，已去抖动
output new_switch_state;           // 指示有新的已完成去抖的输入产生

parameter NDELAY = 500000;         // 对应 50 MHz 系统时钟实现 10 ms 延时
parameter NBITS = 20;
parameter Idle = 1'b0, Debounce_In_Progress = 1'b1;

reg [NUM_SWITCHES-1:0] output_switch_array;
reg [NUM_SWITCHES-1:0] input_register;
reg [NBITS-1:0] debounce_counter;  // 去抖延时计数器
reg int_new_switch_state;
reg debounce_state;

always @(posedge clock)
if (reset)
  begin
    debounce_counter <= 0;
    input_register <= 0;
    output_switch_array <= 0;
    int_new_switch_state <= 0;
    debounce_state <= Idle;
  end
else
begin
    case(debounce_state)
      Idle：
      begin
```

```
            if(input_switch_array != input_register)
                begin
                    input_register <= input_switch_array;
                    debounce_state <= Debounce_In_Progress;
                    debounce_counter <= NDELAY;
                end
        end
    Debounce_In_Progress :
    begin
        if(input_switch_array == input_register)
            begin
                debounce_counter <= debounce_counter - 1;
                if(debounce_counter == 0)
```
// 根据延迟计数器计数完成前后的输入状态是否一致来实现去抖动
```
                begin
                    output_switch_array <= input_register;
                    int_new_switch_state <= 1;
                    debounce_state <= Idle;
                end
            end
        else
            debounce_state <= Idle;
        end
    endcase
    if(int_new_switch_state && acknowledge)
```
        // 当 acknowledge 有效清除 new_switch_state 信号，以便读取下一次输入
```
        int_new_switch_state <= 0;
    end
    assign new_switch_state = int_new_switch_state;
endmodule
```

(3) 按下面的程序代码修改 user_logic.v 程序，完成定制模块与 SOPC 系统总线接口的连接。该程序的接口关系要求与片上总线信号对应，这里直接提供程序代码，对于具体细节有兴趣的读者可参看 Xilinx 相关技术文档自行分析。

```
module user_logic
(   input_switch_array,
    Bus2IP_Clk,
    Bus2IP_Reset,
    Bus2IP_Data,
    Bus2IP_BE,
```

```
        Bus2IP_RdCE,
        Bus2IP_WrCE,
        IP2Bus_Data,
        IP2Bus_RdAck,
        IP2Bus_WrAck,
        IP2Bus_Error,
        IP2Bus_IntrEvent
);
parameter NUM_SWITCHES = 4;    // 滑动开关数目
parameter C_SLV_DWIDTH = 32;
parameter C_NUM_REG = 1;
parameter C_NUM_INTR = 1;

input   [0 : NUM_SWITCHES-1]   input_switch_array;
input   Bus2IP_Clk;
input   Bus2IP_Reset;
input   [0 : C_SLV_DWIDTH-1]   Bus2IP_Data;
input   [0 : C_SLV_DWIDTH/8-1]   Bus2IP_BE;
input   [0 : C_NUM_REG-1]   Bus2IP_RdCE;
input   [0 : C_NUM_REG-1]   Bus2IP_WrCE;
output   [0 : C_SLV_DWIDTH-1]   IP2Bus_Data;
output   IP2Bus_RdAck;
output   IP2Bus_WrAck;
output   IP2Bus_Error;
output   [0 : C_NUM_INTR-1]   IP2Bus_IntrEvent;

wire   [0 : NUM_SWITCHES-1]   output_switch_array;
wire   new_switch_state;
wire   [0 : 0]   slv_reg_write_sel;
wire   [0 : 0]   slv_reg_read_sel;
reg   [0 : C_SLV_DWIDTH-1]   slv_ip2bus_data;
wire   slv_read_ack;
wire   slv_write_ack;

    switch_debouncer_core switch_debouncer_core_instance(
      .reset(Bus2IP_Reset),
      .clock(Bus2IP_Clk),
      .input_switch_array(input_switch_array),
      .output_switch_array(output_switch_array),
```

```
        .new_switch_state(new_switch_state),
        .acknowledge(slv_read_ack)    // 读操作回馈信号
    );

    assign
      slv_reg_write_sel = Bus2IP_WrCE[0:0],
      slv_reg_read_sel = Bus2IP_RdCE[0:0],
      slv_write_ack = Bus2IP_WrCE[0],
      slv_read_ack = Bus2IP_RdCE[0];
      // 从模式读取开关输入状态
    always @( slv_reg_read_sel or output_switch_array )
    begin: SLAVE_REG_READ_PROC
      case ( slv_reg_read_sel )
        1'b1 : begin
          slv_ip2bus_data[0:(C_SLV_DWIDTH-NUM_SWITCHES-1)] <= 0;
          slv_ip2bus_data[(C_SLV_DWIDTH-NUM_SWITCHES):(C_SLV_DWIDTH-1)]
                        <= output_switch_array;
            end
          default : slv_ip2bus_data <= 0;
      endcase
    end

    assign IP2Bus_IntrEvent[0:0] = new_switch_state;
    assign IP2Bus_Data = (slv_read_ack)?slv_ip2bus_data:0;
    assign IP2Bus_WrAck = slv_write_ack;
    assign IP2Bus_RdAck = slv_read_ack;
    assign IP2Bus_Error = 0;
  endmodule
```

　　(4) 在顶层设计文档中添加端口。由于 EDK 软件系统的规定，顶层设计文件必须用 VHDL 语言编写，对该设计文档本书不作分析，请依照下面所述进行修改：编辑顶层设计文档 switch_debouncer.vhd，查找文字 "ADD USER GENERICS BELOW THIS LINE"，共有两处，在该文字行下另起一行添加代码 "NUM_SWITCHES : integer := 4;"；查找文字 "ADD USER PORTS BELOW THIS LINE"，共有两处，另起一行添加代码 "input_switch_array: in std_logic_vector(0 to NUM_SWITCHES-1);"；查找文字 "MAP USER PORTS BELOW THIS LINE"，只有一处，另起一行添加代码 "input_switch_array => input_switch_array,"。须注意，添加的前两项内容其代码是以分号结束，而第三项的代码是以逗号结束。

　　(5) 调整后得到的 ISE 工程的文件结构关系如图 7.41 所示。对设计进行综合排错，完成综合实现即说明 IP Core 设计正确，同时也表示第二阶段的设计工作完成。

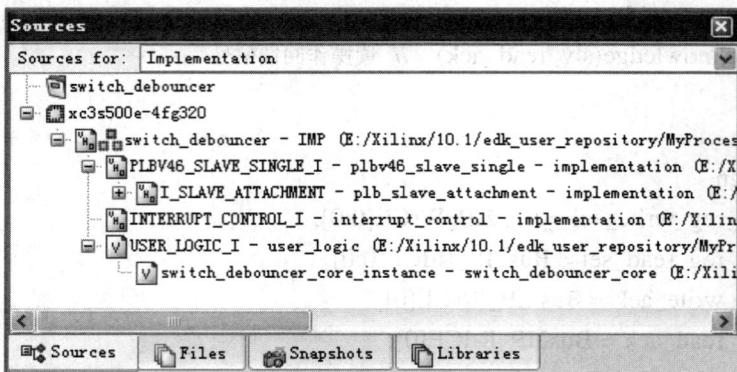

图 7.41　调整后的 ISE 工程结构

第三阶段是将定制外设添加到 XPS 的外设库中，之后在 EDK 工程中，添加定制外设和添加标准外设的操作步骤完全相同。下面介绍具体操作步骤。

(1) 在 EDK 中开启工程，再次启动定制 IP Core 产生向导，这时在【Peripheral Flow】对话框中应选择【Select flow】栏下的【Import existing peripheral】项，输入现有的外设 IP Core，如图 7.42 所示。

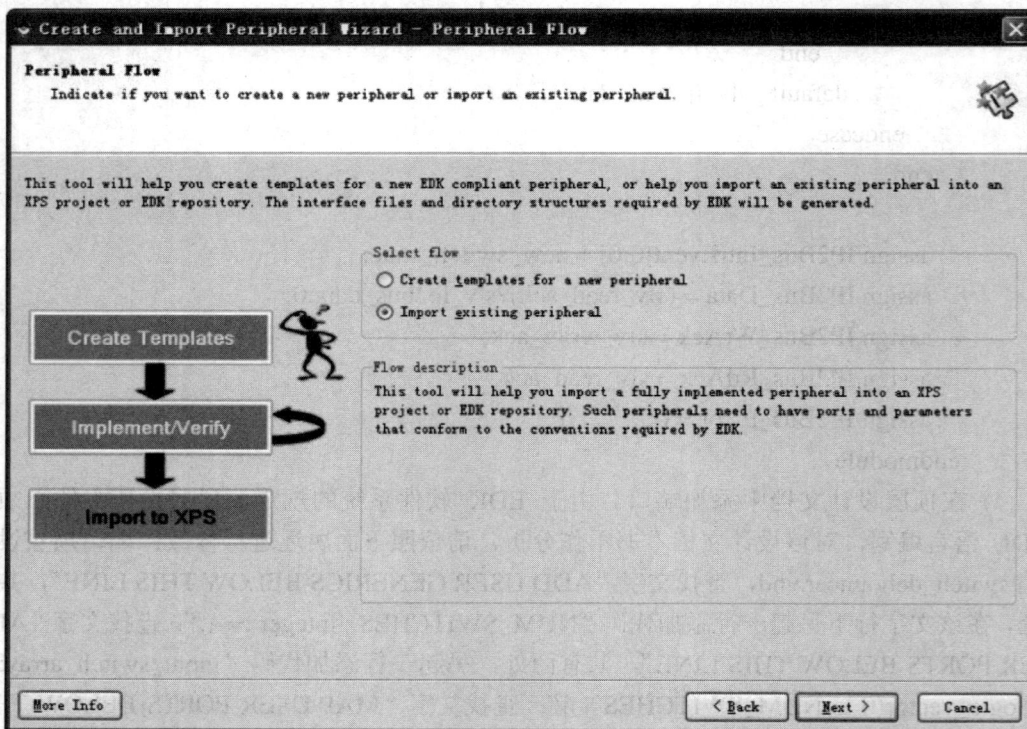

图 7.42　导入设计好的定制外设

(2) 在【Repository or Project】对话框中选择开关去抖动 switch_debouncer 外设的保存路径，如图 7.43 所示，注意这里的路径应与第一阶段第 3 步指定的路径保持一致。

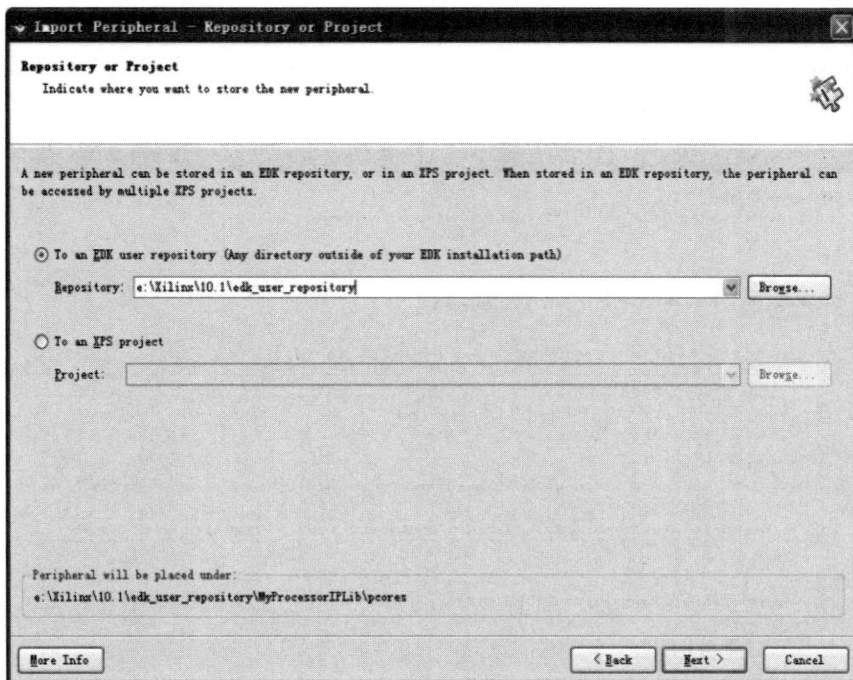

图 7.43　设定外设的保存路径

(3) 在【Name and Version】对话框中输入外设的名字 "switch_debouncer" 和版本号 "1.00.a"，在弹出窗口中确认覆盖操作。

(4) 在【Source File Types】对话框中选择 HDL 源文件，如图 7.44 所示。

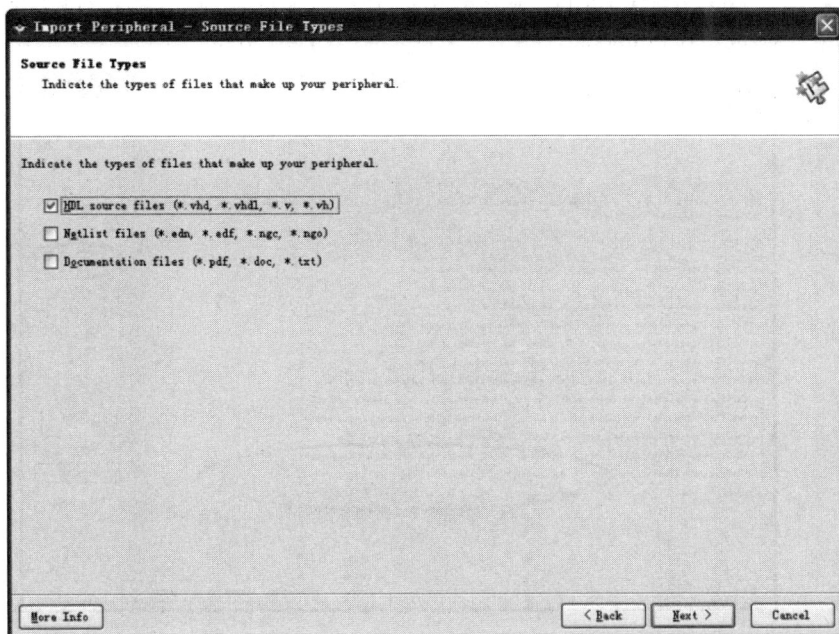

图 7.44　选择设计源文件

（5）在【HDL Source Files】对话框中选择【Use data (*.mpd) collected during a previous invocation of this tool】和【Use an XST project file (*.prj)】，并指定对应的数据文件和 XST 工程文件，如图 7.45 所示。

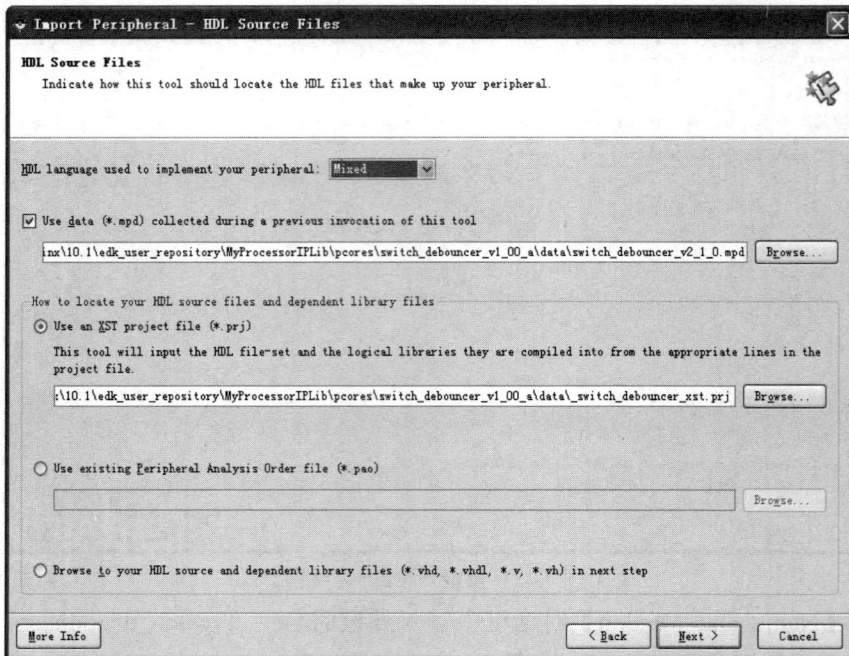

图 7.45　导入 HDL 源文件配置关系

（6）在【HDL Analysis Information】对话框中列出了设计该外设的全部 HDL 文件，在这里要添加上 "switch_debouncer_core.v" 文件，如图 7.46 所示。

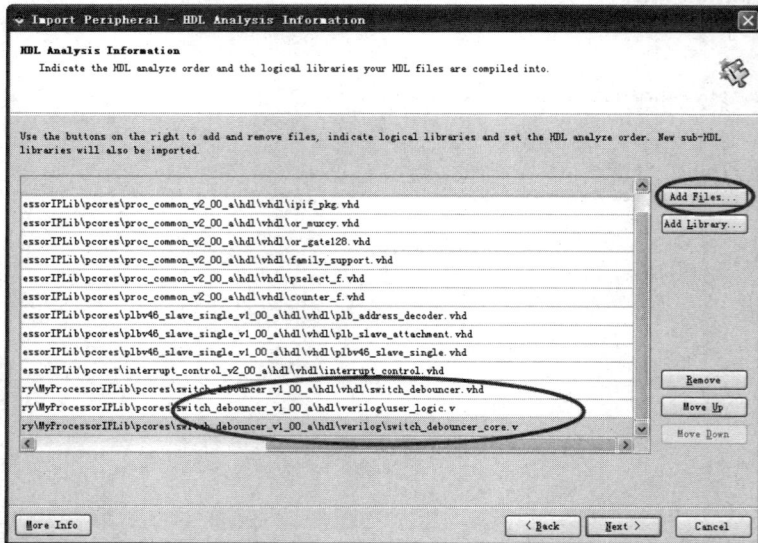

图 7.46　添加全部 HDL 设计文件

（7）在【Bus Interface】对话框中确认【PLBV46 Slave (SPLB)】选项。

(8) 确认【SPLB：Port】、【SPLB：Parameters】、【Identify Interrupt Signal】、【Parameters Attributes】和【Port Attributes】对话框的信息。

(9) 最后确认完成定制外设 IP Core 向外设库中的添加。至此就完成了一个定制外设 IP Core 的全部设计过程。可以看到完成设计后的外设已经添加到了 XPS 的【IP Catalog】视图中，如图 7.47 所示。

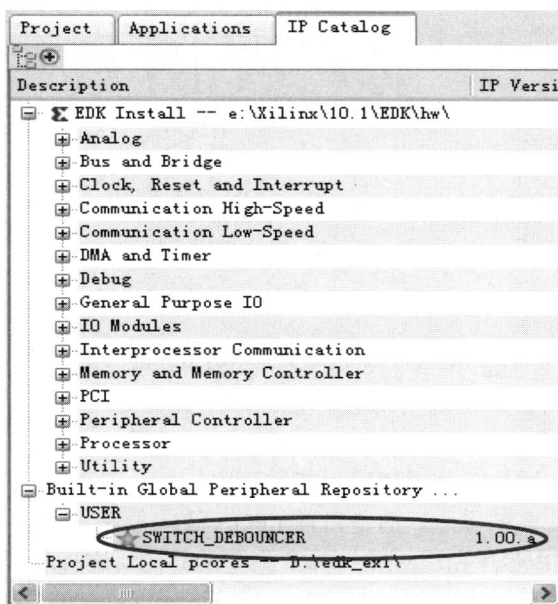

图 7.47　【IP Catalog】视图中的定制外设

依照上述的步骤，用户可以很方便地为自己的 SOPC 系统定制各种功能的外设和功能处理单元，包括接下来马上介绍的 DSP 处理模块。

7.5　Xilinx DSP 设计平台

7.5.1　FPGA 实现 DSP 的特点

DSP(Digital Signal Processing)技术在通信、图像处理增强、数据获取、雷达及视频处理等领域有着广泛的应用，因此，DSP 的使用要根据不同的目的提出不同的解决方案。可编程的 FPGA 芯片逐渐成为一种重要的解决方案。

通常，DSP 算法的实现有两种途径：低速的用于普通目的的通用 DSP 芯片；高速的用于特定目的的固定功能 DSP 芯片组和 ASIC(Application Specific Integrated Circuit)芯片。

为什么要使用 FPGA 来实现 DSP 系统，概括地说，因为 FPGA 是具有极高并行度的信号处理引擎，能够满足算法复杂度不断增加的应用要求，通过并行方式提供性能极高的信号处理能力。

通用的 DSP 器件可以看作是单引擎的乘法累加器，它按照编制的程序顺序地执行处理任务，分时共享乘法累加单元，从而限制了数据的流量，即使提高时钟频率也难以满足应用系统的要求。以 256 抽头的 FIR 滤波器为例，如图 7.48(a)所示，采用通用 DSP 器件进行处理，设系统时钟为 1 GHz，每个数据采样要运行 256 次的乘法累加，所以每 256 个时钟周期才产生一个输出结果，数据率降为 1G/256 = 4 MHz。采用 FPGA 器件进行处理，如图 7.48(b)所示设系统时钟为 100 MHz，通过全并行处理，数据率可以仍为 100 MHz。

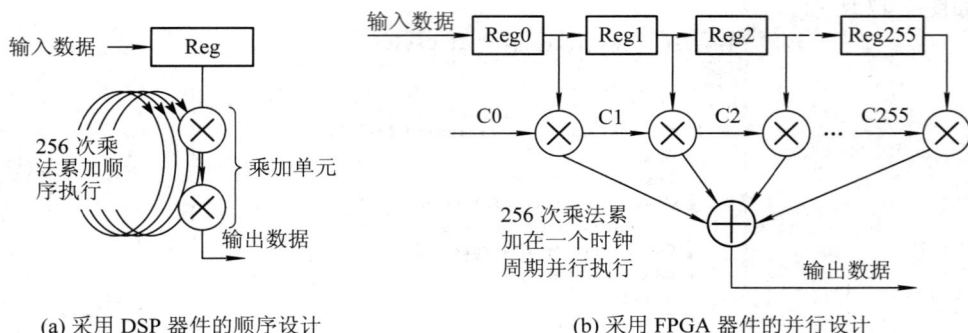

(a) 采用 DSP 器件的顺序设计　　　　　　　(b) 采用 FPGA 器件的并行设计

图 7.48　顺序处理与并行处理的比较

尽管 FPGA 系统时钟低于通用 DSP，但是通过并行处理引擎可达到要求的最佳性能。此外，按程序顺序执行进行信号处理的 DSP 器件，它的采样率性能随着算法复杂度的增加，即 FIR 滤波器抽头数的增加，处理速率以指数下降。

虽然 FPGA 有如此多的优点，但是目前 FPGA 还主要是用作预处理器或协处理器(如图 7.49 所示)，以辅助 DSP 芯片完成一些计算密集型的算法。这种现象的造成主要有两方面的原因：一方面，在软件上，DSP 算法与 FPGA 之间有着巨大的隔阂。DSP 程序员要学习如寄存器、门、VHDL 代码等新的知识才能进入电子工程的世界；另一方面，在硬件上，早期的 FPGA 芯片没有集成专门的乘法器，只能依靠用户自己编辑乘法器。乘法器的实现比较耗费以查找表为主的系统资源，所以在编辑完并行的乘法器后，FPGA 所剩的资源无几，从而限制了 FPGA 的使用。

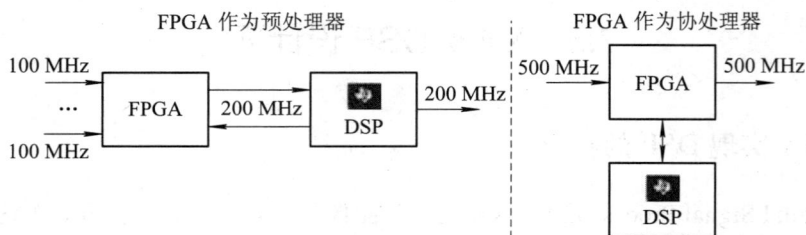

图 7.49　FPGA 作为预处理器或协处理器

横亘在软件间的隔阂和硬件结构上的差异限制了 FPGA 的 DSP 应用。为了使这项工作变得简单，Xilinx 公司提出了一整套的解决方案，不但出现了 IP Core(Intellectual Property Core)形式的 DSP 算法和将这些 IP Core 集成到 FPGA 设计的工具软件，而且出现了新的 FPGA 芯片。Xilinx 公司推出最新的 Virtex 系列的许多 FPGA 芯片都内置了高性能组合乘法器，内部固化了并行的 DSP 数据模型，其运行的速度大大超出了当今通用 DSP 芯片的性能。设计方法和硬件结构上的改进使 FPGA 在 DSP 上的应用前景变得光明起来。

总之，FPGA 的 DSP 系统实现了高性能的数字信号处理，主要基于以下三个因素：

(1) 高度的并行性：FPGA 能实现高性能数字信号处理是因为 FPGA 是高度并行处理的引擎，对于多通道的 DSP 设计是理想的器件；平台级 FPGA 中的硬件资源十分丰富，可以很容易地发现这些器件能够构成一个天然的并行处理引擎，在许多复杂的高性能信号处理中达到高度并行性的设计要求，因为对于不单纯依靠速度实现高性能的系统，算法和功能级的并行性是实现高性能的有力手段。

(2) 重构的灵活性：FPGA 硬件的可再配置特性使实现高性能 DSP 具有极大的灵活性，对于所设想的算法可以定制化结构实现。与固定宽度的处理器和 ASIC 器件不同，FPGA 提供设计者以定制的字长来适应特定的情况或在相同情况下采用不同的设计参数。此外，SRAM 查找表结构的 FPGA 具有系统内可再编程的特性，任何时候都允许设计者方便地在系统中更改其设计，从而快速地构造复杂的高性能的 DSP 系统。

(3) 性价比高：随着半导体工艺的线宽进一步缩小，器件规模的增加，FPGA 价格不断降低，从而可以花费低的成本实现设计系统的集成化。Xilinx 公司提供很多 DSP 核给设计者使用，使设计者很快地实现 DSP 应用，而且具有比 ASSP 或通用 DSP 处理器快 10～15 倍的处理速度，采样率达到 160MSPS。常见算法的 Xilinx DSP 核的处理性能如表 7.2 所示。

总之，具有系统级性能的新一代 FPGA 在复杂算法的高性能 DSP 应用中呈现了明显的优越性。

表 7.2　常见算法的 Xilinx DSP 核的处理性能

算　　法	性　　能
256 抽头 FIR 滤波器	160MSPS
1024 点复数 FFT	41usec
Reed-Solomon 解码器	77 MHz
JPEG 编码器	21 MHz
ADPCM	16 MHz

7.5.2　FPGA 的 DSP 硬件资源

如前所述，FPGA 是利用分布在器件内丰富的 DSP 资源来换取性能的提高，这些分布的 DSP 资源包括：

(1) 查找表结构可以实现组合逻辑、分布 RAM 和串行移位寄存器。

(2) 嵌入乘法器、进位链和乘法专用与门加速乘法运算能力。

(3) 真正双口块 RAM 存储器的多种用途，能与嵌入乘法器配对使用。

(4) 多个具有更高乘法和累加性能的 DSP48 处理片。

分布的 DSP 资源使 FPGA 实现信号处理具有灵活的结构，可以按照最佳的性能或成本进行设计的取舍，从而支持任意程度的并行性。

1. 逻辑资源的 DSP 特性

高性能的 DSP 应用要求极多的资源，尽管 FPGA 集成度很高，可以提供丰富的资源，但是仍要在逻辑单元中加入实现 DSP 功能的能力来节省资源，许多 DSP 的算法都要执行一个加权和($\sum A(i)X(i)$)的核心运算，它包括乘法器、加法器和延时单元等基本运算单元。FPGA

在结构上具有实现这些基本功能的特性。

Xilinx 公司的查找表结构由一个四输入的查找表(LUT)和一个触发器构成一个逻辑单元,逻辑单元可以实现各种逻辑功能。

为实现 DSP 的基本功能,在查找表后增加进位链和乘法专用与门等,可以利用一个查找表实现一位全加器或乘法器的进位以及"和"或"积"的输出,既节省资源,也便于级联,又加速运算,查找表也能实现最多 16 级的可变串行移位寄存器(SRL16),在实现 DSP 延时单元时节省触发器。此外,查找表还能实现片内的分布 RAM/ROM,在实现滤波器的常系数乘法器时,可以将与地址对应的系数倍数表存储在 ROM 中,将乘法变换为查表后进行加法来实现,达到节省资源的目的。

图 7.50 所示是 FPGA 的逻辑单元实现一位全加器的结构图,右下角的方框内是对应的一位全加器的原理图。由于逻辑单元中增加了由异或门和二选一多路选择器组成的进位链,一个逻辑单元即可实现一位全加器的和项 S_n 及进位位 C_{out}。

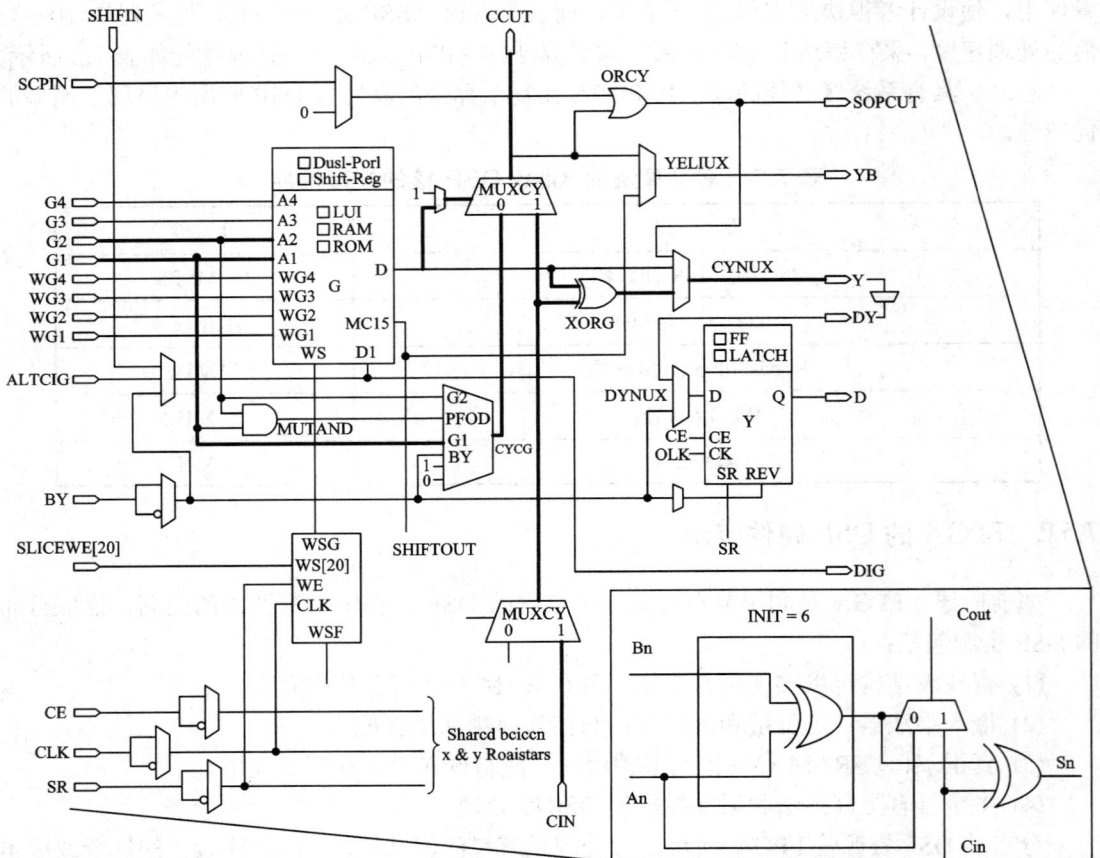

图 7.50 一位全加器的结构

图 7.51 所示是 FPGA 的逻辑单元实现一位乘法器的结构图,右下角的方框内是对应的一位完全乘法器的原理图。由于逻辑单元中增加了专用乘法与门,一个逻辑单元即可实现一位完全乘法器的积项 P_{m+1} 和进位 C_{out}。

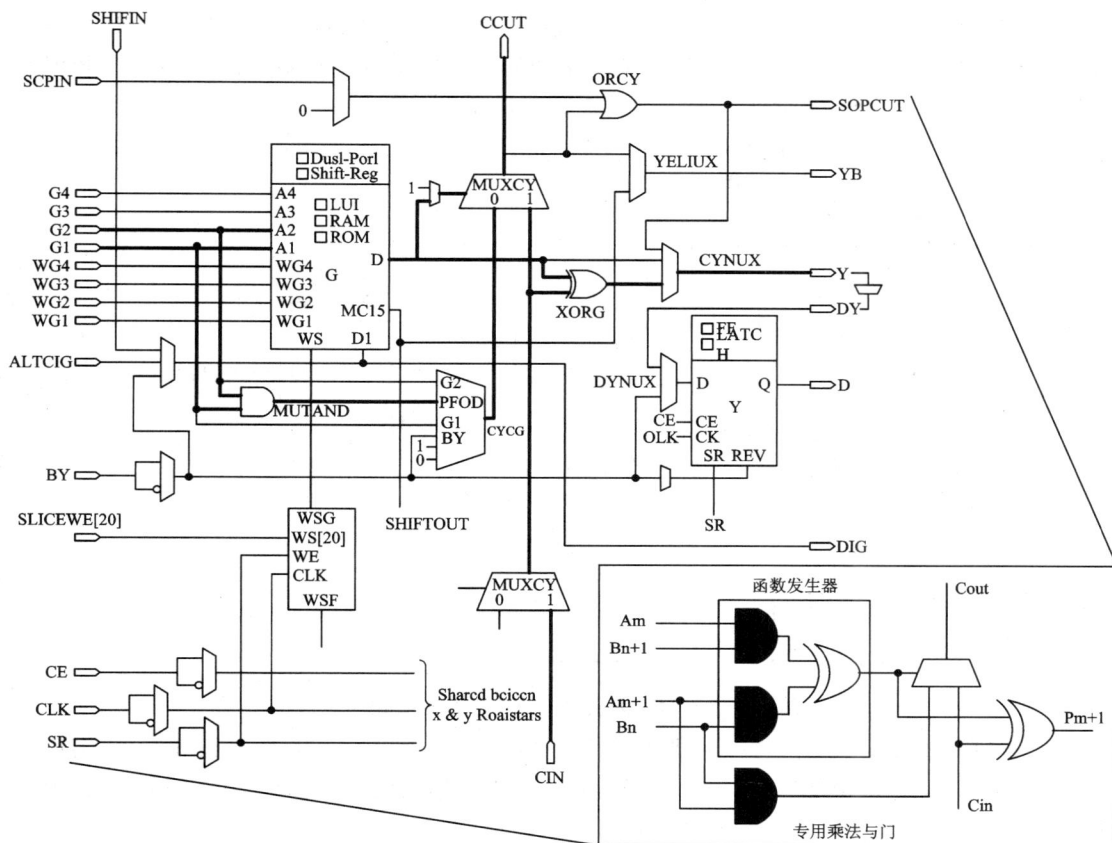

图 7.51　一位乘法器的结构

2. 乘法器专用模块

随着半导体工艺尺寸不断地缩小，芯片已从受限于逻辑内核变成受限于焊盘数量，因此在逻辑内核中就有空间来集成一定规模的存储器和实现 DSP 算法最有效的硬件乘法器。Xilinx 公司的 VirtexII/II-Pro 系列集成了一定数量的 18 KB 的片内块 RAM，后者还集成了 18×18 位的乘法器，最多的块 RAM 和乘法器数目可达到 192 个和 216 个，乘法累加速度达到每秒上千亿次。

18 KB 的片内块 RAM 是 18 KB 的真正的双口 RAM，有两个独立的时钟和两个独立控制的对公共存储区进行存取的同步口，这两个同步口的功能是相同的，但是两个口的数据宽度可以单独配置，提供片内的总线宽度的变换。

18×18 位的乘法器是二进制补码符号位乘法器，这些乘法器可以与 18 KB 的片内块 RAM 结合使用，也可以独立地使用。每块 RAM 存储器和乘法器通过四个开关矩阵来连接，互连线设计成允许块 RAM 存储器和乘法器功能块同时使用，只是有些互连线共享，共享的互连线为位宽为 18 bit 的块 RAM 资源馈送到乘法器。利用块 RAM 存储器和带累加器的乘法器可以实现 DSP 的乘法–累加功能。乘法器共享块 RAM 存储器的布线资源，使得许多应用效率提高。

每个嵌入乘法器功能块有两个独立的动态数据输入口，18 位带符号，17 位不带符号。

乘法器 MULT_aXaS_bXbU 利用一个嵌入乘法器实现两个具有独立输出的乘法器；MAGNTD_18 实现二进制补码绝对值运算，TWOS_CMP18 和 TWOS_CMP9 执行二进制补码的运算功能。图 7.52 表示嵌入乘法器模块的主要端口和功能。

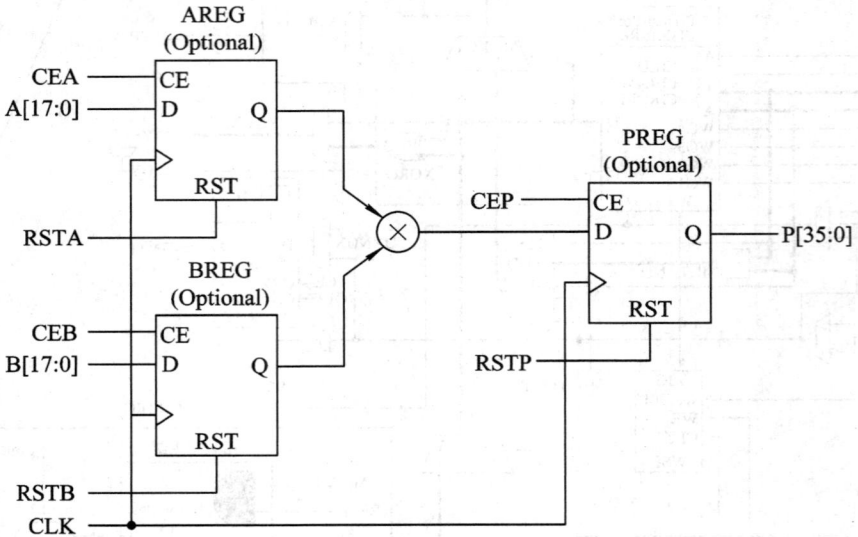

图 7.52　专门的乘法器模块的主要端口和功能

利用 MULT 18×18 基本单元级联的乘法器包含两级之间的寄存器，有三个周期的滞后。图 7.53 是利用四个 MULT 18×18 乘法器和两个加法器实现 35×35 位符号乘法器级联的方案。

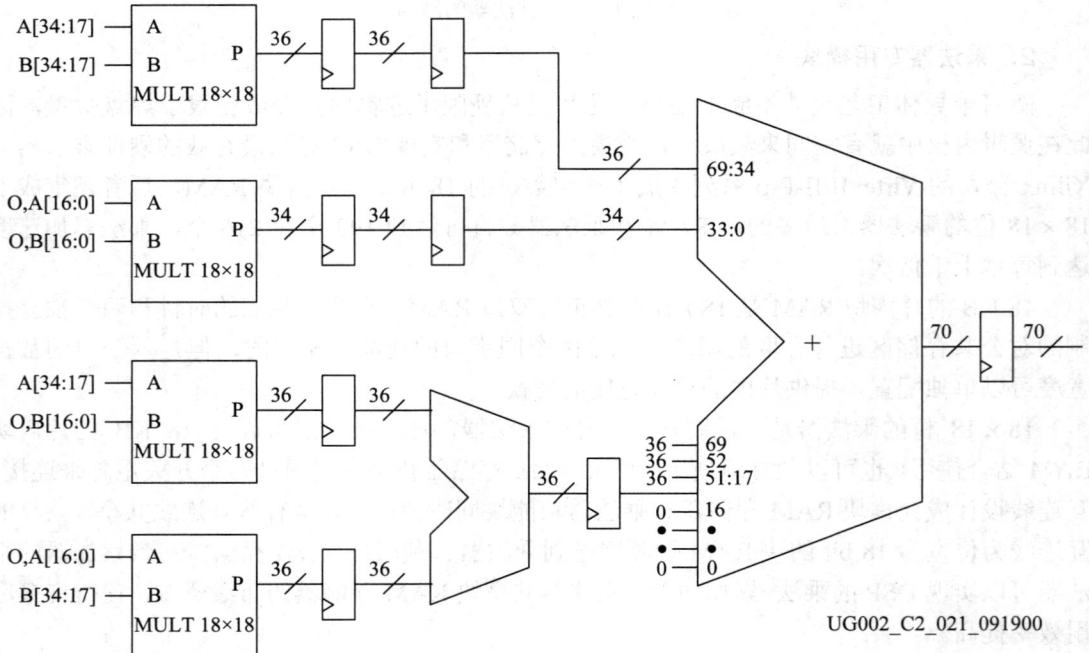

UG002_C2_021_091900

图 7.53　乘法器级联方案

3. DSP 专用模块

Xilinx 多款 FPGA 器件内部都嵌有 DSP 专用模块，这些 DSP 硬核广泛应用于数字信号处理中(如 FIR、IIR、FFT、DCT、W-CDMA、VoIP 和 HDTV)。Xilinx 公司的 Virtex II 系列的 FPGA 器件是利用嵌入的 18×18 乘法器和 18 KB 块 RAM 等模块来实现信号处理的功能，而最新的 Virtex-4 系列提供 DSP48 处理片(Slice)，具有更高性能的乘法和算术能力。

Xilinx 的 XtremeDSP 模块如图 7.54 所示，使得 Virtex4/Sparten3 系列 FPGA 器件可以为高性能的数字信号处理提供理想的解决方案，达到传统上由 ASIC 或 ASSP 完成的高性能信号处理能力，可以针对数字通信和视频图像处理等应用开发高性能的 DSP 引擎，也可在可编程 DSP 系统中作为预处理器或协处理器等。Virtex4 SX 系列中 DSP48 模块最多达到 512 个，工作频率达到 500 MHz，成为算术密集应用的理想器件。

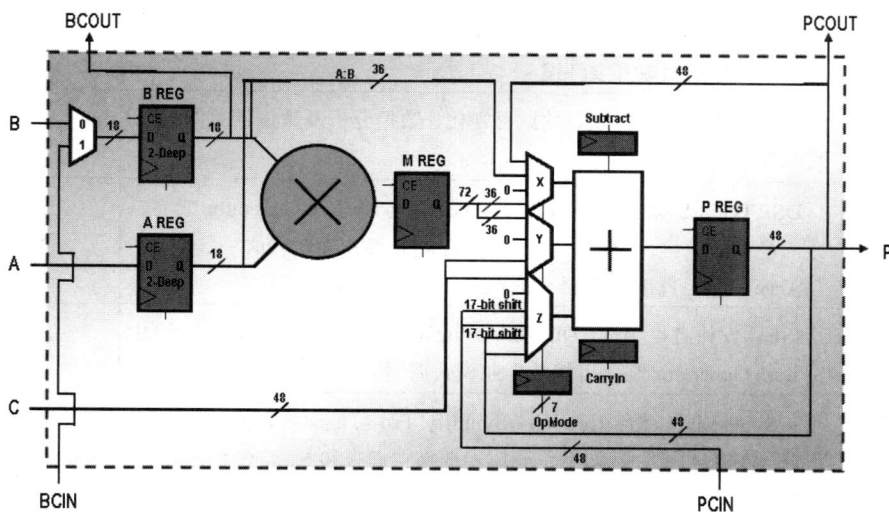

图 7.54　XtremeDSP 模块——DSP48

DSP48 模块是一个 18×18 位二进制补码乘法器，跟随一个 48 位符号扩展的加法器/减法器/累加器，适应 DSP 应用中的众多功能，操作数输入、中间积和累加器输出的可编程流水线操作以及 48 位内部总线等特性提高了其吞吐量和适应性，无需一般的结构布线就可以实现前一个 DSP48 的输出与后一个 DSP48 输入的级联，增强了它的功能。

DSP48 处理片的算术部分由一个 18×18 位的二进制的乘法器，三个输出为 X、Y 和 Z 的数据通道多路选择器，一个三输入 48 位加法器/减法器组成。数据输入和控制输入直接馈送到算术部分，可任意选择一次或两次寄存，以构建不同的、高度流水线操作的 DSP 应用解决方案。在利用流水线寄存器时，最高工作频率为 500 MHz。

由于 DSP48 处理片周围专门的布线区域和每个 DSP48 处理片都具有的反馈通道，使数据传输性能得到提高，高速乘法器和加/减法单元可以提供高速的算术功能，相邻的 DSP48 处理片可以通过级联输入数据通路和级联输出数据通路提供一个级联的输入流和输出流，对包括 FIR 滤波器、复数乘法、多精度乘法、复数 MAC、加法器级联和加法器树等 DSP 应用都要利用这个级联特性，所以 DSP48 处理片可以快速和便捷地实现多种基本的算术功能，具有高性能 DSP 应用的多种特性。

7.5.3　FPGA 实现 DSP 的软件工具

利用 FPGA 实现 DSP 嵌入式系统已有互相补充的软件设计工具，表 7.3 列出了在系统建模和设计、算法开发和优化、HDL 仿真和产生及设计校验和诊断等不同设计阶段使用的软件。

表 7.3　FPGA 实现 DSP 的软件工具

设计阶段	软件和功能	软件公司
系统建模和设计	Simulink：动态系统的多域仿真和基于模型设计的平台，提供交互的图形环境和定制的模块库集合	MathWorks
	Platform Studio：包含多种类嵌入式设计工具、IP、库、引导卡和设计产生器的集成开发环境	Xilinx
算法开发和优化	MATLAB：算法开发、数据可视化、数据分析及数值计算的高级技术计算语言和交互环境	MathWorks
	DSP TOOLS 综合工具：提供 MATLAB 与 System Generator 或 ISE 之间的直接链接，自动产生可综合的 RTL 模型和测试床 Accelchip：直接由 C 语言的程序转换到 FPGA 的硬件	Xilinx
HDL 仿真和产生	ISE：设计者可用 VHDL 或 Verilog 设计，对 FPGA 编程，利用 System Generator 时，可按批作业模式调用	Xilinx
	Synthesis：综合工具 XST/Synplify Pro 可低成本、高效率映射设计到 FPGA 硬件，按批作业模式选择它们来和 System Generator 一起使用	Xilinx/Synplicity
	ModelSim：System Generator 提供必要的接口与 ModelSim 仿真器连接，可以利用它作 HDL 协同仿真或实时地输入仿真结果到 Simulink/System Generator 仿真	Mentor Graphics
设计校验和诊断	ChipScope Pro：监视 FPGA 的内部测点，预测和诊断设计，探测结果可插入到 Simulink/System Generator 内	Xilinx

MATLAB 和 Xilinx 公司的 DSP Tools 负责系统级设计：MATLAB 作为线性系统的一种分析和仿真工具。Simulink 作为 MATLAB 的一个工具箱(toolbox)，是一个交互式的工具，用于对复杂的系统进行建模、仿真和分析，成为控制系统设计、DSP 设计、通信系统设计和其它仿真应用的首选工具。DSP Tools 提供 MATLAB 与 System Generator 或 ISE 之间的直接链接，自动产生可综合的 RTL 模型和测试床，它是 Simulink 的一个插件，其中设置了 Xilinx 特有的 DSP 功能的 IP Core。

XST/Synplify Pro 是实现 HDL 综合的工具：可以将使用 Simulink 和 Xilinx System Generator 完成的设计的顶层(和附加的子 VHDL 文件)HDL 行为级或 RTL 级设计文件转化成门级表示的网表文件。

ModelSim 负责仿真：在设计过程中对 HDL 进行仿真，以保证结果的正确性。

Xilinx 的 ISE 软件包含了最新的实现工具，可以用来创建有效、简洁的设计。它经翻译、映射、布局布线以及配置设计后，最终得到下载用的位流文件。

7.5.4　DSP Tools 软件

1. 概述与安装

ISE10.1 套件中的 DSP Tools 软件包括 System Generator 和 AccelDSP 两个开发工具，两个工具既可以联合使用也可以单独运用，其中 System Generator 主要是基于模型设计，而 AccelDSP 主要是用 M 语言进行算法设计。下面分别对两个开发工具进行介绍：

(1) System Generator 是 Xilinx 公司的一个模块集(blockset)，它是 Simulink 的一个插件，其中设置了 Xilinx 特有的 DSP 功能 IP Core，包括了基本 DSP 函数和逻辑运算符，如 FIR(Finite Impulse Response)、FFT(Fast Fourier Transform)、存储器、数学函数、转换器和延时线等，这些预先定义好的模块保证了 FPGA 实现的位(bit)和周期(cycle)的正确。使用它可以自动生成 VHDL/Verilog 语言、测试向量以及可以用于 ModelSim 仿真的 .do 文件。为了得到最佳的性能、密度和可预测性，System Generator 还会自动将特定的设计模块映射成高度优化了的 IP Core 模型。Xilinx Blockset 中的模块有的可以直接映射到硬件，有的对应着 IP Core。每个模块都可以根据设计要求更改参数，支持双精度和定点的算法。这个模块集是一个可以外部扩展的库，使用的是 C++ 的定点算法，所以用户可以创建自己的基于 C++ 类的 Simulink 库元件，在设计中它会被当作黑箱(Blackbox)处理。

(2) AccelDSP 综合工具是基于高级 MATLAB 语言的工具，用于设计针对 Xilinx FPGA 的 DSP 块。工具可自动地进行浮点-定点转换，生成可综合的 VHDL 或 Verilog HDL 文件，并创建用于验证的测试平台，还可以生成定点 C++ 模型或由 MATLAB 算法得到 System Generator 块。

ISE 实现软件、System Generator 以及 MATLAB/Simulink 工具之间都有相互配合的版本问题，对于 ISE 10.0 以上的版本，要求相同序号的 System Generator 版本，并配合使用 MATLAB/Simulink 7.4 以上的版本，如 R2007a 等。

在安装 Xilinx DSP 设计工具之前，必须先安装 MATLAB、Simulink 与 ISE 软件，如果需要第三方工具，则需要安装仿真工具 ModelSim、综合工具 Synplify 或 LeonadoSpectrum。安装好上述软件后便可以安装 DSP Tools，其步骤如下：

(1) 确保关闭 ISE、LeonardoSpectrum、Synplify、ModelSim、MATLAB 和 Simulink 软件。

(2) 找到 DSP tools 软件所在目录，双击 setup.exe 文件，安装时会自动找到 MATLAB 的 Simulink 的安装目录，将 Xilinx 的 Blockset 模块集安装到 Simulink 中，按照提示向导完成安装。

完成安装后，桌面会增加两个软件图标，分别是 Xilinx System Generater 和 AccelDSP。启动 MATLAB\Simulink 软件，可以看到在 Simulink 库中多了 Xilinx Blockset、Xilinx Reference Blockset 和 Xilinx XtremeDSP Kit 等专用于 DSP 设计的模块，称之为 Xilinx DSP 模块集，如图 7.55 所示。

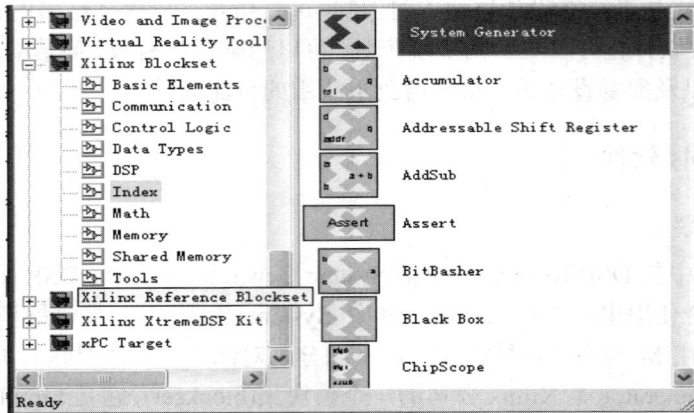

图 7.55　Simulink 库

2. 设计流程

基于模型设计的大体流程如图 7.56 所示，分为算法与系统模型开发、自动生成代码和 Xilinx 实现三个大的步骤。

(1) 系统模型开发阶段。在这个阶段用户可以根据系统需求运用 Simulink 库中的各个模块实现系统构架和波形设计，也可以直接编写 M 语言完成系统的构架和波形设计，最终建立模型并运用 MATLAB 仿真验证是否符合系统要求。

(2) 自动生成代码阶段。本阶段用户使用 Xilinx System Generator 自动生成 HDL 文件，然后在 ISE 或者第三方仿真软件中进行 HDL 代码的仿真、调试和分析，以验证该实现方案是否与系统工程模型功能一致。

(3) Xilinx 实现阶段。本阶段用户运用 ISE 软件把 HDL 行为级模型转化为兼容 FPGA 的网表，接着将它们整合到 FPGA 硬件上，然后验证该部分的操作是否符合期望的行为性能。

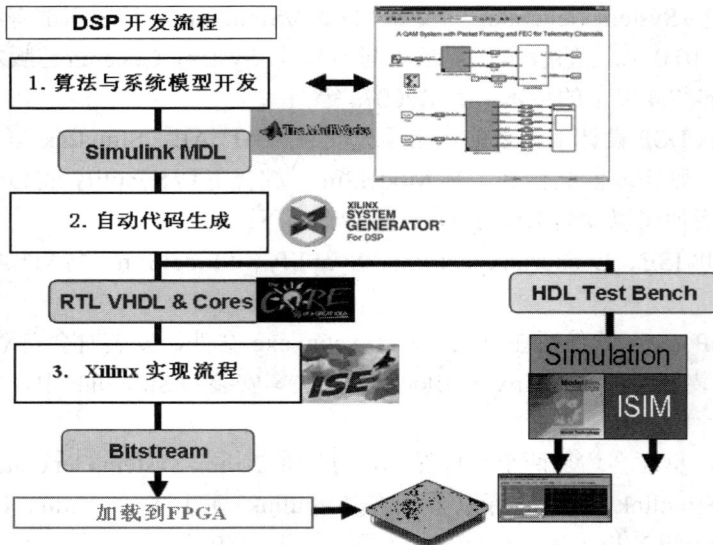

图 7.56　基于模型的设计流程

3. 浮点数与定点数转换

在 Simulink 中, 所有数据都是利用双精度数(double)来表示的, 它是 64 位二进制的补码浮点数, 而双精度数对 FPGA 是不可实现的, 所以需要将 Simulink 中双精度数转换为 FPGA 中可实现的定点数。

在 Simulink 中, Xilinx DSP 模块集有三种数据类型:

(1) 不带符号的 N 位定点数: 表示为 UFix_N_m, 其中 N 为二进制位数, m 为二进制点距离最低位的位数, 最大精度为 2^m。

(2) 带符号的 N 位定点数: 表示为 Fix_N_m, 其中 N 为二进制位数, m 为二进制点距离最低位的位数, 最大精度为 2^m。

(3) 布尔类型数: 总是定义为 0 或 1, 作为控制口的使能(CE)或复位(reset), 所以不可以设为无效。

如: 数值为 −2.261108, 表示为 Fix_16_13 的格式, 如图 7.57 所示。

$$101.1011110100101 = -2^2 + 2^0 + 2^{-1} + 2^{-3} + 2^{-4} + 2^{-5} + 2^{-6} + 2^{-8} + 2^{-11} + 2^{-13}$$

$$= -4 + 1 + 0.5 + 0.125 + 0.0625 + 0.03125 + 0.015625 + 0.00390625$$

$$+ 0.00048828125 + 0.0001220703125$$

$$= -2.2611083984375$$

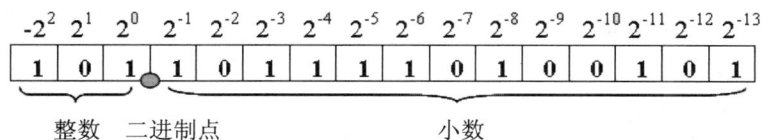

图 7.57　数值格式

对于硬件电路设计, Simulink 中的浮点值必须转换为定点值, 这种转换是硬件设计的关键步骤。在运用 DSP Tools 设计时可以选择 Xilinx DSP 模块集中的 Gateway In 实现双精度数到定点数的转换, 选择 Xilinx DSP 模块集中的 Gateway Out 实现定点数到双精度数的转换。

Gateway In/Out 两个模块可以通过选择参数来控制如何实现双精度数与定点数之间的相互转换。一般来说, 主要由 Gateway In 模块的参数选择来进行控制, 除了选择带符号或不带符号定点数的位数和二进制点位置之外, 还需要设置以下两个参数:

(1) 量化方式: 截断(Truncate)或舍入(Round)。

(2) 溢出方式: 饱和(Saturate)或交迭(Wrap)。

当小数部分的位数不足以表示一个数值的小数部分时, 将出现量化的情况, 截断是放弃最低有效位右边的所有位, 当有两个等距离最接近的数值, 舍入将取最接近表示的数值, 或取偏离 0 最远的数值。例如:

完全精确数值为: 101.10111101010000　= −2.260 742 187 5

截断的结果为: Fix_12_9　101.101111010 = −2.261 718 75

舍入的结果为: Fix_12_9　101.101111011 = −2.259 765 625

当一个数值超出了表示的范围将出现溢出, 选择饱和时, 取最大的正值或最大的负值。

在定点数中选择交迭时, 就放弃超出最大有效位的任何有效位。在仿真的过程中出现溢出, 将有溢出标志作为 Simulink 的错误产生。例如:

完全精确的数值为：01101.1011 = 13.6875

饱和的结果为：Fix_7_4　011.1111 = 3.9375

交迭的结果为：Fix_7_4　101.1011 = −2.3125

不论选择哪种方式处理量化和溢出，产生的 HDL 模型和 Simulink 模型将有相同的行为特性。究竟选择量化和溢出方式中的哪一种，实际上取决于设计的要求和硬件的实现，量化方式中截断不增加硬件，而舍入要增加进行进位的硬件资源，所以在满足设计要求的情况下，应尽量选择截断的量化方式。溢出方式中选择饱和的方式可以防止输出的振荡，输出数据不再改变，实现上也要增加硬件的资源。

4. DSP Tools 资源与使用

在 DSP Tools 中包括 AccelDSP 和 System Generator 两个工具。用户可以运用 M 语言和 AccelWare IP 进行算法设计，再通过 DSP Tools 中集成的 AccelDSP 软件转换为可综合 HDL 文件，映射到 FPGA 硬件上实现算法。AceelDSP 提供了很多 DSP IP Core，如 FFTS、IFFTS、CIC Decimation Filter 和 FIR Filterd 等。在安装好 DSP Tools 后在安装目录下有一个详细的关于 Accel DSP 的使用方法介绍，用户也可以通过供应商得到相关的 IP core 和技术资料。这里只对目前运用最为广泛的 DSP 设计工具 System Generator 的内部资源作详细介绍。

在 Xilinx DSP 模块集中，对可以转化为 HDL 代码的模块，都以一个"X"型的水印标示来区别于其它的 Simulink 模块。Xilinx DSP 模块集有一些十分重要和特殊的模块要给予特别的注意。

1）System Generator 模块

System Generator 模块是一个极其重要的基本模块，它不仅为用 Xilinx DSP 模块在 Simulink 下建立的 SysGen 模型提供了层次化的表述能力，同时还必须由它来激活代码生成器，以实现模型的 HDL 代码转化。对于一个 SysGen 模型，至少要保证顶层有一个 System Generator 模块。

在 SysGen 模型中，System Generator 模块的参数选择对话框如图 7.58 所示。

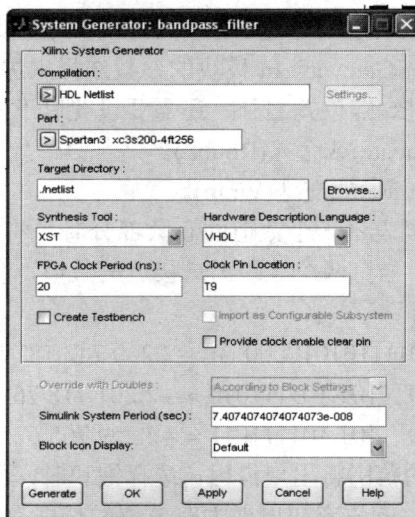

图 7.58　System Generator 的参数选择对话框

在此窗口中，Xilinx System Generator 模块要进行定制的参数主要包括：

① 目标器件(Part)。

② 综合工具(Synthesis Tools)。

③ 目标路径(Target Directory)。

④ 产生测试向量复选框(Create Testbench)。

⑤ 硬件周期(FPGA Clock Period)：设置 FPGA 时钟周期，默认的时间单位是纳秒。

设置好 System Generator 的参数后，单击 Generate 按钮，就可以把 SysGen 模型转换成 HDL 代码，如果目标目录不存在，则会提示创建该目录。

2) 黑匣子(Black Box)模块

Black Box 模块是一个十分重要的基本模块，在 Simulink 环境里，并不是所有的硬件结构都可以通过 Xilinx 集中的模块组合来实现，但为了能进行设计系统的模型仿真，设计的 Simulink 模型应该是一个完整的模型。Black Box 模块就是专门设计来解决这种问题的，它提供了 Simulink 模型与构造的 HDL 源码之间的接口。此外，在设计中，用户可能已经用 VHDL 或 Verilog HDL 设计好了一些模块，那么直接用 HDL 语言编写比在 Simulink 里建模要更为简单些，在这些情况下，一般都要选用 Black Box 模块。

Black Box 模块的使用步骤：

(1) 把配置的 HDL 文件放在模型的项目路径下。

① 与 Black Box 模块有关的 HDL 元件必须遵从以下 System Generator 的要求和规定：

● 实体名称必须与设计中其它任何实体的名称不同。

● 在顶层的实体中不允许有双向端口。

② 顶层的 HDL 程序必须为每个 Simulink 中有关的采样率设置分别的时钟和时钟使能端口。

③ 在 Black Box 模块的 HDL 程序中时钟和时钟使能端口必须满足以下条件：

● 时钟和时钟使能信号必须成对地出现。

● 虽然 Black Box 可以有多个时钟端口，但一般利用单个时钟源驱动每个时钟端口。

● 只有时钟使能的速率是不同的。

● 每个时钟的名称(和每个时钟使能的名称)必须包含 clk(和 ce)字符。

● 时钟使能的名称必须与相应的时钟名称相同，只是把时钟信号的 clk 字符用 ce 代替，如：CNT_clk 对应的时钟使能为 CNT_ce。

④ 编写好.m 函数，并保存在模型的项目路径下。

⑤ 导入 HDL 文件都是以黑匣子模块来描述的，因此原 HDL 文件所有的信息都必须通过可配置 M 函数来加载到黑匣子中。可配置 M 函数包括接口物理实现、仿真信息、实体名字、HDL 的选择标志、端口描述、时钟、采样频率和与模块有关的其它信息。

M 函数要完成以下任务：

● 规定与 Black Box 模块有关的 HDL 元件的顶层实体名称。

● 规定使用的语言(VHDL 或 Verilog HDL)。

● 描述端口，包括类型、方向、位宽度、二进制点位置和采样率。

● 定义 Black Box 模块的 HDL 元件，要求任何通用属性(generics)。

- 规定 Black Box 模块的 HDL 元件和与此模块有关的其它文件(如 EDIF)。
- 定义模块的时钟和时钟使能。
- 说明 HDL 元件是否有任何通过反馈的组合路径。

(2) 通过 Xilinx Blockset 在【Basic Elements】窗口中将 Black Box 模块添加到模型中。这时配置向导会自动启动，选择相应的 HDL 文件，如图 7.59 所示。

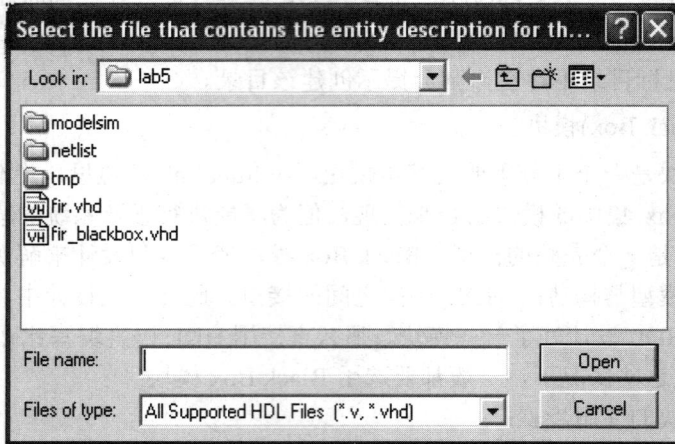

图 7.59　选择相应的 HDL 文件

(3) 设置 Black Box 的参数，如图 7.60 所示。

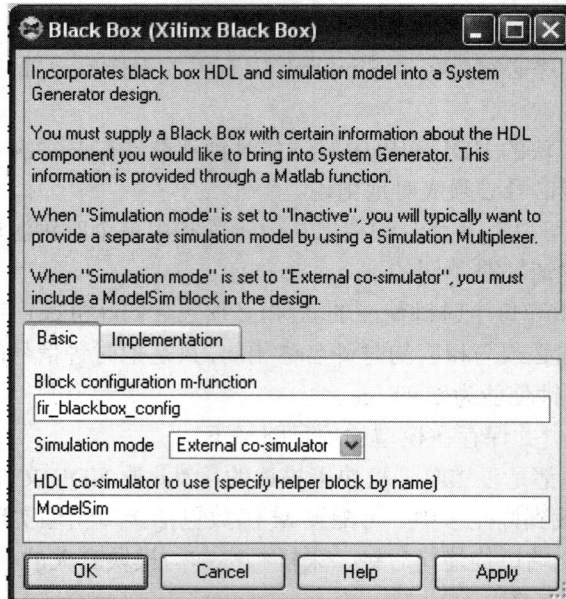

图 7.60　Black Box 参数设置对话框

Black Box 的参数主要包括以下几项：

① Block configuration m-function：规定 Black Box 模块配置 M 函数的名称。M 函数可以是手工编写的，也可以是由配置向导自动生成的。

② Simulation mode：有"Inactive"和"External co-simulator"两个选项。如果是前者，那么在仿真时将忽略输入，始终输出零；如果是后者，则使用 HDL 协同仿真。这时需要在模型中新增一个 ModelSim 模块，并在 Black Box 模块的【HDL co-simulator to use (specify helper block by name)】项中指定为 ModelSim。

③ FPGA Area：提供资源使用估算的信息。

在生成代码时，该模块功能的硬件实现将直接使用指定的 HDL 文件，但必须人工编写模块的 M 函数。进行仿真时，Black Box 模块通过结合多路仿真器(Simulation Multiplexer)模块和 ModelSim 模块可提供多种灵活的仿真方法。

3) ModelSim 模块

ModelSim 模块的配置用于控制一个或几个 Black Box 模块的协同仿真。这个模块完成以下工作：

(1) 把模块构造为允许 Black Box HDL 在 ModelSim 中被仿真所需要的附加 HDL。

(2) 当 Simulink 仿真开始时，该模块引起 ModelSim 一个对话时间。

(3) 在 Simulink 和 ModelSim 之间传递通信信息。

(4) 当 Black Box HDL 被编译时，该模块报告是否检测出错误。

(5) 验证模块功能正确后可终止 ModelSim。

在仿真期间，ModelSim 中的时间刻度与 Simulink 中的时间刻度匹配，即 Simulink 的 1 秒仿真时间对应 ModelSim 的 1 秒仿真时间。ModelSim 模块的参数选择如图 7.61 所示。

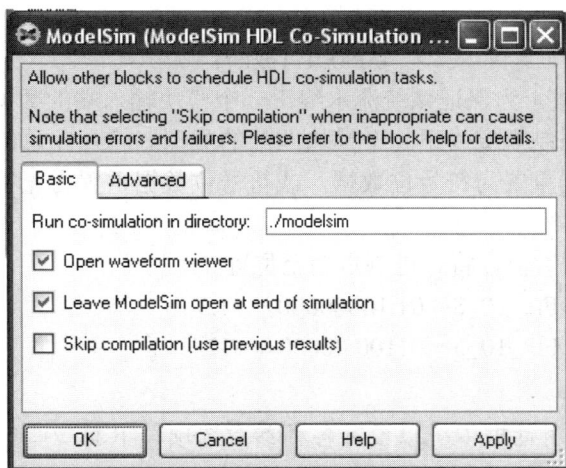

图 7.61　ModelSim 模块的参数选择

4) Gateway In 模块和 Gateway Out 模块

Gateway In 模块将 Simulink 模块的双精度浮点数据转换成 Xilinx FPGA 需要的定点数据， Gateway Out 模块则正好相反。当用户选择定点宽度或者用定点方式仿真 FPGA 设计没有得到期望的结果或结果不正确时，用户就可以选择以双精度浮点的方式仿真整个系统或特定的某些模块，以帮助发现 FPGA 设计中的哪一部分存在量化错误。

5) Concat 模块、Convert 模块、Reinterpret 模块

在以下的一些情况，可以利用模块来完成所需做的工作：

① 将两个数据总线组合起来形成一个新的总线。

② 强迫进行包括位数和二进制点的数据类型变换。

③ 重置无符号数为符号数或符号数为无符号数。

④ 在数据位增长时提取数据的指定位。

(1) Concat 模块。此模块执行两个位矢量的连接,模块的两个输入必须是无符号的整数,如果输入不是无符号整数,可以利用 Reinterpret 模块将符号数变换为无符号数的能力达到扩展 Concat 模块功能的目的。

(2) Convert 模块。该模块可以把每个输入采样变换为所需算术类型的数。

① 一个数可以变换为二进制补码的符号数或无符号数。

② 总位数和二进制点由设计者规定。

③ 舍入和量化选择加到输出数值。

④ 取决于溢出和量化的选择。

在规定总位数和二进制点位置、符号或无符号的算术类型后,模块首先排齐输入和输出端口类型之间的二进制点,然后利用溢出和量化选择规定的总位数和二进制点。饱和溢出会改变小数的数值。舍入量化也可能影响到二进制点左边的数值。

例如:通过 Convert 模块可将以下数值在使用不同位数和二进制点时有相同的结果。

原始数值:　　Fix_10_8　　01.10000000

变换为:　　　Fix _7_4　　001.1000

变换为:　　　Fix_6_0　　000010. (舍入)

　　　　　　　　　　　　000001. (截断)

(3) Reinterpret 模块。为保证系统流水线下一个模块输入端的数据类型和格式为模块规定的类型,数据将被强制规定为下一个模块匹配的类型。输入端总的位数等于输出端总位数,允许无符号位数据重置为符号位数据,或符号位数据重置为无符号位数据,也允许通过重新放置二进制点来缩放数据。

例如:重置以下的数值,将二进制点调至位置 5。

输入数据为:Fix_10_8　01.10000000 = +1.5

输出数据为:Fix_10_5　01100.00000 = +12

6) 模块的通用属性

在 Xilinx 的模块对话框中可以设置各种参数选项,下面一些参数的设置是具有普遍性的。

(1) 输出数据类型(Output Type):指定输出信号是无符号数或带符号数(二进制补码)。

(2) 延迟(Latency):输出延迟周期。

(3) 位数(Number of Bits):设置定点数的位长,其中包括"Binary Point",设定二进制小数点的位置。若设置不合理会导致溢出和量化错误。

(4) 二进制小数点(Binary point):设置数据中小数点所在的位置。

(5) 仿真类型(Simulation):设置是否运用浮点数进行仿真。

(6) 采样周期(Sample period):选中该项可较好地解决模型中的环路时序问题。

(7) 溢出和量化错误处理(Overflow and Quantization):如果用户对定点数设置不当,就会导致溢出和量化错误。发生溢出时，出错处理可以是"Saturate"(输出可表示的最大正值或最小负值)、"Warp"(截顶)或"Error"(直接报错)。发生量化错误时，出错处理可以是"Round"(舍入)或"Truncate"(截尾)。

5. 频率设计规则

在 SysGen 模型中的每个 SysGen 信号必须被采样，出现在等距离离散时间点上的瞬间称为采样时间。在基于模型的 Simulink 建模设计中，采样周期是基于模型的系统设计流程中的一个重要概念，每个模块都有采样周期，它常对应模块的如何计算和结果如何输出功能。

对于 Gateway In 模块的系统输入的采样周期必须明确设定，采样周期也可以由其它模块的输入采样时间来驱动。采样周期的单位可以是任意的，但是许多 Simulink 的源模块有一个时间要素，例如，1/44100 的采样周期意味着模块的功能每间隔 1/44100 秒执行一次。当设置采样周期时，要遵循奈奎斯特(Niquist)定理。一个模块的采样周期直接与其在实际硬件中如何定时有关。

在 System Generator 模块的参数中必须设置 Simulink 的系统周期，对于单数据率的系统，Simulink 的系统周期将与设计中设置的采样周期相同，如图 7.62 所示。

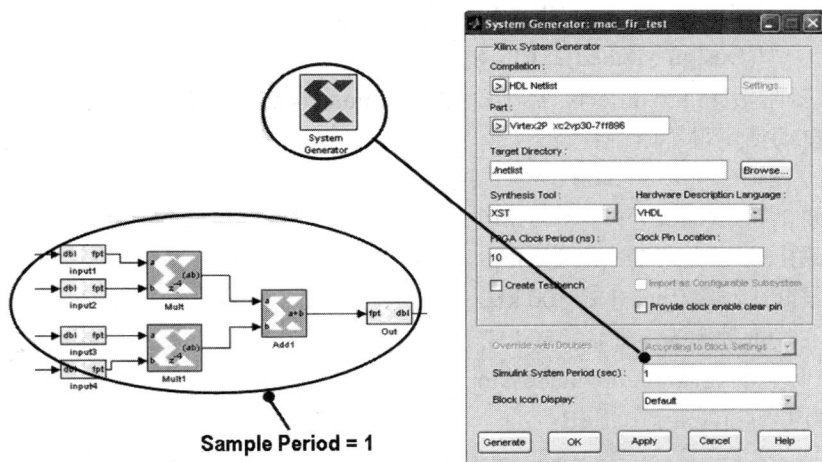

图 7.62　采样周期的设置

7.6　FIR 滤波器设计

设计一个单通道、单速率 FIR 滤波器的技术指标包括：

(1) 采样频率：Sampling Frequency (Fs) = 1.5 MHz。

(2) 截止频率 1：Fstop 1 = 270 kHz。

(3) 通带频率 1：Fpass 1 = 300 kHz。

(4) 通带频率 2：Fpass 2 = 450 kHz。

(5) 截止频率 2：Fstop 2 = 480 kHz。

(6) 通带两边衰减：Attenuation on both sides of the passband = 54 dB。

(7) 通带起伏：Pass band ripple = 1。

利用两个不同的信源来仿真此滤波器：

(1) 线性调频(chirp)信源发生器：它在 6 kHz～10 kHz 规定的频率之间扫描，不考虑瞬时输出频率。

(2) 随机信源发生器：它在 −1.9～1.9 的范围内输出均匀分布的随机信号，均匀分布是驱动定点滤波器最好的选择，因为滤波器是受限的。

7.6.1　产生 FIR 滤波器的系数

利用 MATLAB console 窗口，建立一个后缀名为.mdl 的模型文件，从【Xilinx Blockset】→【DSP】模块集添加 FDATool 模块到设计中。产生 FIR 滤波器系数的操作步骤如下：

(1) 双击桌面上 MATLAB 图标，打开 MATLAB 指令窗口。

(2) 打开 Simulink，点击【FILE】→【NEW】→【Modle】建立一个新的模型。

(3) 从【Xilinx Blockset】→【DSP】把滤波器设计分析工具 FDATool 添加到设计中。

(4) 在 FDATool Design Filter 窗口中输入以下的滤波器参数，设计带通滤波器如图 7.63 所示。设计的滤波器主要参数如下：

① 滤波器类型(Filter Type)：带通滤波器(Bandpass)；

② 设计类型(Design Methed)：FIR 滤波器的 equiripple 法；

③ 滤波器阶数(Filter order)：最小阶数(minimum order)，MATLAB 软件根据所选择的滤波器类型自动使用最小阶数；

④ 采样频率(Fs)：1500kHz；

下阻带截止频率(fstop1)：270 kHz；

上阻带截止频率(fstop2)：480 kHz；

通带下限截止频率(fpass1)：300 kHz；

通带上限截止频率(fpass2)：450 kHz；

⑤ 通带两边的衰减(Astop1 and Astop2)：54dB；

⑥ 通带内衰减(Apass)：1 dB。

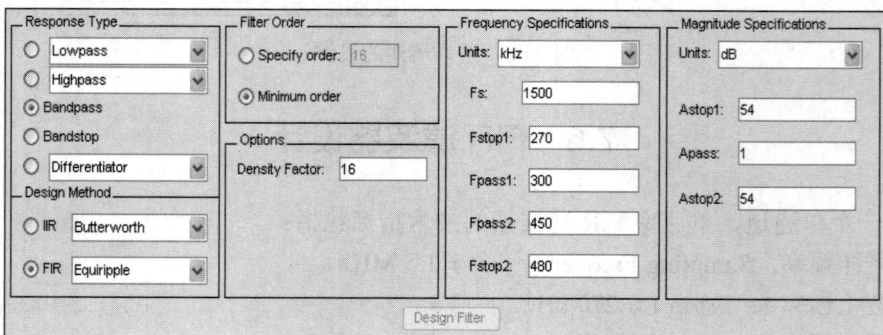

图 7.63　在 FDATool 中设计一个滤波器

(5) 单击 Design Filter 按钮，确定滤波器的阶数。频谱窗口将被更新，所设计滤波器的幅度和相位响应如图 7.64 和图 7.65 所示。

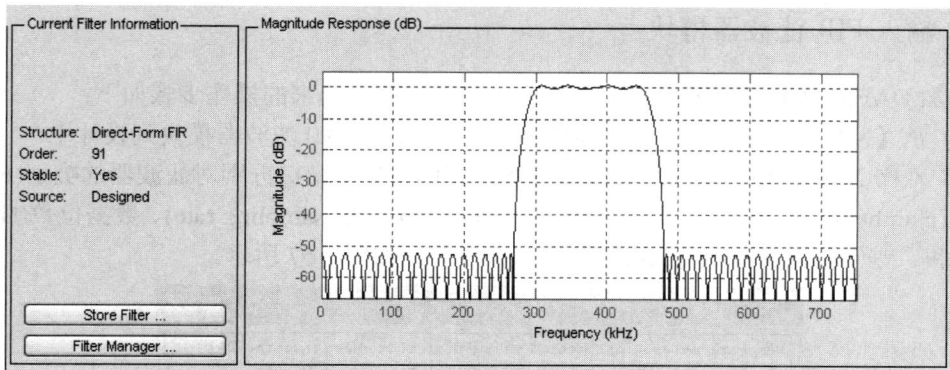

图 7.64　设计滤波器的幅度响应

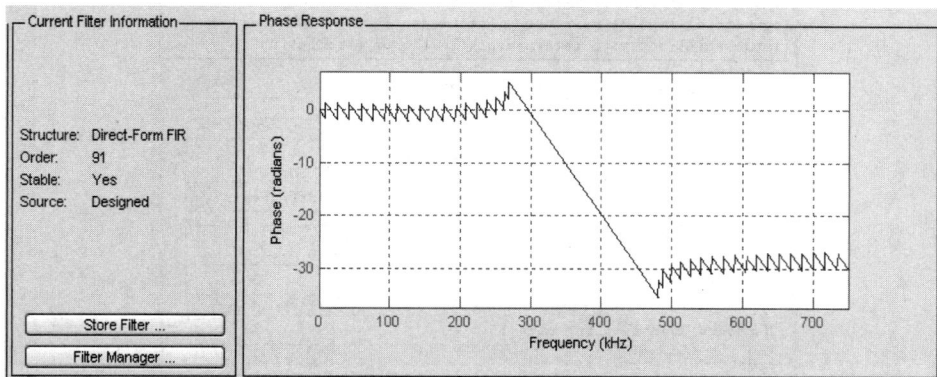

图 7.65　设计滤波器的相位响应

（6）单击【File】→【Save Session】命令，以 fda 格式保存系数文件在"coefficients.fda"中。

注意：这是一个可选的步骤。不做此步操作系数对于设计仍然是有效的。只是如果把系数保存在 .fda 文件中，则系数在以后可以通过 FDATool 模块参数对话框加载。

（7）单击【File】→【Export】命令，以"Num"为名称把输出系数添加到 Workspace 中，如图 7.66 所示。

注意：在 MATLAB Workspace 中将添加"Num"变量。对于 FIR 滤波器，"Num"表示在设计中使用的系数。这也是一个可选的步骤，因为如果不做此操作，操作系数也可以通过 FDATool 模块对话框加载。

图 7.66　输出系数到 Workspace

7.6.2　输入 FIR 滤波器模块

添加 DAFIR v9.0 滤波器模块，并与产生的系数联系起来的操作步骤如下：

(1) 从【Xilinx Blockset】→【DSP】库添加 DAFIR v9.0 滤波器模块到设计中。

(2) 双击 Xilinx DAFIR v9.0 滤波器模块，在模块参数窗口分别对滤波器的类别(Filter)、通道数(Number of channels)、软件采样频率(Hardware over-sampling rate)、数据位数(Number of bits)和二进制位数(Binary point)等参数进行设置，如图 7.67 所示。

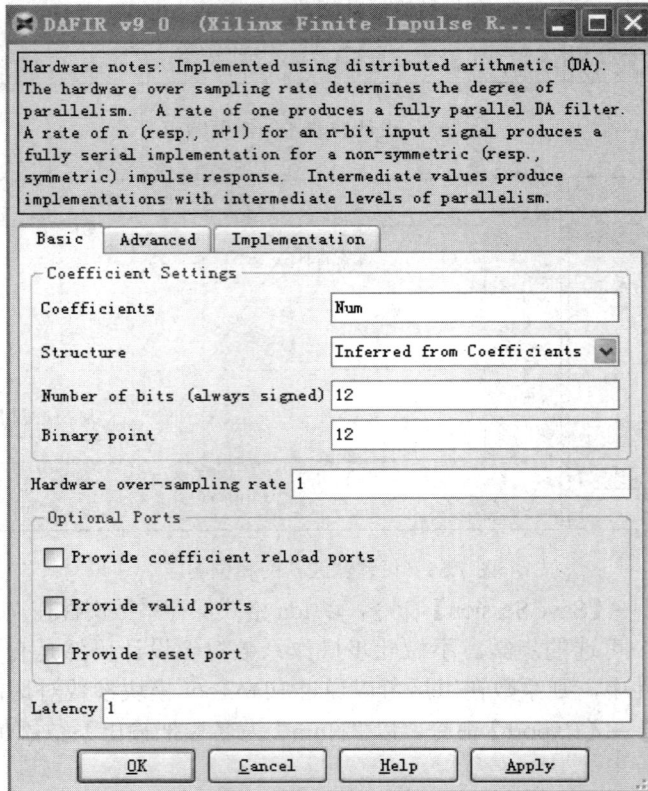

图 7.67　FIR 滤波器模块参数

7.6.3　FIR 滤波器模型设计

FIR 滤波器模型设计的操作步骤如下：

(1) 在【Simulink Sources】窗口中找到线性调频信源(Chirp Signal)和随机信源(Random Number)模块移入文件中，以提供系统仿真需要的输入信号。

(2) 在【Simulink Commonly Used Blocks】中找到类似为单刀双置开关的 Switch 模块移入文件中，以供在仿真时对输入信号进行选择。

(3) 在 Xilinx Blocks 中移入 Gateway in 和 Gateway Out 模块，双击 Gateway in 模块设置输出类型(Output type)、数据位数(Number of bits)、小数位数(Binary point)以及采样周期(Sample period)，如图 7.68 所示。

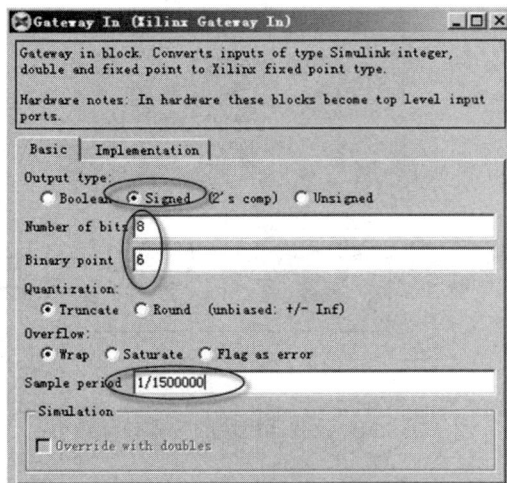

图 7.68　Gateway in　参数设置

(4) 在 Xilinx Blocks 中移入 System Generater 模块，并双击该模块，出现如图 7.69 的参数设置界面，完成设置后，单击 [OK] 按钮确认。

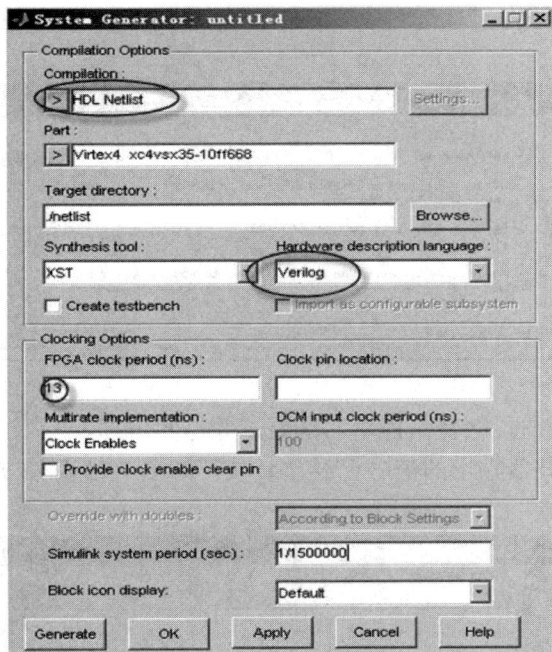

图 7.69　System Generater　参数设置

(5) 加入频谱分析 Spectrum scope 模块。从【Simulink Procesing Blockset】→【Singnal Processing Sinks】库中移入频谱分析 Spectrum scope 模块，并双击该模块，选中输入缓存器 (Buffer input)后，单击 [OK] 按钮确认。

(6) 连接 FIR 滤波器各个模块，连接方式可参考如图 7.70 所示设计，这样就完成了 FIR 滤波器模块的基本设计，可以在 Simulink 中进行系统仿真。

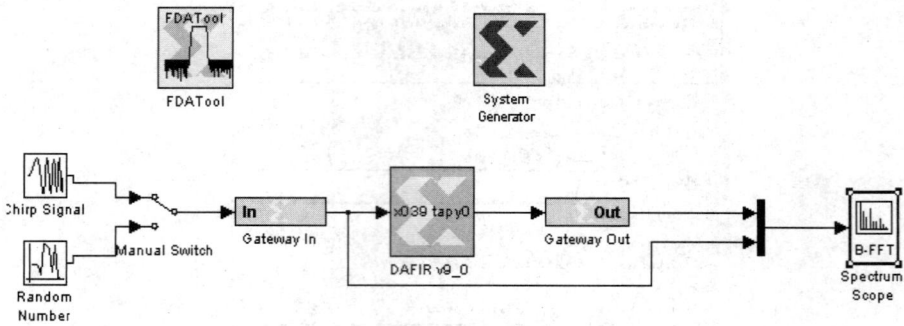

图 7.70　FIR 滤波器模块的基本设计结果

7.6.4　在 Simulink 中仿真 FIR 滤波器

(1) 将频谱的屏幕放到前台，选择线性调频信号(Chirp signal)，按照前面叙述的信源范围对其进行参数设置，运行仿真。

注意：出现以下的警告信息是因为 Simulink 计算了不同的采样率，需要更新它，如图 7.71 所示。

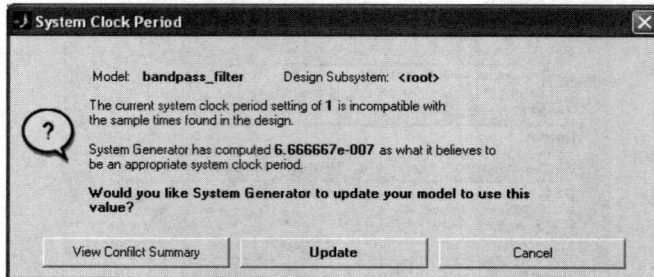

图 7.71　警告信息指示计算的采样率

(2) 单击 [Update] 按钮，接受采样率的变更，并返回仿真。

(3) 检查由 FIR 滤波器输出的信号已经被衰减，如图 7.72 和图 7.73 所示。暂时停止仿真，进行下一步仿真。

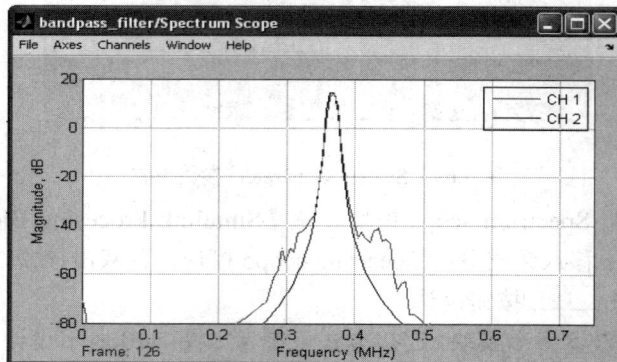

图 7.72　在通带中没有衰减(频谱屏幕)

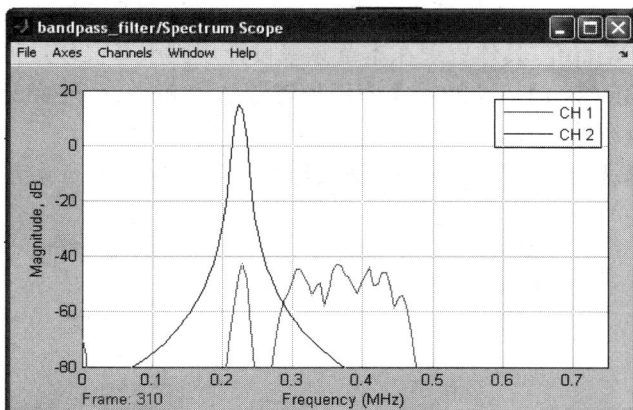

图 7.73　在止带中衰减(频谱屏幕)

(4) 选择随机信源(Random Source)，按照前面叙述的信源范围对其进行参数设置，运行仿真，观察带通滤波器的中心频率、通带、阻带衰减等是否满足设计要求，如图 7.74 所示。

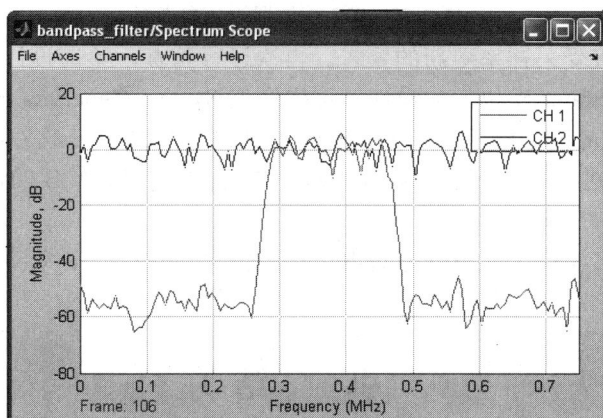

图 7.74　随机信源(频谱屏幕)

7.6.5　完善 FIR 滤波器设计

前面步骤完成了理论上的 FIR 滤波器设计，但是在实际的 FPGA 中由于存在器械延时、时钟倾斜等问题，系统并不能稳定地在 FPGA 上运行，需要使输入数据和输出数据位数相同，以及提供流水线等，故完善 FIR 滤波器的设计步骤如下：

(1) 从【Xilinx Blockset】→【Basic Elements】库添加延时(delay)元件到输出端，以提供流水线和改善性能。

(2) 从【Xilinx Blockset】→【Basic Elements】库添加 Convert 模块到 FIR 输出端，使得输出为 8 位二进制数和 6 位二进制小数的形式(FIX_8_6)。

(3) 双击 FIR DAFIR v9.0 图标，查看【Binary point】和【Number of Bits】两个选项，确认 DAFIR v9.0 尺寸被设置为 FIX_12_12，同理设置 Gateway In 尺寸为 FIX_8_6，这样滤波器中的位数和小数位均大于输入，以便提高运算精度。

(4) 把输入 Gateway In 模块的量化方式(quantization)设置为截断(Truncate)，改变溢出方式(Overflow)为交迭(Wrap)。具体原理在本章频率设计规则小节已作过详细说明。

(5) 从【Xilinx Blockset】→【Index】库添加资源估计 Resource Estimator 模块到设计中，以便对整个系统作资源的估算。

(6) 连接 FIR 滤波器各个模块，FIR 滤波器设计参考如图 7.75 所示。

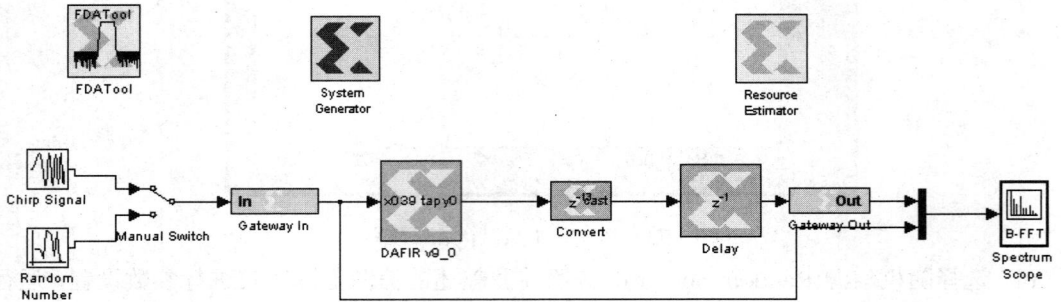

图 7.75　FIR 滤波器设计参考

(7) 运行仿真，接受采样率更新的警告。再次运行仿真，验证设计是否正确。

双击 System Generater 模块完成设计。这样通过 System Generater 模块将在 Simulink 中建立的仿真结果转换成 FPGA 中可实现的模块，由 FPGA 的 ISE 软件通过映射、布局和布线等过程，用 FPGA 进行系统芯片的硬件实现，再通过印制板 PCB 的设计和制作可以完成系统芯片与系统外设的接口。

通过以上 FIR 滤波器设计步骤，实现了一个由算法设计→电路设计→芯片实现的完整过程。

小　　结

本章主要介绍了基于 FPGA 的微处理器嵌入式系统设计技术、基于嵌入式开发套件 EDK 的设计流程，以及在 SOPC 系统中添加定制外设 IP 的设计方法。另外，本章还介绍了基于 FPGA 的 DSP 嵌入式系统的原理、方法和工具，进一步拓展了 FPGA 在大型复杂数字系统设计方面的应用领域。

习　　题

7.1　什么是 SOPC？请问与 SOC 有何差异？

7.2　嵌入式系统的一般设计步骤有哪些？

7.3　试叙述利用 BSB 向导建立基本硬件系统的步骤，并说明哪些设定会因目标板的不同而需要特别设定。

7.4　试说明 XPS 实现多软件项目的操作步骤。

7.5　试说明一般 Xilinx FPGA 设计与 Xilinx EDK 设计的差异。

7.6　说明嵌入式软核处理器 MicroBlaze 的特点和结构。

7.7　说明 FPGA 实现 DSP 的特点以及设计平台的硬件组成。

7.8　试根据 Block Box 模块设计方法完成 Block Box 的基本操作。

实 验 项 目

实验一　利用 BSB 向导构建嵌入式基本系统

实验目的:

(1) 掌握使用 BSB 向导构建基本系统的方法。

(2) 熟悉 EDK 嵌入式项目工程结构和关键文件内容。

(3) 熟悉 EDK 的设计开发流程。

实验要求:

(1) 在 Sparten3E Start Kit 开发板创建基本硬件系统。

(2) 为硬件系统添加 UART、LED 和按键等外设。

(3) 阅读项目中的 MHS、MSS 和 UCF 文件。

(4) 对外设功能进行测试,并通过 UART 在主机上接收测试信息。

实验原理:

EDK 工程的组织:嵌入式系统设计包括硬件设计和软件设计。基于 EDK 的嵌入式系统设计首先要创建一个基于 FPGA 的硬件系统平台,然后基于硬件平台生成软件开发库和硬件驱动,再进行应用软件程序的设计开发。系统的硬件信息以一定格式保存于工程 MHS 文件中,而软件信息以一定格式保存于工程的 MSS 文件中,与 FPGA 约束有关的信息保存于 UCF 文件中。了解这三个关键文件能更好地帮助用户理解和掌握 EDK 的使用。

实验步骤:

(1) 新建 EDK 工程,启动 BSB 向导。

(2) 在 BSB 向导中添加 UART、LED 和 Button 等外设模块,并选择生成外设测试程序。

(3) 查看项目中的 MHS、MSS 和 UCF 文件。

(3) 编译并下载工程到目标开发板。

(4) 设置串口,并在主机上观察串口接收到的信息。

(详细操作参看 7.3.3 节"EDK 的使用")

实验二　基于 SOPC 的流水灯设计

实验目的:

(1) 掌握 XPS 下外设 IP Core 的添加和编辑。

(2) 熟悉 XPS 下的软件项目开发。

(3) 进一步熟悉 EDK 的设计开发流程。

实验要求：

(1) 建立基于 MicroBlazer 的嵌入式系统硬件平台。

(2) 为项目添加新的软件项目工程。

(3) 编写软件实现两种以上的流水灯显示效果，通过拨动开关的组合关系来确定流水灯效果。

(4) 调试软件。

实验原理：

(1) 流水灯工作原理：

开发板上有八个 LED，按一定的时序给对应 LED 的控制引脚上输出有效电平，则 LED 将依次被点亮发光。在 LED 点亮期间如果不是一直输出有效电平，而是按一定频率和占空比输出有效电平，则可达到调节 LED 亮度的效果。

效果 1：八个 LED 从第一个开始依次亮，每次亮一个，最后一个开始亮后再依次从后开始依次亮，如此循环反复。

效果 2：八个 LED 从第一个开始依次亮，全亮后再从最后一个开始灭直到全灭，如此循环往复。

效果 3：八个 LED 从第一个开始依次亮，每次亮一个，最后一个亮后保持，再从第一个开始依次亮，直到八个 LED 全亮，如此循环往复。

效果 4：所有的灯逐渐从暗到全亮，再由全亮到暗。

(2) 基于 MicroBlaze 嵌入式系统的 GPIO 端口操作。

MicroBlazer 处理器对 GPIO 的操作函数都定义在 xgpio.h 头文件中。在系统中使用 GPIO 外设，先要通过 XGpio_Initialize 函数对端口进行初始化，使用 XGpio_SetDataDirection 函数来设置端口的操作方向，然后根据操作方向使用 XGpio_DiscreteRead 或 XGpio_DiscreteWrite 对端口进行读或写操作。

实验步骤：

(1) 建立 MicroBlaze 硬件系统。

(2) 新建软件项目，编写软件程序。

(3) 编译并下载工程到目标开发板进行测试。

实验三　创建一个 12×8 的乘法累加器

实验目的：

(1) 熟悉 Simulink 的基本操作。

(2) 在 System Generator 中建立简单的设计，并仿真。

(3) 调用 Xilinx ISE 用 FPGA 进行系统芯片的硬件实现。

实验要求：

(1) 运行 MATLAB，在 Simulink 环境下用 System Generator 产生一个 12×8 的 MAC，

要求：

- 乘法器输入为 12 位和 8 位有符号数据。
- 乘法器输出宽度为 20 位。
- 累加器输出宽度为 27 位。

(2) 在 System Generator 中对设计进行仿真。

(3) 运用 System Generator token 产生 VHDL 代码。

(4) 通过 System Generator design flow 运行设计。

(5) 用资源估计器估计资源占用量。

(6) 在 Xilinx ISE 中实现设计并产生位流文件。

实验原理：

在 Simulink 中创建一个 12×8 的 MAC，其基本结构如题图 7.1 所示。

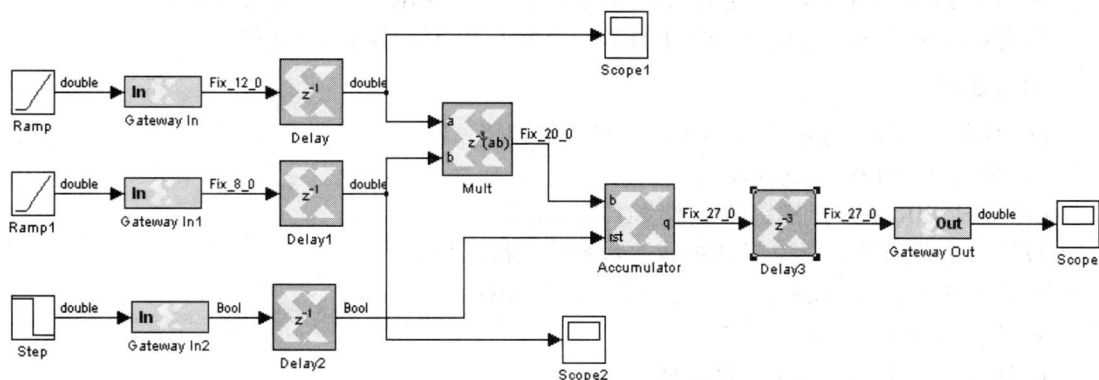

题图 7.1 乘法累加器的基本结构

(1) 分开乘法器和累加器。

(2) 乘法器输入为 12 位和 8 位的有符号数据。

(3) 乘法器的输出为 20 位的数据。

(4) 累加器的输出为 27 位的数据。

(5) 用另外的输入作为累加器的重置信号(正逻辑有效)。

(6) 设置乘法器 block properties，并在 LUT(查找表)中实现。

实验四 FIR 滤波器设计

实验目的：

(1) 熟悉 FIR 滤波器各参数的意义，以及设计 FIR 滤波器的原理、方法。

(2) 使用 DSP TOOLS 设计给定指标的 FIR 滤波器。

实验原理：

复习"数字信号处理"教材，熟悉 FIR 滤波器的工作原理。FIR 有限冲击响应滤波器是一种数字信号处理部件。一个数字滤波器可以用系统函数表示为

$$H(z)= \frac{\displaystyle\sum_{k=0}^{M} b_k z^{-k}}{1-\displaystyle\sum_{k=1}^{N} a_k z^{-k}} = \frac{Y(z)}{X(z)}$$

直接由 $H(z)$ 得出表示输入/输出关系的常系数线性差分方程为

$$y(n)=\sum_{k=1}^{N} a_k y(n-k)+\sum_{k=0}^{M} b_k x(n-k)$$

以上两式中 M 和 N 为正整数，a^k 和 b^k 为常实数。当数字滤波器系统函数 $H(z)$ 已设计出，且由有限字长效应已选定了信号处理器的字长后，余下的问题是将 $H(z)$ 所对应的线性差分方程加以实现，以求出在输入 $x(n)$ 作用下，滤波器的输出值 $y(n)$。

采用 System Generetor 中现成的 FIR 模块实现各个 FIR 设计模块的参数设置。

注意：在采样频率设定中，采样频率必须大于等于信号频率的 2 倍。

实验要求：

(1) 掌握在 MATLAB 中的 Simulink 模块的调用。

(2) 掌握各个 FIR 设计模块的参数设置。

(3) 完成 FIR 滤波器模块的基本设计以及仿真。

设计一个单通道、单速率 FIR 滤波器的技术指标如下：

- 采样频率：Sampling Frequency (Fs) = 1.5 MHz
- 截止频率 1：Fstop 1 = 220 kHz
- 通带频率 1：Fpass 1 = 320 kHz
- 通带频率 2：Fpass 2 = 450 kHz
- 截止频率 2：Fstop 2 = 480 kHz
- 通带两边衰减：Attenuation on both sides of the passband = 60 dB
- 通带起伏：Pass band ripple = 1 dB

(4) 进行硬件测试并验证。

实验思考：

试分析采用 FPGA 和 DSP 实现 FIR 滤波各自的特点，如果要实现高精度的滤波效果对其它器件有何要求？

第 8 章　在线逻辑分析技术

随着 FPGA 规模的不断扩大，其复杂程度也越来越大，在 FPGA 的应用中，测试显得越来越重要。由于 FPGA 封装形式大多向球形方式转换，这样使得传统的探针方式监测信号变得越来越困难。ChipScope Pro 是 ISE 集成套件中的片内逻辑分析工具，它能通过 JTAG 口将 FPGA 内部信号实时读出，传入计算机进行分析。它的基本实现方法是利用 FPGA 中未使用的块 RAM，设置的触发条件将相应信号实时地存储在块 RAM 中，然后利用 JTAG 口将数据传入计算机，最后在计算机中显示其波形。本章详细介绍了基于 JTAG 边界扫描测试方法以及 ISE 集成套件中的在线逻辑分析仪 ChipScope Pro 工具软件的信号分析手段和方法。

8.1　JTAG 边界扫描测试

当今电子制造商正面临着越来越大地要求降低成本、提高质量及缩短面市时间的压力，他们采用的电路板越来越密、器件越来越复杂、电路性能要求也越来越苛刻，这一切直接导致了电子器件的生产商和电子产品的制造商都在倾向于采用最新的器件技术，如 GA、CSP、TCP 等更小的封装，以采用更小的体积而提供更强的功能，同时降低了成本。但是随之而来的接入问题却日益成为测试的巨大障碍。为了解决此类问题，IEEE 1149.1——边界扫描测试 BST(Boundary Scan Test)技术应运而生。

在 20 世纪 80 年代，联合测试行动小组 JTAG(Joint Test Action Group)开发了 IEEE 1149.1(JTAG)边界扫描测试技术规范，该规范提供了有效的测试引线间隔致密的电路板上的集成电路芯片的能力，主要用于芯片测试和配置等功能。大多数的 FPGA 厂家遵守 IEEE 规范，并为输入引脚、输出引脚和专用配置引脚提供边界扫描测试能力。

JTAG 最初用于芯片功能的测试，其工作原理是在器件内部定义一个测试访问端口(Test Access Port，TAP)，通过专用的 JTAG 测试工具对内部节点进行测试和调试。TAP 是一个通用的端口，外部控制器通过 TAP 可以访问芯片提供的所有数据寄存器和指令寄存器。现在 JTAG 接口还常用于芯片的在线配置，对 PLD、Flash 等器件进行配置。为了完成系统的调试，任何原型系统都支持 JTAG 配置方式，因而 JTAG 配置也就成为最广泛支持的配置方式。不同厂商和不同型号的绝大部分 FPGA 芯片都支持 JTAG 配置方式。

JTAG 边界扫描测试是一种可测试结构技术，它采用集成电路的内部外围所谓的"电子引脚"(边界)模拟传统的在线测试的物理引脚，对器件内部进行扫描测试，JTAG 接口由四个必需的信号以及一个可选信号构成。它是在芯片的 I/O 端上增加移位寄存器，把这些寄存器连接起来，加上时钟复位、测试方式选择以及扫描输入和输出端口形成边界扫描通道。边界扫描结构如图 8.1 所示。

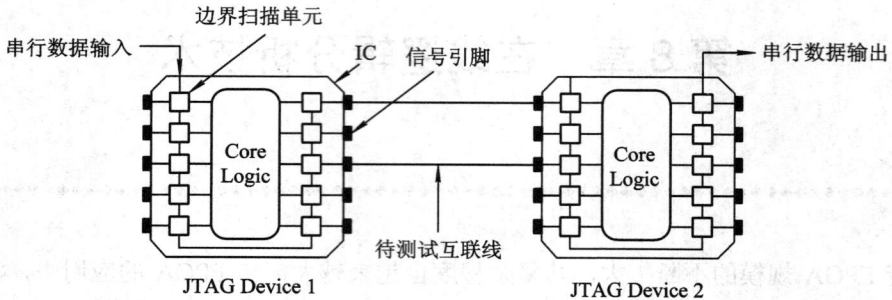

图 8.1　边界扫描结构

该方法提供了一个串行扫描路径，它能捕获器件核心逻辑的内容，或者遵守 IEEE 规范的器件之间的引脚连接。IEEE 1149.1 标准规定了一个四线串行接口(TDI、TDO、TMS 和 TCK)及可选的第五条线 TRST，该接口称作测试访问端口(TAP)，用于访问复杂的集成电路 (IC)，例如微处理器、DSP、ASIC 和 CPLD 等。边界扫描 IO 引脚功能如表 8.1 所示。将芯片中的数据存储通过 TDI 引脚输入到指令寄存器中或一个数据寄存器中，串行数据从 TDO(测试数据输出)引线上输出。边界扫描逻辑由 TCK(测试时钟)上的信号计时，而且 TMS(测试模式选择)信号驱动 TAP 控制器的状态。TRST(测试重置)是可选项，可作为硬件重置信号，一般不用。

表 8.1　边界扫描 IO 引脚功能

引脚	描　述	功　能
TDI	测试数据输入	测试指令和编程数据的串行输入引脚。数据在 TCK 的上升沿移入
TDO	测试数据输出	测试指令和编程数据的串行输出引脚，数据在 TCK 的下降沿移出。如果数据没有被移出时，该引脚处于高阻态
TMS	测试模式选择	控制信号输入引脚，负责 TAP 控制器的转换。TMS 必须在 TCK 的上升沿到来之前稳定
TCK	测试时钟输入	时钟输入到 BST 电路，一些操作发生在上升沿，而另一些发生在下降沿
TRST	测试复位输入	低电平有效，异步复位边界扫描电路(在 IEEE 规范中，该引脚可选)

设计人员使用 BST 规范测试引脚连接时再也不需要物理探针了，甚至能够在器件正常工作时捕获功能数据。器件的边界扫描单元能够从逻辑电路中跟踪引脚信号，或是从引脚或器件核心逻辑信号中捕获数据。测试数据串行地移入边界扫描单元，捕获的数据串行移出芯片的外部，同预期的结果相比较。

8.2　在线逻辑分析仪 ChipScope Pro 概述

ChipScope Pro 是 Xilinx 公司开发的在线片内逻辑分析工具，它支持 Xilinx Virtex™、Virtex-E Virtex-Ⅱ、Virtex-Ⅱ Pro、Virtex-4、Virtex-5、Spartan™-Ⅱ、Spartan-ⅡE、Spartan-3、

Spartan-3E 和 Spartan-3A 系列 FPGA。ChipScope Pro 的主要功能是通过 JTAG 电缆，实时地读出 FPGA 的内部信号。它的基本原理是利用 FPGA 中未使用的块 RAM，根据用户设定的触发条件将信号实时地保存到这些块 RAM 中，然后通过 JTAG 电缆传送到计算机，最后在计算机屏幕上显示出时序波形。

使用 ChipScope Pro 观察 FPGA 内部信号具有以下优点：

(1) 成本低廉。只要用这套软件加上一根 JTAG 电缆就可以进行信号分析。

(2) 灵活性大。观察信号的数量和存储深度由器件剩余的块 RAM 数量决定，剩余块 RAM 越多，可观察信号的数量和存储深度就越大，而且 ChipScope Pro 可以十分方便地观测 FPGA 内部的所有信号，对 FPGA 内部逻辑调试非常方便。

(3) 使用方便。ChipScope Pro 可以自动读取项目设计网表文件，将其测试所需的 IP Core 的网表插入到原设计的网表中。可以方便地选择待观测信号，也可以设置复杂的触发条件。ChipScope Pro 的 IP Core 只使用少量的查找表资源和寄存器资源，对原设计的影响很小。

ChipScope Pro 系统框图如图 8.2 所示，其中 ILA、ICON 是为了使用 ChipScope Pro 观察信号而插入的核。一般来说，ChipScope Pro 工作时，在用户设计中必须实例化两种核：一是集成逻辑分析仪核 ILA Pro(Integrated Logic Analyzer Pro core)，提供触发和跟踪捕获的功能；二是集成控制器核 ICON Pro(Integrated Controller Pro core)，负责 ILA 核和 JTAG 口的通信。一个 ICON 可以连接多达 15 个 ILA 核。ChipScope Pro 工作时，ILA 核根据用户设置的触发条件捕获数据，然后在 ICON 核的控制下，通过 JTAG 口上传到计算机，最后用 ChipScope Pro 中的分析工具 ChipScope Pro Analyzer 显示信号波形。还有一些核，如 IBA/OPB 核适用于处理器外设总线的集成总线分析，IBA/PLB 核适用于处理器本地总线的集成总线分析，VIO 核是虚拟 I/O 核，ATC2 核是安捷伦跟踪核等可以根据需要生成。

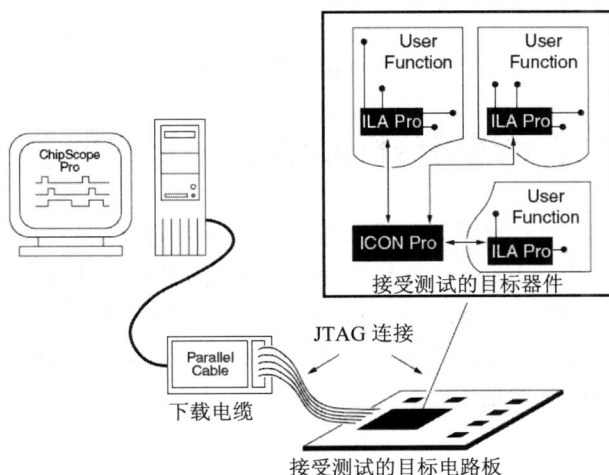

图 8.2　ChipScope Pro 系统框图

ChipScope Pro 的设计流程如图 8.3 所示，这里可以采用手工或者自动两种方式完成核的插入。采用手工方式时，在 ISE 10.1 设计工具中通过 ChipScope Pro 的内核生成器根据用户设定条件生成在线逻辑分析仪的 IP Core，包括 ICON、ILA、IBA/OPB、IBA/PLB、VIO 和 ATC2 核等内核。设计人员在原 HDL 代码中实例化这些核，然后将需要观察的内部信号与这些核相连，最后进行综合、布局布线、下载配置文件，就可以利用分析工具 ChipScope

Pro Analyzer 来设定触发条件、观察信号波形；采用自动方式时不修改源文件，首先综合设计，然后利用 ChipScope Pro 的内核插入器 ChipScope Pro Core Inserter 自动完成在设计网表(.NGC 或 EDIF)中插入所生成的 ICON、ILA 和 IBA 等内核的工作，不用手工在 HDL 代码中实例化。然后对这个新的网表文件进行综合、布局布线、下载配置文件，利用 ChipScope Pro Analyzer 工具观察信号波形。在第一种方式中，每修改一次 ChipScope Pro 的内容需要重新例化内核，重新对设计进行综合处理，相对来说，操作比较复杂和费时；第二种方式不需修改源文件和对设计进行综合处理，仅进行设计实现，因此操作简单和方便，通常都采用这种处理方式。当然，如果利用上面介绍的 FPGA 底层编辑器可以直接编辑插入在设计中的 ChipScope Pro 观察探点，采用这种方法可以不用重新进行实现处理，而直接生成位流文件，操作更快捷，但这种方式不能修改分析仪所设置的条件，只能移动探点。

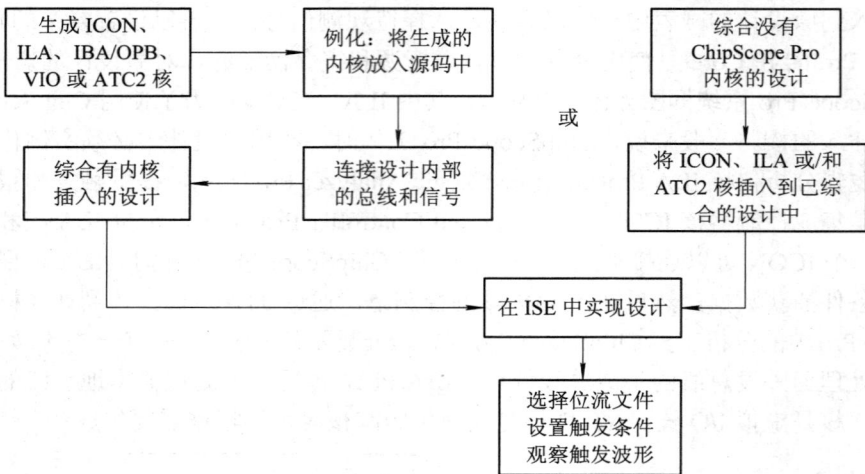

图 8.3　ChipScope Pro 的设计流程

8.3　在线逻辑分析仪 ChipScope Pro 的使用

ChipScope Pro 由三个开发工具组成：内核生成器(ChipScope Pro Core Generator)、内核插入器(ChipScope Pro Core Inserter)与分析器(ChipScope Pro Analyzer)。由于 ChipScope 通常使用手工插入核，所以 ChipScope Pro Core Generator 实际工作中用得较少，在本书中将不作介绍。下面介绍 ChipScope Pro 的系统要求，软件的安装以及 ChipScope Pro Core Inserter 与 ChipScope Pro Analyzer 的使用。

1. 系统要求

1) 软件工具

ChipScope Pro 软件与相配套的 Xilinx ISE 开发软件，如本例使用 ChipScope Pro10.1i 和 Xilinx ISE 10.1i。

2) 下载电缆

支持 JTAG 边界扫描的如下电缆之一：

● Platform Cable USB

- Parallel Cable IV
- Parallel Cable III
- MultiPRO

3) FPGA 下载板

FPGA 下载板有 Xilinx 公司 Virtex、Virtex-E、Virtex-Ⅱ、Virtex-Ⅱ Pro、Virtex-4、Virtex-5、Spartan-Ⅱ、Spartan-ⅡE、Spartan-3、Spartan-3E 和 Spartan-3A 系列 FPGA，并且具有 TDI、TMS、TCK 和 TDO 等四个 JTAG 边界扫描引脚信号。

2. ChipScope Pro 软件的安装

按如下步骤完成 ChipScope Pro 软件的安装：

(1) 下载 ChipScope Pro 软件。

(2) 以 administrator 权限登陆 Window 系统。

(3) 单击 ChipScope_Pro_10_1i_pc.exe 按照向导完成安装。

3. ChipScope Pro Core Inserter 工具的使用

ChipScope Pro Core Inserter 工具可以很方便地分析综合后的设计，而不需要任何 HDL 的实例化。下面以计数器设计为例，介绍该工具的使用。

(1) 加入 ChipScope 定义和连接 CDC(ChipScope Definition and Connection)文件。

选择菜单【Project】→【New Source】命令来创建文件，弹出【Select Source Type】对话框，选择【ChipScope Definition and Connection File】选项，在【File name】文本框中输入文件名，如 cdc_cnt60，如图 8.4 所示。单击 Next > 按钮，进入下一个窗口，选择与创建的 CDC 文件相关联的设计文件。最后单击 Finish 按钮，完成 CDC 文件的创建。若 CDC 文件已经存在，可以选择菜单【Project】→【Add Copy of Source】，找到该文件直接添加。加入 CDC 文件后，在 ISE 的【Sources】窗口中显示 cdc_cnt60.cdc 文件，如图 8.5 所示。

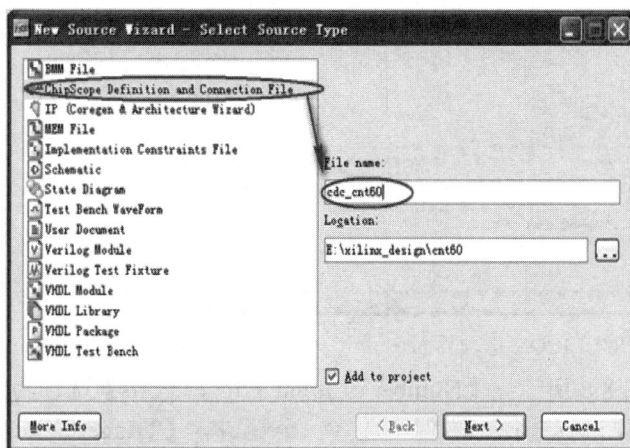

图 8.4 创建新的 CDC 文件

图 8.5 Sources 窗口

(2) 创建 ChipScope 核来完成信号的连接，具体步骤如下：

① 双击 ISE 软件的【Sources】窗口中的 cdc_cnt60.cdc 文件，打开【ChipScope Pro Core Inserter】对话框，如图 8.6 所示，单击 Next > 按钮。

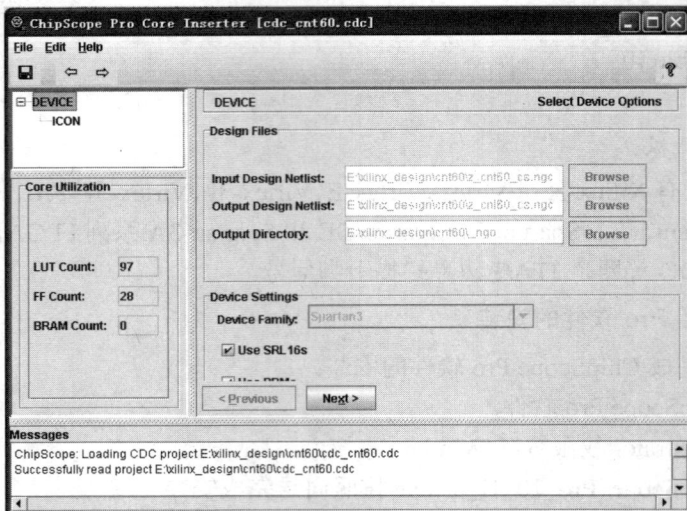

图 8.6　【ChipScope Pro Core Inserter】对话框

② 弹出的 ICON 核选项界面如图 8.7 所示。在该界面中可以通过单击 `New ILA Unit` 和 `New ATC2 Unit` 按钮选择添加新的 ILA 与 ATC2 核。若选中界面中的【Disable JTAG Clock BUFG Insertion】复选框，则在布局布线时将采用普通布线资源，而不是全局时钟布线资源。选择该项功能在设计中全局时钟不够用的情况下比较有用，单击 `Next >` 按钮。

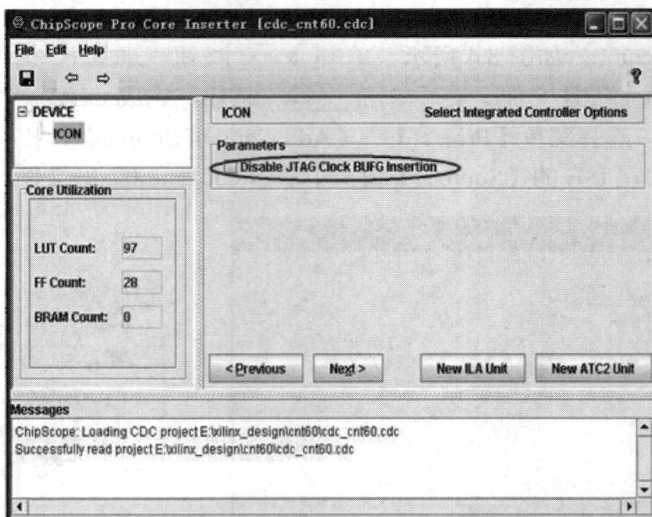

图 8.7　ICON 选项界面

③ 弹出的触发参数设置界面如图 8.8 所示。【Number of Input Trigger Ports】选项为触发端口个数，用户根据自己的设计需要进行选择。本例中选择一个端口。【Trigger Width】选项为触发信号的位宽，根据设计中触发信号的位宽设置，本例选择一位位宽。【Match Type】选项为触发方式，可选择 Basic、Basic w/edges、Extended、Extended w/edges、Range 与 Range w/edges 几种触发方式，本例选择"Basic w/edges"触发方式，该方式可以指定上升沿(R)与下降沿(F)触发，其它选项采用默认设置，单击 `Next >` 按钮。

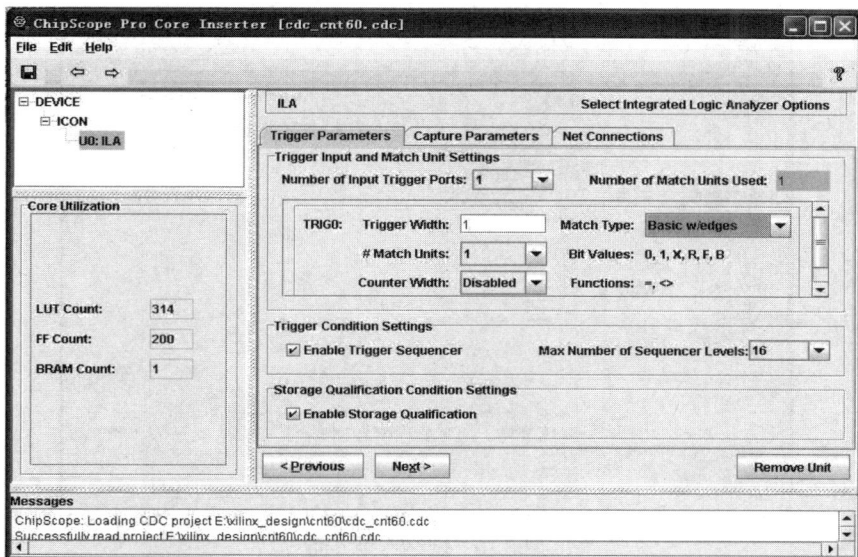

图 8.8　触发参数设置界面

④ 弹出的捕获参数设置界面如图 8.9 所示。默认选中【Data Same As Trigger】选项，表示数据与触发信号相同，否则数据和触发信号完全独立。【Data Width】选项为所有观察信号的总位宽，本例中选择 "7"。【Data Depth】选项为数据显示深度，深度越深可显示数据长度越长，但是使用的块 RAM(BRAM)资源就越多，本例中选择 "512"，其它采用默认设置。完成捕获信号的设置后，可以在选项卡的左下方看到占用 BRAM 的数量。单击 Next > 按钮。

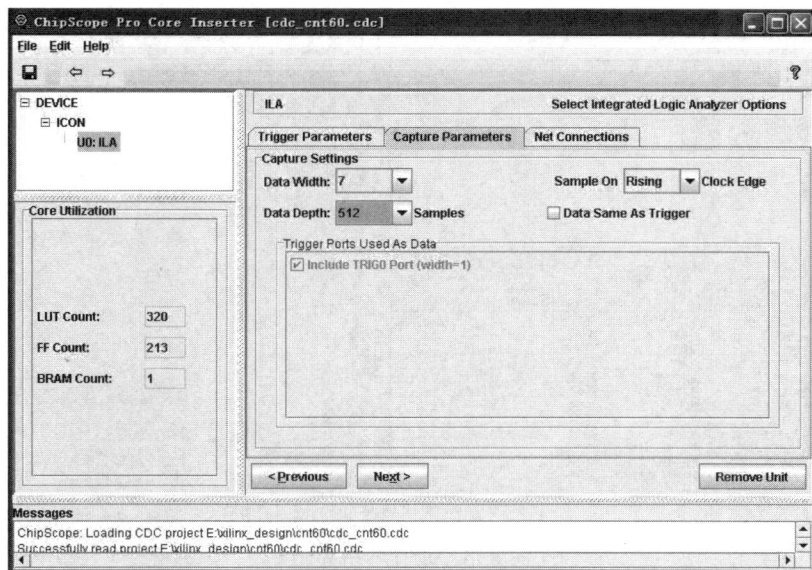

图 8.9　捕获参数设置界面

⑤ 弹出的网络连接界面如图 8.10 所示。单击该界面中的 Modify Connections 按钮，进行下一步操作。

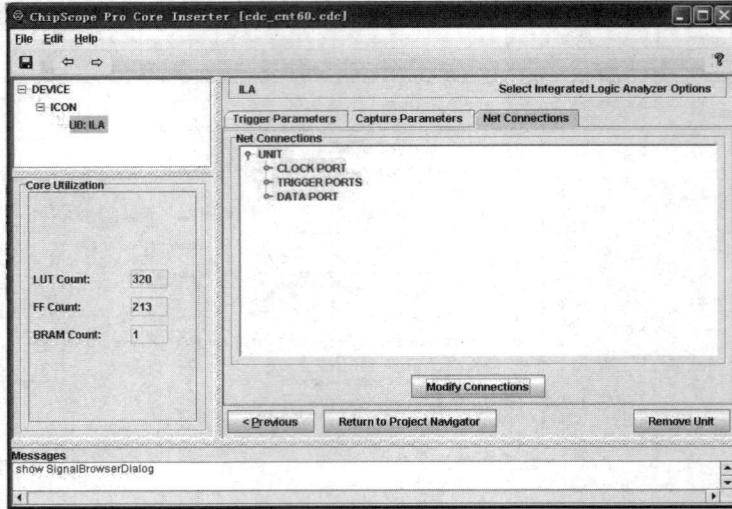

图 8.10　网络连接界面

　　⑥ 选择网络【Select Net】界面如图 8.11 所示。在左下方【Net Name】栏找到"en_IBUF"信号，或者在【Pattern】栏输入"*en*"可以快速查找到该信号。在【Net Selsctions】栏选择【Trigger Signals】标签，单击 Make Connections 按钮，将"en_IBUF"信号连接为触发信号。

　　● 找到"clk_BUFGP"信号，在【Net Selsctions】选择【Clock Signals】页，单击 Make Connections 按钮，将"clk_BUFGP"信号连接为时钟信号。

　　● 找到"q_tmp<0>～q_tmp<5>"与"en_IBUF"信号，在【Net Selsctions】选择【Data Signals】页，将上述信号连接为观察信号。

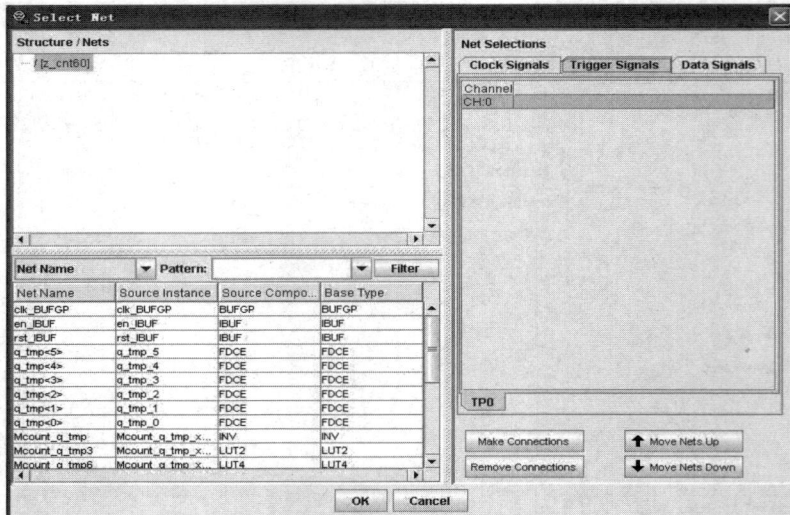

图 8.11　选择网络界面

　　⑦ 单击 OK 按钮，完成选择网络设置。回到图 8.10 所示的网络连接界面，此时【Net Connections】下的信号端口变黑，单击"　"按钮保存。至此信号的连接完成，ChipScope Pro Core Inserter 工具自动地将核插入到设计中。

(3) 在 ISE 中布局布线，产生下载文件。将位流下载到 FPGA 开发板。

(4) 启动 ChipScope Pro Analyzer 工具观察信号。

4. ChipScope Pro Analyzer 工具的使用

ChipScope Pro Analyzer 的主要功能是观察信号，下面介绍该工具的使用。

(1) 在 ISE 软件的【Processes】窗口(如图 8.12 所示)中单击【Analyze Design Using Chipscope】选项，启动 ChipScope Pro Analyzer 工具。

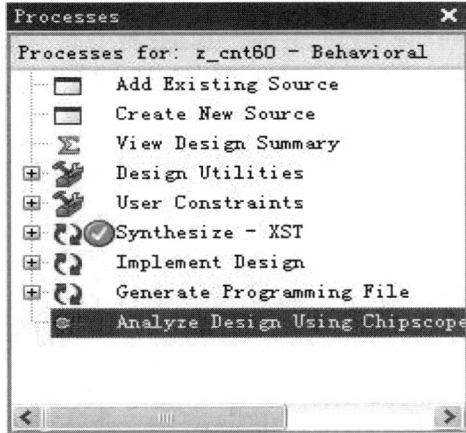

图 8.12　ISE 进程窗口

(2) 在 ChipScope Pro Analyzer 界面左上方单击 "▦" 按钮，打开下载电缆，弹出如图 8.13 所示对话框，选择所需要观察的 FPGA，单击 OK 按钮，进入下一步操作。

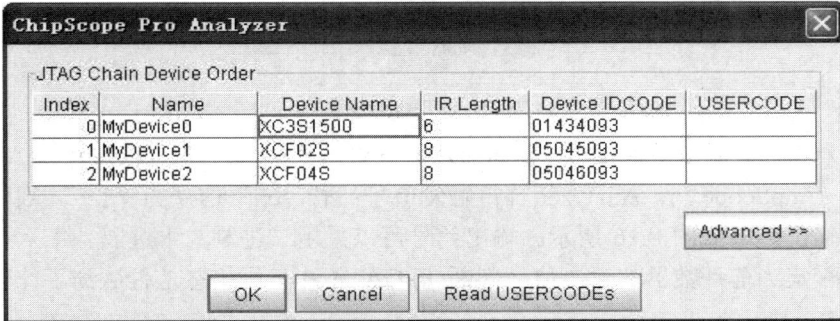

图 8.13　选择 FPGA 芯片

(3) 这时出现波形观察界面，如图 8.14 所示，在【Trigger Setup】栏设置触发信号，本例中由于触发信号为 "en"，所以触发值选择高电平 "1"。【Waveform】栏为波形显示窗口。总线信号 "Bus/Signal" 默认名称为 "DataPort[x]"，x 表示端口号，为了方便观察波形，可以修改这些信号的名称，也可以将信号组合为总线的形式进行观察。

(4) 在本例中，由于观察信号为计数器输出 "q" 和使能信号 "en"，所以将 DataPort[0]～DataPort[5]设置为总线形式。具体方法为选中 DataPort[0]～DataPort[5]信号，单击鼠标右键，如图 8.15 所示，选择菜单【Add to Bus】→【New Bus】命令，然后将总线名修改为 "q"。选中 DataPort[6]，单击鼠标右键，选者菜单【Rename】选项，修改为 "en"。

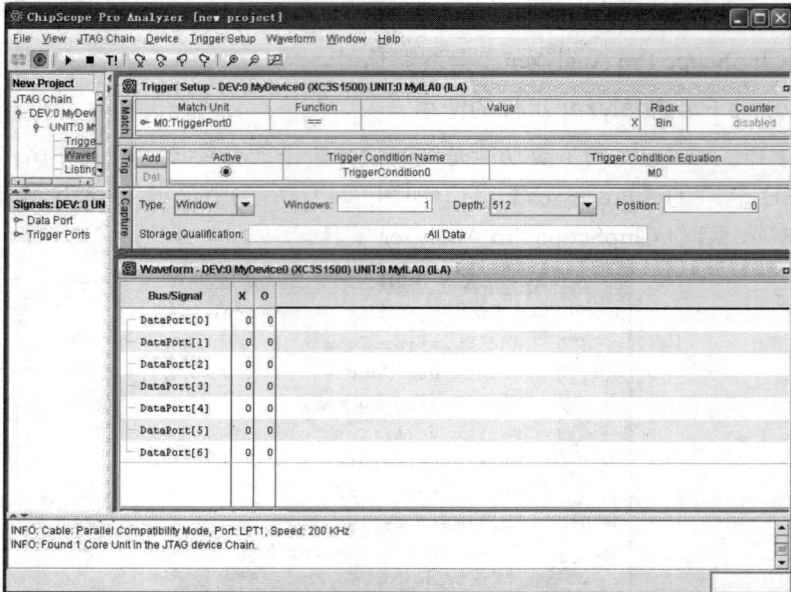

图 8.14　波形观察界面

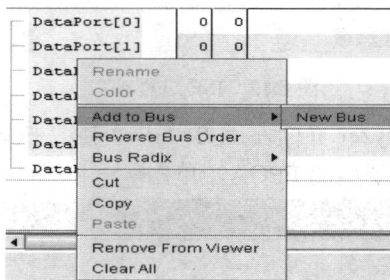

图 8.15　添加总线

(5) 在【ChipScope Pro Analyzer】界面左上方单击"▶"按钮，采集信号，若"en"信号为"0"，ChipScope Pro Analyzer 等待触发信号；若"en"信号为"1"，则可以采集当前计数器的输出值，如图 8.16 所示。输出信号可以采用二进制、十进制、十六进制等形式显示。可以采集当前计数器的输出值，判断 FPGA 芯片工作状态是否达到了计数器的功能要求。

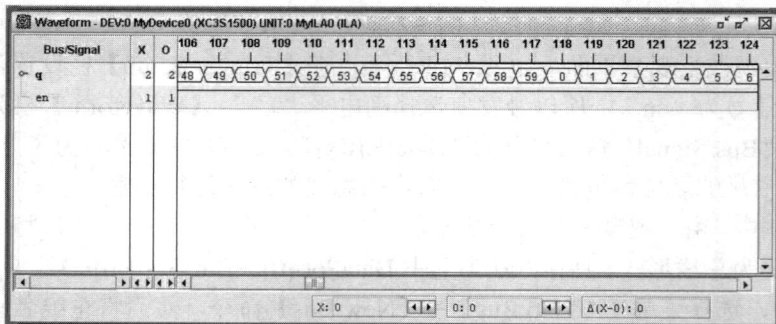

图 8.16　波形显示

小　　结

本章详细介绍了在 FPGA 调试阶段，使用 JTAG 边界扫描进行测试的原理，以及 ISE 集成套件中在线逻辑分析仪 ChipScope Pro 工具软件的信号测试分析手段和方法。

实 验 项 目

实验一　移位相加八位硬件乘法器电路设计

实验目的：

(1) 学习应用移位相加原理设计八位乘法器。

(2) 比较用组合逻辑、时序逻辑实现相同电路功能在 FPGA 芯片资源利用和实现结果上的差异。

(3) 熟悉在线逻辑分析仪 ChipScope Pro 调试工具。

实验原理：

乘法器的乘法原理：乘法通过逐项移位相加原理来实现，从被乘数的最低位开始，若为 1，则乘数左移后与上一次的和相加；若为 0，左移后以全零相加，直至被乘数的最高位。

实验要求：

(1) 用移位相加进行本乘法运算，不得使用"*"算术运算符。

(2) 应用"自顶向下"的设计思路，合理分解子模块，降低模块实现复杂度。

(3) 将本乘法器设计成时序逻辑电路，要求完成以下功能：

● 应用 reset 信号实现模块的同步复位。

● 在八个时钟 clk 后，模块输出乘积。

● 设置 data_valid 信号，同步表示有效乘积数据的输出。

(4) 以另一种组合逻辑电路的方式设计本乘法器。

(5) 用 Verilog HDL 完成设计、综合和仿真，分析比较两者资源占用、运行速度等的差异。

(6) 设计数码管显示的程序，在目标板的数码管上显示乘积值。

(7) 对一种设计方式进行下载。通过在线逻辑分析仪 ChipScope Pro 调试检查信号的输出，并与目标板的数码管上显示的乘积值进行比较。

实验二　DDS 设计

实验目的：

(1) 掌握 DDS 设计的方法。

(2) 锻炼 FPGA 设计的综合能力。

(3) 熟悉在线逻辑分析仪 ChipScope Pro 调试工具。

实验原理：

生成正弦波的数字方法是利用 FPGA 片内 ROM 和片内数字逻辑资源，再外加一片 DAC。在 ROM 中，每个地址对应的单元中的内容(正弦波的幅度)都对应于正弦的离散采样值，ROM 中必须包含完整的正弦波采样值。DDS 设计可以采用相位累加振荡方法实现，把正弦波在相位上的精度定位为 n 位，于是分辨率相当于 $1/2^n$。用时钟频率 f_{clk} 依次读取数字相位圆周上各点，这里数字值作为地址，读出相应的 ROM 值，然后经 DAC 重构正弦波。

DDS 结构框图如题图 8.1 所示，设正弦 ROM 表中存放着 256 个正弦信号抽样值，clk 时钟为 65 536 Hz。当频率控制字为 1 时，地址每次加 1，这样产生一个周期的正弦波需要 256 个时钟周期，相应的正弦波输出频率为 65536/256；当频率控制字为 2 时，地址每次加 2，这样产生一个周期的正弦波仅需要 128 个时钟周期，相应的正弦波输出频率为 65536/128。依照上述方法，即可以通过改变频率控制字来改变正弦波的输出频率。

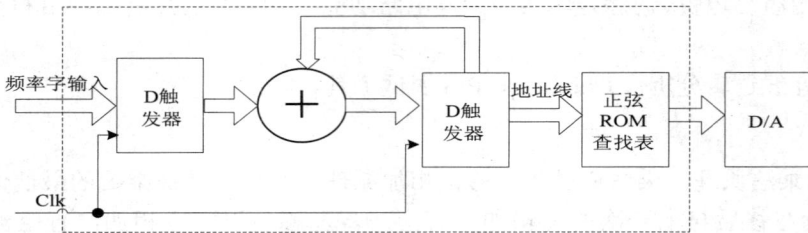

题图 8.1　DDS 基本结构

实验要求：

(1) 正弦 ROM 位宽为 8，存储深度为 256。

(2) 通过按键选择产生八种不同的频率(clk 输入为 65536 Hz)。

(3) 分别进行功能与时序仿真，验证逻辑功能。

(4) 进行下载。通过在线逻辑分析仪 ChipScope Pro 调试检查信号的输出。

实验思考：

(1) 实验中只能产生八种不同的频率，请修改程序产生 16 种不同的频率。

(2) 从 ChipScope Pro 上可以观察到，当正弦波输出频率变大时，其峰值会变小，为什么？

第 9 章　其它设计工具简介

◆◆

FPGA 开发工具包括软件开发工具和硬件开发工具两类。其中硬件开发工具主要是 FPGA 厂商或第三方厂商开发的 FPGA 开发板及相关调试下载工具；在软件开发工具方面，针对 FPGA 设计的各个阶段，FPGA 厂商和第三方 EDA 软件公司提供了很多优秀的 EDA 工具。一般来说，FPGA 厂商提供的开发环境，如 ISE 及 QUARTUS 开发软件，可以涵盖从源代码编写到最后仿真调试的各个阶段，对于不算十分复杂的 FPGA 设计，可以利用这类的开发环境进行 FPGA 的开发设计。但是第三方 EDA 厂商提供的专用工具显然具有更大的优势，可以替代厂商自带开发工具的各个设计阶段，从而更加充分地利用 FPGA 的设计资源，并加速整个设计的进展。本章将介绍第三方 EDA 厂商提供的几个优秀的综合工具 Synplify Pro、仿真工具 Active HDL 和集成的设计工具 FPGA Advantage 的设计流程。

9.1　Synplicity 公司的 Synplify Pro

Synplify 和 Synplify Pro 是 Synplicity 公司提供的专门针对 FPGA 和 CPLD 实现的逻辑综合工具。Synplify Pro 是 Synplify 的完整版，包含了后者的所有功能，但综合原理和机制完全相同，它是目前业界最流行的、功能最强的综合工具。它支持工业标准的 Verilog 和 VHDL 硬件描述语言，能高效地将它们的文本文件转换为高性能的面向流行器件的设计网表，支持 Xilinx、Altera、Lattice、Actel 及 QuickLogic 等不同的厂家所生产的 FPGA 与 CPLD 的综合、时序分析与配置等功能。

1. Synplify Pro 软件窗口

Synplify Pro 软件窗口如图 9.1 所示，主要包含菜单栏、工具栏、状态显示栏、操作按钮、重要综合优化参数设置、工程管理窗、综合结果窗、消息窗口、综合结果观察窗等几部分。

2. Synplify Pro 软件使用

下面以一个四路选择器的例子来说明 Synplify Pro 软件的使用方法，这里使用的软件版本是 Synplify Pro 9.6.1，其设计步骤如下：

(1) 建立工程 Project。启动 Synplify Pro，弹出 Synplify Pro 的主界面。选择【File】→【New】命令，弹出新建工程【New】对话框，如图 9.2 所示。在文件类型【File Type】栏中选择新建工程【Project File】选项，工程名称【File Name】栏输入 "mux_4_1"，然后设置工程存放路径【File Location】。确认后，工程管理窗口出现建立的工程 mux_4_1.prj，如图 9.3 所示。

菜单栏

工具栏

状态显示栏

操作按钮

工程管理

综合结果

重要综合优
化参数设置

消息窗口

综合结果观察窗

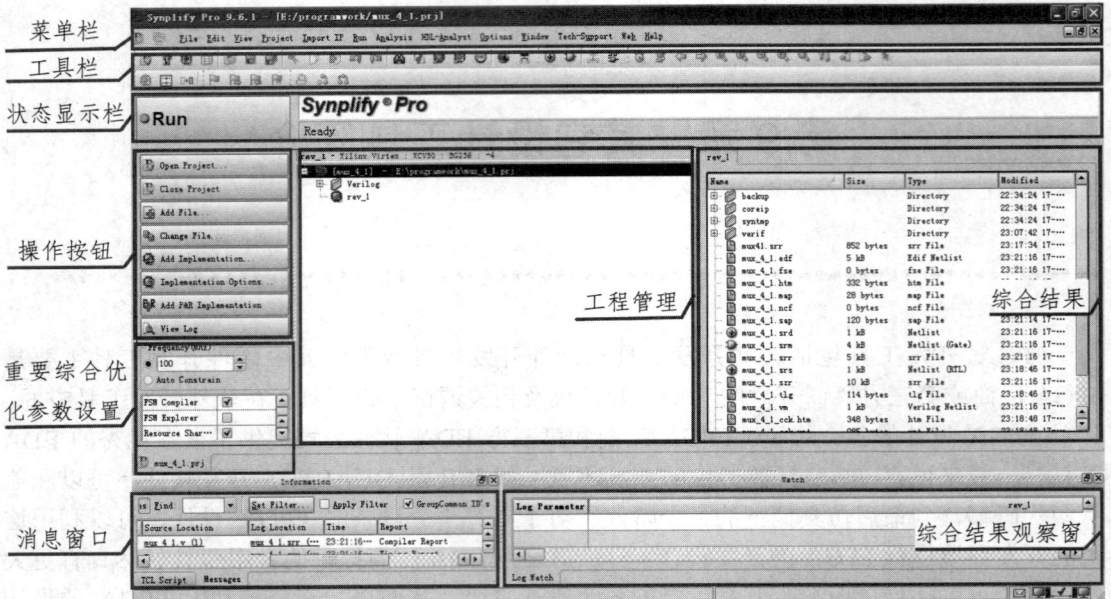

图 9.1　Synplify Pro 软件窗口

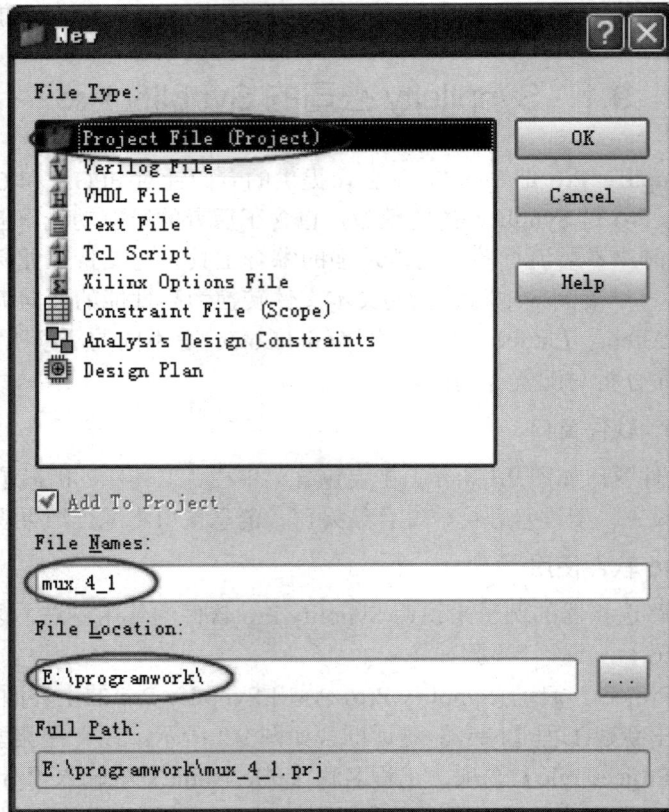

New

File Type:

- Project File (Project)
- Verilog File
- VHDL File
- Text File
- Tcl Script
- Xilinx Options File
- Constraint File (Scope)
- Analysis Design Constraints
- Design Plan

OK

Cancel

Help

☑ Add To Project

File Names:

mux_4_1

File Location:

E:\programwork\

Full Path:

E:\programwork\mux_4_1.prj

图 9.2　新建工程【New】对话框

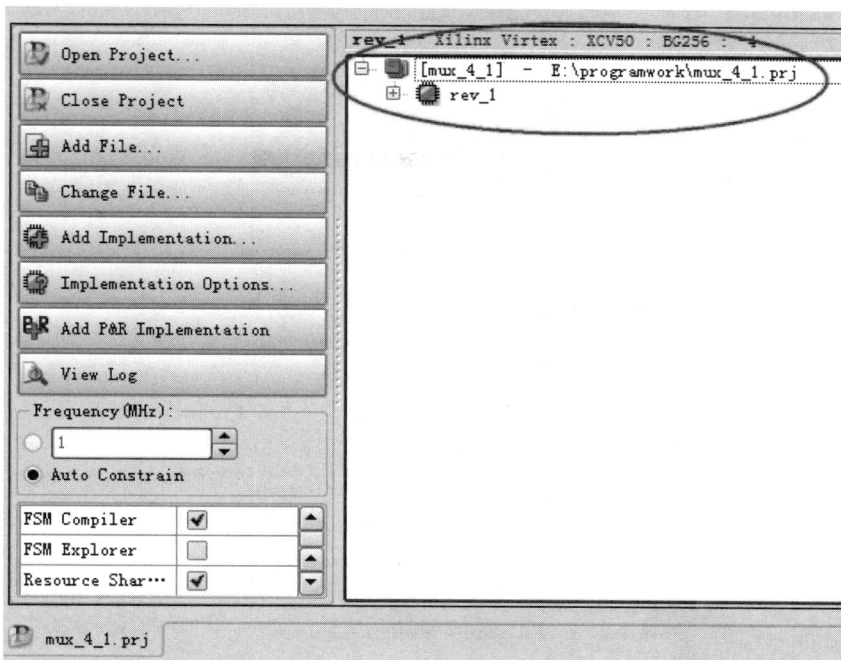

图 9.3　建立的工程

(2) 添加源文件。选择【File】→【New】命令，弹出【New】对话框。在【File Type】栏中选择 Verilog HDL 文件类型【Verilog File】，源文件名字【File Name】栏中输入"mux_4_1"，单击 OK 按钮，如图 9.4 所示。然后在弹出的程序编辑窗口添加设计源文件，如图 9.5 所示。

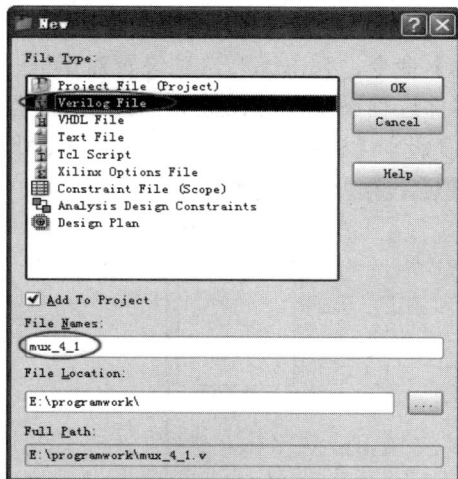

图 9.4　建立新的源程序

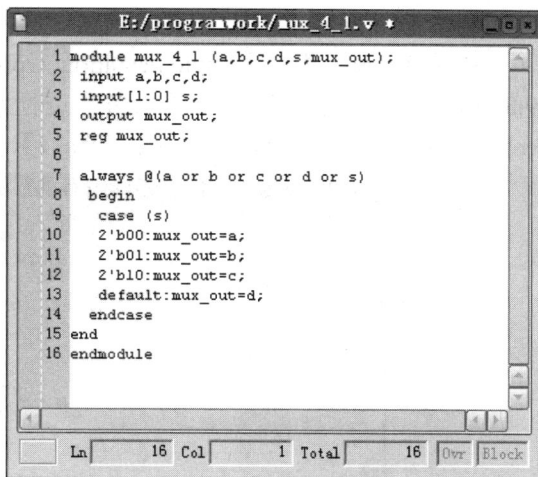

图 9.5　源程序代码

(3) 代码语法错误检查。

① 选择【Run】→【Syntax Check】命令，进行代码语法错误检查，如图 9.6 所示。如果语法有错误，检查结果会提示错误信息如图 9.7 所示。按照提示修改代码直至检查结果正确。

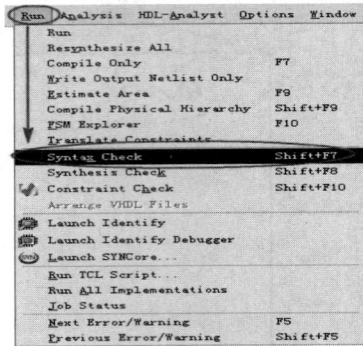

图 9.6　语法错误检查

图 9.7　语法错误检查提示

② 在图 9.6 中选择【Run】→【Synthesis Check】命令，进行综合检查。检查结果正确后才能进行下一步设计。

(4) 综合选项设置。

① 选择【Project】→【Implementation Options】命令，弹出综合选项设置对话框，如图 9.8 所示。选择器件【Device】标签，进行元器件选项设置，可设置综合目标器件厂家【Technology】、型号【Part】、封装【Package】、速度级别【Speed】等信息，如图 9.8 所示。

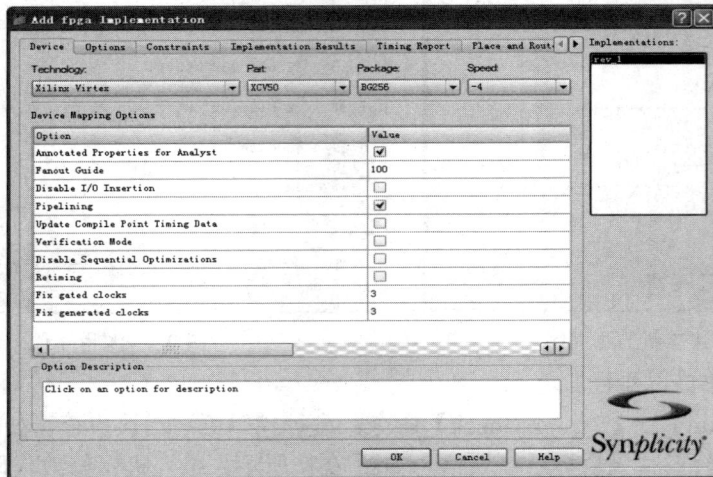

图 9.8　综合选项设置对话框的器件标签

②　在综合选项设置对话框中选择选项【Options】标签进行优化选项设置。选中【FSM Compiler】和【Resource Sharing】栏，如图 9.9 所示。【FSM Compiler】在综合过程中启动有限状态编译机，对设计中的状态机进行优化。【Resource Sharing】栏启动资源共享，在设计能够满足时钟频率的情况下，一般选中此栏以节约资源。

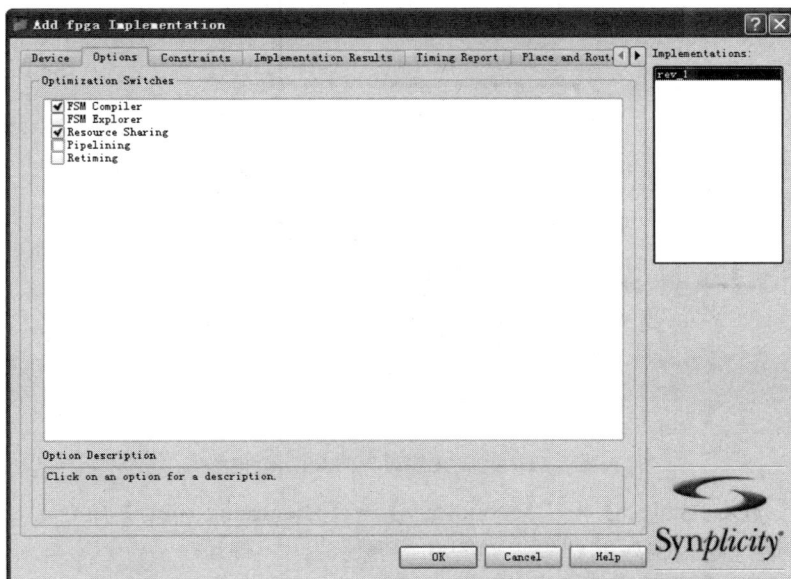

图 9.9　在综合选项设置对话框的选项标签

③　在综合选项设置对话框中选择约束【Constraints】标签可进行系统运行频率【Frequency】和约束文件的设置，如在【Frequency】栏输入频率值"100"MHz。

④　选择【Implementation Results】标签进行综合结果输出设置，包括结果放置的目录【Results Directory】、综合结果的文件名称【Results File Name】，一般保持默认设置。注意一定要将【Write Vendor Constraint File】栏选项选中以生成布局布线工具使用的时间约束文件。

⑤　选择【Timing Report】标签进行时序报告输出的设置，【Number of Critical Paths】栏表示时序报告中会显示的关键路径条数，【Number of Start/End Points】栏表示关键路径上起始点和结束点的数量。

以上步骤完成之后，单击 OK 按钮，完成设置。

(5)　单击【Run】命令，开始综合。当状态显示栏变成"Done"时，说明综合运行结束，如图 9.10 所示。

图 9.10　状态显示栏

(6)　检查综合后的电路。

①　选择【HDL Analyst】→【RTL】→【Hierarchal View】命令，查看四路选择器综合后的网表文件对应的 RTL 级电路，如图 9.11 所示。

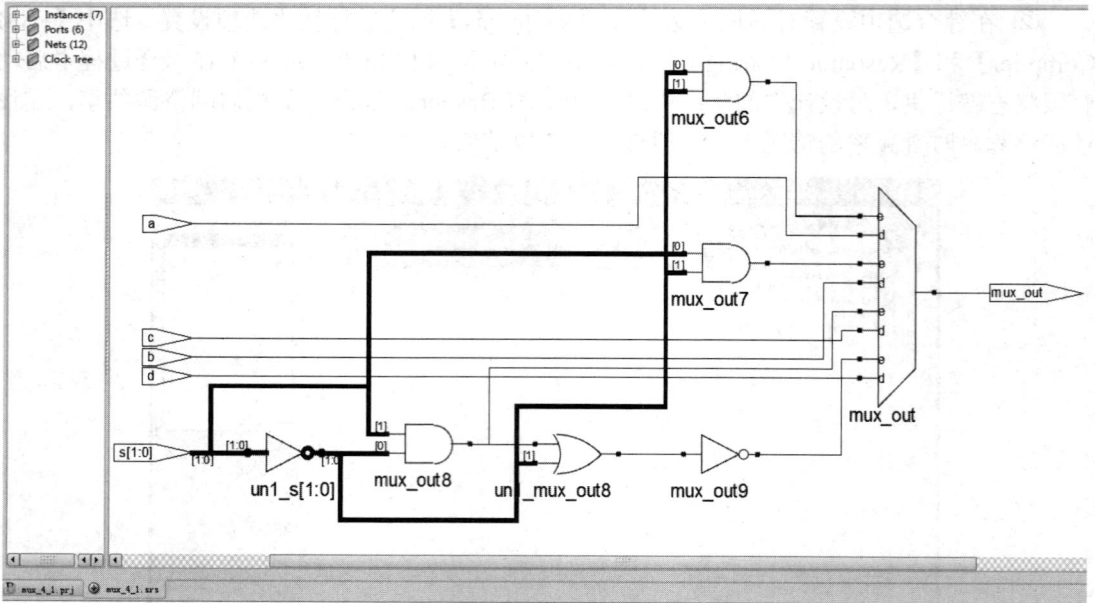

图 9.11　网表文件对应的 RTL 级电路

② 选择【HDL Analyst】→【Technology】→【Hierarchal View】命令，查看 RTL 级电路向具体器件进行结构映射的结果，如图 9.12 所示。

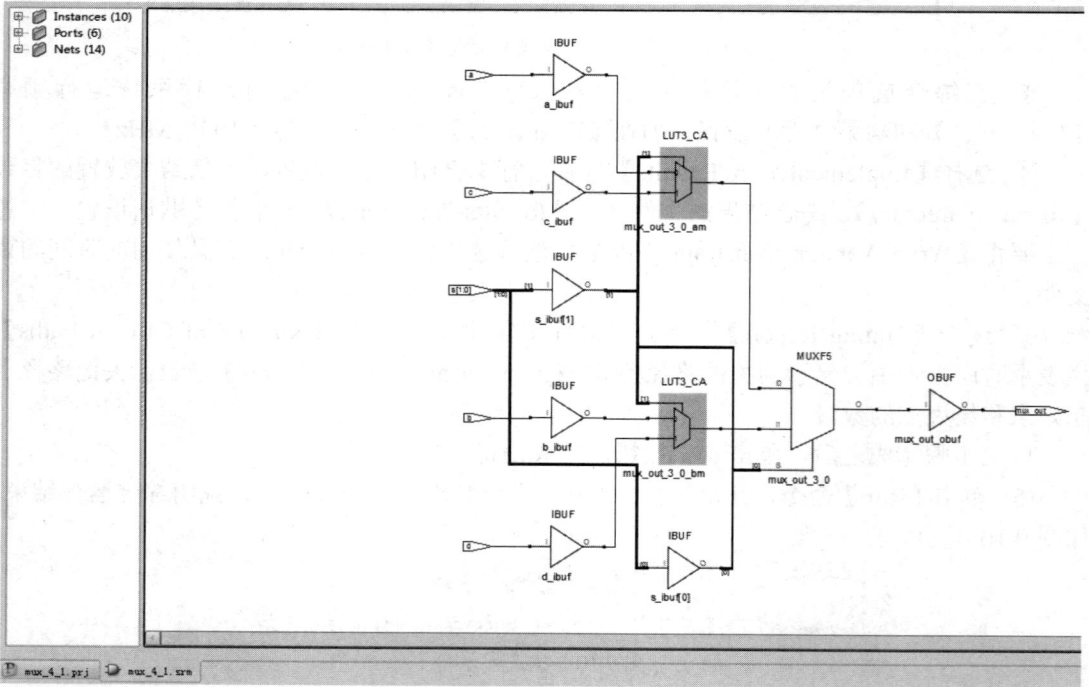

图 9.12　综合结果的 Technology View 输出

以上就是使用 Synplify 将 HDL 程序综合为电路 Netlist 的基本流程，Synplify 软件的强大功能远远不止这些，希望读者能够熟练掌握 Synplify 软件，实现更加高效的设计。

9.2 Aldec 公司的 Active HDL

Aldec 公司的 Active-HDL 是一个开放型的仿真工具,可支持几乎所有的 FPGA/CPLD 厂商的产品,设计输入可以采用原理图、硬件描述语言或有限状态机等多种方式,设计门数大于 10 万门以上,集成系统环境,多层设计输入方式,它同时支持 VHDL、Verilog、SystemC\x99 和 EDIF,提供了 HDL 从设计输入到器件实现一系列流程集中化管理。

1. Active HDL 软件窗口

启动 Active HDL 以后,弹出如图 9.13 所示主窗口,主窗口分为操作区、工作区和状态区。操作区上端为菜单栏,其下是工具栏,菜单栏包含了大部分的操作选项,其下的按钮栏是一些常用的快捷按钮。

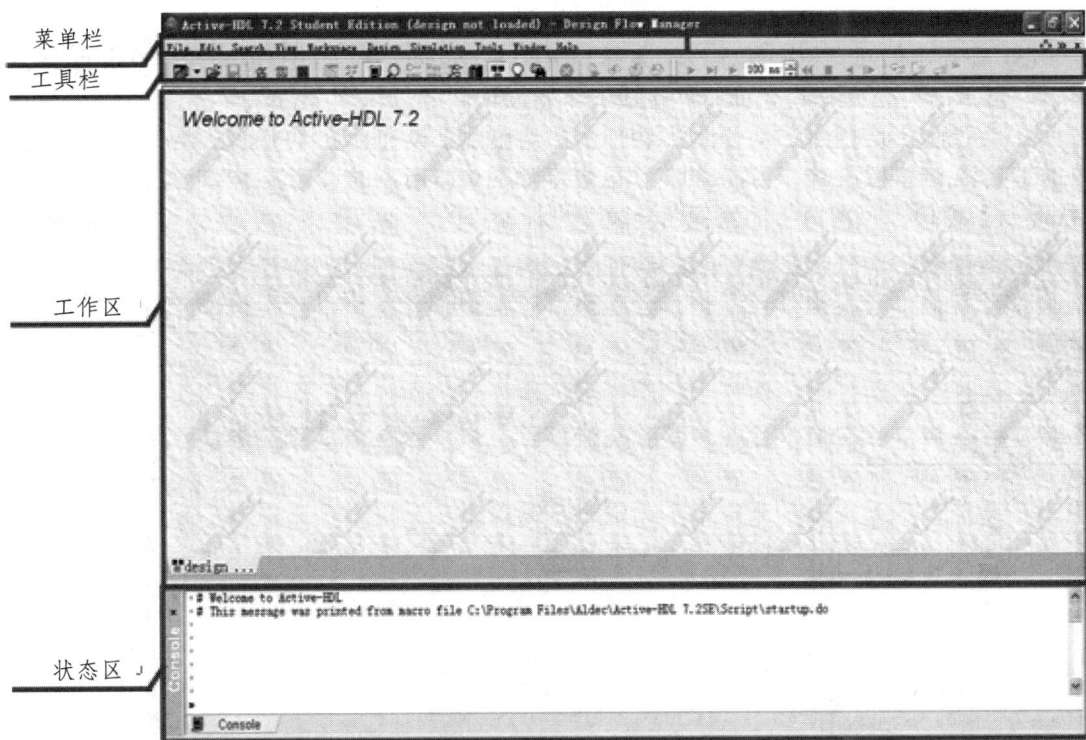

图 9.13 Active HDL 6.1 的软件窗口

2. Active HDL 软件使用

以一个简单的 D 触发器的例子来说明 Active HDL 软件的使用,这里使用的软件版本是 Active HDL 7.2,其设计步骤如下:

(1) 创建新设计。启动 Active HDL,进入工作界面。单击菜单栏【File】→【New】→【Design】命令,弹出【New Design Wizard】窗口,如图 9.14 所示。在【New Design Wizard】窗口选择创建新设计【Create an Empty Design With Design】选项,单击 下一步(N) 按钮。

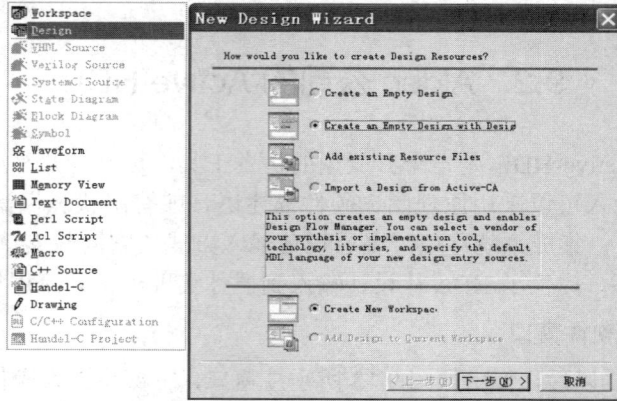

图 9.14　New 选项下拉菜单及新建设计选择窗口

(2) 在弹出的对话框中选择默认硬件描述语言【Default HDL Language】项为"VERILOG"，其它为默认值，单击下一步(N)>按钮。

(3) 在弹出的对话框中输入设计名称，如"D_Trigger"和文件存放路径。单击下一步(N)>按钮后，再单击完成按钮，此时就生成一个新设计。

(4) 系统返回到主窗口，此时主窗口的左边出现了设计浏览【Design Browser】窗口，单击工具栏上按钮，在主窗口的工作区显示如图 9.15 所示的设计流程管理器【Design Flow Manager】窗口，该窗口中的流程图会随着设计流程的改变而改变，它是做设计的向导。

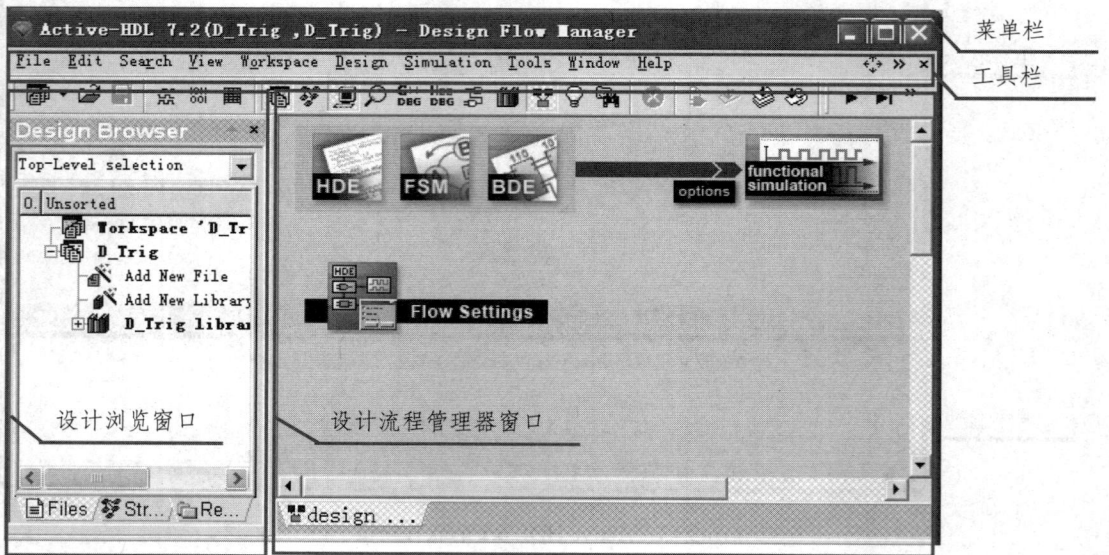

图 9.15　含设计流程管理器的主窗口

(5) 新建源代码文件。在【Design Flow Manager】窗口单击菜单栏【File】→【New】→【Verilog Source】命令，在弹出的硬件描述语言编辑器【HDL Editor】窗口中选择【Verilog】选项，然后单击OK按钮，弹出新源文件向导【New Source File Wizard】窗口，选中【Add the generated file to the design】，单击下一步(N)>按钮，在弹出的窗口中输入源文件名和模块名"D_Trig"，继续单击下一步(N)>按钮。

(6) 在弹出对话框的【Name：】栏和【Array】栏分别输入端口名和端口数组值，在【Port direction】栏中设置端口方向，单击【Tpye…】按钮设置端口数据类型，如图 9.16 所示。单击 完成 按钮，软件自动返回到工作区并打开"D_Trig.V"文件，进行 D 触发器代码编写。

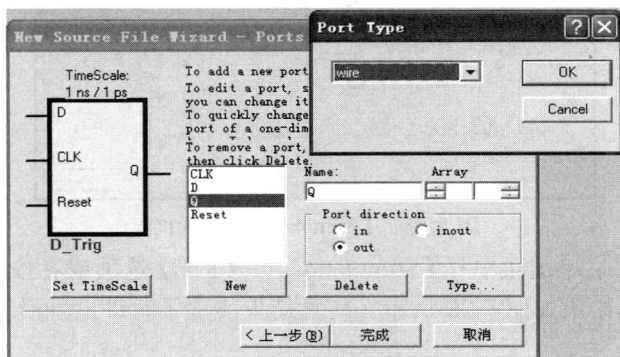

图 9.16　设置端口名以及端口方向

(7) 在完成了代码的输入后，单击菜单栏中的【Design Flow Manager】→【Compile】选项或者在【Design Browser】窗口中的【Files】视图中选中编译模块"D_Trig"后右击，在弹出对话框中选择【Compile】选项对源代码进行编译。源文件编译通过以后，接下来进行功能仿真来验证设计结果是否正确。

(8) 选择菜单栏【File】→【New】或者单击工具栏上 按钮，在弹出页中单击【Waveform】选项或者在工具栏上单击 按钮，创建一个新的【wave】窗口。在图 9.17 所示波形窗口信号列表区右击，在弹出菜单栏中选择【Add Signals…】选项，弹出添加信号【Add Signals】对话框，如图 9.18 所示。

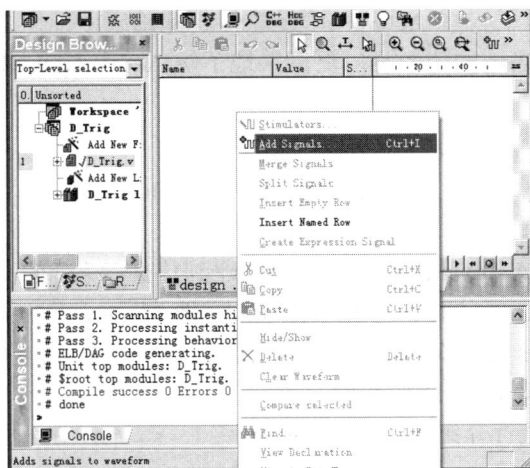

图 9.17　Waveform 编辑窗口　　　　　　　　　　图 9.18　【Add Signals】对话框

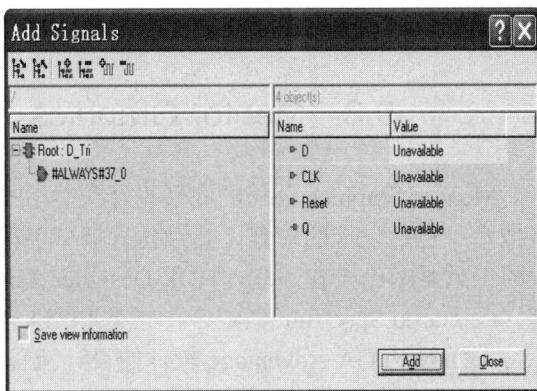

(9) 在波形窗口的信号列表区右击，在弹出菜单栏中选择【Stimulators…】选项，弹出【Stimulators】对话框，如图 9.19 所示。在【Stimulators】对话框分别设置 CLK、Reset、D 信号属性。设置 CLK 为 Clock 类型，频率设置为 10 MHz；设置 Reset 为随机信号；D 为 Clock 类型，频率设置为 7 MHz。

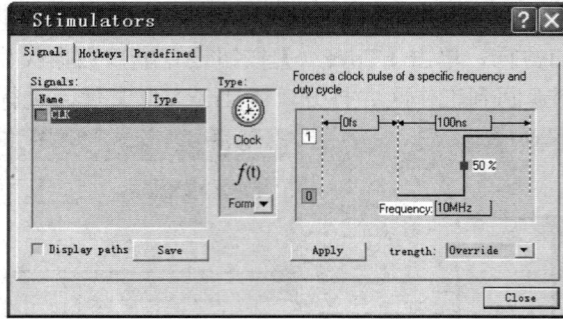

图 9.19　【Stimulators】对话框

(10) 设置完成以后单击菜单栏【Stimulation】→【Run】选项或者按快捷键 "ALT + F5"，开始仿真，功能仿真结果如图 9.20 所示。仿真结果实现了时钟上升沿触发、同步复位的 D 触发器。

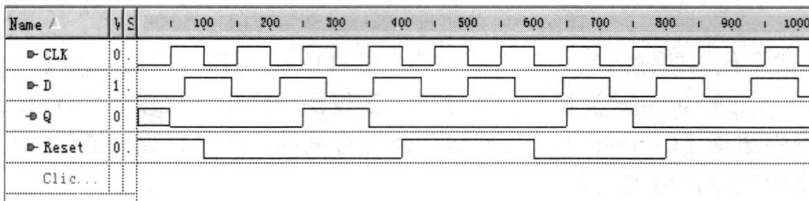

图 9.20　功能仿真结果

Active HDL 还可以在进行逻辑综合和物理实现后，对设计进行综合后仿真和物理实现后的时序仿真。Active-HDL 能够和业界标准 IEEE、ISO、IEC 及其它标准相容，为设计提供了极广的覆盖率及支持，同时 Active HDL 有特色的图形化界面能提高设计速率和效率。

本章节通过一个简单的 D 触发器实例展示了一些 Active HDL 软件的基础应用，但是 Active HDL 软件的强大功能远远不止这些，有兴趣的读者可以更深入地了解 Active HDL 软件，实现更加高效的设计。

9.3　Mentor Graphics 公司的 FPGA Advantage

Mentor Graphics 公司的高端设计工具 FPGA Advantage 是从设计创建到仿真、综合的高级技术，包括设计的管理、高级仿真调试手段、后仿真、物理综合等。它把 Mentor 三个强大的工具紧密结合在一起，HDL Designer Series 做设计创建、文档和管理，ModelSim 做仿真，Leonardo Spectrum 做综合，它是 FPGA 全流程设计工具。

下面对 FPGA Advantage 软件的设计流程进行介绍。

1. 设计输入

由于设计输入支持框图设计、状态机设计、真值表设计、HDL 设计等方式，这里以常用的框图设计、状态机设计为例对其进行介绍。

1) 框图设计

(1) 启动 FPGA Advantage，将出现如图 9.21 所示【Design Manager】对话框，该对话框包括菜单栏、工具栏、项目栏和项目管理栏等四个部分。

图 9.21　【Design Manager】对话框

(2) 在【Designer Manager】窗口中单击 🗐 按钮，选择 🗐 下拉菜单中的【Graphical View】→【Block Diagram】选项，相应的框图设计编辑窗口被打开，如图 9.22 所示。

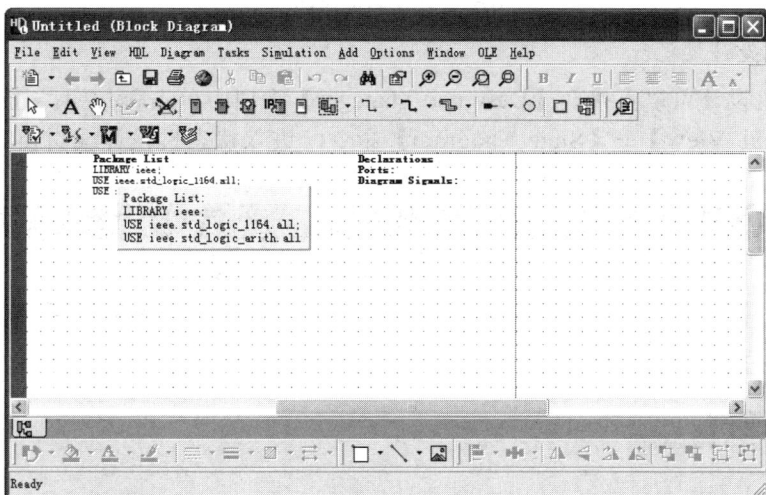

图 9.22　框图设计编辑窗口

(3) 单击 🔲 按钮，添加所需要的模块(BLOCK)，在框图中添加两个模块，模块会显示默认的库<LIBRARY>和模块名<BLOCK>，以及唯一的实例名 I1 和 I0。在一个库中，描述一个 BLOCK 的视图必须被命名和保存成一个独一无二的设计单元。一个 BLOCK 同时可以存在很多种描述方式，可以是状态机、框图和源代码等。

(4) 一个 BLOCK 以及其它的一些模块添加完成之后，需要添加端口与连线，其快捷图标包括：🔲 按钮为添加信号；🔲 按钮为添加总线；🔲 按钮为添加端口。

(5) 单击相应的 BLOCK 以及端口和信号，对相关的端口和信号按照需要重新命名，完成后保存文件，键入相应的文件名称，如图 9.23 所示。

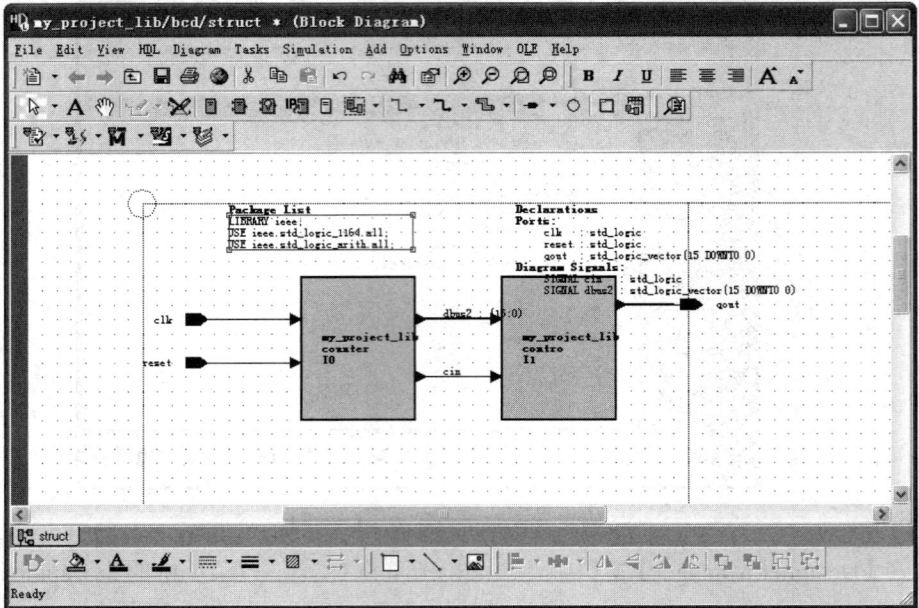

图 9.23　端口与连线的添加

2) 状态机设计

(1) 状态机设计可以直接在【Designer Manager】窗口中单击按钮，选择下拉菜单中的【Graphical View】→【State Diagram】命令，进入状态机设计编辑窗口，如图 9.24 所示。

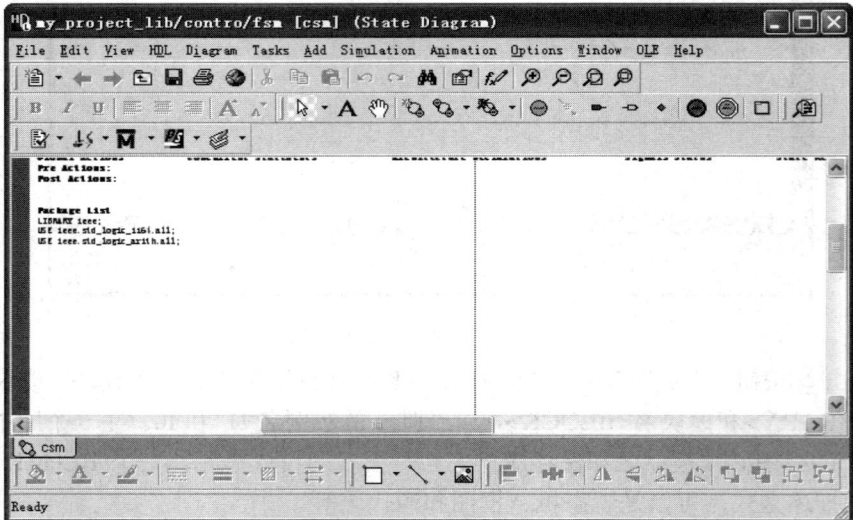

图 9.24　状态机设计编辑窗口

(2) 单击按钮添加状态，默认的状态按照从小到大的顺序从 s0 开始。这里第一个状态被假定为初始状态，用绿色表示。单击按钮，添加状态之间的转移，状态设计界面如图 9.25 所示。

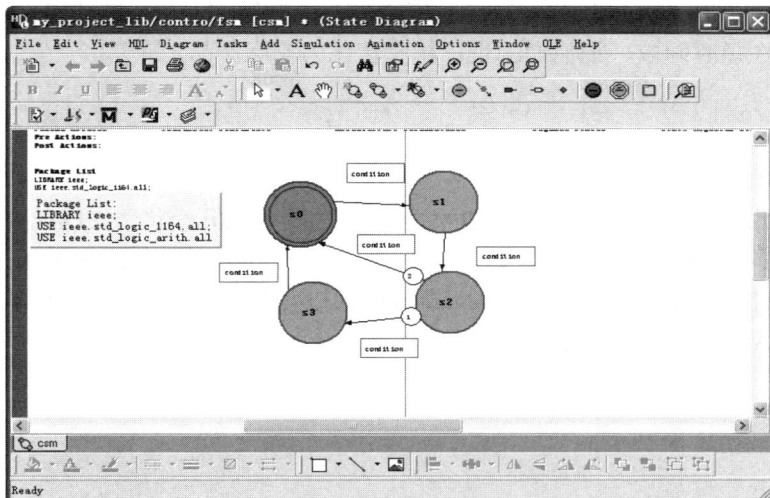

图 9.25　状态设计界面

（3）双击需要编辑的状态，打开相应状态的对象属性对话框。这里状态类型有简单状态、分层状态、开始状态、等待状态供选择。

2. 仿真

完成了系统的设计后，在框图设计管理器中单击 按钮，调用 Modelsim 软件进行仿真。Modelsim 的相关使用请参考本书的第 5 章。

3. 综合

完成了仿真之后，在框图设计管理器中单击 按钮，弹出【LeonardoSpectrum Synthesis Settings】对话框，如图 9.26 所示。在该对话框中可以选择指定技术库、器件系列、器件、时钟频率、速度级别和优化，系统缺省状态下是自动设置的。单击 Finish 按钮，就开始进行综合。在综合运行过程中，系统生成其定时分析的相关数据。

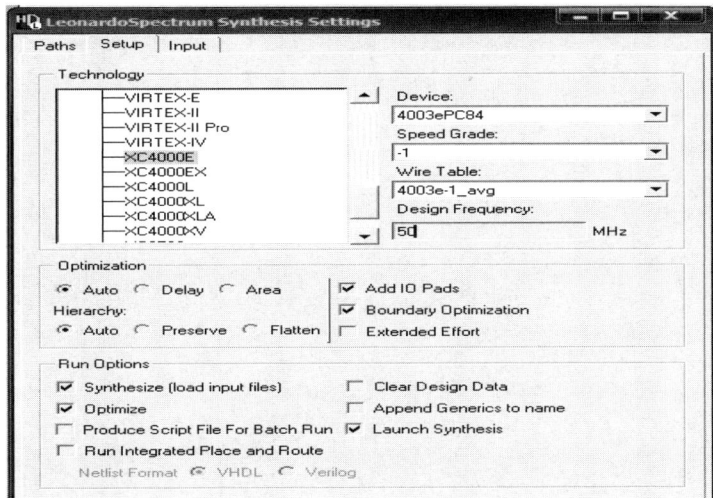

图 9.26　【LeonardoSpectrum Synthesis Settings】对话框

    FPGA Advantage 为系统的建立、管理、模拟与合成提供了一个完整的操作环境，使 FPGA 设计人员能够在短时间内，把他们的设计构想转化为实际产品。

小　　结

    本章通过几个实例介绍了第三方 EDA 软件公司提供的几个优秀 EDA 工具的使用，如 Syplicity 公司的综合工具 Synplify Pro、Aldec 公司的仿真工具 Active-HDL 以及 Mentor Graphics 公司的高端设计工具 FPGA Advantage。通过对第三方 EDA 软件工具的使用可以充分地利用 FPGA 的设计资源加速整个设计的进程。

附 录

附录1 Spartan-3E Starter Kit Board 介绍

本书使用的硬件开发平台是 Spartan-3E Starter Kit Board，它是 Xilinx 公司大学计划推出的一款基于 Spartan-3E 系列 FPGA 的多功能试验评估平台，图 1 所示为该开发板平面示意图。Spartan-3E Starter Kit Board 入门实验板使设计人员能利用 Spartan-3E 系列的完整平台性能。

图 1　Spartan-3E Starter Kit Board 开发板平面示意图

设备支持：Spartan-3E、CoolRunner-Ⅱ。

关键特性：

● Xilinx 器件: Spartan-3E(50 万门，XC3S500E-4FG320C)，CoolRunner™-Ⅱ(XC2C64A-5VQ44C)与 Platform Flash (XCF04S-VO20C)。

● 时钟：50 MHz 晶体时钟振荡器。

● 存储器：128 Mbit 并行 Flash, 16 Mbit SPI Flash, 64 MByte DDR SDRAM。

● 连接器与接口：以太网 10/100 Phy, JTAG USB 下载，两个 9 管脚 RS-232 串行接口，

PS/2 类型鼠标/键盘接口，带按钮的旋转编码器，4 个滑动开关，8 个单独的 LED 输出，4 个瞬时接触按钮，100 个管脚 hirose 扩展连接端口与 3 个 6 管脚扩展连接器。

- 配置：4 Mbit 配置 PROM，可支持并行 FLASH 配置，多重启动并行 FLASH 配置，SPI 串行 FLASH 配置等。
- 显示器：VGA 显示端口，16 字符 2 线式 LCD。
- 电源：Linear Technologies 电源供电，TPS75003 三路电源管理 IC。
- 转换器：二输入可控增益 SPI A/D 转换器，四输出 SPI D/A 转换器。
- 时钟输入：SMA 时钟输入接口及 DIP-8 时钟输入插座。
- 应用： 可支持 32 位的 RISC 处理器，可以采用 Xilinx 的 MicroBlaze 以及 PicoBlaze 嵌入式开发系统；支持 DDR 接口的应用；支持基于 Ethernet 网络的应用；支持大容量 I/O 扩展的应用。
- 市场：在消费类、电信/数据通信、服务器和存储器等方面应用。

开发板所有外围电路与 FPGA 引脚锁定均标注于板上，详细说明请参考其用户手册，可在赛灵思公司官方网站下载。

附录2　参 考 课 题

在与本课程相关的实践环节中，这里共列出参考课题 20 个，其中前 13 个课题为基础课题，后 7 个课题是 FPGA 在通信和数字信号处理领域应用的综合性课题。在具体教学实施中，指导教师也可根据情况自行指定课题，并确定工作量。

课题一　数字式竞赛抢答器

设计要求：

(1) 设计一个可容纳 6 组(或 4 组)参赛的数字式抢答器，每组设一个按钮，供抢答使用。

(2) 抢答器具有第一信号鉴别和锁存功能，使除第一抢答者外的按钮不起作用。

(3) 设置一个主持人"复位"按钮。

(4) 主持人复位后，开始抢答，第一信号鉴别锁存电路得到信号后，有指示灯显示抢答组别，扬声器发出 2～3 秒的音响。

(5) 设置一个计分电路，每组开始预置 100 分，由主持人记分，答对一次加 10 分，答错一次减 10 分。

教学提示：

(1) 此设计问题的关键是准确判断出第一抢答者并将其锁存，实现的方法可使用触发器或锁存器，在得到第一信号后将输入封锁，使其它组的抢答信号无效。

(2) 形成第一抢答信号后，用编码、译码及数码显示电路显示第一抢答者的组别，用第一抢答信号推动扬声器发出音响。

(3) 计分电路采用十进制加/减计数器、数码管显示，由于每次都是加/减 10 分，所以个位始终为零，只要十位、百位进行加/减运算即可。

课题二　数　字　钟

设计要求：

设计一个能显示 1/10 s、s、min、h 的 12 小时数字钟。

(1) 熟练掌握各种计数器的设计。能完成十进制、十六进制、十二进制等进制计数器的设计。

(2) 能用低位的进位输出构成高位的计数脉冲。

(3) 时钟显示使用数码管显示。

(4) 设置两个按钮，一个供"开始"及"停止"用，一个供系统"复位"用。

教学提示：

(1) 时钟源使用频率为 0.1 Hz 的连续脉冲。

(2) "时显示"部分应注意 12 点后显示 1 点。

(3) 注意各部分的关系，由低位到高位逐级设计、调试。

课题三　数 字 频 率 计

设计要求：

(1) 设计一个能测量方波信号频率的频率计。

(2) 测量的频率范围是 0~999 999 Hz。

(3) 结果用十进制数显示。

教学提示：

(1) 脉冲信号的频率就是在单位时间内所产生的脉冲个数，其表达式为

$$f = \frac{N}{T}$$

f 为被测信号的频率，N 为计数器所累计的脉冲个数，T 为产生 N 个脉冲所需的时间。在 1 秒时间内计数器所记录的结果就是被测信号的频率。

(2) 被测频率信号取自实验箱晶体振荡器输出信号，加到主控门的输入端。

(3) 再取晶体振荡器的另一标准频率信号，经分频后产生各种时基脉冲：1 ms、10 ms、0.1 s 和 1 s 等，时基信号的选择可以控制，即量程可以改变。

(4) 时基信号经控制电路产生闸门信号至主控门，只有在闸门信号采样期间(时基信号的一个周期)输入信号才通过主控门。

(5) 由于 $f = N/T$，所以改变时基信号的周期 T，即可得到不同的测频范围。

(6) 当主控门关闭时，计数器停止计数，显示器显示记录结果，此时控制电路输出一个零信号，将计数器和所有触发器复位，为新的一次采样做好准备。

(7) 改变量程时，小数点能自动移位。

课题四　拔河游戏机

设计要求：

(1) 设计一个能进行拔河游戏的电路。

(2) 电路使用 15 个(或 9 个)发光二极管，开机后只有中间一个发亮，此即拔河的中心点。

(3) 游戏双方各持一个按钮，迅速地、不断地按动，产生脉冲，谁按得快，亮点就向谁的方向移动，每按一次，亮点移动一次。

(4) 亮点移到任一方终端二极管时，这一方就获胜，此时双方按钮均无作用，输出保持，只有复位后才使亮点恢复到中心。

(5) 用数码管显示获胜者的盘数。

教学提示：

(1) 按钮信号即输入的脉冲信号，每按一次按钮都应能进行有效的计数。

(2) 用可逆计数器的加、减计数输入端分别接受两路脉冲信号，可逆计数器原始输出状态为 0000，经译码器输出，使中间一只二极管发亮。

(3) 当计数器进行加法计数时，亮点向右移；进行减法计数时，亮点向左移。

(4) 由一个控制电路指示谁胜谁负，当亮点移到任一方终端时，由控制电路产生一个信号，使计数器停止计数。

(5) 将双方终端二极管"点亮"信号分别接两个计数器的"使能"端，当一方取胜时，相应的计数器进行一次计数，这样得到双方取胜次数的显示。

(6) 设置一个"复位"按钮，使亮点回到中心，取胜计数器也要设置一个"复位"按钮，使之能清零。

课题五　乒乓球比赛游戏机

设计要求：

(1) 设计一个由甲、乙双方参赛，有裁判的三人乒乓球游戏机。

(2) 用 8 个(或更多个)LED 排成一条直线，以中点为界，两边各代表参赛双方的位置，其中一只点亮的 LED 指示球的当前位置，点亮的 LED 依此从左到右，或从右到左，其移动的速度应能调节。

(3) 当"球"(点亮的那只 LED)运动到某方的最后一位时，参赛者应能果断地按下位于自己一方的按钮开关，即表示启动球拍击球。若击中，则球向相反方向移动；若未击中，则对方得 1 分。

(4) 一方得分时，电路自动响铃 3 s，这期间发球无效，等铃声停止后方能继续比赛。

(5) 设置自动记分电路，甲、乙双方各用两位数码管进行记分显示，每计满 21 分为 1 局。

(6) 甲、乙双方各设一个发光二极管，表示拥有发球权，每隔 5 次自动交换发球权，拥有发球权的一方发球才有效。

教学提示：

(1) 用双向移位寄存器的输出端控制 LED 显示来模拟乒乓球运动的轨迹，先点亮位于某一方的第一个 LED，由击球者通过按钮输入开关信号，实现移位方向的控制。

(2) 也可用计数译码方式实现乒乓球运动轨迹的模拟，如利用加/减计数器的两个时钟信号实现甲、乙双方的击球，由表示球拍的按钮产生计数时钟，计数器的输出状态经译码驱动 LED 发亮。

(3) 任何时刻都保持一个 LED 发亮，若发亮的 LED 运动到对方的终点，但对方未能及时输入信号使其向相反方向移动，即失去 1 分。

(4) 控制电路决定整个系统的协调动作，必须严格掌握各信号之间的关系。

课题六　交通信号灯控制器

设计要求：

(1) 设计一个交通信号灯控制器，由一条主干道和一条支干道汇合成十字路口，在每个入口处设置红、绿、黄三色信号灯，红灯亮禁止通行，绿灯亮允许通行，黄灯亮则给行驶中的车辆有时间停在禁行线外。

(2) 红、绿、黄发光二极管作信号灯，用传感器或逻辑开关作检测车辆是否到来的信号。

(3) 主干道处于常允许通行的状态，支干道有车来时才允许通行。主干道亮绿灯时，支干道亮红灯；支干道亮绿灯时，主干道亮红灯。

(4) 主、支干道均有车时，两者交替允许通行，主干道每次放行 45 s，支干道每次放行 25 s，设立 45 s、25 s 计时、显示电路。

(5) 在每次由绿灯亮到红灯亮的转换过程中，要亮 5 s 黄灯作为过渡，使行驶中的车辆有时间停到禁行线外，设立 5 s 计时、显示电路。

教学提示:

(1) 主、支干道用传感器检测车辆到来情况，实验电路用逻辑开关代替。

(2) 选择 1 Hz 时钟脉冲作为系统时钟。

(3) 45 s、25 s、5 s 定时信号可用顺计时，也可用倒计时，计时起始信号由主控电路给出，每当计满所需时间，即向主控电路输出"时间到"信号，并使计数器清零，由主控电路启、闭三色信号灯或启动另一计时电路。

(4) 主控电路是核心，这是一个时序电路，其输入信号为：车辆检测信号(A，B)；45 s、25 s、5 s 定时信号(C，D，E)，其输出状态控制相应的三色灯。主控电路可以由两个 JK 触发器和逻辑门构成，其输出经译码后，控制主干道三色灯 R、G、Y 和支干道三色灯 r、g、y。

课题七　电子密码锁

设计要求:

(1) 设计一个密码锁的控制电路，当输入正确代码时，输出开锁信号以推动执行机构工作，用红灯亮、绿灯熄灭表示关锁；用绿灯亮、红灯熄灭表示开锁。

(2) 在锁的控制电路中储存一个可以修改的 4 位代码，当开锁按钮开关(可设置成 6 位至 8 位，其中实际有效为 4 位，其余为虚设)的输入代码等于储存代码时，开锁。

(3) 从第一个按钮触动后的 5 s 内若未将锁打开，则电路自动复位并进入自锁状态，使之无法再打开，并由扬声器发出持续 20 s 的报警信号。

教学提示:

(1) 该题的主要任务是产生一个开锁信号，而开锁信号的形成条件是输入代码和已设密码相同。实现这种功能的电路构思有多种，例如用两片 8 位锁存器，一片存入密码，另一片输入开锁的代码，通过比较的方式，若两者相等，则形成开锁信号。

(2) 在产生开锁信号后，要求输出声、光信号。声音的产生由开锁信号触动扬声器工作，光信号由开锁信号点亮 LED 指示灯。

(3) 用按钮开关的第一个动作信号触发一个 5 s 定时器，若 5 s 内无开锁信号产生，让扬声器发出特殊音响，以示警告，并输出一个信号推动 LED 不断闪烁。

课题八　彩灯控制器

设计要求:

(1) 设计一个彩灯控制器，使彩灯(LED 管)能连续发出四种以上不同的显示形式。

(2) 随着彩灯显示图案的变化，发出不同的音响声。

教学提示：

(1) 彩灯显示的不同形式可由不同进制计数器驱动 LED 显示完成。
(2) 音响由选择不同频率 CP 脉冲驱动扬声器形成。

课题九　脉冲按键电话显示器

设计要求：

(1) 设计一个具有 8 位显示的电话按键显示器。
(2) 能准确地反映按键数字。
(3) 显示器显示从低位向高位前移，逐位显示按键数字，最低位为当前输入位。
(4) 设置一个"重拨"键，按下此键，能显示最后一次输入的电话号码。
(5) 挂机 2 s 后或按熄灭按键来熄灭显示器的显示。

教学提示：

(1) 利用中规模计数器的预置数功能可以实现不同的按键对应不同的数字。
(2) 设置一个计数器记录按键次数，从而实现数字显示的移位。

课题十　简 易 电 子 琴

设计要求：

(1) 设计一个简易电子琴。
(2) 利用实验箱的脉冲源产生 1，2，3，……共 7 个或 14 个音阶信号。
(3) 用指示灯显示节拍。
(4) 能产生颤音效果。

教学提示：

各音阶信号由脉冲源经分频得到。

课题十一　出租车自动计费器

设计要求：

(1) 设计一个出租车自动计费器，具有行车里程计费、等候时间计费及起价三部分，用

4 位数码管显示总金额，最大值为 99.99 元。

(2) 行车里程单价 1 元/公里，等候时间单价 0.5 元/10min，起价 3 元(3 公里起价)均能通过人工输入。

(3) 行车里程的计费电路将汽车行驶的里程数转换成与之成正比的脉冲数，然后由计数译码电路转换成收费金额。

实验中以一个脉冲模拟汽车前进十米，则每 100 个脉冲表示 1 km，然后用 BCD 码比例乘法器将里程脉冲乘以每公里单价的比例系数，比例系数可由开关预置。例如单价是 1.0 元/千米，则脉冲当量为 0.01 元/脉冲。

(4) 用 LED 显示行驶公里数，两个数码管显示收费金额。

教学提示：

(1) 等候时间计费需将等候时间转换成脉冲个数，用每个脉冲表示的金额与脉冲数相乘即得计费数，例如 100 个脉冲表示 10 min，而 10 min 收费 0.5 元，则脉冲当量为 0.05 元/脉冲，如果将脉冲当量设置成与行车里程计费相同(0.01 元/脉冲)，则 10 min 内的脉冲数应为 500 个。

(2) 用 LED 显示等候时间，两个数码管表示等候时间收费金额。

(3) 用加法器将几项收费相加，$P = P1 + P2 + P3$。

(4) 上式中 $P1$ 为起价，$P2$ 为行车里程计费，$P3$ 为等候时间计费，用两个数码管表示结果。

课题十二　洗衣机控制器

设计要求：

(1) 设计一个电子定时器，控制洗衣机做如下运转：定时启动→正转 20 s→暂停 10 s→反转 20 s→暂停 10 s→如果定时未到，则回到"正转 20 s→暂停 10 s→……"，定时到则停止。

(2) 若定时到，则停机发出音响信号。

(3) 用两个数码管显示洗涤的预置时间(分钟数)，按倒计时方式对洗涤过程作计时显示，直到时间到停机。洗涤过程由"开始"信号开始。

(4) 三只 LED 灯表示"正转"、"反转"、"暂停"等三个状态。

教学提示：

(1) 设计 20 s、10 s 定时电路。

(2) 电路输出为"正转"、"反转"、"暂停"等三个状态。

(3) 按照设计要求，用定时器的"时间到"信号启动相应的下一个定时器工作，直到整个过程结束。

课题十三　DDS 波形发生器

设计要求：

(1) 设计并实现一个可产生正弦波、三角波和锯齿波的波形发生器，其工作频率为 30 MHz，可产生 1 MHz、2 MHz、3 MHz、4 MHz、5 MHz、6 MHz 的正弦波、三角波和锯齿波，所产生波形的幅度、相位均可调整，输出数据的字长为 12 bit。若波形的频率为 n MHz，则相位的最小调幅为 $2\pi \times n/60$(可自己思考为什么如此设定参数)。

(2) 要求进行四级幅度调整，即 ROM 中存储的数据字长为 10 bit，ROM 输出的数据分别乘以 001、100、011 和 100。

教学提示：

根据题目所给出的要求，计算出设计波形发生器时所需的各项参数。

算法参考：

采用 DDS 技术，其波形发生器的结构框图如图 2 所示。

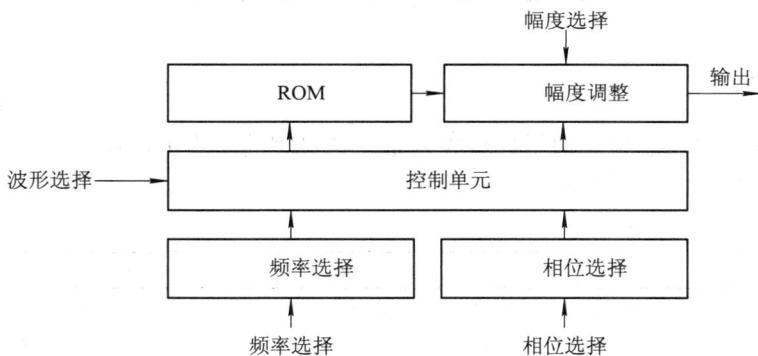

图 2　DDS 波形发生器的结构框图

课题十四　简单的时分复用系统

设计要求：

(1) 训练序列为 01111110。

(2) m 序列的生成多项式为 $1 + X^2 + X^5$。

(3) 为防止输入数据序列与训练序列相同，当输入数据序列中连续出现 5 个"1"时，若之后一位仍是"1"，则在 5 个"1"后添一个"0"。

(4) 固定序列为 00011000。帧同步利用训练序列完成。

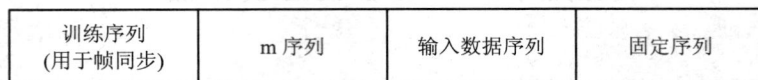

帧结构如图 3 所示。

训练序列 (用于帧同步)	m 序列	输入数据序列	固定序列

图 3　帧结构

教学提示：

系统结构如图 4 所示。

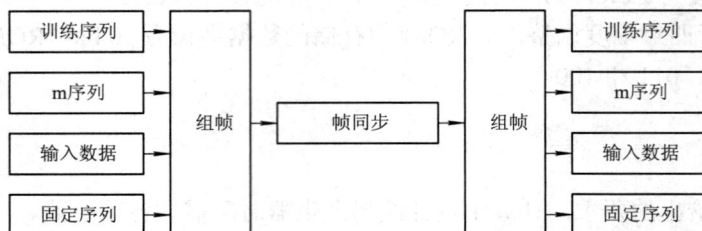

图 4　系统结构

课题十五　异步串口通信

设计要求：

设计完成异步串口通信。通用异步收发是一种典型的异步串口通信，简称 UART。通用异步串口通信收发时序图如图 5 所示。

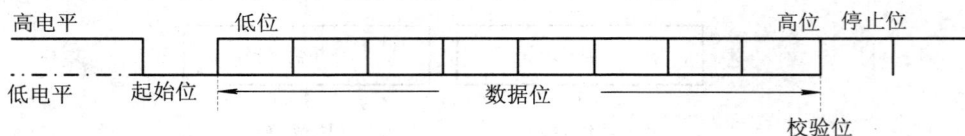

图 5　通用异步串口通信收发时序图

由图 5 可以看出，在没有数据传送时，通信线会一直处于高电平，即逻辑 1 状态；当有数据传送时，数据帧以起始位开始，以停止位结束。起始位为低电平，即逻辑 0 状态；停止位为高电平，即逻辑 1 状态，其持续时间可选为 1 位、1.5 位或 2 位。接收端在接收到停止位后，知道一帧数据已经传完，转为等待数据接收状态；只要再接收到 0 状态，即为新一帧数据的起始状态。数据位低位在前，高位在后，根据不同的编码规则，数据位可能为 5 位、6 位、7 位或者 8 位。校验位也可根据需要选择奇校验、偶校验或者不要校验。

教学提示：

串口是一种常用的通信接口，1969 年由美国电子工业协会(EIA)制定了电气标准 RS-232。标准的 RS-232 接口有 25 根信号线，其中 4 根数据线、11 根控制线、3 根定时线和 7 根备用线。通常情况下，使用其中 9 根就可以实现 RS-232 通信。DB-9 串口针号信号连接对应表如表 1 所示。

表 1　DB-9 串口针号信号连接对应表

针号	功　能	缩写	针号	功　能	缩写
1	数据载波检测好	DCD	2	接收数据	RXD
3	发送数据	TXD	4	数据终端准备	DTR
5	信号地	GND	6	数据设备准备好	DSR
7	请求发送	RRS	8	清除发送	CTS
9	振铃指示	RI			

最简单的双向串口通信只需要三根线：TXD、RXD、GND。实验开发板上提供了两个 DB-9 的串行通信接口，且为最简模式。由于标准 RS-232 接口电平与通常的 TTL 或者 CMOS 电平不符，因此在接入电路之前要进行电平转换，开发板上采用了 ST3232C 芯片进行接口电平转换，其详细电路可参考开发板用户手册。

UART 主要有时钟控制模块、数据接收模块和数据发送模块等三部分组成，其原理框图如图 6 所示。其中，时钟模块主要实现根据不同数据率通信时的系统时钟控制；接收模块实现对 RS-232 输入信号的检测、提取解包；发送模块实现对所要发送数据的成帧。

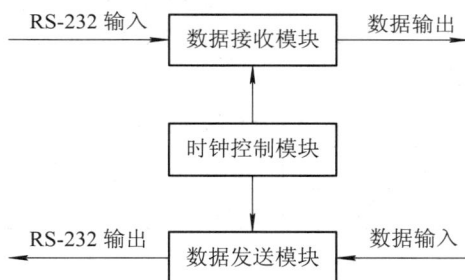

图 6　UART 实现原理框图

课题十六　64 k 数据适配器设计

设计要求：

(1) 完成 64 K 数据到 E1 接口的适配和 HDB3 编解码设计。

(2) 对该设计进行验证，验证方案的设计能够充分说明设计的正确性。

(3) 给出仿真波形，仿真工具不限。给出你认为能够说明问题的波形，并且每个波形都要有必要的说明。

(4) 采用 Synplify Pro 进行综合，FPGA 型号选用 Xilinx 的 xc3s200，速度等级为 -4，综合结果如表 2 所示，列出资源利用率和速度(用最高系统时钟频率表示)即可。

表 2　综 合 结 果

Register bit 利用率	LUT 利用率	速度

教学提示：

(1) 系统说明：64 K 数据适配器系统模块如图 7 所示。

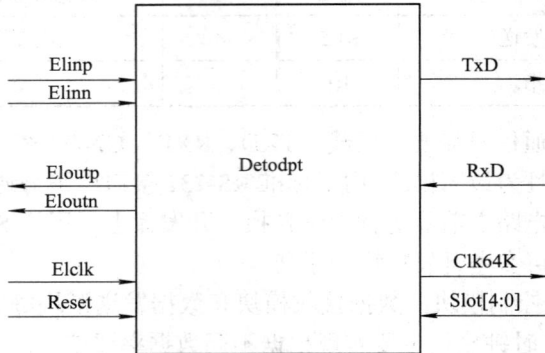

图 7　64 K 数据适配器系统模块

系统完成 64 K 数据到 E1 接口的适配。E1 的帧结构如表 3 所示。整个帧长 256 bit，每 8 个 bit 有一个时隙(TimeSlot)，一共有 32 个时隙，TS0 固定发送帧定位信号 10011011，其它时隙 TS1～TS32 承载数据。

表 3　E1 帧 结 构

TS0	TS1	TS2	TS3	……	TS31
帧头(10011011)	数据	数据	数据	……	数据

管脚说明如表 4 所示。

表 4　管 脚 说 明

名　称	方向	位数	说　　　明
全 局 信 号			
Reset	I	1	高电平异步复位
Slot[4:0]	I	5	时隙设置，收发相同。取值范围是 1～31，不会为 0
E1 接口			
E1clk	I	1	2.048 MHz 时钟
E1inp	I	1	HDB3 码正端输入，相对于 HDB3+
E1inn	I	1	HDB3 码负端输入，相对于 HDB3−
E1outp	O	1	HDB3 编码正端输出
E1outn	O	1	HDB3 编码负端输出
64K 接 口			
Clk64K	O	1	由 2.048 MHz 时钟得到的 64 KHz 时钟
TxD	O	1	64 K 的 NRZ 数据输出
RxD	I	1	64 K 的 NRZ 数据输入

系统实现收发有两个过程：

① 64 K 数据按照 Slot[4:0] 配置适配到对应的 E1 时隙中，这样完成 64 K 数据到 E1 中的适配。其余不用的时隙中数据任意。

② 按照 Slot[4:0] 配置，从相应的 E1 时隙中读取相应的数据，发送到 64 K 接口。

(2) 时序说明：

① 系统时钟 E1clk 是 2.048 MHz，Clk64K 通过 E1clk 分频得到。

② 所有 NRZ 码在时钟的上升沿变化。

③ HDB3 码输入需要采样时均用时钟的上升沿。

④ E1 接口的数据都与 E1clk 同步。

⑤ 64 K 数据接口的数据都与 Clk64K 同步。

课题十七　简化 LAPS 协议实现

设计要求：

(1) 完成简化 LAPS 协议的系统设计。

(2) 对该设计进行验证，验证方案的设计需要能够充分说明设计的正确性。

(3) 给出仿真波形，仿真工具不限。给出你认为能够说明问题的波形(正常情况下，不用超过 5 个波形)，并且每个波形都要有必要的说明。

(4) 采用 Synplify Pro 进行综合，FPGA 型号选用 Xilinx 的 xc3s200，speed 为 −4，给出综合结果，只加时钟约束为 1 MHz，或者不加约束的情况下进行综合，请准确填写表 5。

表 5　综 合 结 果

Registerbit 利用率	LUT 利用率	速度(MHz)

教学提示：

(1) 系统框图如图 8 所示。

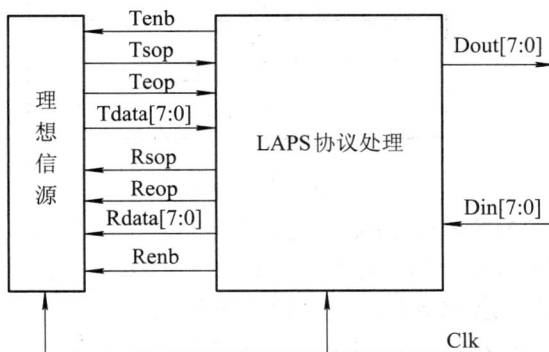

图 8　系统框图

端口信号说明如表 6 所示。

表 6　端口信号说明

信号	I/O	说　明
Clk	I	系统时钟
Tenb	O	数据发送允许信号，Tenb 有效的同时，理想信元立即送出数据
Tsop	I	数据包包头指示，和数据包第一个字节同步，且只维持一个时钟周期
Teop	I	数据包包尾指示，和数据包最后一个字节同步，且只维持一个时钟周期
Tdata[7:0]	I	数据包数据
Renb	O	接收数据有效
Rsop	O	接收数据包包头指示，和数据包第一个字节同步，且只维持一个时钟周期
Reop	O	接收数据包包尾指示，和数据包最后一个字节同步，且只维持一个时钟周期
Rdata[7:0]	O	接收数据包数据
Dout[7:0]	O	系统 LAPS 封装数据输出
Din[7:0]	I	系统 LAPS 封装数据输入，与 Clk 同步

系统启动后，LAPS 协议处理器发送端处于空闲状态，此时它可以向理想信元发送数据允许信号 Tenb。理想信源收到 Tenb 有效信号就开始发送数据，它发送的是长度在 4～1544 字节之间变化的数据包，在数据包第一字节发送的同时，送出数据包开始指示 Tsop，在数据包的最后一个字节，发送数据包结束指示 Teop。在数据包的发送过程中，LAPS 协议处理器可以随时通过 Tenb 通知理想信源暂停数据发送，直到 Tenb 有效，再继续发送。

LAPS 协议处理可对发送的数据包进行封装，其帧格式如图 9 所示。

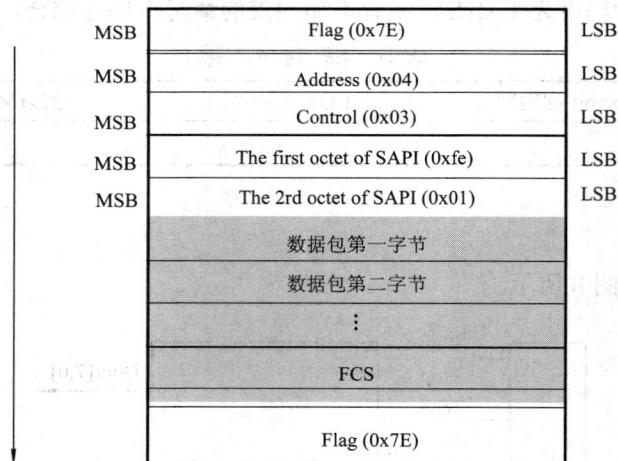

图 9　LAPS 协议帧格式

图中 FCS 是对整个 LAPS 帧的 CRC 校验，它包括两个字节，采用多项式 $X^{16}+X^{12}+X^5+1$ 生成，接收端需去掉 FCS。(这一部分为选作，如果不作 FCS，则在包的结构中去掉 FCS 部分；如果作 FCS，则需要注意 FCS 域中也可能会出现 7E 字节，也需要替换)。

由于数据包之间的分隔采用的是 Flag 字节(0x7E)，为了实现数据包的正确传送，当数据包中(包括 FCS)出现了 0x7E 时，采用 0x7E 和 0x5E 两个字节代替；当出现 0x7D 时，采用 0x7D 和 0x5D 两个字节代替。相邻两个数据包之间的最少 Flag 数目可以设为 1、2、8 或 32 个。

在接收端，对于接收的数据首先进行 LAPS 解包，去除因替代而产生的塞入字节和 FCS，解出数据包的包头和包尾，并送到信源，其中 Renb 信号指示送出的数据是否有效。

(2) 假设条件：为了简化设计，可以假设理想信源不会送出不完整的数据包，数据传送信道良好，不会产生误码。

课题十八　直接序列扩频通信系统

设计要求：

实现如图 10 所示的直接序列扩频通信系统。

| 信源 | 扰码 | 交织 | 直扩 | BPSK调制 | 解调 | 相关 | 解交织 | 解扰 | 信宿 |

图 10　直接序列扩频通信系统原理框图

下面介绍一些重要概念：

① 信源：不断发送简单的四一零码，即反复发送 11110。

② 扰码：用伪随机对数据比特进行扰码，可利用移位寄存器产生扰码序列，扰码序列的生成多项式为 $1+X^{14}+X^{15}$，移位寄存器的初始状态为 100101010000000。扰码模块的结构框图如图 11 所示。

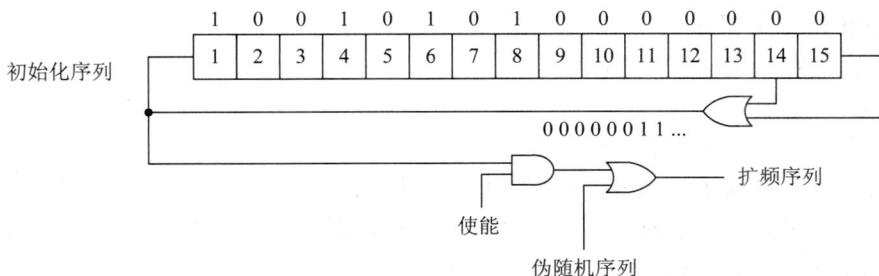

图 11　扰码模块的结构框图

③ 交织：采用简单的块交织，交织深度为 64，交织器为 8 行 8 列，横向读入，纵向读出，可采用双 RAM 结构实现(即两个 RAM，一个读，一个写，并交替读写)，也可只采用一块 RAM 实现(自己思考方法，可加分)。以交织深度为 16 的块交织为例，输入数据比特的序号为 1~16，写入的顺序为 1、2、3、4、5、6、7、8、9、10、11、12、13、14、15、16，读出的顺序为 1、5、9、13、2、6、10、14、3、7、11、15、4、8、12、16。

④ 直扩：将数据比特与伪随机序列相乘，扩频比为 63(即伪码速率为数据率的 63 倍)，扩频序列为 $1+X+X^6$ 和 $1+X+X^2+X^5+X^6$ 构成的 Gold 序列。

⑤ BPSK：比特"0"对应为符号 01111111，"1"对应为 10000000。

⑥ 解调：BPSK 解调，将符号对应为比特。

⑦ 相关：将接收数据与扩频序列相乘，并判断是"0"还是"1"。
⑧ 解交织：交织的逆操作(实现方法与交织器相同)。
⑨ 解扰：扰码的逆操作(实现方法与扰码器相同)。

教学提示：

该系统省去了同步模块，接收部分与发射部分采用同一时钟，自己调整接收部分的启动时间，以实现符号同步。

算法参考：

可到图书馆借阅有关扩频通信的书籍了解有关直接序列扩频的原理。

课题十九　　设计一个 MAC FIR 滤波器

设计要求：

(1) 设计一个单速率、单频道滤波器，技术要求指定如下：
- 采样频率(Fs) = 1.5 MHz
- Fstop 1 = 270 kHz
- Fpass 1 = 300 kHz
- Fpass 2 = 450 kHz
- Fstop 2 = 480 kHz
- 双边通频带衰减　= 54 dB
- 通频带脉动　= 1

(2) 建立一个循环 RAM 缓冲区。
(3) 在系统发生器中使用 RAM 模块来支持你所需要的任何尺寸的端口。
(4) 了解如何使用系统发生器建立最常用的 DSP 功能：基于 MAC 的 FIR 滤波器。
(5) 利用频谱示波器和白噪声信号源来观察滤波器的频率响应。

教学提示：

可以从 Xilinx 大学计划站点 http://university.Xilinx.com 下载此模块的实验文件来协助完成本实验。

课题二十　　直接型数字下变频器

设计要求：

设计一个直接型数字下变频器。本源信号储存在文件中，采样率 f_s=10 MHz。频谱信号为三个正弦波，被调制到一个 1.8 MHz 的余弦载波上。在整个 5 MHz 的频谱内都有噪音干扰，除此以外，还有一个围绕在 3 MHz 附近的特别干扰信号，信号频谱图如图 12 所示。

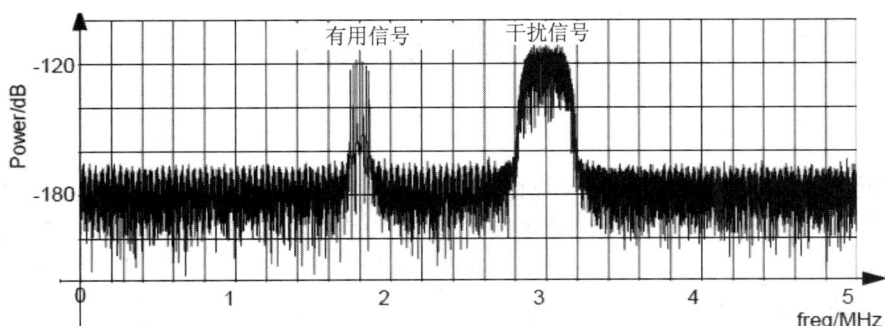

图 12　信号频谱图

采用 Xilinx 公司的 System Generator 模块建立一个系统，该系统能将 1.8 MHz 部分解调到基带信号。通过 ISE 工具将最后的设计在 FPGA 上实现。

教学提示：

(1) 可以用一个乘法器和一个 1.8 MHz 的余弦信号合起来将信号降到基带信号。

(2) 设计一个低通滤波器，要求其能保留 1.8 MHz 部分，并至少以 60 dB 滤除 3 MHz 信号。滤波器可以用【Simulink Xilinx Blockset】→【Tools】→【FDATool】来设计。

(3) 假定原信号的带宽有 1 MHz，在滤波器的输出设置一个合适的以 50 点来抽取的下采样。

参 考 文 献

[1]　孟宪元，等. FPGA 嵌入式系统设计. 北京：电子工业出版社，2007

[2]　马建国，孟宪元. 电子设计自动化技术基础. 北京： 清华大学出版社，2004

[3]　孟宪元，等. 可编程 ASIC 集成数字系统. 北京： 电子工业出版社，2000

[4]　潘松，黄继业. EDA 技术实用教程. 北京：科学出版社，2002

[5]　夏宇闻，等. Verilog 数字系统设计教程. 北京：北京航空航天大学出版社，2003

[6]　Samir Palnitkar. Verilog HDL 数字设计与综合. 北京：电子工业出版社，2004

[7]　陈新华. EDA 技术与应用. 北京：机械工业出版社，2008

[8]　J.Bhasker. Verilog HDL 综合实用教程. 北京：清华大学出版社，2004

[9]　姜宇柏，黄志强. 通信收发信机的 Verilog 实现与仿真. 北京：机械工业出版社，2007

[10]　褚振勇，翁木云. FPGA 设计及应用. 西安：西安电子科技大学出版社，2002

[11]　黄智伟，王彦. FPGA 系统设计与实践. 北京：电子工业出版社，2005

[12]　任晓东. CPLD/FPGA 高级应用开发指南. 北京：电子工业出版社，2003

[13]　李国洪，沈明山，谢辉. 可编程器件 EDA 技术与实践. 北京：机械工业出版社，2004

[14]　徐志军. 大规模可编程逻辑器件及其应用. 成都：电子科技大学出版社，2000

[15]　www.Xilinx.cn

[16]　www.fpga.com